普通高等教育土建学科专业 "十二五" 规划教材

高等学校给排水科学与工程学科专业指导委员会规划推荐教材

水工程经济

（第二版）

张　勤　梁建军　张国珍　主编

张　杰　主审

中国建筑工业出版社

图书在版编目（CIP）数据

水工程经济/张勤等主编. —2 版. —北京：中国建筑工业
出版社，2019.1（2025.6 重印）
普通高等教育土建学科专业"十二五"规划教材　高等学校
给排水科学与工程学科专业指导委员会规划推荐教材
　ISBN 978-7-112-22954-3

Ⅰ.①水…　Ⅱ.①张…　Ⅲ.①市政工程-给水工程-工程经
济-高等学校-教材 ②市政工程-排水工程-工程经济-高等学校-教
材　Ⅳ.①F407.937

中国版本图书馆 CIP 数据核字（2018）第 258319 号

　　本书是为了适应我国培养水工程复合型人才的需要而编写的。全书共分 10
章，其内容包括工程经济学基础；水工程建设项目概算；水工程经济分析与评价
三大部分，主要阐述了水工程经济的基本理论、基本原理和基本的评价方法。本
书的主要特点是：内容翔实，阐述深入浅出，反映了水工程建设项目经济评价理
论与方法的发展，加强了实际分析和应用能力的训练和培养，理论实际结合紧密，
有供参考的技术经济资料，具有很强的实用性和可操作性，更容易教学或自学。
　　本书可供高等学校给排水科学与工程专业师生使用，亦可供从事本专业工程
技术人员参考。
　　为便于教学，作者特制作了与教材配套的电子课件，如有需求，可发邮件（标
注书名、作者名）至 jckj@cabp.com.cn 索取，或到 http://edu.cabplink.com//index
下载，电话：010-58337285。

责任编辑：王美玲　刘爱灵
责任校对：李欣慰

普通高等教育土建学科专业　"十二五"　规划教材
高等学校给排水科学与工程学科专业指导委员会规划推荐教材

水工程经济

（第二版）

张　勤　梁建军　张国珍　主编

张　杰　主审

＊

中国建筑工业出版社出版、发行（北京海淀三里河路 9 号）
各地新华书店、建筑书店经销
北京红光制版公司制版
建工社（河北）印刷有限公司印刷

＊

开本：787×1092 毫米　1/16　印张：25½　字数：632 千字
2019 年 4 月第二版　2025 年 6 月第三十次印刷
定价：**56.00** 元（赠教师课件、增值服务）
ISBN 978-7-112-22954-3
（33014）

第二版前言

《水工程经济》(第二版)是在《水工程经济》的基础上,结合"水工程经济"课程研讨会上任课教师提的建设性意见,严格按照《高等学校给排水科学与工程本科指导性专业规范》对课程要求进行修订的。

近年来,水工程建设项目日趋增多,发展很快,对水工程投资、经济分析与评价要求及参数做出调整,为了及时反映水工程经济发展的现状,《水工程经济》(第二版)在内容上做了若干增补和删减:增加"水工程概预算"、"设备更新分析"以及"水工程项目后评价"等内容;同时删去与本专业涉及面较小且不成熟的"水资源的经济评价"内容。在使用本教材时,如限于课时要求,可将其中某些章节酌情增减,或作为选修、自修,或结合课程设计组织讲授。

本书由重庆大学张勤、梁建军、赵春平、张建高、傅斌,兰州交通大学张国珍、张洪伟,北京建筑大学李俊奇共同编写,具体分工为:张勤(绪论、第7章、第6章6.1、6.2节、第9章9.1~9.3节),梁建军(第2、第10章),张国珍(第8章8.1、8.2节、第6章第6.3节),张洪伟(第8章8.3~8.5节),张建高、梁建军(第3、第4章);赵春平(第1、第5章);李俊奇(第9章9.4、9.5节);傅斌(附录)。全书由张勤、梁建军、张国珍主编,由张勤、梁建军整理和修改、全书校对。

本书由哈尔滨工业大学张杰院士主审。

限于编者的水平有限,书中难免存在缺点和欠妥之处,恳切希望读者批评指正。

第一版前言

本书是高等学校给水排水工程专业教材。本教材编写是根据全国高等学校给水排水工程学科专业指导委员会第三届第三次会议确定的原则，以及关于"水工程经济"教材编写大纲的几点意见进行的。

"水工程经济"是从工程经济学角度出发来研究水工程投资、营运和管理的经济可行性，也是给水排水工程专业的专业技术课程之一。其主要任务是通过本课程的学习，使学生掌握"水工程经济"的基本原理、基础知识和基本分析评价方法；能进行水工程项目估算或概算编制，水工程项目财务分析、敏感度和风险分析以及各投资方案的选优；了解费用—效益分析、国民经济评价的基本方法以及水资源经济评价。

本教材包括工程经济学基础、水工程建设项目投资、水工程经济分析与评价三大部分内容，主要介绍了工程经济学基础、水工程项目建设投资、水工程经济分析与评价以及水资源的经济评价等方面的基本理论、基本原理和基本评价方法。为了便于学生理解课文内容，还安排了部分工程实例和供参考的技术经济资料，具有较强的实用性和可操作性，使之更容易教学或自学。在使用本教材时，如限于课时，可将其中某些章节结合具体要求酌情增减，或作为选修、自修，或结合课程设计组织讲授。

本书由重庆大学张勤、张建高担任主编，并与重庆大学赵春平、张智、傅斌共同编写。具体分工为：张勤（绪论、第二、六、七、八章）；张建高（第三、四章和全书校对）；赵春平（第一、五章）；张智（第十章）；傅斌（第九章和附录）。全书最后由张勤整理和修改。

本书由哈尔滨工业大学张杰教授主审。

本书在编写过程中得到了有关单位的支持，他们提出了许多宝贵意见和建议。同时，编者还参考了有关文献和资料，吸收了其中的技术成就和丰富的实践经验（见书末所附主要参考书目），在此一并表示衷心的谢意。

限于编者的理论水平和实践经验，书中难免存在缺点和欠妥之处，恳切地希望读者批评指正。

目　　录

绪　论

1. 工程技术经济学科的产生与发展

工程技术经济包括工程技术和工程经济两部分。

工程（engineering）是指按一定的计划、应用科学知识进行的将各种资源最佳地为人类服务的专门技术，有时也指具体的科研或建设项目。如建筑、建造、环境治理等对人们生活、国民经济有益的工作。其目的就是如何将自然资源转变为有益于人类的产品，将人们丢弃的废物、废品回复自然或转化利用。它的任务是应用科学知识解决生产和生活问题来满足人们的需要。要实现资源向产品的转变，必须依赖于技术。技术（technology）是人类改变或控制其周围环境的手段或活动，是人类活动的一个专门领域。简单地说是知识、经验、技能、劳动工具和装备、劳动手段和劳动对象的总称。工程实践需要工程师应用技术、经过努力才能完成，因此工程师必须具备工程学的知识。工程学包括研究、开发、设计、施工、生产、操作、管理和其他职能，主要依据数学、物理学、化学、材料科学、固体力学、流体力学、热力学、运输过程和系统分析等学科。

工程技术是指进行工程实践全过程所必需的技术，这些工程技术的各个方案和技术措施对企业、国民经济具有重大的影响。我们常常说应用先进的工程技术创造更好的产品、提供优质的服务，那么，什么是先进的工程技术呢？先进的工程技术是指它能够创造落后技术所不能创造的产品和劳务，它能够用更少的物力和人力创造出相同或优质的产品和劳务。简而言之，就是创造其他技术所不能达到的技术目标。工程技术作为人类进行生产斗争的手段应有十分明显的经济目的。

所谓经济（economy）按字面解释主要指节约，即社会活动中的经济合理性。工程经济既要涉及工程节约问题，涉及工程技术方案和技术措施对企业、国民经济影响的问题，还要涉及工程经济活动的组织管理问题。因此，对工程师而言，具有经济学的知识也是相当重要的。

经济学（economics）是研究人类社会在各个发展阶段上的各种经济活动和各种相应的经济关系及其运行、发展的规律的科学。经济活动是人们在一定的经济关系的前提下，进行生产、交换、分配、消费以及与之有密切关联的活动，在经济活动中，存在以较少耗费取得较大效益的问题。经济关系是人们在经济活动中结成的相互关系，在各种经济关系中，占主导地位的是生产关系。因此，经济学是对人类各种经济活动和各种经济关系进行理论、应用、历史以及有关方法研究的各类科学的总称。经济学的任务是使有限的生产资源得到有效的利用，以期获得不断扩大、日益丰富的商品和服务。

一般来说，以国民经济总过程的活动为研究对象，考察国民收入、就业水平、货币流通、总消费、总投资和价格水平等经济总量如何决定和如何发生波动，即将经济活动作为整体来考虑的经济学，称作宏观经济学（macroeconomics），又称为总量分析或总量经济学。而以市场经济中单个经济单位（如：家庭、厂、公司等）的经济行为作为研究对象，研究单个生产者如何以有限的资源从事生产获得最大限度的利润，研究单个消费者如何把有限收入从事消费取得最大限度的满足，即研究局部经济活动的经济学，称为微观经济学（microeconomics），又称为个量经济学或个体经济学。

工程经济学（engineering economy）正是建立在工程学与经济学基础之上的一门新型学科。随着科学技术的飞速发展，社会投资活动的增加，为了用有限的资源来满足人们的需要，可能采用的工程技术方案越来越多。工程师们不得不对许多工程问题进行决策，如：相互竞争的设计方案应该选择哪一个？正在使用的机器是否应该更新？在有限资金的情况下，如何选择投资方案？这些问题有两个明显的特点：一是每个问题都涉及技术方案选择；二是每个问题都需要考虑经济效果问题。怎样以经济效果为标准把许多技术上可能的方案互相比较，做出评价，从中选择最优方案的问题，就越来越突出，越来越复杂。因此，工程师要在日益复杂的经济环境下作出正确的决策，必须兼有工程学和经济学知识，掌握技术经济的评价方法。工程经济学这门学科就是在这样的背景下产生的。

工程经济学是一门运用工程学和经济学，在有限资源条件下，运用有效方法，对多种可行方案进行评价和决策，确定最佳方案的学科。它的任务是以有限资金，最好地完成工程任务，得到最大的经济效益。它的核心就是单个组织的经济决策，因此，工程经济学与微观经济学有着紧密的联系。同时，工程经济学与宏观经济学也有一定联系，项目的工程经济效益直接关系到社会效益的好坏。

工程技术经济学（engineering techno-economics）是研究工程技术与工程经济的相互关系的学科。它通过工程技术比较、工程经济分析和效果评价，寻求工程技术与工程经济的最佳结合，确定技术先进、经济合理的最优经济界限。

工程技术经济的产生与西方的管理科学和工程经济及苏联的技术经济分析的发展有密切的关系。20世纪30年代以来，在西方工业发达国家曾先后产生了对工程项目和生产经营决策进行分析计算的一些方法，如可行性研究、价值工程等。该方法于20世纪50年代传入中国，并应用于重点建设项目的论证和生产企业经营状况的分析。60年代初期，创立了中国的技术经济学。80年代初，扩大了技术经济学的应用范围，并开设了技术经济方面的专业和课程。同时，扩展到工程领域，发展为工程技术经济学科。

经济规律牵涉到人们的行为和社会现象的研究，情况远比自然现象复杂多变，没有自然规律那么精密和严格，不能期望能迅速找到一种能给出绝对正确结论的方法。重要的是要掌握基本的经济概念以求在实际问题中灵活地运用。一个好的工程师不仅要对他所提出的方案的技术可能性负责，也必须对其经济合理性负责，做到技术的先进性同经济合理性相一致。只有这样，他的工作才有利于社会经济建设，才有利于满足广大人民的需要。这就要求他掌握这门学科所探讨的规律性。

2. 水工程技术与经济的概念及其相互联系

水是人类最宝贵的资源，是人类生存的基本条件，又是国民经济的生命线。日益严重的水资源短缺和水环境污染，就加重了对水的研究的地位和作用，特别是水的社会循环的研究，由此产生并形成了给排水科学与工程学科。给排水科学与工程是以水的社会循环为对象，研究水的供给及处理、废水的收集及处理、水资源保护及利用的工程应用性学科。

水工程技术是研究合理利用及保护水资源，设计及建造水处理工程及水输配、收集系统工程，研制水工业产品等过程中所采用的技术，包括水处理原理、水处理工艺、水处理产品以及各类构筑物、建筑物和设备等方面技术，达到节能减排的目的。

保证在有限的资金条件、水资源条件下，合理地选用水工程技术，达到人们预期的工程效果，是水工程经济所要研究的内容。值得注意的是在进行经济活动的研究中是不能脱离工程技术的，因此水工程经济应全称为水工程技术经济。

水工程技术经济是水工程技术科学与水工程经济科学相互渗透交叉的、以经济学为理论基础，广泛应用数学、计算机和水工程技术科学进行研究的边缘学科。其主要特点是：综合性、应用性、系统性、定量性和比较性五个方面。综合性体现在水工程技术经济研究的不是纯技术，也不是纯经济，而是把技术与经济两者结合起来进行研究，以选择最佳技术方案。应用性表明水工程技术经济的研究是将技术更好地应用于水工程经济建设，包括新技术和新产品的开发研制的论证。系统性是指用系统的观点、系统的方法研究水工程技术经济问题在经济建设这个大系统中的作用、在水工程建设中的地位。定量性是指把定性研究和定量研究结合起来，并采用数学公式、数学模型进行分析评价水工程技术经济。比较性表明在研究水工程中应采用两种以上的技术方案进行分析比较。

所谓技术方案（technical scheme）是指为研究解决各类技术问题所提出的办法与对策。它包括科研方案、计划方案、设计方案、施工方案、生产方案、管理方案、技术措施、技术路线和技术改革方案等。在实际工作中，要么是根据需要提出某种技术方案以及与之适应的其他技术方案（又称：替代技术方案或替代方案），并进行经济效果比较。比如：某城镇缺水，提出镇内建设自来水厂的技术方案，其替代方案可能是由附近城镇供水，并进行经济效果对比。要么是为了解决某个技术经济问题，一开始就提出几种不同的技术方案（均为替代方案），同时进行技术经济比较，评价它们各自的经济效果。比如为解决自来水厂建设位置问题，提出 A、B、C 三处用地方案。应注意的是技术方案的确定和替代方案的选择，要从实际出发，必须经过认真的调查研究才能实现。

3. 水工程经济研究的目的及意义

水工程经济是运用工程技术科学和工程经济科学的方法，在有限资源条件下，对多种可行方案进行评价和决策，最终确定最佳方案。

水工程经济的任务是研究以有限资金，在较好地完成工程任务的前提下，得到最大的经济效益。有限的资金是指按规定的时间内完成工程数量、工程质量所必需的资金。特别应注意的是不能有意压低资金用量而形成"胡子"工程，亦不能多估冒算、浪费来之不易的资金。最大的经济效益是指工程建设不但应按工期、保质量、保数量地完成，而且还应保证工程项目的正常运行，以达到资金的正常回收、获得较高的利润。

显然，水工程经济研究就是对水工程实践过程中各种技术方案的经济效益进行计算、分析和评价，以求某种技术方案能够有效地应用于工程实践中、获得更大的效益和利润。其重要意义体现在以下三个方面。

水工程经济研究是提高社会水资源利用效率的有效途径。在一个水资源有限的世界上，如何合理分配和有效利用现有的水资源以及资金、劳动力、原材料、其他能源等，来满足人类对水的需要，如何使水工程产品以最低的成本、可靠地实现其必要功能。要做出合理的决策，则必须同时考虑技术与经济各方面的因素，进行水工程技术经济分析。

水工程经济研究是水工业企业生产出物美价廉产品的重要保证。在市场经济社会里，如果只考虑提高产品质量，不考虑成本，产品价格很高，产品也就卖不出去。降低成本，增加利润，是企业管理人员的重要任务，也是经济发展的要求。如果不懂经济，不能正确处理技术与经济关系，就不能保证企业利润的增加。

水工程经济研究是降低项目投资风险的可靠保证。在水工程项目投资前期进行各种技术方案的论证评价，一方面可以在投资前发现问题，并及时采取相应措施；另一方面对于技术经济论证不可行的方案，及时否定，从而避免不必要的损失，使投资风险最小化。如果盲目从事或凭主观意识发号施令，到头来只会造成人力、物力和财力的浪费。只有加强工程技术经济分析工作，才能降低投资风险，使每项投资获得预期收益。

4. 水工程经济研究的对象及内容

水工程经济研究的对象为：水工程项目的技术经济活动全过程。包括水工程项目建设的前期工作、各个阶段的可行性研究、工程设计方案评价、工程实施技术方案对比、项目运行管理的经济效果、水价格制定与评估等方面的经济评价和经济分析。

项目（project）是指一项任务，它必须具有明确的发展目标，有一定的数量和质量要求，各部分有完整的组织关系，实现目标有确定的期限，确定的投资总额，整个过程为一次性的。比如，建一座水厂、办一期培训班、完成一项科研等。工程项目（建设项目）是指符合项目条件的工程建设。

工程项目的经济性的研究还有个出发点问题。首先，要求工程项目的经济评价应从整个国民经济或整个社会为出发点进行考察。即：研究其宏观效果——国民经济评价。而工程项目的实现又必须落实到某个部门、地区或企业等具体单位，这些单位在经济上又有相对的独立性，它们所关心的是自己所主持的项目的局部经济效果或微观经济效果——财务评价。财务评价分为工程财务评价和企业财务评价。工程财务评价是站在投资者的角度，研究工程项目盈利能力情况；企业财务评价是站在企业本身的角度，研究企业的盈利能力情况。

理想的情况是：微观的效果与宏观的效果相一致，企业得益越多，社会也因此受益越大。这种情况下，就可以以微观效果（如企业经济评价）来间接地评价工程项目的社会效果。水工程项目中的给水工程就属此类情况。但是，由于种种原因，工程项目的宏观经济效果与微观效果也会有不一致，甚至是矛盾的情况。例如，目前的污水处理项目就属于微观效果差而宏观效果好的项目。牺牲环境、资源等来满足企业效益的项目就属于微观效果好而宏观效果差的项目。因此，作为完整的工程项目的经济评价应包括微观和宏观两个方面，并应以宏观效果作为评价的主要依据。宏观与微观不一致方面的研究将有助于国家制定合理的政策（如税收或补贴政策等），以合理调整部门或企业的收益。

水工程技术经济学研究的内容涉及水生产、分配、交换、消费各个方面和国民经济各个部门、各个方面，也涉及生产和建设的各个阶段。主要内容包括：从全局范围看，有社会进步对水工程经济发展的速度、比例、效果、结构的影响以及它们之间的最佳关系问题；水工程项目的合理布局、合理转移问题；投资方向、项目选择问题；水资源的开源与节流、生产与供应、开发与运输的最优选择问题；技术引进方案的论证问题；外资的利用与偿还、引进前的可行性研究以及引进后的效果评价问题；水价及水资源恢复费用等政策的论证、水资源流通方式与渠道的选择问题等等。从部门和企业范围来看，有厂址选择的论证，企业规模的分析，水工业产品方向的确定，水工程技术设备的选择、适用与更新的分析，原材料路线的选择，新技术、新工艺的经济效果分析，新产品开发的论证与评价等等。从生产与建设的各个阶段看，有试验研究、勘察考察、规划设计、建设施工、生产运行等各个阶段的技术经济问题的研究，综合发展规划和工程建设项目的技术经济论证与评价等。

水工程项目评价按项目实施过程分为：事前评价（项目的前期评价），该阶段具有预测性、有较大风险和不确定性；事中评价（跟踪评价），该阶段主要是研究原投资决策的正确性；事后评价（项目的后期评价），该阶段用于总结经验、教训。

水工程项目评价按内容可划分为：技术评价，主要研究项目技术、工艺、设备的先进性、可靠性、实用性、可操作性、节能性和环保性等内容；经济评价，即进行财务评价、国民经济评价；社会评价，即对项目是否符合公众利益；其他评价，包括环境影响评价、水土保持评价、地震影响评价、航运影响评价、征地移民动迁影响评价。

水工程项目评价按评价方法可划分为：定量分析法和定性分析法。

本书主要仅涉及水工程技术经济中的水工程经济部分，内容包括工程经济学基础；水工程建设项目估算；水工程建设项目运营费用；水工程经济分析与评价；工程项目财务分析；费用效益分析；价值工程等内容。

5. 水工程经济的作用

由于工程技术具有两重性，即技术性和经济性，对于任何一种技术，在一般的情况之下，都不能不考虑经济效果的问题。而技术的先进性与经济的合理性之间又存在着一定的矛盾。为了保证工程技术很好地服务于社会，最大限度地满足社会的要求，就必须研究在当时、当地的条件下采用哪一种技术才合适的问题。这个问题显然不是单纯的技术先进与否所能够决定的，必须通过经济效果的计算和比较才能解决。

水工程经济是用工程经济学的观点，研究水工程项目的经济性并进行经济评价。包括企业财务评价和国民经济评价，即所谓微观评价和宏观评价。

技术和经济之间也往往有相互制约和相互矛盾的一面。技术的发展要受到经济的制约，这是由于在生产实践中，技术的实现总是要依靠当时、当地的具体条件才能得以实现，包括自然条件、社会条件等。同一种技术在不同的条件下，所带来的经济效果不同；同一条件下，不同的技术，所带来的经济效果亦不同。某种技术在某种条件下体现出较高的经济效果，而在另一种条件下就不一定是这样。可能从远景的发展方向来看，应该采用某种技术，而从近期的利益来看，则需要采用另一种技术。有些技术的应用又往往受到经济条件的限制，例如：城市供水管网供给直饮水、污水的大幅度回用等先进技术之所以未能广泛采用，主要就是由于成本昂贵的问题还未完全解决。又如自动化技术可以提高劳动生产率、节约劳动力和降低生产成本，但在某些地区和某些企业，在一定条件下就不宜广泛采用。

此外，有不少技术，如果单从技术本身来看，都是比较先进的，不过在一定条件下，某一种技术可能是最经济，效果较好，在实践中被采用；而另几种技术可能是不太经济，效果较差，在实践中一时不能采用。但是，随着事物的发展变化，原来不经济的技术可以转化为经济的技术，原来经济的技术也可能转化为不经济的技术。一切先进的技术脱离了它必要的使用条件，并非都是经济合理的。

综上所述，技术和经济既有统一，又有矛盾。为了保证水工程技术很好地服务于经济，最大限度地满足社会的需要，就必须研究在当时、当地的具体条件之下采用哪一种技术才是适合的。这个问题显然不是单单由技术是先进或落后所能够决定的，而必须通过经济效果的计算和比较才能够解决。如何使水工程技术和水工程经济相互适应，寻求技术和经济的合理结合或最佳关系，在实践中求得技术上先进且经济上合理。这就是水工程技术经济的作用。

水工程经济的基本方法是：系统综合、方案论证、效果分析、评价原则是效益最大原则。系统综合是指采用系统分析、综合分析的研究方法和思维方法，对技术的研制、应用与发展进行估计；方案论证是技术经济普遍采用的传统方法，主要是通过一套经济效果指标体系对完成同一目标的不同技术方案的计算、分析、比较；效果分析是通过劳动成果与劳动消耗的对比分析，效益与费用的对比分析等方法对技术方案的经济效果和社会效果进行评价。

具体的分析、论证、评价的方法很多，最常见的有：

（1）决定型分析评价法。它以直观判断为基础，用评价项目和评价标准，使综合评价定量化，并以得分高低判断其优劣。常用的方法有评分法、图形表示法、实数法等。

（2）经济型分析评价法。是以经济观点评价水工程技术方案的优劣，以经济最大化为准则进行选优。常用的方法有效益费用比率法、效益费用现值比较法、内部收益率法、投资回收期法等。

（3）不确定型分析评价法。主要采用盈亏平衡分析、敏感性分析、概率分析等方法来确定可行的技术方案。

（4）比较型分析评价法。它通过对实现同一目标、满足同一技术要求的各种不同技术方案的经济计算、分析比较、论证评价，选出最优方案。

（5）系统分析法。它是把研究对象放在一个系统中进行分析与综合，找出各种可行方案，供决策者选择。分析时应考虑外部条件与内部条件的结合、目前利益与长远利益的结合、局部利益与整体利益的结合、定量分析与定性分析的结合。

（6）价值分析法。通过对水工业产品功能成本的分析，在保证产品达到必要功能的条件下，最大限度地降低产品成本。

（7）可行性分析法。它是对投资决策前进行的预先分析与估计，通过研究比较水工程建设项目的不同方案，确定技术可行和经济合理的界限。

为了使技术工作能不断提高经济效益，如前所述，技术人员在执行国家的技术政策、研制新产品、实施技术改造以及提出和审查各种技术方案时，不仅要考虑技术本身的先进性和可行性，还要考虑经济效益，进行必要的技术经济分析与论证，例如是否符合国家的产业政策，是否符合产业结构和产品结构调整的方向，是否符合市场近期和远期的需求等等，否则，技术的实施将是盲目的，不仅不能带来效益，还会造成浪费和损失。

思 考 题 与 习 题

1. 试述工程技术的含义。
2. 试述工程技术经济学的含义。

3. 水工程技术经济的特点有哪些?

4. 试述水工程经济研究的目的和意义。

5. 试述水工程经济研究的内容。

6. 试述水工程经济研究的基本方法。

第 1 篇
工程经济学基础

第1章 资金的时间价值与投资方案评价

1.1 资金的时间价值

1.1.1 资金时间价值的含义

一笔货币如果作为社会生产的资本或资金，数年之后就会带来利润，使自身得到增加。这种现象被称为货币（或资金或资本）的时间价值（time valve of money），并在实践中被广泛应用于投资决策和企业经营管理。

资金的时间价值又称为资金报酬原理。它是商品经济中的普遍现象，其实质是资金作为生产的一个基本要素，在扩大再生产及其资金流通过程中，资金随时间的推移而产生增值的现象，表现为利息或投资收益。资金的时间价值表明，一定数量的资金，在不同的时点具有不同的价值，资金必须与时间相结合在其流通过程中，才能表现出真正的价值，因此，资金的时间价值是工程经济分析方法中的基本原理。

资金的增值途径随资金投入的方式而呈现差异。人们可以将钱投放于银行，也可以购买各种债券，从而获得利息；也可以购买股票，获取股息和股本增值；还可以直接投资于企业、项目等而获得利润。一般情况下，收益与风险并存，将钱存入银行或购买债券，获利较少，但由于银行平均信誉较高，因而风险较小；若将钱投资于证券市场，买股票，获利一般较银行利息高，但风险也随之增大；此外，若将资金投资办企业等，则收益的多少不仅仅取决于投资者对市场的把握和运作，而且由于许多不确定因素的存在，风险也是不言而喻的。但是，不论资金的投入方式是什么，资金、时间、利率（含利润率）都是获取利益的三个最关键的因素，缺一不可。对我们评价一个投资方案而言，要做出正确的评价，就必须同时考虑这三者及其之间的关系，即必须考虑资金的时间价值。

应当指出，资金的时间价值的含义，并不是指有了货币就会无条件地随着时间推移带来价值增值。一笔货币如果长年贮藏起来，就没有增值可言，仍为同名量的货币，其价值不变，这是货币作为贮藏手段的职能。因此，价值的增值必须基于人们对货币资金的利用，必须投入生产或流通领域，资金的时间价值的大小取决于人们对占有货币资金的利用效果。在我国，随着对外关系的发展，中外合资企业的出现，对西方经济理论的了解，资金的时间价值理论的实用价值也开始为广大经济工作者和不少学者所认识和采纳。特别是在当前社会主义市场经济的改革中，在我国应用这一理论有着一定的现实意义。

资金的时间价值将借助于复利计算来表述。所以本书若无特别说明，均指按复利方式计算获益。必须指出：

在对投资方案进行经济评价时，若考虑了资金的时间价值，则称为动态评价，反之，若不考虑资金的时间价值，则称为静态评价。

1.1.2　利息的种类及计算

假定某人现以 100 元现金存入银行，一年后从银行取出 106 元，比存入金额多出 6 元，则这 6 元就是 100 元存款在一年内所存的利息。所谓利息（interest）是指一定数量的货币值（本金额）在单位时间内的增加额，利息率（interest rate）是指单位时间（通常为 1 年）的利息额（增加额）与本金额之比，一般用百分数表示。

用来表示计算利息的时间单位称为计息周期，简称计息期（interest bearing period）。计息期可以是年、半年、季、月等，本书如未特别指出计息的时间单位时，通常计息期是指按年计息。利息分为单利和复利两种。

1. 单利计息

单利计息（simple interest）是指每期仅按本金（principle，指贷款、存款或投资在计算利息之前的原始金额）计算利息，而本金所产生的利息不再计算利息的一种计息方式，其利息总额与借款时间成正比。设 P 代表本金（principle），n 代表计息期数（number of interest a ccrual period），i 代表利率（interest rate），I 代表所付或所收的总利息，F 代表计息期内的将来值（future value，即本利和），按定义，则有：

$$I = Pni$$
$$F = P + I = P(1 + ni) \tag{1-1}$$

【例 1-1】借款 1000 元，合同规定借期 3 年，年利率为 6%，单利计息，问 3 年后应还的本利和为多少？

【解】　　　$F = P(1 + ni) = 1000 \times (1 + 3 \times 6\%) = 1180$ 元

2. 复利计息

复利计息（compound interest）是指借款人在每期末不支付利息，而将该期利息转为下期的本金，下期再按本利和的总额计息。即不但本金产生利息，而且利息的部分也产生利息。若按复利方式计息，则本利和（F）的计算式可以用式（1-2）表示：

$$F = P(1 + i)^n \tag{1-2}$$

【例 1-2】在［例 1-1］中，改单利计息为复利计息，其他不变，问 3 年后应还本利和为多少？

【解】　　　$F = P(1 + i)^n = 1000 \times (1 + 6\%)^3 = 1191.02$ 元

［例 1-1］、［例 1-2］的计算过程，见表 1-1、表 1-2。

单利计算　　　　　　　　　　　　　　　　单位：元　表 1-1

年 (1)	年初借款 (2)	年末借款 (3)	年末欠款总额 (4) = (2) + (3)	年末偿还总额 (5)
0	1000			
1	1000	1000×6%=60	1060	0
2	1060	1000×6%=60	1120	0
3	1120	1000×6%=60	1180	1180

复利计算　　　　　　　　　　　　　　　　　单位：元　**表 1-2**

年（1）	年初借款（2）	年末借款（3）	年末欠款总额（4）=（2）+（3）	年末偿还总额（5）
0	1000			
1	1000	1000×6%=60	1060	0
2	1060	1060×6%=63.60	1123.60	0
3	1123.60	1123.60×6%=67.42	1191.02	1191.02

从表 1-1、表 1-2 不难看出，同一笔借款，在 i、n 相同的情况下，用复利计算出来的利息金额数比用单利计算出来的利息金额数大。当所借本金越大，利率越高，年数越多时，两者差距就越大。这个差距就是所谓"利生利"的结果。

1.1.3　名义利率与实际利率

通常复利计算中的利率一般指年利率，计息期也以年为单位。但计息期不为一年时也可按上述式（1-2）进行复利计算。

当年利率相同，而计息期不同时，其利息是不同的，因而存在名义利率（nominal interest rate）与实际利率（effective interest rate/real interest rate）之分。实际利率（real interest rate）又称为有效利率，名义利率（nominal interest rate）又称为非有效利率。

【例 1-3】设年利率为 12%，存款额 1000 元，期限为一年，试按：（1）一年 1 次复利计息；（2）一年 4 次按季度 3% 计息；（3）一年 12 次按月 1% 计息，求这三种情况下的本利和。

【解】（1）一年 1 次计息：$F=1000\times(1+12\%)^1=1120$ 元

（2）一年 4 次计息：$F=1000\times(1+3\%)^4=1125.51$ 元

（3）一年 12 次计息：$F=1000\times(1+1\%)^{12}=1126.83$ 元

由此可见：一年中，计息的次数越多，一年末所得的本利和就越多。另外，这里 12%，对于一年 1 次计息来说，既是实际利率又是名义利率；1 次、4 次、12 次称为计息周期数，3% 和 1% 称为周期利率，由上述计算可知：

名义利率=周期利率×每年的计息周期数

若用 r 代表名义利率，i' 代表周期利率，m 代表每年的计息周期数，则 r、i'、m 存在下述关系：

$$r=i'\times m \quad 或 \quad i'=\frac{r}{m} \tag{1-3}$$

通常说的年利率都是指名义利率，如果后面不对计息期加以说明，则表示一年计息一次，此时的年利率也就是年实际利率，或说是年有效利率。

一般地，如果名义利率为 r，现在的 P 元现金在一年中计息 m 次，每次计息的利率为 r/m，根据复利计息的计算公式，P 元资金年末本利和为：

$$F=P\left(1+\frac{r}{m}\right)^m$$

则 P 元资金在一年中产生的利息为：$P\left(1+\frac{r}{m}\right)^m-P$。

根据利率的定义，利息与本金之比为利率，则年实际利率为：

$$i(\text{年实际利率}) = \frac{P\left(1+\dfrac{r}{m}\right)^m - P}{P} = \left(1+\frac{r}{m}\right)^m - 1 \qquad (1\text{-}4)$$

式（1-4）所代表的公式称为离散式复利计息的年实际利率计算公式。所谓离散式复利（discrete type compound）是指按期（年、季、月、日……）计息的方式。

在［例1-3］中(1) 一年1次计息的年实际利率 $i=$ 名义利率 $=12\%$

(2) 一年4次计息的年实际利率 $i=\left(1+\dfrac{12\%}{4}\right)^4 - 1 = 12.55\%$

(3) 一年12次计息的年实际利率 $i=\left(1+\dfrac{12\%}{4}\right)^{12} - 1 = 12.68\%$

显然，计息次数越多，实际利率越大。

1.1.4　连续式复利

按瞬时计息的方式，称为连续式复利（continuous compound interest），在这种情况下，复利可以在一年中按无限多次计算，其年实际利率为：

$$i = \lim_{m \to \infty} \left(1+\frac{r}{m}\right)^m - 1$$

考虑到：$\left(1+\dfrac{r}{m}\right)^m = \left[\left(1+\dfrac{r}{m}\right)^{\frac{m}{r}}\right]^r$

且 $\lim\limits_{m \to \infty} \left(1+\dfrac{r}{m}\right)^{\frac{m}{r}} = e$

所以：$i = \lim\limits_{m \to \infty} \left(1+\dfrac{r}{m}\right)^m - 1 = e^r - 1$。

即，如果复利是连续地计算，则：

$$i(\text{年实际利率}) = e^r - 1 \qquad (1\text{-}5)$$

式（1-5）称为连续式复利计息公式，

式中　e——自然对数的底，$e \approx 2.71828$

例如［例1-3］，若采取连续式计息的方式，则：

$$i(\text{年实际利率}) = e^r - 1 = (2.71828)^{12\%} - 1 = 12.75\%$$

显然，连续式计息方式的年实际利率最大。

说明：(1) 就整个社会而言，资金确实是不停地运动，每时每刻都通过生产和流通在增值，从理论上讲应采用连续复利，但在进行经济评价时，实际应用多为离散式复利的情况。

(2) 在进行投资方案比较时，如果各方案均采用相同的计算期和年名义利率，由于它们计算利息次数不同彼此也不可比，应先将年名义利率化成年实际利率后再进行计算和比较。

1.1.5　现金流量图

在经济活动中，任何工程投资方案的实现过程（寿命期或计算期）总要伴随着现金的流进（收入）与流出（支出）。为了形象地表述现金的变化过程，通常用图示的方法将方案现金流进与流出量值的大小、发生的时点描绘出来，并把该图称为现金流量图（cash flow diagram）。资金的流进（收入）叫现金流入（cash income）；资金的流出（支出）叫现金流出（cash expense）；在计算期内，资金在各年的收入与支出量叫作现金流量（cash flow）；同一时期发生的收入与支出量的代数和叫作净现金流量（net cash flow）。

现金流量图的作法，如图 1-1 所示。

(1) 画一水平射线，将射线分成相等的时间间隔，间隔的时间单位依计息期为准，通常以年为单位，特别情况下可以用半年，季、月等表示。

(2) 射线的起点为零，依次向右延伸。

图 1-1　现金流量图的作法

(3) 用带箭头的线段表示现金流量，其长短表示资金流量的大小；箭头向上的线段表示现金流入（收入），其现金流量为正（＋）；箭头向下的线段表示现金的流出（支出），其现金流量为负（一）。

需要说明的是：现金流量图中现金流入（收入）和现金流出（支出）是相对于立足点而言。另外，有时现金流量图可以简化。

【例 1-4】某人现向银行贷款 2000 元，如果年利率为 12％，复利计息，在第 5 年末归还本利和，试画出相应的现金流量图。

【解】若站在贷款人的角度，则本题所需的现金流量图为图 1-2（a）所示；若站在银行的角度来考虑，其现金流量图则为图 1-2（b）所示。

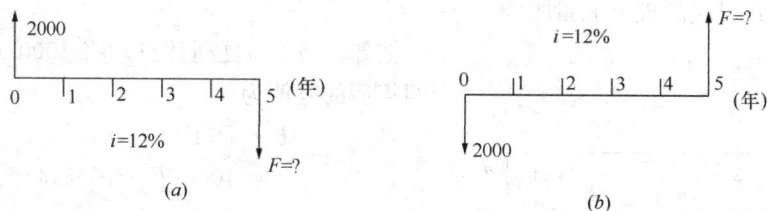

图 1-2　［例 1-4］的现金流量图

1.2　等　值　计　算

1.2.1　等值的含义

如果两个事物的作用效果相同，则称这两个事物是等值的。例如物理学中关于力矩的概念就是等值的好例子，假如有两力矩，一个是由 10N 和 20m 的力臂所组成的；另一个由 20N 和 10m 的力臂组成的，因二者的作用都是 20N·m，所以我们说这两个事物是等值的。

在工程经济分析中，等值（equal value）是一个很重要的概念，货币的等值包括三个因素，金额的大小、金额发生的时间和金额发生时间内的利率大小。货币等值是考虑了资金的时间价值的等值，其含义是：由于利息的存在，因而使不同时点上的不同金额的货币

15

可以具有相同的经济价值。比如，现在借入 100 元，年利率是 12%，一年后要还的本利和为 $100+100\times0.12=112$ 元，因而说，现在的 100 元与一年后的 112 元等值，即实际经济价值相等。

1.2.2　等值计算公式

资金等值在经济分析中是一个非常重要的概念，利用等值的概念，可以把一个时点发生的资金额折算成另一时点的等值金额，这一过程叫资金等值计算。

（1）常用符号

在考虑资金时间价值的计算中，常用以下符号：

P——现值（现在值，present value），即相对于终值的任何较早时间的价值；

F——终值（将来值，future value），即相对于现值的任何以后时间的价值；

A——连续出现在各计息期末的等额支付金额（equal amount value）；

G——每一时间间隔收入与支出的等差变化值（arithmetical gradient value）；

i——每个计息周期的利率（interest rate）；

n——计息周期数（number of interest a ccrual period）。

（2）等值公式（以下若无特别说明均指按复利方式计息）

1）一次支付现值公式和终值公式

假定在时间点 $t=0$ 时的资金现值为 P，并且利率 i 已定，则复利计息的 n 个计息周期后的终值 F 的计息公式为：

$$F = P(1+i)^n \tag{1-6}$$

式（1-6）中的 $(1+i)^n$ 称为：一次支付终值系数，简记为 $(F/P,i,n)$，其值可查附表 1-1 得到，公式对应的现金流量图为：

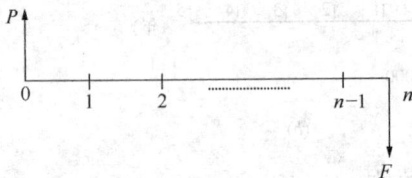

例如，按 6% 复利计息，将 1000 元存入银行，则四年后的终值为：

$$
\begin{aligned}
F &= P(F/P,i,n) \\
&= 1000(F/P,6\%,4) \\
&= P(1+i)^n \\
&= 1000\times(1+6\%)^4 \\
&= 1360.5 \text{ 元}
\end{aligned}
$$

图 1-3　一次支付系列现金流量图

在图 1-3 中，当终值 F 和利率 i 已知时，由式 (1-6)，很容易得到按复利计息的现值 P 的计算公式为：

$$P = F(1+i)^{-n} \tag{1-7}$$

式（1-7）中的 $(1+i)^{-n}$ 称为：一次支付现值系数，简记为 $(P/F,i,n)$ 其值可查附表 1-2 得到。显然式（1-7）与式（1-6）互为倒数关系。

例如，某人按复利 6% 计息，想在 6 年后取出 1000 元，则现在就向银行存入现金：

$P = F(P/F,i,n) = 1000(P/F,6\%,4) = F(1+i)^{-n} = 1000(1+6\%)^{-6} = 705$ 元

说明：将未来的金额依据某个利率按复利计息折算成现值，叫作"折现（discounting）"，而这个利率称为"折现率（discountrate）"或"贴现率"。

2）等额支付系列终值公式和积累基金公式

在工程经济的研究中，常常需要求出连续在若干期的期末支付等额的资金 A，最后所积累起来的资金为多少。这种财务情况可用图 1-4 表示，假定利率为 i，则第 n 年年末积累的资金即终值 F 为：

$$F = A(1+i)^0 + A(1+i)^1 + \cdots + A(1+i)^{n-1}$$

图 1-4　等额支付系列 $(F、i、A、n)$ 现金流量图

以 $(1+i)$ 乘上式，可得：

$$F(1+i) = A(1+i)^1 + A(1+i)^2 + \cdots + A(1+i)^n$$

减去前式，整理得：

$$F = A\frac{(1+i)^n - 1}{i} \tag{1-8}$$

式 (1-8) 称为等额支付系列终值公式，式中 $\dfrac{(1+i)^n - 1}{i}$ 简记为 $(F/A，i，n)$，称为等额支付系列终值系数，其值可以查附表 1-3 求得。

例如：某人从参加工作开始准备每年存入银行 600 元，年利率为 6%，那么此人第十年年末一共可从银行提取金额为：

$$F = A(F/A,i,n) = 600(F/A,6\%,10) = 600 \times 13.1808 = 7908.48 \ \text{元}$$

与式 (1-8) 相反，如果某人为了能在第 n 年末筹集到一笔钱 F，按年利率 i 计算，从现在开始，每年连续等额存款，各年必须存储多少？

若将式 (1-8) 变换，则可以得到等额支付系列积累基金公式：

$$A = F\frac{i}{(1+i)^n - 1} \tag{1-9}$$

式 (1-9) 中，$\dfrac{i}{(1+i)^n - 1}$ 叫作等额支付系列积累基金系数，通常用 $(A/F，i，n)$ 表示，其值可以计算得到，也可查附表 1-4 而得，其现金流量如图 1-4 所示。

例如，某人为了在 5 年后拥有 10 万元钱，以便能购买一套单位的集资房，年利率按 6% 计算，问此人从现在起平均每年应向银行存款的金额为：

$$A = F(A/F,i,n) = 10(A/F,6\%,5) = 10 \times 0.1774 = 1.7740 \ \text{万元 / 年}$$

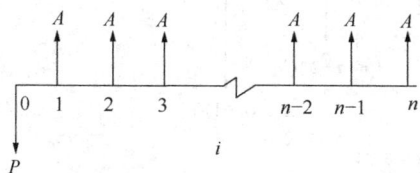

图 1-5　等额支付系列 $(P、A、i、n)$ 的现金流量图

3）等额支付系列资金恢复公式和现值公式

某人以年利率 i 存入资金 P，他要在今后 n 年内连本带息在每年年末以等额资金 A 的方式取出，这一情况可用图 1-5 表示。

由式 (1-6) 和式 (1-9)，即由 $F = P(1+i)^n$ 和 $A = F\dfrac{i}{(1+i)^n - 1}$ 有：

$$A = P\frac{i(1+i)^n}{(1+i)^n - 1} \tag{1-10}$$

式 (1-10) 称为等额支付系列资金恢复公式，式中 $\dfrac{i(1+i)^n}{(1+i)^n - 1}$ 称为等额支付系列资金恢复系数，记为 $(A/P，i，n)$，其值可计算也可查附表 1-5 而得。

例如，某同学上大学时，家里为其一次性存入银行 4 万元，假定利率为 5%，则该同

学在大学 4 年期间，每年年末可以从银行取出的资金为：

$$A = P(A/P,i,n) = 4(A/P,5\%,4) = 4 \times \frac{5\%(1+5\%)^4}{(1+5\%)^4 - 1} = 1.128 \text{ 万元}$$

或 $A = 4(A/P, 5\%, 4) = 4 \times 0.2820 = 1.128$ 万元

与式（1-10）相反，若按年利率 i 计算，为了能在今后几年内，每年年末获取相等金额 A 的收入，那么，现在必须投资的金额可用式（1-11）计算。

$$P = A\frac{(1+i)^n - 1}{i(1+i)^n} \tag{1-11}$$

式（1-11）称为等额支付系列现值公式，式中 $\frac{(1+i)^n - 1}{i(1+i)^n}$ 称为等额支付系列现值系数，简化为 $(P/A, i, n)$，其值可查附表 1-6 得到。

例如：按年利率 6% 计算，若水厂为了能在今后 5 年中每年年末提取 100 万元的资金，用于设备开发研究，则现在应存入银行的资金为：

$$P = 100(P/A, 6\%, 5) = 100 \times 4.2124 = 421.24 \text{ 万元}$$

4）均匀梯度系列公式

均匀梯度系列是一种等额增加或减少的现金流量系列。换句话说，这种现金流量系列的收入或支出每年以相同的数量发生变化。例如设备的维修费用，往往随设备的陈旧程度而逐年增加。这类逐年上升的费用，虽然并不严格地按线性规律变化，但可根据多年资料，整理成梯度系列的简化计算。

若用 G 代表收入或支出的年等差变化值，有一均匀梯度变化现金流量系列如图 1-6 所示，假定 A_1 和 G 为已知，则求与其等值的现值的公式可按下述方法推导。

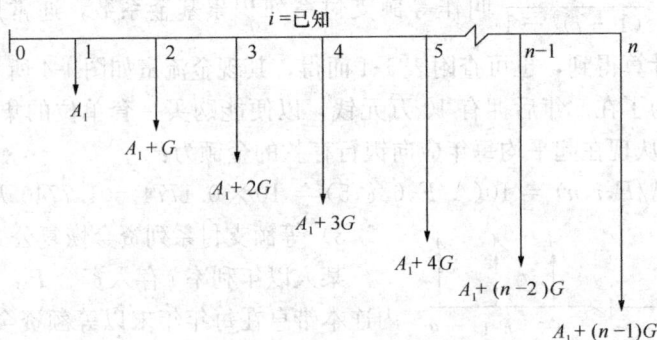

图 1-6　均匀梯度现金流量系列

我们先把图 1-6 所示的均匀梯度现金流量系列分解为如图 1-7 所示的两个现金流量系列，一个系列为自第 1 年年末起每年年末发生等额金额 A_1，另一个系列为从第 2 年年末起发生金额 G，以后每年增加数额 G。

由图 1-7（a）的现金流量的等值现值为：

$$P_1 = A_1\left[\frac{(1+i)^n - 1}{i(1+i)^n}\right]$$

而图 1-7（b）的等值现值为：

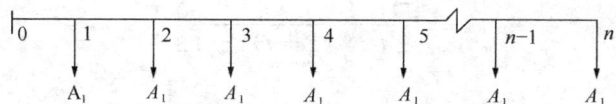

$A_1 = 已知$

(a)

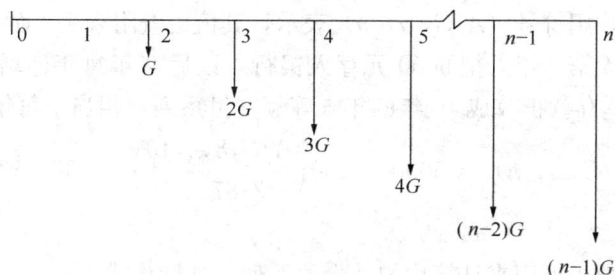

(b)

图 1-7　均匀梯度现金流量系列分解

$$P_2 = \frac{G}{(1+i)^2} + \frac{2G}{(1+i)^3} + \frac{3G}{(1+i)^4} + \cdots + \frac{(n-2)G}{(1+i)^{n-1}} + \frac{(n-1)G}{(1+i)^n}$$

$$= G\left[\frac{1}{(1+i)^2} + \frac{2}{(1+i)^3} + \frac{3}{(1+i)^4} + \cdots + \frac{n-2}{(1+i)^{n-1}} + \frac{n-1}{(1+i)^n}\right]$$

上式两边乘 $(1+i)$，再与其相减后，整理可得：

$$P_2 = \frac{G}{i}\left[\frac{(1+i)^n - 1}{i(1+i)^n} - \frac{n}{(1+i)^n}\right]$$

于是：

$$P = P_1 + P_2 = A_1\left[\frac{(1+i)^n - 1}{i(1+i)^n}\right] + \frac{G}{i}\left[\frac{(1+i)^n - 1}{i(1+i)^n} - \frac{n}{(1+i)^n}\right] \tag{1-12}$$

或：　　　$= A_1(P/A, i, n) + G(P/G, i, n)$

式（1-12）称为均匀梯度增加系列现值公式，式中 $\frac{1}{i}\left[\frac{(1+i)^n - 1}{i(1+i)^n} - \frac{n}{(1+i)^n}\right]$ 或

$\left[\frac{(1+i)^n - in - 1}{i^2(1+i)^n}\right]$ 称为均匀梯度系列现值系数，用符号 $(P/G, i, n)$ 表示。

把均匀梯度系列现值公式（1-12）两边同乘以一次支付终值系数 $(1+i)^n$，则可得到均匀梯度系列终值公式：

$$F = A_1\left[\frac{(1+i)^n - 1}{i}\right] + \frac{G}{i}\left[\frac{(1+i)^n - 1}{i} - n\right] \tag{1-13}$$

式中 $\frac{1}{i}\left[\frac{(1+i)^n - 1}{i} - n\right]$ 称为均匀梯度系列终值系数，用符号 $(F/G, i, n)$ 表示。

因此式（1-13）也可记为：$F = A_1(F/A, i, n) + G(F/G, i, n)$

若要将图 1-6 的均匀梯度现金流量系列换成等值等额系列支付 A，则可先求图 1-7 (b) 的等值等额系列支付 A_2。

$$A_2 = \frac{G}{i}\left[\frac{(1+i)^n - 1}{i(1+i)^n} - \frac{n}{(1+i)^n}\right] \cdot \left[\frac{i(1+i)^n}{(1+i)^n - 1}\right]$$

19

$$= G\left[\frac{1}{i} - \frac{n}{(1+i)^n - 1}\right]$$

于是：

$$A = A_1 + A_2 = A_1 + G\left[\frac{1}{i} - \frac{n}{(1+i)^n - 1}\right] \tag{1-14}$$

式（1-14）称为均匀梯度系列等值年度费用公式，$\left[\frac{1}{i} - \frac{n}{(1+i)^n - 1}\right]$ 称为均匀梯度系列年度费用系数，用符号 $(A/G, i, n)$ 表示，其值可查附表 1-7 而得，也可计算而得。

例如：假定某人第一年末把 5000 元存入银行，以后 9 年每年递增存款 100 元，如年利率为 8%，若这笔存款折算成 10 年的年末等额支付系列，相当于每年存入：

$$A = A_1 + (A/G, i, n) = 5000 + 100\underset{3.8713}{\left(A/G, 8\%, 10\right)} = 5387.13 \text{ 元/年，每年存入}$$

5387.13 元。

说明：梯度系数也可用来计算均匀减少的系列，其计算式为：

$$A = A_1 - A_2 = A_1 - G\left[\frac{1}{i} - \frac{n}{(1+i)^n - 1}\right] = A_1 - (A/G, i, n)$$

例如某人第一个年末存入 1000 元，以后 5 年每年递减 200 元，如年利率为 9%，则相当于这个系列的年末等额支付为：

$$A = A_1 - (A/G, i, n) = 1000 - 200\underset{3.2498}{\left(A/G, 9\%, 6\right)} = 550.04 \text{ 元/年}$$

5）运用等值公式计算时，应注意以下几点：

① 对于实施方案的建设投资，假定发生在方案的每个计息期（年）初；

② 方案实施过程中的经常性支出，假定发生在每个计息期（年）末；

③ 本年的年末即是下一年的年初；

④ P 是在当前年度开始时发生；F 是在当前以后的第 n 年年末发生；A 是在考察期间各年年末发生，当问题包括 P 和 A 时，系列的第一个 A 是在 P 发生一年后的年末发生；当问题包括 F 和 A 时，系列的最后一个 A 是和 F 同时发生。

⑤ 均匀梯度系列中，第一个 G 发生在系列的第二年年末。

1.2.3　计息期与收付期相同的计算

1. 计息期为一年的等值计算

计息期为一年时，实际利率与名义利率相同，利用等值计算公式可以直接进行等值计算。

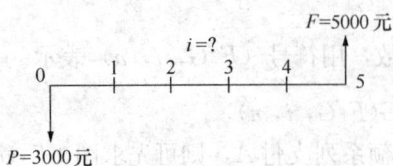

【例 1-5】现金流量图如图 1-8 所示，试求 i。

【解】$P = F(P/F, i, n)$

$$3000 = 5000(P/F, i, 5)$$

$$(P/F, i, 5) = \frac{3000}{5000} = 0.6000$$

图 1-8

查附表 1-2 可知，当 $n = 5$ 时，$(P/F, i, 5)$ 为 0.6000 的 i 值应在 10% 与 11% 之间，即从 10% 的表上查到 0.6209，从 11% 的表上查到

0.5935，然后用直线内插法可得：

$$i = 10\% + \left(\frac{0.6209 - 0.6000}{0.6209 - 0.5935}\right)(11\% - 10\%) = 10.76\%$$

2. 计息期小于一年的等值计算

计息期小于一年时，实际利率与名义利率不相同，此时要先求出计息期的实际利率后，再利用等值计算公式进行计算。

【例 1-6】年利率为 12%，每季度计息一次，从现在起连续 3 年每季度末支付 100 元的等额支付，问与其等值的第 3 年年末的将来值为多少？

【解】先求出每计息期的实际利率：

$$i = \frac{12\%}{4} = 3\%$$

$n = (3 \text{ 年}) \times (\text{每年 4 期}) = 12 \text{ 期}，$

现金流量图如图 1-9 所示。

由 $F = A\frac{(1+i)^n - 1}{i}$ 有

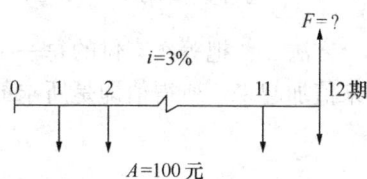

图 1-9　例 1.6 现金流量图

$F = 100 \times \frac{(1 + 3\%)^{12} - 1}{3\%} = 1419.20$ 元，（也可由 $F = (F/A, i, n)$，查附表 1-3 求得，略）。

1.2.4　计息期与收付期不相同的计算

计息期与收付期不相同的等值计算，通常的办法是将其转化，使计息期与收付期相同后再利用等值公式进行计算。

1. 计息期短于收付期

【例 1-7】按年利率 12%，每季度计息一次，从现在起连续 3 年的等额年末借款为 1000 元，问与其等值的第 3 年年末的借款金额为多少？

分析：其现金流量如图 1-10 所示。

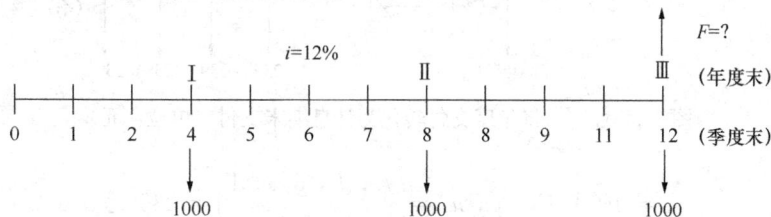

图 1-10　按季计息年度支付的现金流量图（单位：元）

【解】本例可理解为：每年向银行借一次，支付期为 1 年，年利率为 12%，每季度计息一次，计息期为一个季度，属于计息期短于支付期。由于利息按季度计算，而支付在年底。这样，计息期末不一定有支付，所以例题不能直接采用等值公式计算，而要进行一定的转化，使它符合等值公式要求，具体解法有以下三种：

方法一：先求出支付期的实际利率，本例的收付期为一年，然后以一年为基础进行计算。其现金流量图如图 1-11（a）所示。

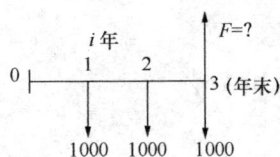

图 1-11 (a)

$$i(年实际利率) = \left(1 + \frac{r}{m}\right)^m - 1$$

$$= \left(1 + \frac{0.12}{4}\right)^4 - 1$$

$$= 12.55\%$$

由此可得：$F = A(F/A, i, n)$

$$= 1000 \times (F/A, 12.55\%, 3)$$

$$= 1000 \times 3.3293 = 3392 元$$

（也可直接用 $F = A\dfrac{(1+i)^n - 1}{i}$ 代值计算而得，略）

方法二：把等额支付的每一个支付看作为一次支付，求出每个支付的将来值，然后把将来值加起来，所得值即是所求的等额支付的实际值。现金流量图如图 1-11 (b) 所示。

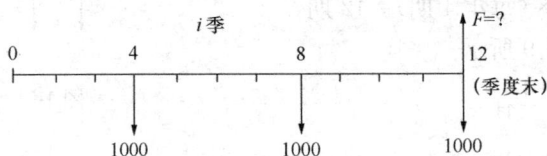

图 1-11 (b)

计息期的实际利率为：$i_季 = \dfrac{r}{m} = \dfrac{12\%}{4} = 3\%$

$$F = 1000(F/P, 3\%, 8) + 1000(F/P, 3\%, 4) + 1000(F/P, 3\%, 0) = 3392 元$$

上式中，第一项代表第 1 年年末借的 1000 元将计息 8 次；第二项代表第 2 年年末借的 1000 元将计息 4 次，最后一次代表第 3 年年末借 1000 元，计息次数为 0 次。

方法三：取一个循环周期（第 I 年为例），使这个周期的年末支付转变成等值的计息期的等额支付系列，其现金流量图如图 1-11 (c) 所示。

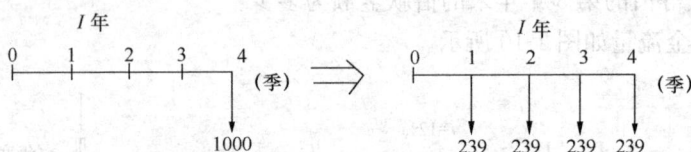

图 1-11 (c) 将年度支付转化为计息期末支付（单位：元）

$$A = F(A/F, i_季, n) = \left(\begin{matrix} A/F, 3\%, 4 \\ 0.2390 \end{matrix}\right) = 239 元$$

式中 $r = 12\%$，$m = 4$，$i_季 = \dfrac{12\%}{4} = 3\%$

经过转化后，计息期和收付期完全重合，可直接利用等值公式进行计算，并适用于后两年。这样图 1-10，可用图 1-12 取代。

由 $F = A(F/A, i, n)$ 可得：

$$F = 239\left(\begin{matrix} F/A, 3\%, 12 \\ 14.192 \end{matrix}\right) = 3392 元$$

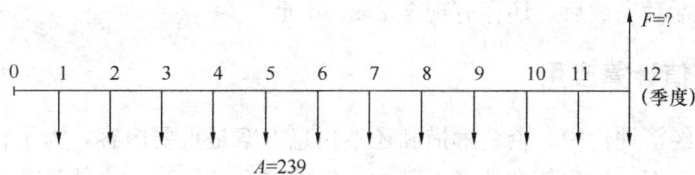

图 1-12　经转变后计息期与支付期重合（单位：元）

综上，通过三种方法计算表明，按年利率 12%，每季度计息一次，从现在起连续 3 年的 1000 元等额年末借款与第 3 年年末的 3392 元等值。

2. 计息期长于收付期

计息期长于收付期的等值计算，通常按如下规定进行处理：存款必须存满一个计息期时才计算利息，这就是说，在计息期间存入（或借入）的款项在该期不计算利息，要到下一期才计算利息。因此，计息期间的存款或借款应放在期末，而计息期间的提款（或还款）应放在期初。

【例 1-8】假定有某项财务活动，其现金流量如图 1-13 所示，试求出按季度计息的等值将来值为多少（假定年利率为 8%）。

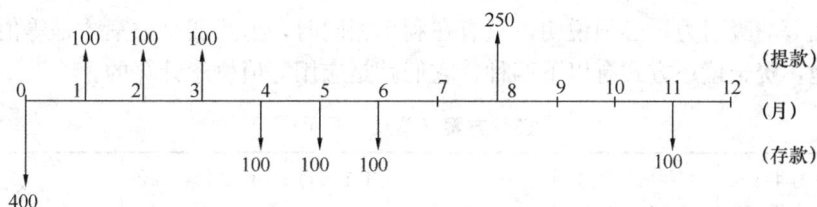

图 1-13　某项财务活动的现金流量图（单位：元）

【解】按照计息期长于收付期的等值计算处理原则，图 1-13 可以加以整理，得到等值的现金流量图，如图 1-14 所示。

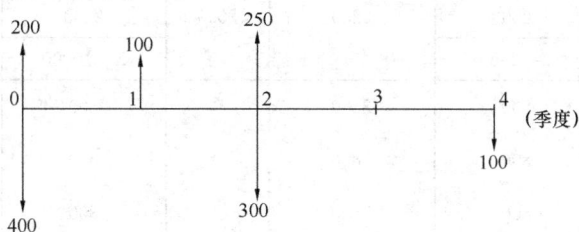

图 1-14　按季度计息整理后的现金流量图（单位：元）

因为年利率为 8%，所以 $i_{季} = \dfrac{r}{m} = \dfrac{8\%}{4} = 2\%$

由于此题是存款多，提款少，故我们可以假定存入为正，取出为负，则按季度计息的等值将来值为：

$$F = (400 - 200)(F/P, 2\%, 4) - 100(F/P, 2\%, 3) + (300 - 250)(F/P, 2\%, 2) + 100$$

$$= 200(1.082) - 100(1.061) + 50(1.040) + 100$$

$$= 262.30 \text{ 元}$$

即：该财务活动完成后，还存有现金 262.30 元。

1.2.5　等值计算应用

在建设项目经济评价中，资金筹措和还本付息方案是重要内容，为了科学地决策，必须制订资金偿还方案，供比较和选择，其中，等值概念及计算方法是关键。

【例 1-9】 某企业两年前有资金 50 万元，积压了两年未发挥作用，如果按 10％ 年利率复利计息来考虑资金的时间因素。问，相当于现在损失了多少资金？

【解】 因为现在与两年前 50 万元等值的金额为：

$$50（1+0.1）^2=60.5 \text{ 万元}$$

所以，资金积压两年未用，相当于损失 60.5−50＝10.5 万元。

【例 1-10】 某大型水厂为了扩大水处理规模，向银行借款 8000 万元，年利率 10％，还款期 4 年，请设计其还款方式。

【解】 根据等值概念，现制订四种还款方式（见表 1-3），则该厂可根据自身的实际情况采用其中任一种还款方案。

表 1-3 中，四个还款方案，不但相互等值，而且与 8000 万元现款等值，因此，四个方案具有相等的吸引力。必须说明，只有在利率相同时，上述四个方案才是等值的。

一般地，资金偿还方式有以下四种，它们就是应用等值概念计算的。

还款方案（单元：万元）　　　　　　　　　　　　　　表 1-3

方案	年 (1)	每年年初欠款(2)	该年所欠利息 (3)＝10％×(2)	年终欠款 (4)＝(2)+(3)	本金支付 (5)	年终付款总额 (6)＝(3)+(5)	现金流量图
（一）等额本金法	1	8000	800	8800	2000	2800	
	2	6000	600	6600	2000	2600	
	3	4000	400	4400	2000	2400	
	4	2000	200	2200	2000	2200	
			Σ=2000			Σ=10000	
（二）等额利息法	1	8000	800	8800	0	800	
	2	8000	800	8800	0	800	
	3	8000	800	8800	0	800	
	4	8000	800	8800	8000	8800	
			Σ=3200			Σ=11200	
（三）等额年金法	1	8000	800	8800	1724	2524	
	2	6276	628	6904	1896	2524	
	3	4380	438	4818	2086	2524	
	4	2294	230	2524	2294	2524	
			Σ=2096		Σ=8000	Σ=10096	

续表

方案	年(1)	每年年初欠款(2)	该年所欠利息(3)=10%×(2)	年终欠款(4)=(2)+(3)	本金支付(5)	年终付款总额(6)=(3)+(5)	现金流量图
（四）一次性偿还	1	8000	800	8800	0	0	
	2	8800	880	9680	0	0	
	3	9680	968	10648	0	0	
	4	10648	1065	11713	8000	11713	
			Σ=3713		Σ=8000	Σ=11713	

（1）等额本金法：每期归还等额本金并支付应付的利息，每期归还的利息因贷款总额递减而递减。如［例1-10］的方案（一）还款方式。

（2）等额利息法：每期只归还利息，因借款总额不变，所以利息是等额的，本金在最后一年一次还清。如［例1-10］的方案（二）还款方式。

（3）等额年金法：每年归还等额的本利和，其中还本额逐期递增，付息额逐期递减，其和不变。如［例1-10］方案（三）还款方式。

（4）一次性偿还：全部本金及利息在最后一期一次还清。如［例1-10］中方案（四）还款方式。以上四种还本付息方式的计算公式见表1-4。

还本付息计算公式　　　　　　　　　　　　　　　表1-4

方　法	I_m	P_m
等额本金法	$\left[P_0-\dfrac{P_0}{n}(m-1)\right]\cdot i$ $m=1,2,\cdots,n$	$\dfrac{P_0}{n}$ $m=1,2,\cdots,n$
等额利息法	$P_0\cdot i$ $m=1,2,\cdots,n$	$P_m\begin{cases}0 & m=1,2,\cdots(n-1)\\ P_0 & m=n\end{cases}$
等额年金法	$P_0\dfrac{i\cdot\left[(1+i)^n-(1+i)^{m-1}\right]}{(1+i)^n-1}$ $m=1,2,\cdots,n$	$P_0\left[\dfrac{i(1+i)^{m-1}}{(1+i)^n-1}\right]$ $m=1,2,\cdots,n$
一次性偿还	\multicolumn{2}{c}{$I_m+P_m=\begin{cases}0 & m=1,2,\cdots,(n-1)\\ P_0(1+i)^n & m=n\end{cases}$}

表中符号意义如下：

I_m——第m年利息额；P_m——第m年本金额；P_0——贷款总额；n——贷款期限；i——利率。

1.3　投资方案评价的主要判据

任何一个工程项目或任何一个工程技术方案都可以将它们看作是一种投资方案。对于某一个投资方案而言，仅仅靠技术上可行是不够的，还必须作经济上是否合理的判断，只有技术上可行，经济上又合理的投资方案，才能得以实施。判断方案经济可行性的判据常见的有：投资回收期、投资收益率、净现值、将来值、年度等值，内部收益率和动态投资回收期等等。

1.3.1 投资回收期、投资收益率

假如有一个供水工程项目，估算该项目需要投资 800 万元人民币，作为投资人来说，他最关心的问题除了项目的技术上可行性之外，就是该项目何时能回收成本的问题，这"何时回收成本"实际上就是用回收期来评价投资方案。所谓投资回收期（pay back period of investment）是指投资方案所产生的净现金收入补偿全部投资需要的时间长度（通常以"年"为单位表示），是反映项目投资回收能力的重要指标。投资回收期的计算开始时间有两种，一种是从出现正现金流量的那年算起，另一种是从投资开始时（0 年）算起，本书如未特别说明，均指按后一种方法计算。

如用 P 代表投资方案的原始投资，CF_t 代表在时间 t 时发生的净现金流量，则投资回收期就是满足下列公式的 P_t 的值。

$$\sum_{t=0}^{P_t} (CI - CO)_t = 0 \quad 或 \quad \sum_{t=0}^{P_t} CF_t = 0 \tag{1-15}$$

式中　　P_t——投资回收期；

　　　　CI——现金流入量；

　　　　CO——现金流出量；

$(CI-CO)_t$——第 t 年的净现金流出量，$(CI-CO)_t = CF_t$。

特别地，若 P 一次性地发生在期初（0 年），且以后每年的净收益相同 $CF_t = A$，则：

$$P_t = \frac{P}{A} \tag{1-16}$$

实际工程中，投资回收期通常按式（1-17）计算：

$$投资回收期 = \left[\begin{array}{c}累计净现金流量开始\\出现正值的年份数(m)\end{array}\right] - 1$$

$$+ \frac{上年(m-1)累计净现金流量绝对值}{当年(m)净现金流量} \tag{1-17}$$

当投资回收期 P_t 小于或等于基准投资回收期 P_c 时，说明投资方案的经济性较好，方案是可取的；反之，如 P_t 大于 P_c 时，则说明方案的经济性较差，方案不可取。所谓基准投资回收期（criterion payback peiod）是指按国家或行业部门规定的，投资项目必须达到的回收期标准，用 P_c 表示。

投资回收期这个评价指标的优点是比较清楚地反映出投资回收的能力和速度。投资回收期短，也就是资金占用的周期短，资金周转快，经济效果较好。它的不足是没有考虑投资回收期以后的收益情况。

与投资回收期等效的另一种判据是投资收益率，其定义为方案每年获得的净收益 A 与原始投资 P 之比，用 E 表示。它反映了项目投资支出所能取得的盈利水平，是一个评价投资项目经济效益的综合性指标，其计算式为：

$$E = \frac{A}{P} \tag{1-18}$$

由　$P_t = \dfrac{P}{A}$

显然有：$E = \dfrac{1}{P_t}$ 或　$P_t = \dfrac{1}{E}$

采用投资收益率（rate of return on investment）进行投资方案评价时，也应将计息所得的结果与本项目所在部门或行业的基准投资收益率 E_c 进行比较：当 $E \geqslant E_c$ 时，方案经济性较好，则方案可取；反之，方案不可取。

【例 1-11】今拟投资 800 万元建一个供水工程项目，估计每年可获得 60 万元的净收入，假定方案的基准回收期为 15 年，问该投资方案收益率是多少？投资回收期为多少？投资是否可取？

【解】由 $E = \dfrac{A}{P}$，有 $E = \dfrac{60}{800} = 7.5\%$

又由 $P_t = \dfrac{P}{A} = \dfrac{1}{E}$，得：$P_t = \dfrac{P}{A} = \dfrac{1}{7.5\%} = 13.3$ 年 $< P_c = 15$ 年

由于本投资方案的投资回收期为 13.3 年，小于同行业规定的基准投资回收期 15 年，说明该项目经济性较好，该方案可取。

【例 1-12】求图 1-15 所示的三个投资方案的投资回收期。

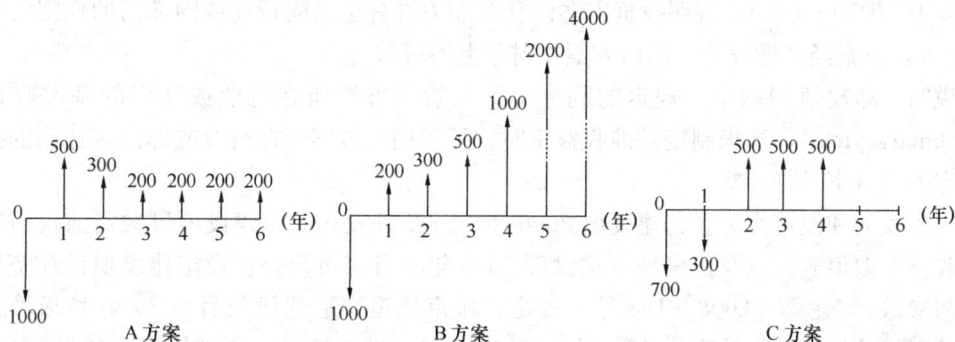

图 1-15　[例 1-12] 的 A、B、C 三方案现金流量图

【解】由定义：A 方案 $\sum\limits_{t=0}^{3} CF_t = -1000 + 500 + 300 + 200 = 0$　　$\therefore P_t = 3$ 年

　　　　　　B 方案 $\sum\limits_{t=0}^{3} CF_t = -1000 + 200 + 300 + 500 = 0$　　$\therefore P_t = 3$ 年

　　　　　　C 方案 $\sum\limits_{t=0}^{3} CF_t = -700 - 300 + 500 + 500 = 0$　　$\therefore P_t = 3$ 年

说明：本例中三个方案的投资回收期均为 3 年，但从现金流量图中不难看出，尽管它们的投资回收期相同，但经济效果却差别较大，究竟哪一个方案更好呢？这个问题属于多个方案优选的问题，我们将在 1.4 节中加以介绍。

1.3.2　现值、终值及年度等值

投资方案经济评价种类繁多，如果按照是否考虑资金的时间价值来划分，则可以分为

静态评价方法和动态评价方法。凡是没有考虑资金的时间价值，如前面学过的投资回收期和投资收益率的评价方法属于静态方法，凡考虑资金的时间价值的评价方法就属于动态评价方法，常见的有：净现值、将来值、年度等值以及内部收益率等。一般来说，只有考虑了资金的时间价值，经济评价才是合理的，但是静态评价方法仍有运用的必要。例如当投资方案比较简单，服务年限较短，或在对方案进行粗略分析时，用静态的评价方法可使计算简便而具有一定的适用性。

1. 净现值

净现值（net present value）简称现值。净现值的经济含义是指任何投资方案（或项目）在整个寿命期（或计算期）内，把不同时间上发生的净现金流量，通过某个规定的利率 i，统一折算为现值（0年），然后求其代数和。这样就可以用一个单一的数字来反映工程技术方案（或项目）的经济性。

若假定方案的寿命期为 n，净现金流量为 CF_t（$t=0$，1，2，$\cdots$，n），净现值为 $NPV(i)$，那么，按净现值的经济含义，可得净现值法判据的计算公式如下：

$$NPV(i) = \sum_{t=0}^{n} CF_t (1+i)^{-t} = \sum_{t=0}^{n} (CI - CO)_t (1+i)^{-t} \tag{1-19}$$

如果 $NPV(i_c) \geqslant 0$，说明投资方案的获利能力达到了同行业或同部门规定的利率 i_c 的要求，方案经济性较好，因而在财务上是可以考虑接受的。

如果 $NPV(i_c) < 0$，说明投资方案的获利能力没有达到同行业或同部门的规定的利率 i_c 的要求，方案经济性较差，因而方案在财务上不可取。

说明：净现值判据中"规定的利率 i_c"一般指方案所在行业或部门的基准收益率（benchmark yield），当未制定基准收益率时，可采用该方案所在行业或部门应达到的某一个设定的收益率进行判断。

国家发展和改革委员会、建设部 2006 年 7 月 3 日发布的《建设项目融资前税前财务基准收益率取值表》以及住房城乡建设部 2008 年 9 月《市政公用设施建设项目经济评价方法与参数》（建标［2008］163 号）规定，城市轨道交通建设项目为 3%，垃圾堆肥工艺、填埋工艺以及综合处理为 4%，污水处理项目、供热项目、垃圾焚烧工艺为 5%，供水项目、燃气项目为 6%，天然气项目、液化石油气项目为 8%。

一般地说，项目财务基准收益率的确定应考虑项目融资成本、风险因素和投资者对项目效益的最低期望值三个因素。

【例 1-13】 有一个投资方案，其现金流量见表 1-5，用净现值法对该方案进行经济评价。

净现值法评价方案 单位：元　　$i_c = 10\%$　　　　　表 1-5

年末（t）	收入	支出	净现金流量（CF_t）=收入（CI）－支出（CO）
0	0	−5000	−5000
1	4000	−2000	2000
2	5000	−1000	4000
3	0	−1000	−1000
4	7000	0	7000

【解】 依照题意，作出相应的净现金流量图，如图 1-16 所示。

由净现值判据公式（1-19）：

$$NPV(10\%) = \sum_{t=0}^{n} (CI - CO)_t (1 + i)^{-t}$$

可得：

$$
\begin{aligned}
NPV(10\%) &= -5000 + 2000(1 + 10\%)^{-1} + 4000(1 + 10\%)^{-2} \\
&\quad - 1000(1 + 10\%)^{-3} + 7000(1 + 10\%)^{-4} \\
&= 4154 \text{ 元} > 0
\end{aligned}
$$

因为 $NPV(10\%) > 0$，说明该投资方案在 10% 的利率条件下经济性较好，故方案可考虑接受。

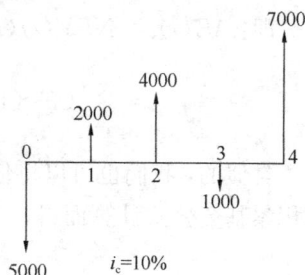

图 1-16

2. 将来值（终值）

将来值简称终值（future value）。将来值的经济含义是指任何投资方案（或项目）按部门或行业规定的利率（通常取基准收益率 i_c 或设定的某一个收益率），在整个寿命期（或计算期）内将各年的净现金流量折算到投资活动结束（终点）时的终值之代数和。

将来值用 $NFV(i)$ 表示，是反映项目在寿命期（或计算期）内获利能力的又一个动态评价指标，它和净现值判据是等价的。

按定义，将来值法判据的计算公式如下：

$$NFV(i) = \sum_{t=0}^{n} CF_t (1 + i)^{n-t} = \sum_{t=0}^{n} (CI - CO)_t (1 + i)^{n-t} \tag{1-20}$$

式中

$NFV(i)$——代表将来值（终值）。

如果 $NFV(i_c) \geq 0$，说明项目的获利能力达到或超过了同行业或同部门规定的收益率 i_c 要求，因而在财务上是可以考虑接受的；反之，则不能接受。

【例 1-14】 求 ［例 1-13］ 所示现金流量表示的投资方案，在 $i_c = 10\%$ 下的将来值，并进行经济评价。

【解】 由将来值判据公式（1-20）：$NFV(i) = \sum_{t=0}^{n} CF_t (1 + i)^{n-t}$

有：
$$
\begin{aligned}
NFV(10\%) &= -5000(1 + 10\%)^4 + 2000(1 + 10\%)^3 + 4000(1 + 10\%)^2 \\
&\quad - 1000(1 + 10\%)^1 + 7000(1 + 10\%)^0 \\
&= 6080 \text{ 元} > 0
\end{aligned}
$$

因为 $NFV(10\%) > 0$，说明该投资方案在 10% 的利率条件下，经济性较好，因而从财务上考虑该方案可以接受。

3. 年度等值

和净现值判据等价的另一个判据是年度等值（annual equivalent），年度等值用 $AE(i)$ 来表示，它是指把投资方案（或项目）寿命期（或计算期）内各年的净现金流量按其所在部门或行业某一规定的利率（一般是其基准收益率 i_c 或某一个设定的收益率）折算成与其等值的各年年末的等额支付系列，这个等额的数值称为年度等值。

根据前面等值计算公式，不难发现，任何一个投资方案的净现金流量可以先折算成净现值，然后用等额支付系列资金恢复公式即可求得年度等值 $AE(i_c)$。

即：$AE(i) = NPV(i)(A/P, i, n)$

$$= \sum_{t=0}^{n} CF_t (1+i)^{-t} \left[\frac{i(1+i)^n}{(1+i)^n - 1} \right] \qquad (1\text{-}21)$$

类似的，我们也可以将任何一个投资方案的净现金流量折算成将来值，用等额支付系列积累基金公式计算而得，即：

$$AE(i) = NFV(i)(A/F, i, n) = \left[\sum_{t=0}^{n} CF_t (1+i)^{n-t} \right] \left[\frac{i}{(1+i)^n - 1} \right] \qquad (1\text{-}22)$$

无论采用公式（1-21）还是采用公式（1-22），当 $AE(i) \geqslant 0$ 时，说明方案的经济性较好，因而从财务上投资可考虑接受。反之，则不能考虑。

【例 1-15】求［例 1-13］表 1-5 所示的方案的年度对值，并进行经济评价。

【解】由 $AE(10\%) = NPV(10\%)(A/P, 10\%, 4)$

$$= 4154 \begin{pmatrix} A/P, 10\%, 4 \\ 0.3155 \end{pmatrix}$$

$$= 1311 \, 元$$

或由 $AE(i_c) = NFV(i_c)(A/F, i_c, n) = 6080 \begin{pmatrix} A/F, 10\%, 4 \\ 0.2155 \end{pmatrix} = 1311 \, 元$

因 $AE(10\%) = 1311 > 0$，说明方案的经济性较好，因而从财务上考虑，投资可接受。

1.3.3 内部收益率、动态投资回收期

1. 内部收益率

内部收益率（internal rate of return）是一个被广泛采用的投资方案评价判据之一，它是指方案（或项目）在寿命期（或计算期）内使各年净现金流量的现值累计等于零时的利率。用 IRR 表示，通常，在实际问题中，IRR 取值为 $[0, \infty)$，依照定义，内部收益率可由式（1-23）求得。即：

$$NPV(IRR) = \sum_{t=0}^{n} CF_t (1+IRR)^{-t} = 0 \qquad (1\text{-}23)$$

式中 IRR——方案的内部收益率；

$\quad\quad$ n——方案的寿命期；

$\quad\quad$ CF_t——方案在 t 年的净现金流量。

直接利用式（1-23）计算内部收益率是比较烦琐的，因而一般经过多次试算后采用插入法来求内部收益率，即：先用若干个不同的折现率试算，当用某一个折现率 i_1 求得的各年净现金流量现值累计为正数，而用相邻的一个较高的折现率 i_2 求得的各年净现金流量值累计为负数时，则可知使各年净现金流量现值累计等于零的折现率 i 必在 i_1 和 i_2 之间。然后用插入法可求得 i。这个 i 值就是所求的内部收益率，记为 IRR。一般说来，试算用的两个相邻的高、低折现率之差最好不超过 5%。

求 IRR 的方法可归纳为式（1-24）。

$$IRR = i_1 + (i_2 - i_1) \frac{NPV(i_1)}{NPV(i_1) + |NPV(i_2)|} \tag{1-24}$$

注意：这里必须同时满足：$NPV(i_1) > 0$，$NPV(i_2) < 0$，且 $|i_1 - i_2| \leqslant 5\%$。

将 IRR 与方案所在部门或行业的基准收益率（i_c）（或某一个设定的收益率（i_c'））进行比较，如果 $IRR \geqslant i_c$（或 $IRR \geqslant i_c'$）则说明方案的经济性较好，在财务上是可以考虑接受的；若 $IRR < i_c$（或 $IRR < i_c'$），则方案的经济性较差，在财务上是不考虑接受的。

【例 1-16】假定某项目的有关数据见表 1-6，试求其内部收益率。

某项目有的关数据　单元：万元　　　　　　　　　　表 1-6

年　份	1	2	3	4	5	6
初始投资	−1500					
经营投资		−400	−400	−400	−400	−400
销售收入		800	800	800	800	800
净现金流量	−1500	400	400	400	400	400

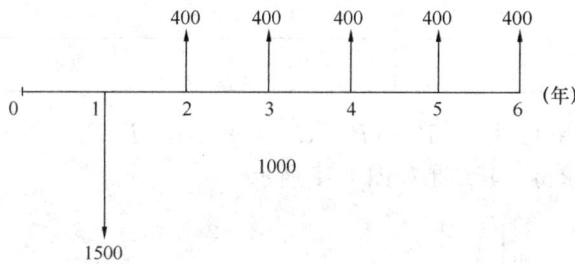

图 1-17

【解】由表 1-6 作出相应的净现金流量图，如图 1-17 所示。

$$NPV(i) = -15000(P/F, i, 1) + 400(P/F, i, 2) + 400(P/F, i, 3)$$
$$+ 400(P/F, i, 4) + 400(P/F, i, 5) + 400(P/F, i, 6)$$

先取 $i_1 = 10\%$，代入上式，得：

$$NPV(10\%) = -15000 \begin{Bmatrix} P/F, 10\%, 1 \\ 0.9091 \end{Bmatrix} + 400 \begin{Bmatrix} P/F, 10\%, 2 \\ 0.8264 \end{Bmatrix} + 400 \begin{Bmatrix} P/F, 10\%, 3 \\ 0.7513 \end{Bmatrix}$$

$$+ 400 \begin{Bmatrix} P/F, 10\%, 4 \\ 0.6830 \end{Bmatrix} + 400 \begin{Bmatrix} P/F, 10\%, 5 \\ 0.6209 \end{Bmatrix} + 400 \begin{Bmatrix} P/F, 10\%, 6 \\ 0.5645 \end{Bmatrix}$$

$$= 14.79 > 0$$

同理，再取 $i_2 = 11\%$，则各年净现金流量现值累计为：

$$NPV(i_2) = NPV(11\%) = -19.51 < 0$$

$$\because |i_1 - i_2| = 1\% < 5\%，且 NPV(i_1) > 0，NPV(i_2) < 0$$

由计算内部收益率的公式（1-24）有：

$$IRR = i_1 + (i_2 - i_1)\frac{NPV(i_1)}{NPV(i_1) + |NPV(i_2)|}$$

$$= 10\% + (11\% - 10\%)\frac{14.79}{14.79 + 19.51} = 10.43\%$$

即：该项目的内部收益率为 10.43%。

必须指出：（1）我们把计算期内各年的净现金流量开始年份为负值（投资支出），以后各年均为正值（收益）的项目称为常规投资项目，反之，在计算内各年净现金流量多次出现正负变化的项目称为非常规投资项目。对于常规投资项目，可以按式（1-23）或式（1-24）求解，其解一般都只有一个。但对于非常规投资项目，常出现内部收益率不止一个的情况，其内部收益收益率的数目，可以根据 N 次多项式的狄卡尔符号规则来判断。

例如：已知某项目的净现金流量见表 1-7。

某项目的有关数据   单元：万元 **表 1-7**

t	0	1	2	3
净现金流量值	−1000	4700	−7200	3600

则其内部收益率可由 $-1000(P/F,i,0) + 4700(P/F,i,1) - 7200(P/F,i,2) + 3600(P/F,i,3) = 0$ 求得。其结果如图 1-18 所示。

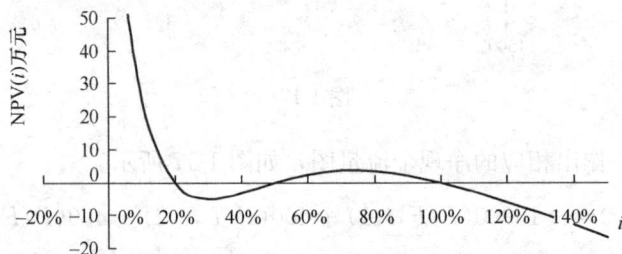

图 1-18 表 7-1 NPV$\sim i$ 图

由表达式，根据狄斯卡尔符号规则，不难看出，此项目正、负号变了多次，其内部收益率就难以确定，但最多不超过 3 个。由图 1-18 可知：IRR 分别为 20%，50% 和 100%。

（2）必须注意到，方案的内部收益率 IRR 不存在的几种特殊情况：

1）净现金流量都是正的：如图 1-19（a）所示。

2）净现金流量都是负的，如图 1-19（b）所示。

3）净现金流量收入的和小于支出的和，如图 1-19（c）所示。

为什么上述 3 种情况不存在内部收益率呢？（请同学思考并回答）

（3）还要弄清楚现金流量具有一个内部收益率时，其净现值函数 $NPV(i)$ 曲线如图 1-20 所示，曲线有如下特点：

1）同一现金流量条件下，净现值随利率 i 增大而减小。

2）在某一个 i^* 值上，曲线与横轴相交，该点的 $NPV(i) = 0$。

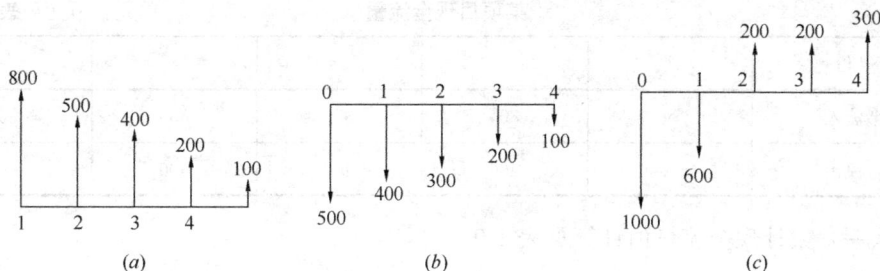

图 1-19

当 $i < i^*$ 时，$NPV(i) > 0$ 为正值；当 $i > i^*$ 时，$NPV(i) < 0$ 为负值。

i^* 即项目的内部收益率 IRR。

3) 当 $i > 50\%$ 时，曲线渐近于一条直线。

2. 动态投资回收期

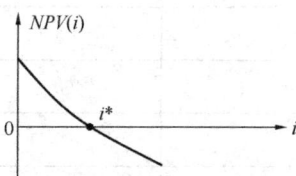

图 1-20　净现值与 i 值关系

前面介绍的投资回收期，因未考虑资金的时间价值，因而是指的静态投资回收期 P_t。动态投资回收期是指在某一设定的基准收益率 i_c 的前提条件下，从投资活动起点算起，项目（或方案）各年净现金流量的累计净现值补偿全部投资所需的时间，用 P'_t 表示，其值由下式决定：

$$\sum_{t=0}^{P'_t} CF_t (1+i_c)^{-t} = 0 \tag{1-25}$$

动态投资回收期 P'_t 也是目前比较流行的一种动态评价判据。在实际问题中，动态投资回收期 P'_t 常用下面的公式进行计算：

$$动态投资回收期(P'_t) = \left[\begin{array}{c} 累计净现值开始出现正值 \\ 的年份数(m') \end{array} \right] - 1$$

$$+ \frac{上年(m'-1)累计净现值的绝对值}{当年(m')净现值} \tag{1-26}$$

式（1-26）中的计算结果若有小数部分，该部分也可化成月数，以年和月表示。

特别的情况：若投资方案只有零年有一个投资为 P，以后各年的净现金流量均为 A，则此种情况下的动态投资回收期 P'_t 也可由式（1-27）进行计算。

$$P'_t = \frac{-\lg\left(1 - \frac{Pi}{A}\right)}{\lg(1+i)} \tag{1-27}$$

（请同学们推导公式1-27）。

在项目方案评价中，动态投资回收期（P'_t）与基准投资回收期 P_c 相比较，若 $P'_t \leqslant P_c$，则说明项目的经济性较好，在财务上是可以考虑接受的。

【例 1-17】某项目的现金流量见表 1-8，如果基准收益率为 10%，试计算其动态投资回收期。

某项目现金流量 单元：万元 **表 1-8**

年　份	1	2	3	4	5～10
现金流入		800	800	800	800
现金流出	−1000	400	400	400	400

解法一：累计现金流量值计算见表 1-9。

计　算　表 单位：万元 **表 1-9**

年　份	净现金流量	现值系数	净现金流量现值	累计净现金流量现值
0	−1000	1.0000	−1000	−1000
1	400	0.9091	363.64	−636.36
2	400	0.8264	330.56	−305.80
3	400	0.7513	300.52	−5.28
4	400	0.6830	273.20	367.92

根据公式（1-26），动态投资回收期：

$$P'_t = 4 - 1 + \frac{5.28}{273.20} = 3.02 \ 年$$

解法二：该项目净现金流量属于只有零年投资，以后各年的净现金流量均相等，由公式（1-27），动态投资回收期：

$$P'_t = \frac{-\lg\left(1 - \frac{Pi}{A}\right)}{\lg(1+i)} = \frac{-\lg\left(1 - \frac{1000 \times 0.1}{400}\right)}{\lg(1+0.1)} = 3.02 \ 年$$

1.3.4　几种评价判据的比较

（1）投资方案评价判据按照是否考虑资金的时间价值分为静态评价和动态评价。即：

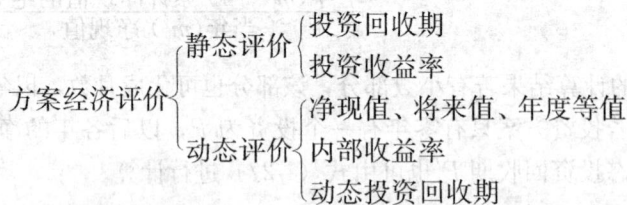

$$方案经济评价\begin{cases} 静态评价\begin{cases} 投资回收期 \\ 投资收益率 \end{cases} \\ 动态评价\begin{cases} 净现值、将来值、年度等值 \\ 内部收益率 \\ 动态投资回收期 \end{cases} \end{cases}$$

这里，年度等值和将来值可看做是由净现值派生出来的判据，性质上与净现值判据相同。因此，性质不相同的评价判据有三个：投资回收期（含静态和动态）、净现值和内部收益率。

（2）净现值、年度等值和将来值是方案是否可以接受的主要判据之一，它们直接反映了方案较通常投资机会收益值增加的数额。三个指标中任何一个所得的结论都相同的，只是表述意义不一致。另外，进行它们的计算时须事先给出基准收益率（i_c）或设定收益率（i'_c）。

（3）对于常规投资项目而言，净现值和内部收益率有完全相一致的评价结论，即是说，内部收益率（*IRR*）大于基准贴现率（i_c）时必有净现值 *NPV*（i_c）大于零；反之亦然。

内部收益率判据的优点是：可在不给定基准贴现值的情况下求出来，它的值可不受外部参数（贴现率）的影响而完全取决于工程项目（或方案）本身的现金流量。内部收益率的缺点是：不能在所有情况下给出唯一的确定值。此外在进行多方案比较和选择时，不能按内部收益率的高低直接进行方案的取舍（详见 1.4 节）。

（4）投资回收期和投资收益率两判据的优点是：简单易懂，通常基准回收期比投资方案的寿命期要短。其缺点是：太粗糙，没有全面考虑投资方案整个寿命期的现金流量的大小和发生的时间。由于这些缺点，投资回收期不能作为一个指标单独使用，只能作为辅助性的参考指标加以应用。在实际问题中投资回收期之所以仍被使用，其主要原因是：对一些资金筹措困难的项目迫切地希望将资金回收，回收期长则风险大，反之则风险小；计算简单，直观性强。期间越短，资金偿还的速度越快，资金的周转加速；另外，投资回收期计算出来后可大致能估计出平均的收益水平。

总之，对于投资方案的上述综合判据，应根据具体应用场合，合理使用。

1.4　投资方案的比较与选择

方案比较是寻求合理的经济和技术决策的必要手段，也是项目经济评价工作的重要组成部分。在项目可行性研究过程中，由于技术的进步，在实现某种目标时往往会形成多个方案，这些方案或是采用不同的技术、工艺和设备，或是不同的规模和坐落位置，或是利用不同的原料、燃料、动力和水资源，或是选择不同的环境保护措施等。因此，必须对提出的各种可能方案进行筛选，并对筛选出的几个方案进行经济计算，再将拟建项目的工程、技术、经济、环境、政治及社会等各方面因素联系起来进行综合评价，在满足基本要求的诸多方案中选择最佳方案。

1.4.1　投资方案的分类和比较的原则

1. 分类

众所周知，方案之间的关系不同，其选择的方法和结论也不同。根据方案间的关系，可以将投资方案分为四种类型：独立方案、互斥方案、从属方案和混合方案。

所谓独立方案（independent scheme），是指方案间互不干扰，即一个方案的执行不影响另一些方案的执行，在选择方案时可以任意组合，直到资源得到充分运用为止。例如，某部门欲建几个产品不同、销售数额互不影响的工厂时，这些方案之间的关系就是独立的。

独立方案的定义如果更加严格地讲，应该是：若方案间加法法则成立，则这些方案是彼此独立的。例如，现有甲、乙两个投资项目，假定投资期为 2 年，仅向甲投资，投资额为 10000 元，收益为 5000 元；若仅向乙投资，投资额为 20000 元，收益为 7000 元，若同时向两个项目投资时，投资额为 30000 元（10000＋20000），收益为 12000（5000＋7000）元的关系成立，则说甲、乙两项目方案加法法则成立，即甲、乙两项目方案是互相独立的。

所谓互斥方案（mutual exclusion scheme），就是在若干个方案中，选择其中任何一个方案，则其他方案就必然是被排斥的一组方案。例如在某一个确定的地点，有建工厂、商店、住宅、公园等方案，此时因选择其中任何一个方案后，其他方案就无法实施，即具有排他性。因此，这些方案间的关系就是互斥的。

所谓从属方案（subordinate scheme），是指接受某个方案是以接受另一个方案为前提，则前者即为后者的从属方案。例如：工厂的污水处理方案以生产工艺排出污水的水质水量及回收利用程序为前提。工厂的生产工艺方案为前提方案，污水处理方案为从属方案。

以上三种方案的不同组合就形成了混合方案（hybrid scheme）。例如，某部门欲对下属不同产品的生产企业分别进行新建、扩建和更新改造的 A、B、C 三个独立方案，而新建、扩建和更新改造方案中又存在若干个互斥方案，如新建方案有 A_1、A_2，扩建方案有 B_1、B_2，更新改造方案有 C_1、C_2、C_3 等互斥方案，但由于资金有限，需要选择能使资金得到充分运用的方案时，就是面临着混合方案的选择问题。

在方案选择前搞清这些方案属于何种类型是至关重要的，因为方案类型不同，其选择、判断的尺度不同，因而选择的结果也不同。一般说，工程技术方案经常为互斥方案。本书重点介绍互斥方案的比较和选择。

2. 比较原则

投资方案的比较一般应遵守以下四个原则。

（1）投资方案间必须具有可比性

在进行投资方案比较时，必须注意保持各个方案的可比性，一般应满足以下条件：①满足需要上可比；②消耗费用上可比；③价格指标上可比；④时间上可比。在具有可比性的前提下，方案比较可按各个方案所含的全部因素（相同因素和不同因素），计算各方案的全部经济效益，进行全面的对比；也可仅就不同因素计算相对的经济效益，进行局部的对比。

（2）动态分析与静态分析相结合，以动态分析为主

方案比较时，强调利用复利计算方法计算时间因素，进行价值判断。这种动态计算方法将不同时间内资金的注入和流出核算成同一时点的价值，为不同方案和不同项目的经济比较提供了同等的基础，并能反映出未来时期的发展变化情况。这样做，对投资者和决策者都树立资金时间观念、利息观念、投入产出观念，合理利用建设资金，提高经济效益都具有十分重要的作用。

静态指标一般比较简单、直观，使用起来较方便，在评价过程中，可以根据工作阶段和深度要求的不同，计算一些静态指标以进行辅助分析。

（3）定量分析与定性分析相结合，以定量分析为主

在以往的经济评价中，由于缺乏定量分析的方法和技术，对一些主要经济因素只能平行罗列，分别进行对比和假定性的描述。而近一个时期来，采用的评价指标则力求正确反映项目方案的费用和效益两个方面，扩大经济因素的数量化范围，进行定量分析。对于一些不能量化的经济因素，则应进行实事求是的、准确的定性描述。

（4）宏观效益分析与微观效益分析相结合，以宏观效益分析为主

方案比较原则上应通过国民经济评价来确定（第 4 章介绍），对产出物基本相同，投

入物构成基本一致的方案进行比较时，为了简化计算，在不会与国民经济评价结果发生矛盾的条件下，也可通过财务评价（第 2 章介绍）确定。

宏观和微观的效益分析，都要以全过程分析为主。即，看项目在整个建设阶段和生产阶段全过程的经济效益大小。也就是说不能只看投资大小、工期长短、造价高低，而对项目投产后流动资金多少、生产成本高低、经济效益等不予重视。要避免项目建成后不能充分发挥生产能力，甚至得不偿失的现象发生。

1.4.2　静态分析法

1. 静态差额投资收益率

利用差额投资收益率作评价指标对多个方案进行分析比较，是一种常用的静态分析法。把参加比较的两个方案增加的投资与其所节省的年度经常费用的百分比称为静态差额投资收益率。差额投资收益率的计算公式：

$$R_a = \frac{C_1 - C_2}{I_2 - I_1} \times 100\% \tag{1-28}$$

式中　　R_a——表示静态差额投资收益率；

C_1，C_2——分别为方案 1、方案 2 的年经营费用（或单位产品的经营费用），且 $C_2 < C_1$；

I_1，I_2——分别为方案 1、方案 2 的总投资（或单位产品投资），$I_2 > I_1$。

按式（1-28）计算，当 R_a 值大于基准的静态投资收益率 i_c 时，即 $R_a > i_c$ 时，说明投资额较大的方案优于投资额较小的方案，多出的投资是值得的；反之，当 $R_a < i_c$ 时，说明投资额较小的方案优于投资较大的方案，多出的投资是不值得的。

值得注意的是，参加比较的方案，其静态投资收益率均要满足大于基准的静态投资收益率的要求。本书若无特别说明，参加比较的方案均符合此要求。

【例 1-18】某自来水公司拟建一条水处理生产线，今有产量相同的甲、乙两个技术方案可供采用。假定甲方案的总投资为 220 万元，年生产成本为 40 万元；乙方案的总投资为 180 万元，年生产成本为 45 万元。如果基准的投资收益率为 12%，试用静态差额投资收益率法对甲、乙方案进行优选。

【解】　$R_a = \frac{C_1 - C_2}{I_2 - I_1} \times 100\% = \frac{45 - 40}{220 - 180} \times 100\% = 12.5\% > i_c = 12\%$

因为 $R_a > i_c$，故甲方案优于乙方案，应选甲为宜。

2. 静态差额投资回收期法

通常我们把参加比较的两个方案中，通过投资较大的方案每年所节省的经常费用来回收相对增加的投资所需要的时间长度称为静态差额投资回收期，用 P_a 表示，其计算公式为：

$$P_a = \frac{I_2 - I_1}{C_1 - C_2} \tag{1-29}$$

式（1-29）中，I_1、I_2、C_1、C_2 所表达的含义与式（1-28）中相同。假定 P_c 为基准投资回收期，那么，当 $P_a > P_c$ 时，说明投资方案较小的优于投资较大的方案；反之，则 $P_a < P_c$ 时，则说明投资较大的方案优于投资较小的方案。

比较式（1-28）和式（1-29），显然有：

$$P_a = \frac{1}{R_a} \quad \text{或} \quad R_a = \frac{1}{P_a}$$

类似于静态差额投资收益率判别方法，参加比较投资的方案，其静态投资回收期均要满足小于基准的静态投资回收期 P_a 的要求。

【例 1-19】 若假定 ［例 1-18］ 中水厂扩建项目的基准投资回收期为 10 年，试按静态差额投资回收期法对 ［例 1-18］ 中的甲、乙两个方案进行比较优选。

【解】 $P_a = \dfrac{I_2 - I_1}{C_1 - C_2} = \dfrac{220 - 180}{45 - 40} = \dfrac{40}{5} = 8$ 年 $< P_c = 10$ 年

因 $P_a < P_c$。所以甲方案优于乙方案，应选甲。

3. 计算费用法

通过上面的学习，我们知道：

当 $R_a > i_c$ 时，也即 $\dfrac{C_1 - C_2}{I_2 - I_1} > i_c$ 时，方案 2 优于方案 1；

反过来，若方案 2 优于方案 1，必有 $\dfrac{C_1 - C_2}{I_2 - I_1} > i_c$ 成立。

即：$C_2 + i_c I_2 < C_1 + i_c I_1$ 成立。

若我们把 $C_2 + i_c I_2$ 和 $C_1 + i_c I_1$，分别叫方案 2 和方案 1 的计算费用（或叫折算费用）。那么，就有如下结论：

在多个方案静态比较中 j 方案为最优化方案的条件是：

方案 j 的计算费用最小：即 $C_j + i_c I_j$ 为最小值者为先。

【例 1-20】 试用计算费用法比较 ［例 1-18］ 中，甲、乙两个方案。

【解】 甲方案的计算费用为：$C_甲 + i_c I_甲 = 40 + 12\% \times 220 = 66.4$ 万元

乙方案的计算费用为：$C_乙 + i_c I_乙 = 45 + 12\% \times 180 = 66.6$ 万元

因甲方案的计算费用小于乙方案的计算费用。故，甲优于乙，应选甲方案。

1.4.3　动态分析法

考虑资金的时间价值，对多个方案进行比较选择的方法，属于动态分析法，常见的有净现值法、年值比较法、差额投资内部收益率法、效益费用法、最低价格法等。

1. 净现值法

对于同一特定目标，若有两个或两个以上方案可供选择，且它们的计算期相同，为了比较各个方案经济效果的优劣，可用净现值作为指标来衡量。其方法有两个：

方法一：分别计算参加比较的各方案的净现值总额，其值最大者为优选方案，即：净现值总额法；

方法二：首先要将参加比较的各方案，按投资额由小到大进行排列，然后依次计算两个方案现金流量之差，再考虑某一方案比另一方案增加的投资在经济上是否合算。两个方案现金流量之差的现金流量的净现值为投资增额净现值，若投资增额净现值大于零，则投资的增加是合算的，应选投资较大的方案；反之，则应选投资较小的方案。即：投资增额净现值法。

【例 1-21】 现有四个方案（A、B、C、D）有关数据见表 1-10，试用净现值法比较优选方案（A 方案为全不投资情况）。

计 算 表　　　i_c=15%　单位：元　表 1-10

年末	方　案			
	A	B	C	D
0	0	−5000	−10000	−8000
1～10	0	1400	2500	1900

【解】

解法一：（净现值总额法）

$NPV(15\%)_A = 0$

$NPV(15\%)_B = -5000 + 1400\left(\dfrac{P/A,15\%,10}{5.0188}\right) = 2026.32$ 元

$NPV(15\%)_C = -10000 + 2500\left(\dfrac{P/A,15\%,10}{5.0188}\right) = 2547.00$ 元

$NPV(15\%)_D = -8000 + 1900\left(\dfrac{P/A,15\%,10}{5.0188}\right) = 1535.72$ 元

因　$NPV(15\%)_C > NPV(15\%)_B > NPV(15\%)_D > NPV(15\%)_A$

故　方案 C 为最优方案，应选定 C 方案。

解法二：（投资增额净现值法）

第一步：先把方案按照初始投资的递升次序排列如下，见表 1-11；

计 算 表　　　i_c=15%　单位：元　表 1-11

年末	方　案			
	A	B	D	C
0	0	−5000	−8000	−10000
1～10	0	1400	1900	2500

第二步：选择初始投资最少的方案作为临时最优方案，这里选定全不投资方案作为临时最优方案；

第三步：选择初始投资较高的方案 B 作为竞赛方案。计算这两个方案的现金流量之差，并按基准贴现率 i_c=15% 计算现金流量增额的净现值。则有：

$$NPV(15\%)_{B-A} = -5000 + 1400\left(\frac{P/A,15\%,10}{5.0188}\right) = 2026.32 \text{ 元} > 0$$

说明竞赛方案 B 优于临时最优方案 A，应划掉 A 方案，将 B 方案作为最优方案；

第四步：把上述第三步反复下去，直到所有方案都比较完毕，最后可以找到最优的方案。

$$NPV(15\%)_{D-B} = [-8000 - (-5000)] + (1900 - 1400)\left(\frac{P/A,10\%,10}{5.0188}\right)$$

$$= -490.60 \text{ 元} < 0$$

说明 B 方案优于 D 方案；

又　$NPV(15\%)_{C-B} = -5000 + 1100\left(\dfrac{P/A,15\%,10}{5.0188}\right) = 520.68$ 元 > 0

说明 C 方案优于 B 方案，应选 C 方案。

综上所述，C 方案是最后选定的方案。

应说明的是：

（1）A 方案为全不投资方案。并不意味着把资金存在保险箱里得不到任何效益，而是把资金投放在其他机会上，不投到本题中所考虑的那些方案上。

（2）净现值总额法和投资增额净现值法两种方法的结论是完全一致的。

这是因为：

$$NPV(i)_B - NPV(i)_A = NPV(i)_{B-A} \qquad （由同学自己证明）$$

所以若有 $NPV(i)_B > NPV(i)_A$ 成立，就一定有：$NPV(i)_{B-A} > 0$。

（3）如本章前面所述，净现值、将来值、年度等值三者，作为方案的比较判据是相互一致的，即如果有两个方案 A 和 B，在某一给定的基准贴现率的情况下，

若有 $NPV(i_c)_B > NPV(i_c)_A$ 成立

必有 $NFV(i_c)_B > NFV(i_c)_B$ 和 $AE(i_c)_B > AE(i_c)_A$ 成立。

2. 年值比较法

此方法有两种：年度等值法（年值法）和年度费用法（费用年值法）。

方法一：对某一个特定的项目而言，凡是参加比较的方案的服务年限相同，均可计算其各自的年度等值 AE，然后选择 AE 最大者为最优方案。即：年度等值法（年值法）。

方法二：对某一个特定的项目而言。若参加比较的方案效益相同，则可用年度费用法（用 AC 表示）进行比较，选择年费用最小者为最优方案。此方法的优点是可以用于服务年限不同的方案之间的比较。

【例 1-22】为了提高自来水的质量，某水厂准备更换原有的设备，现可供选择的新设备有两种，有关数据见表 1-12。如果基准收益率为 12%，假定效益相同，应选哪种设备为好？

A、B 两种设备的数据　　　　　　　　　　　　　　单位：元　**表 1-12**

设备种类	A	B
初始投资	25000	32000
年经营费用	5200	4800
残值	2000	3000
服务年限	6 年	10 年

【解】现金流量图如图 1-21 所示：

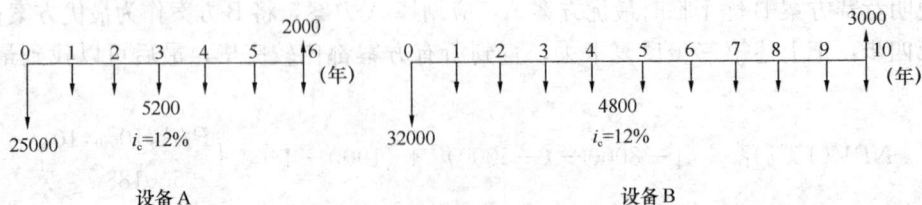

图 1-21　两种设备的现金流量图

$$AC_A = 25000(A/P, 12\%, 6) - 2000(A/F, 12\%, 6) + 5200$$
$$= 25000 \times 0.24323 - 2000 \times 0.12323 + 5200$$

$$= 11034.29 \text{ 元}$$
$$AC_B = 32000(A/P,12\%,10) - 3000(A/F,12\%,10) + 4800$$
$$= 32000 \times 0.17698 - 3000 \times 0.05698 + 4800$$
$$= 10292.42 \text{ 元}$$

因为 $AC_B < AC_A$，故应选择设备 B。

应说明的是：

（1）在计算 AC 时，由于效益相同，所以只需比较费用，故可选取现金流量图中向下现金流量为正，向上的现金流量为负。

（2）采用年费用比较法对具有不同服务年限的方案进行比较，是基于一个假定，这个假定是指：如果同一方案在服务年限终止后再一次重复实施，其年费用仍保持不变。显然，这种假定与实际有出入，故应该明确，这种分析方法只是为了达到方案比较的目的。

3. 差额投资内部收益率法

通过计算参加比较的两个方案各年净现金流量差额的现金流量的内部收益率，来判定方案好坏的方法叫差额投资内部收益率法。其计算式为：

$$\sum_{t=1}^{n} [CF_2 - CF_1]_t (1 + \Delta IRR)^{-t} = 0 \tag{1-30}$$

式中　CF_2——投资较大的方案的净现金流量；

　　　CF_1——投资较小的方案的净现金流量；

　　ΔIRR——差额投资内部收益率。

ΔIRR 可仿照 1.3 节中内部收益率计算的试插法求得。

差额投资内部收益率大于或等于基准收益率（财务评价）或社会折现率（国民经济评价）时，投资较大的方案较优，此方法与净现值法得出的结论是一致的。

【例 1-23】根据［例 1-21］中表 1-10 所给的数据，用差额投资收益率法比较方案。

【解】A 为全不投资方案，意味着资金没有投在表 1-10 所述互相排斥的方案上，而放在其他机会上。

按以下步骤进行各方案差额投资内部收益率的计算：

计算步骤的第一步和第二步与［例 1-21］中的方法二基本相同，只是从第三步起计算现金流量差额的内部收益率，并以其是否大于基准贴现率 i_c，作为选定方案的依据。

第一步：（略）

第二步：（略）

第三步：选择初始投资较高的方案 B 作为竞赛方案，使投资差额（B−A）的净现值等于零，求其内部收益率：

$$-5000 + 1400(P/A,\Delta IRR_{B-A},10) = 0$$

用试插法解得：$\Delta IRR_{B-A} = 25\% > 15\%$

所以方案 B 变为临时最优方案，而把全不投资方案 A 淘汰掉；

第四步：取方案 D 同方案 B 比较，计算差额投资（D−B）的内部收益率：

$$-3000 + 500(P/A,\Delta IRR_{D-B},10) = 0$$

得：$\Delta IRR_{D-B} = 10.6\% < 15\%$

所以 D 方案被淘汰，B 仍为临时最优方案；

第五步：用C方案同B方案比较，计算差额投资（C—B）内部收益率：

$$-5000+1100\ (P/A,\ \Delta IRR_{C-B},\ 10)=0$$

得：$\Delta IRR_{C-B}=17.7\%>15\%$

现在方案C为最优方案，方案B被淘汰。

综上，方案A、B、C、D经过差额投资内部收益率方法计算，各方案的优先排序为：C，B，D，A。即：方案C为最优方案。与用净现值方法判断的结论一致。

值得注意的是，在进行多方案比较中，不能直接用方案的内部收益率大小来判别方案的优劣。这是因为有可能会出现得出的结论与现值法得出的结论相矛盾的情况。这可以从 [例1-21] 中表1-10所示方案为例来说明之，详见表1-13。

方案的比较　　　　　　　　　　　　单位：元　**表1-13**

评价判据		方　案			
		A	B	C	D
现金流量	0 年末	0	−5000	−10000	−8000
	1~10 年末	0	1400	2500	1900
按差额投资内部收益率法的优序		4	2	1	3
按净现值大小的优序	0	2026.32	2547.00	1535.72
（$i=15\%$）		4	2	1	3
按内部收益率的大小的优序		15%	25%	21.4%	19.9%
		4	1	2	3

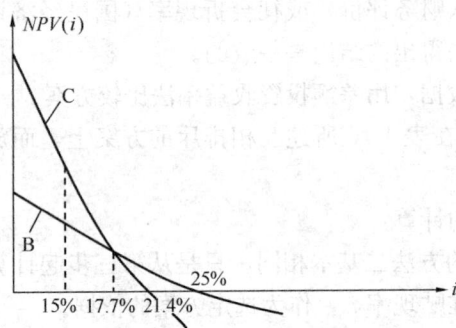

图1-22　互斥方案的比较

由表1-13清楚地看出，若用内部收益率的大小对四个方案进行优选，则B方案是最优方案，与用净现值法来判断的C方案为最优相矛盾，出现这种矛盾的原因是：因为 $IRR_B>IRR_C$ 并不意味着一定有 $\Delta IRR_{B-C}>i_c$（i_c 为基准贴现率）成立。另外，上述不一致的情况，可由图1-22来说明。

虽然方案B的内部收益率是大于方案C的，但在基准贴现率15%处，方案C的净现值大于方案B。差额投资内部收益率 $\Delta IRR_{C-B}=$ 17.7%，表示贴现率为17.7%时，两个方案的净现值相同。因此只要基准贴现率在差额投资内部收益率的左边（即：$\Delta IRR_{C-B}>i_c$），则方案C优于B，这样就与净现值或差额投资内部收益率等判据一致了。因此，和净现值判据不同，用收益率来比较方案时，一定要用差额投资内部收益率，而不能直接用内部收益率的大小来进行比较。

需要指出的是，采用差额投资内部收益率判据时，要用初始投资大的方案的现金流量减去初始投资小的方案的现金流量。其目的在于形成寻常投资的形式，处理起来比较方便。

4. 最低价格法

对产品产量不同，产品价格收费标准又难以确定的比较方案，当其产品为单一产品或能折合为单一产品时，可采用最低价格法（或称最低收费标准法）。该方法是指：分别计算各比较方案净现值等于零时的产品价格并进行比较，以产品价格较低的方案为优。最低价格（$P_{\min}$）可按下式计算：

$$P_{\min} = \frac{\sum\limits_{t=1}^{n} CF_t \, (1+i)^{-t}}{\sum\limits_{t=1}^{n} Q_t \, (1+i)^{-t}} \tag{1-31}$$

式中　Q_t——第 t 年的产品量。

【例 1-24】某水厂项目有两个建设方案，预计各年的费用支出及产量见表 1-14，要求的收益率为 10%。试用最低价格法比较两方案的优劣。

方案的比较　　　　　　　　　　　　　　　　　　　　　　　　表 1-14

方案	项目	建设期		投产期		达产期					
		1	2	3	4	5	6	7	8	9	10
A 方案	产量（万 m³/d）			1825	2920	3650	3650	3650	3650	3650	3650
	CF_t（万元）	−5000	−3500	−1100	−1450	−1825	−1825	−1825	−1825	−1825	−1500
B 方案	产量（万 m³/d）			2190	2920	3650	3650	3650	3650	3650	3650
	CF_t（万元）	−5000	−5000	−900	−1200	−1460	−1460	−1460	−1460	−1460	−1000

【解】

$$P_{\min A} = \frac{5000\,(1.1)^{-1} + 3500\,(1.1)^{-2} + 1100\,(1.1)^{-3} + 1425\,(1.1)^{-4} + \sum\limits_{t=5}^{9} 1825\,(1.1)^{-t} + 1500\,(1.1)^{-10}}{1825\,(1.1)^{-3} + 2920\,(1.1)^{-4} + \sum\limits_{t=5}^{10} 3650\,(1.1)^{-t}}$$

$$= \frac{14558.36}{14223.21} = 1.024 (元/m^3/d)$$

$$P_{\min B} = \frac{5000\,(1.1)^{-1} + 5000\,(1.1)^{-2} + 900\,(1.1)^{-3} + 1200\,(1.1)^{-4} + \sum\limits_{t=5}^{9} 1460\,(1.1)^{-t} + 1000\,(1.1)^{-10}}{2190\,(1.1)^{-3} + 2920\,(1.1)^{-4} + \sum\limits_{t=5}^{10} 3650\,(1.1)^{-t}}$$

$$= \frac{14339.20}{14497.44} = 0.989\ 元/(m^3/d)$$

$P_{\min A} > P_{\min B}$，方案 B 优于方案 A。

5. 效益/费用法

分别计算比较方案各自的效益（用现值或当量年值表示）与费用（当量年成本表示），并通过效益与费用比较，若效益/费用＞1，则这个方案在经济上是认为可以接受的；若效益/费用＜1，则这个方案在经济上是不可取的。其比较标准是效益/费用＝1。

这种方法一般用于评价公用事业的项目（或方案）的经济效果。这里的效益不一定是项目承办者能得到的收益，而应是承办者受益于社会效益之和。

【例 1-25】某地区在建设中考虑预防洪水侵袭，减少洪水灾害损失，共有四个互相独立的修建水坝方案。它们的寿命为 75 年，费用资料见表 1-15，设基金的利率为 4%，利用效益/费用分析方法选择最优方案。

方案的比较表　　　　　　　　　　单位：万元　**表 1-15**

方　案	投　资	年维护费	水灾年损失
不建	0	0	240
A	1120	28	150
B	880	21	170
C	720	18	200
D	480	12	215

【解】A 方案：效益/费用＝$[240-150]/[1120(A/P, 4\%, 75)+28]$
　　　　　　　　　　＝$90/75.30=1.19$

　　　B 方案：效益/费用＝$[240-170]/[880(A/P, 4\%, 75)+21]$
　　　　　　　　　　＝$70/58.16=1.20$

　　　C 方案：效益/费用＝$[240-200]/[720(A/P, 4\%, 75)+18]$
　　　　　　　　　　＝$40/48.40=0.83$

　　　D 方案：效益/费用＝$[240-215]/[480(A/P, 4\%, 75)+12]$
　　　　　　　　　　＝$25/32.27=0.77$

由此可以看出 A 方案和 B 方案是可取的。而 C、D 方案在经济上是不可取的。

当 A、B 方案不是相互独立，而是互斥时，这就要在 A、B 方案之间进行选择，不能简单地采用比较各个方案的效益/费用之比值来判别方案的优劣。而应比较两方案的增量效益与增量费用，若比值大于 1，则费用的增加是值得的；反之，费用的增加就不值得了。下面就 A、B 方案用增量效益/增量费用的方法来确定孰优？

增量效益/增量费用$_{(A-B)}$＝$(90-70)/(75.30-58.16)=20/17.14=1.167$

虽然 B 方案的效益/费用为 1.20，大于 A 方案的效益/费用 1.19，但 A 方案相对于 B 方案的增量效益/增量费用$_{(A-B)}$为 1.167＞1，故 A 方案优于 B 方案。

1.4.4 服务寿命不等的方案比较

前面介绍的动态分析方法，均是在假定参加比较的方案的服务寿命相同的前提条件下采用的。如果参加比较的方案，其服务寿命不相同，那么就必须对服务寿命长短作出某种假定，使得方案在相等期限（通常称作研究期或计算期）的基础上进行比较，才能保证得到合理的结论。关于这类方案的比较，通常采用下述两种方法。

1. 最短寿命方案年限法

该法仅限于考虑参加比较的方案在某一研究期（或计算期）内的效果。一般取最短寿命方案的寿命期作为研究期。具体方法是：先计算各方案在各自的寿命期内的年度等值（或年度费用），然后以最短寿命方案的寿命期作为研究期（或计算期）年限进行比较，得出结论。

【例1-26】假设有两个方案，见表1-16，其每年的产出是相同的，但方案 A_1 可以使用5年，方案 A_2 只能使用3年。基准贴现率为7%，试用最短寿命方案年限法比较两方案的优劣。

方案的比较表 单位：元 **表1-16**

年末	方案 A_1	方案 A_2
0	−15000	−20000
1~3	−7000	−2000
4~5	−7000	—

【解】由表1-16所示，取研究期为3年，则两方案的现金流量的年度等值为：

$$AE(7\%)_{A1} = -15000(A/P, 7\%, 5) - 7000$$
$$= -15000 \times 0.2439 - 7000 = -10659 \text{元/年}$$
$$AE(7\%)_{A2} = -20000(A/P, 7\%, 3) - 2000$$
$$= -15000 \times 0.3811 - 2000 = -9622 \text{元/年}$$

由此可看出，在前3年中，方案 A_2 的每年支出比方案 A_1 少1037元，因而 A_2 优于 A_1。

2. 最小公倍数法

这种方法的特点就是首先取参加比较的两方案的服务寿命的最小公倍数作为一个共同研究期（或计算期）年限，并假定每一方案在这一期间内反复实施。然后利用前面所学的年度等值法或净现值法进行比较，得出结论。

【例1-27】假设有两个方案见表1-16，试用最小公倍数法比较方案。

【解】由于方案 A_1 的服务寿命为5年，方案 A_2 的服务寿命为3年，所以取其最小公倍数为15年，并假定两方案在15年内反复实施，则两方案的现金流量图分别为：图1-23(a)、(b)。

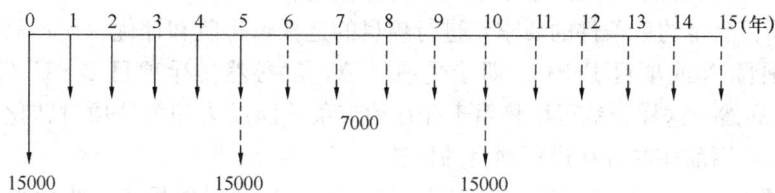

图1-23（a） 方案 A_1 的现金流量图

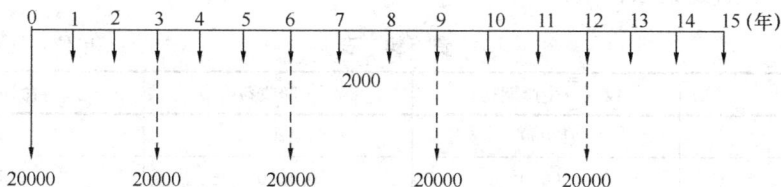

图1-23（b） 方案 A_2 的现金流量图

由上面的现金流量图可以看出，A_1 方案在 15 年内重复实施 3 次，A_2 方案在 15 年内重复实施 5 次，具体可采用年度等值作为评比标准，这样可使评算工作最为简单。由于现金流量是重复的，所以只需计算一个周期的年度等值就足以代表整个时期的年度等值。

$$AE(7\%)_{A1} = -15000 \left(\underset{0.2439}{A/P,7\%,5} \right) - 7000 = -10659 \text{ 元 / 年}$$

$$AE(7\%)_{A2} = -20000 \left(\underset{0.3811}{A/P,7\%,3} \right) - 2000 = -9622 \text{ 元 / 年}$$

因两个方案的共周期为 15 年，如果各个方案都反复实施下去，达到这个期限，则方案 A_2 比方案 A_1 在 15 年内年度等值可节约 1037 元，所以，方案 A_2 优于方案 A_1。

说明：在实际中由于技术的不断进步和资源的有限性决定了同一方案反复实施的可能性是不大的。因此，最小公倍数方法带有夸大两个方案之间区别的倾向，这一点是应该注意的。

1.4.5　有约束条件的方案比较

在方案比较和选择时，常常受资金、资源、劳动力等约束条件的影响，是方案的选择受到一定的制约。其中受资金的制约是很重要的，按资金的来源大致可分为两种：自有资金和借贷资金。若用自有资金进行投资，就意味着失去了进行其他投资时所能获得的收益（机会成本）；若用借贷资金进行投资，就必须在一定期间内偿还，并要支付利息。所以，在进行方案分析时，必须弄清楚资金的限额等制约条件才行。在这里，我们就资金限额这一约束条件对方案的排队选优进行探讨。

项目比较和选优过程中，常常会因为受资金总拥有量的约束，不可能实施所有经济上合理的全部单个项目。比如：项目 A、B、C 所需的资金分别为：P_A、P_B 和 P_C，设 $P_A = P_B + P_C =$ 能够筹集到的资金。由于项目的不可分性（即一个项目只能作为一个整体而被接受或放弃）及存在资金的约束，使决策者不能再简单地按 IRR、ΔIRR、$NPV(i_c)$ 等方法来考虑项目的取舍了。只能采用项目组合法把所有可行的投资项目进行组合列出，且必须使组合项目满足约束条件的要求，进行项目的选择、排队和评优。在这只能做出的选择是：选择项目 A 或项目 B+C。即接受项目 A，就必然排斥项目 B+C（简写为项目 BC），反之，亦然。这样，就可以将由于存在约束条件而成为相关的项目转化为互斥的或独立的项目，采用前述的方法进行项目的比选。

【例 1-28】有三个项目 A、B、C（不相关项目），各项目的投资年收益见表 1-17，预先的计算表明各项目的 IRR 均大于基准收益率 15%，均可接受。但建设方仅有 30000 元可投入。试进行合适的项目组合。

资 料 表　　　　　　　　　　单位：元　表 1-17

项　　目	投资（生产期初）	年净收益	寿命期（年）
A	12000	4300	5
B	10000	4200	5
C	17000	5800	10

【解】因为，总投资限额为 30000 元。因此，不能同时上 A、B、C 三个项目（总投资

为 39000 元）。现在，我们按以下步骤选出最有项目组合：

1）列出 A、B、C 三个项目的所有可能的组合。不难证明如项目总数为 M，而不相关的项目数为 m，则除了不投资项目外，存在着 $M=2^m-1$ 个组合方案。该例可能的项目组合见表 1-18。

2）去除不满足约束条件的项目组合，留下满足约束条件的互斥方案组。并按投资额大小，从小到大排列出要进行比较的互斥方案组，见表 1-19。

3）此时，可用前述的评价方法来评价并选择最优方案。下面我们用差额投资内部收益率及投资增额净现值法及净现值法来评价表 1-19 的各方案，见表 1-20。显然，三个方法的比较结果是一致的，最好的投资方案是选择 B、C 项目的组合，即：第 6 组（BC 组合）。

比　较　表　　　　　　　　　　单位：元　表 1-18

组　号	方案的组合	投　资	年　净　收　益
1	A	12000	4300（1～5 年）
2	B	10000	4200（1～5 年）
3	C	17000	5800（1～10 年）
4	AB	22000	8500（1～5 年）
5	AC	29000	10100（1～5 年）；5800（6～10 年）
6	BC	27000	10000（1～5 年）；5800（6～10 年）
7	ABC	39000	14300（1～5 年）；5800（6～10 年）

比　较　表　　　　　　　　　　单位：元　表 1-19

组　号	方案的组合	投　资	年　净　收　益
2	B	10000	4200（1～5 年）
1	A	12000	4300（1～5 年）
3	C	17000	5800（1～10 年）
4	AB	22000	8500（1～5 年）
6	BC	27000	10000（1～5 年）；5800（6～10 年）
5	AC	29000	10100（1～5 年）；5800（6～10 年）

比　较　表　　　　　　　　　　单位：元　表 1-20

组　号	方案组合	增　量	增量 IRR 数值	增量 IRR 决策	增量 NPV（15%）数值	增量 NPV（15%）决策	NPV（15%）数值	NPV（15%）排队
2	B						4079.05	5
1	A	1—2	负值	放弃 1	负值	放弃 1	2414.27	6
3	C	3—2	32.57%	放弃 2	7194.67	放弃 2	12108.86	3
4	AB	4—3	负值	放弃 4	负值	放弃 4	6493.32	4
6	BC	6—3	31.19%	放弃 3	4079.05	放弃 3	16187.91	1
5	AC	5—6	负值	放弃 5	负值	放弃 5	14523.12	2

思 考 题 与 习 题

1. 某企业从银行贷款 10 万元, 借期为 3 年, 试分别用 6% 单利和 6% 复利计算贷款的利息。

2. 现在领独生子女证的青年夫妇, 如果将每月补助的独生子女费 5 元留下不用, 每年末可得 60 元, 在每年末将 60 元定期零存整取存入银行。倘若独生子女费只给 14 年, 到 22 周岁时, 第 14 年存入的 60 元也已 8 年了, 其他年存入的都大于 8 年。按定期 8 年考虑, 年利率 10.44%。求到 22 周岁时一次取出的本利和为多少?（按复利计算）

3. 新建污水处理工程投资 1000 万元, 在年利率 10% 的前提下, 要在 10 年内全部收回初投资, 是否可行? 说明理由。

4. 某公司购买了一台供水设备, 原始成本为 12000 元, 估计能使用 20 年, 20 年末的残值为 2000 元。运行费用固定为每年 800 元。此外每使用 5 年后必须大修一次, 大修理费用每次 2800 元。试求该设备的等值年费用。（利率为 12%）

5. 现有三家银行可向某建筑企业提供贷款, 其中甲银行年利率为 10%; 乙银行年利率为 10%, 每半年计息一次; 丙银行年利率为 10%, 每季度计算一次。试问, 该企业应向哪家银行贷款合算? 说明理由。

6. 某工程项目的净现金流量如图 1-24 所示, 假如基准贴现率为 10%, 求其净现值, 静态及动态投资回收期。

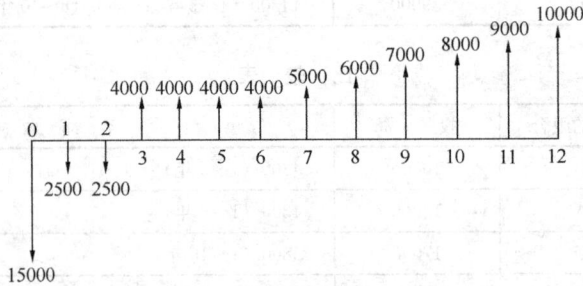

图 1-24　习题 6 的现金流量图

7. 分别求出表 1-21 所列方案现金流量（元）的内部收益率。

习题 7 数据表　　　　　　　　　　　　　　　单位: 元　**表 1-21**

现金流量 年末	方　案			
	A	B	C	D
0	−1000	−200	−5000	−100
1	5000	100	−5000	25
2	5000	200	1600	25
3	5000	300	1600	25
4	5000	400	1600	25

8. 某水厂在修建一段输水道时有两个方案可供选择, 方案 A 用隧洞, 方案 B 采用一

段衬砌渠道和一段钢槽，其费用如表 1-22 所示。$i = 6\%$，试选择方案。

投资方案与费用　　　　　　　　　　　　　　单位：万元　**表 1-22**

方案 A		方案 B		
投资	45	投资	26	
年经营成本	6.4	其中：渠道（不包括衬砌）	12	寿命期 100 年
寿命期	100 年	渠道衬砌	5	寿命期 20 年
		钢槽	9	寿命期 50 年
		年经营成本　1.05		

9. 为冶炼厂提供两种贮存水的方案，方案 A 在高楼上修建水塔，修建成本为 10.2 万元，方案 B 在距冶炼厂有一定距离的小山上修建贮水池，修建成本为 8.3 万元。两种方案的寿命估计为 40 年，均无残值。方案 B 还需要购置成本为 0.95 万元的附加设备，附加设备的寿命为 20 年，20 年末的残值为 0.05 万元，年运行费用为 0.1 万元，基准贴现率为 7%。

（1）用净现值比较两种方案；

（2）用年度等值比较两种方案。

10. 某一建筑企业正在研究最近承建的购物中心大楼的施工工地是否要预设工地雨水排水系统问题。根据有关部门提供的资料：本工程施工期为三年，若不预设排水系统，估计在三年施工期内每季度将损失 800 元。如预设排水系统，需原始投资 7500 元，施工期末可回收排水系统残值 3000 元，假如利息按年利率为 20%，每季度计息一次。试选择较优方案。

11. 两个互斥的投资方案 A、B，净现金流量见表 1-23。

已知：$\Delta IRR_{B-A} = 13\%$

试问：基准贴现率在什么范围内应挑选方案 A？在什么范围内应挑选方案 B？

投资方案 A、B 净现金流量表　　　　　　　　　　　　**表 1-23**

方案	年末净现金流量（元）					IRR
	0	1	2	3	4	
A	−1000	100	350	600	850	23.4%
B	−1000	1000	200	200	200	34.5%

12. 假设某同学从上小学到大学毕业，每年的生活费、学校杂费见表 1-24。

（1）画出净现金流量图。

（2）假定利率为 10%，试计算该同学大学毕业时，一共花费了多少生活费和学校杂费（其他开支不计）？

（3）根据上面的计算结果，谈谈感想（200 字以内）。

习题 12 数据表　　　　　　　　　　　　　　　　**表 1-24**

N（年）	小学（6 年）	初中（3 年）	高中（3 年）	大学（4 年）
学杂费（元/年）	5000	5800	6800	9000

第2章 工程项目财务分析

1. 财务分析的目的和作用

财务分析（financial analysis）是指在国家现行财税制度和价格体系的条件下，计算项目（或方案）范围内的效益和费用，分析项目（或方案）的盈利能力、生存能力和清偿能力，以考察项目（或方案）在财务上的可行性。现行财税制度和价格体系是进行财务分析的基础，其中价格体系是作为财务分析中计算期内各年采用的预测价格。

财务分析的作用在于衡量项目（或方案）投产后的财务盈利能力，确定拟建项目（或拟采用方案）所需的投资额，解决项目（或方案）资金的可能来源，安排恰当的用款计划和选择适宜的筹资方案；权衡国家或地方对于水工程这类公用事业型非盈利项目或微利项目的财政补偿或实行减免税等经济优惠措施，或者其他弥补亏损，保障正常运营的措施。对于中外合资项目的盈利能力、清偿能力分析，直接涉及中外投资者及合营者的财务利益，尤其需要作财务分析。

2. 财务分析的内容

项目（或方案）的财务分析主要进行下述内容：

（1）基础资料分析

主要是对项目（或方案）的投资估算、资金筹措、成本费用、销售收入、税金及附加以及借款还本利息计算表等进行分析计算。这些分析计算应用以现行价格体系为基础的预测价格，计算期内各年采用的预测价格，是在基年（或建设期初）物价总水平的基础上预测的，只考虑相对价格变化，有时考虑物价总水平的上涨因素。物价总水平的上涨因素一般只考虑到建设期末。

（2）财务盈利能力分析

主要是针对基础报表中的现金流量表、利润与利润分配表等进行分析，并分析计算财务盈利能力及评价指标。

（3）财务清偿能力分析

主要是针对基础报表中的财务计划现金流量表、资产负债表等进行分析，并分析计算财务清偿能力及财务比率。

（4）外汇平衡分析

主要是针对基本报表中的财务外汇平衡表等进行分析，并分析计算有外汇收支的项目（或方案）在计算期内各年外汇余缺程度。

上述分析内容之间的关系如图 2-1 所示。

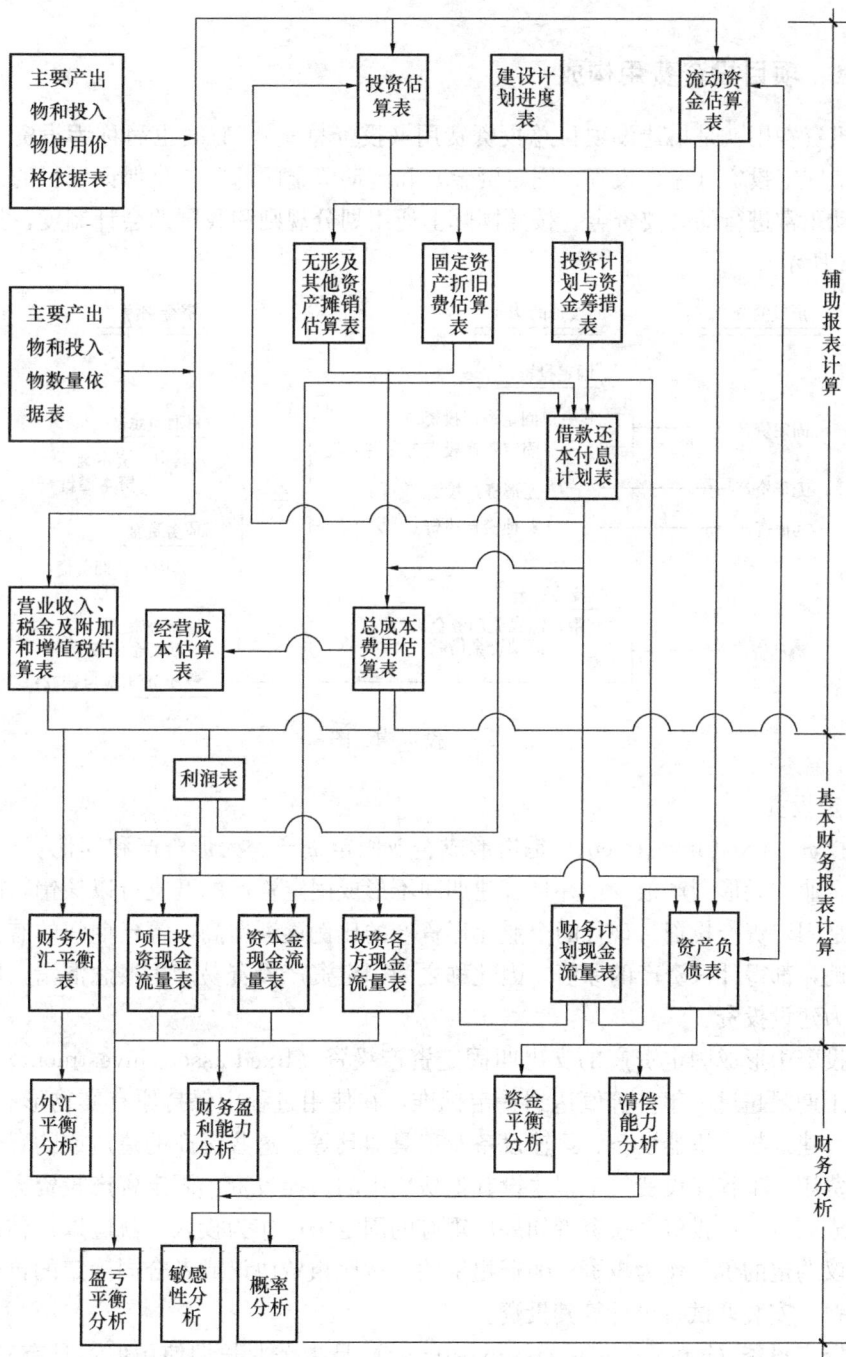

图 2-1　财务分析与计算步骤示意图

2.1　项目投资费用

2.1.1　项目投资费用构成

项目投资费用就是指建设项目总投资费用（投资总额），有时也简称为投资、投资费用。它包括固定投资（建设投资、固定资金）和流动资金两部分。是保证项目的建设及生产经营活动正常进行的必要资金。按照国际上通用划分规则和我国的会计制度，投资的构成如图 2-2 所示。

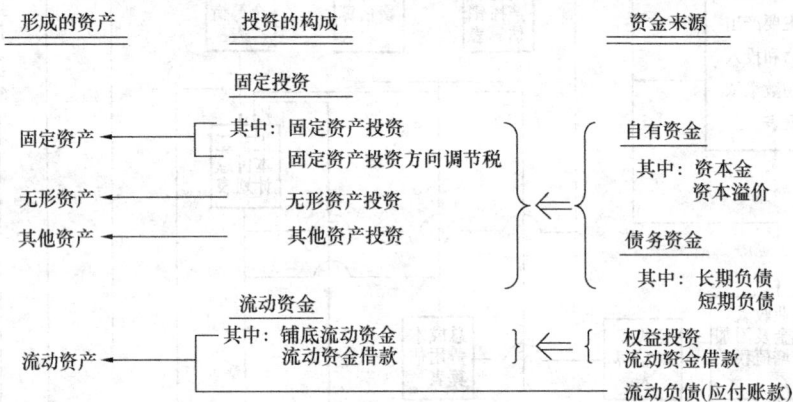

图 2-2　投资构成图

1. 固定投资

固定投资（fixed investment）是指形成企业固定资产、无形资产和其他资产的投资。在过去，企业的无形资产很少，并且筹建期间不形成固定资产的开支可以核销，因此固定投资也就是固定资产投资。现代的企业无形资产的比例逐渐增高，筹建期间的有关开支也已无处核销，都得计入资产的原值，因此称之为固定资产投资易产生概念混淆，所以部分书籍称之为建设投资。

固定投资中形成固定资产的支出叫固定资产投资（fixed assets investment）。固定资产是指使用期限超过一年，价值达到一定标准，在使用过程中保持原有实物形态的资产，包括房屋、建筑物、机器设备、运输设备及工具器具等。这些资产的建造或购置过程中发生的全部费用（工程建设费、工程建设其他费用中的待摊投资、固定资产投资方向调节税等）都构成固定资产投资。投资者如果用现有的固定资产作为投入，就应以评估确认或者合同、协议约定的价值作为投资。融资租赁的，按照租赁协议或者合同确定的价款加运输费、保险费、安装调试费等计算其投资。

无形资产投资（intangible assets investment）是指企业长期使用但不具有实物形态、能为企业提供未来权益的资产投资。包括专利权、商标权、著作权、土地使用权、非专利技术和商誉等的投入。

其他资产投资（other prepare assets investment），原称递延资产投资，是指除流动资产、长期投资、固定资产、无形资产以外的其他资产。构成其他资产原值的费用主要包括生产准备费、开办费和样品样机购置费等。

除了以上固定投资的实际支出或作价价值形成固定资产、无形资产和其他资产的原值外，建设期间的借款利息和汇兑损益，凡与购建固定资产或者无形资产有关的计入相应的资产原值。其余都计入开办费形成其他资产原值的组成部分。目前，鉴于无形资产投资和其他资产投资占固定投资的比例较小，因此，常常用固定资产投资项总括上述的固定资产投资、无形资产投资和其他资产投资，进行建设项目总投资费用的计算。仅在财务分析时，才将各类资产投资分开。建设项目总投资费用的计算详见第 2 篇。

2. 流动资金投资

(1) 流动资产

流动资产（current assets）是指可以在一年内或者超过一年的一个营业周期内能变现或者运用的资产。企业在生产经营中用于周转的流动资产，分为临时性流动资产和永久性流动资产两部分。临时性的流动资产是指企业由于季节性、周期性的生产高峰，或由于其他暂时性因素而需要增加的资金。这类资金的占用是短期的，一般通过短期借款和商业信用等方式解决。永久性的流动资产是指生产经营需要长期占用的满足企业基本需要的流动资金，除非破产清算，否则这些资金永远不可能脱离企业的生产经营过程。在这里所考虑的流动资金，是伴随固定投资而发生的永久性流动资产投资。这部分资金一般通过长期负债（流动资金借款）和权益投资（资本金、公积金等）等长期性资金来源来解决，在项目的前期研究中必须认真核算。

流动资产包括各种必要的现金、存款、应收及应付款项、存货，其构成如图 2-3 所示。

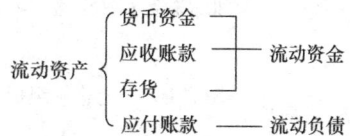

(2) 流动资金

流动资金（operating fund）又称为净流动资金，营运资金。是企业在生产经营周转过程中可供企业周转使

$$\text{流动资产}\begin{cases}\text{货币资金}\\\text{应收账款}\\\text{存货}\\\text{应付账款}\end{cases}\begin{array}{l}\left.\begin{array}{l}\\\\\end{array}\right\}\text{流动资金}\\\text{—— 流动负债}\end{array}$$

图 2-3　流动资产构成图

用的资金，是建设项目总投资（即初期总投资）的重要组成部分，为项目投产筹资所用。流动资金主要用于为维持正常生产、经营而购买原材料、燃料、支付工资及其他生产经营费用。

显然，项目建成投产后为维持正常生产、经营所需要的流动资产，一是通过流动负债解决，二是通过周转资金（流动资金）来解决。

值得指出的是这里说的流动资产是指为维持一定规模生产所需最低周转资金和存货；流动负债只含正常生产情况下平均的应付账款，不包括短期借款。为了表示这种区别，我们把资产负债表中通常含义下的流动资产称为流动资产总额，它除上述最低需要的流动资产外，还包括生产经营活动中新产生的盈余资金。同样，我们把通常含义下的流动负债叫流动负债总额，它除应付账款外，还包括短期借款，当然也包括为解决流动资金需要的短期借款。

2.1.2　投资计划与资金筹措

1. 投资计划

在进行项目（或方案）的财务评价前，应将项目（或方案）的建设资金进行合理的安排，这种按建设时间合理安排项目建设的过程，叫做投资使用计划（简称投资计划）。建设资金是项目建设的基本前提条件，只有在相当明确的筹资前景情况下，才有条件进行建设项目的投资计划研究。如果筹集不到资金，投资计划方案再合理，也不能付诸实施。制订投资计划主要考虑下述几方面因素：

（1）资金筹措情况：包括资金的数量、资金到位的时间、资金的利率等内容。

（2）建设项目工程量及施工作业现场大小。

（3）项目建设单位对项目建设的要求。

（4）项目所在地的施工单位的水平、能力等。

2. 资金筹措

建设项目资金筹措方案是在项目投资估算确定的资金总需要量的基础上，按投资使用计划所确定的资金使用安排，进行项目资金来源、筹资方式、资金结构、筹资风险及资金使用计划等工作。原则上，在符合国家有关法规条件下，应保证资金结构合理、资金来源及筹资方式可靠、资金成本低且筹资风险小。资金来源渠道较多时，应进行筹资方案的比选。

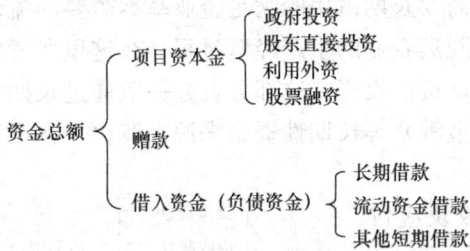

```
            ┌ 项目资本金 ┌ 政府投资
            │           │ 股东直接投资
            │           │ 利用外资
            │           └ 股票融资
资金总额 ───┤ 赠款
            │           ┌ 长期借款
            └ 借入资金（负债资金） ┤ 流动资金借款
                        └ 其他短期借款
```

图 2-4　资金总额组成

水工程建设项目所需的资金总额由项目资本金、赠款和借入资金（负债资金）三部分组成，如图 2-4 所示。其资金结构包括政府、银行、企业、个体、外商等方面；投资方式包括联合投资、中外合资、企业独资等多种形式；资金来源包括项目资本金、赠款、贷款资金等多种渠道。

项目资本金（project capital），又称项目自有资金或自有资金，是指在投资项目总投资中，由投资者认缴的出资额，对投资项目来说是非债务性资金，项目法人不承担这部分资金的任何利息和债务；投资者可按其出资的比例依法享有所有者权益，也可转让其出资，但不得以任何方式抽回；按规定可用于固定投资和流动资金。

根据出资方的不同，项目资本金分为政府出资、法人出资、个人出资和外商出资。其出资可为：货币、实物、工业产权、非专利技术、土地使用权及资源开采权。工业产权，非专利技术的比例不超过总项目资本金的 20%。

筹集项目资本金方式种类较多，但出资各方均要求具有一定的项目管理权并获得项目经营利润。政府投资是指国家根据资金来源、项目性质和调控需要，分别采取直接投资、资本金注入、投资补助、转贷和贷款贴息等方式，并按项目安排政府投资。股东直接投资是指有限责任公司的项目股东的出资。发行股票是一种有弹性的融资方式，其优点是融资风险低、不用担心资金偿还、增加企业的融资能力，缺点是资金成本高、会降低原有股东的控制权、接受投资者和社会公众监督。利用外资直接投资可采用合资经营（股权式经营）、合作经营（契约式经营）、合作开发、外资独营。

项目资本金主要强调的是作为项目实体而不是企业所注册的资金。注册资金是指企业实体在工商行政管理部门登记的注册资金，通常指营业执照登记的资金。在我国注册资金又称为企业资本金。因此，项目资本金有别于注册资金。

赠款是指国家及地方政府、社会团体或个人等赠予企业的货币或实物等财产，它可增加企业的资产。

借入资金（负债资金，borrowed funds）亦指企业向外筹措资金，是以企业名义从金融机构和资金市场借入，需要偿还的资金，包括长期借款（主要用于固定投资）、短期借款（主要用于流动资金借款和其他原因的短期借款）。它的筹集途径有国内银行（含商业性银行、政策性银行）贷款、发行国内债券等以及外国政府贷款、国外银行贷款、国际金融机构贷款、出口信贷、商业信贷、补偿贸易、融资租赁、发行国际债券等方式。

为了让投资者有风险投资的意识，国家对建设项目的项目资本金一般规定有最低的数额或比例，并且还规定了项目资本金筹集到位的期限，并在整个生产经营期间内不得任意抽走。通常市政工程建设项目的项目资本金应占建设项目资金总额的 20% 以上（国发〔2015〕51 号）。这些规定就是让投资者承担必要的风险，不能搞无本经营或过度负债经营。

对于投资使用计划和资金筹措，一般采用"投资使用计划和资金筹措表"来表达，见表 2-1。

投资使用计划和资金筹措表　　单位：万元　**表 2-1**

序号	年份／项目	建设期			投产期		达到设计能力期				合计
		0	1	2	3	4	5	6	…	n	
1	总投资										
1.1	建设投资										
1.2	建设期利息										
1.3	流动资金										
2	资金筹措										
2.1	项目资本金										
2.1.1	用于建设投资　××方　……										
2.1.2	用于流动资金　××方　……										
2.1.3	用于建设期利息　××方　……										
2.2	债务资金										
2.2.1	用于建设投资　××借款　××债券										
2.2.2	用于建设期利息　××借款　××债券　……										
2.2.3	用于流动资金　××借款　××债券　……										
2.3	其他资金　×××　……										

注：如有多种借款方式、多种货币时，可分项列出。

2.2　盈 利 能 力 分 析

2.2.1　收入、成本和费用

投资项目建成并投入生产经营后，投资者最关心的是尽可能快地收回投资并获取尽可能多的盈利。因此，首先应明确哪些内容以及通过什么途径才能估算出投资的收益。

按现行的财务会计制度，水工程企业单位在生产经营期的收入和利润的核算关系如图2-5所示。

1. 年销售收入

销售收入是指企业销售产品或者提供劳务等取得的收入，它是企业生产经营阶段的主要收入来源。由两个基本因素构成，一是销售量（通常假设与产品产量相同），二是产品销售价格。计算方法为：

$$销售收入 = 产品的销售数量 \times 产品销售价格$$
$$= 项目设计能力（即规模） \times 生产能力利用率 \times 销售价格 \quad (2-1)$$

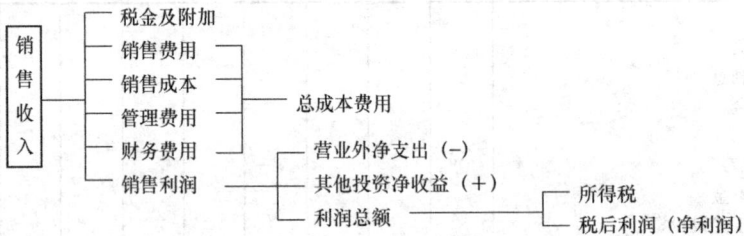

图 2-5　收入、成本和费用关系图

对于产品销售价格要作有根据的分析和预测，属于国家控制价格的物质，要按国家规定的价格政策执行；价格已经放开的产品，应根据市场情况合理选用价格，一般不宜超过同类产品的进口价格（含各种税费）。产品销售价格一般采用出厂价格。同时还应注意与投入物价格选用的同期性，并应使价格中不含增值税。增值税采用价外税模式。

增值税（value-added tax）：是指对商品生产和流通中各环节的新增价格或商品附加值进行征税，是指对在我国境内销售货物或提供加工、修理修配劳务，以及进口货物的单位和个人，就其取得的货物或应税劳务销售额以及进口货物金额计算税款，并实行税款抵扣制的一种流转税。

$$应纳税额 = 当期销项税额 - 当期进项税额$$
$$= 当期销售额 \times 增值税率 - 当期进项税额 \quad (2-2)$$

"当期"是指税务机关依照税法规定对纳税人确定的纳税期限。"销项税额"是指纳税人提供应税服务按照销售额和增值税税率计算的增值税额。"进项税额"是指纳税人购进货物或者接受加工修理修配劳务和应税服务，支付或者负担的增值税税额。销售方收取的销项税额，就是购买方支付的进项税额。"销售额"是指纳税人销售货物或者提供应税劳务向购买方收取的全部价款和价外费用（指价外向购买方收取的手续费、补贴、基金、集资费、返还利润、奖励费、违约金、包装费、包装物租金、储备费、优质费、运输装卸费、代收款项、带垫款项及其他各种性质的价外收费），但是不包括收取的销项税额。但在实际工作中，常常出现销售额和销项税额合并价格的情况，此时，销售额应按下式计算：

$$销售额 = 含税销售额 /(1 + 增值税率) \tag{2-3}$$

对于进口货物的应纳税额由下式计算：

$$应纳税额 = 组成计税价格 \times 增值税率$$

$$= (关税完税价格 + 关税 + 消费税) \times 增值税率 \tag{2-4}$$

增值税征收适用税率和征收率两类征收比率。税率是指应纳税额与征税对象数额之间的比例，是计算应纳税额的尺度，税率的种类主要包括比例税率、累进税率、累退税率和定额税率，适用于一般纳税人；征收率是指在纳税人因财务会计核算制度不健全，不能提供税法规定的课税对象和计税依据等资料的条件下，由税务机关经调查核定，按与课税对象和计税依据相关的其他数据计算应纳税额的比例，属于简易征收，适用于小规模纳税人和特定的一般纳税人。

2018 年 5 月 1 日起增值税税率有 16%、10%、6% 和 0% 四档；征收率有 5%、3%、减按 2% 和 2% 预征收四档。

简易计税方法的应纳税额，是指按照销售额和增值税征收率计算的增值税额，不得抵扣进项税额。应纳税额计算公式：

$$应纳税额 = 销售额(营业额) \times 征收率 \tag{2-5}$$

自来水生产和销售企业可按 10% 税率征收可抵扣进项税或 6% 征收率简易办法征收不能抵扣进项税；小规模销售自来水按 3% 的征收率进行缴税。具体应根据当地税务部门对企业的缴税类型的认定来确定。

2. 税金及附加

营业税金及附加（sales tax and extra charges）是指企业生产经营期内因销售产品而发生的消费税、增值税、资源税、土地增值税、城市维护建设税和教育费附加。依据财会〔2016〕22 号文规定，全面试行"营业税改征增值税"后，"营业税金及附加"科目名称调整为"税金及附加"科目。

税金及附加（tax and additional expense）是指企业经营活动发生的消费税、资源税、城市维护建设税、教育费附加及房产税、土地使用税、房产税、车船使用税、印花税等相关税费。

(1) 消费税（consumption tax/Excise Duty）：是以特定的消费品作为课税对象课征的一种税，属于流转税。它实行价内税，即价款中已包含消费税。水工业产品不存在课征消费税。

(2) 资源税（natural resources tax）：是从各种自然资源为课税对象的一种税。其计算方式为：

$$应纳税额 = 应税产品的课税数量 \times 单位税额 \tag{2-6}$$

水工业中的给水处理厂的原水不属于课税对象，但为了进行水资源的合理利用和保护，一些地方开始收水资源费。

(3) 城市维护建设税（urban maintenance and construction tax）：是为了加强城市的维护建设，扩大和稳定城市、乡镇维护建设资金来源，向缴纳增值税、消费税的单位和个人征收的专用于城市维护建设的一种税。其计算式为：

$$应纳税额 ＝（增值税 ＋ 消费税）× 税率 \tag{2-7}$$

现行城市维护建设税实行地区差别比例税率，具体分三种情况：市区为 7%、县城和镇 5%，不在城镇的 1%。对"三资"企业和进口产品海关代征增值税后，不再征收该税。

（4）教育费附加（educational surcharge）：为加快地方教育事业的发展，扩展地方教育经费的资金来源而开征的，作为教育专项基金使用，是对缴纳增值税、消费税的单位和个人征收的一种附加费。其计算方式为：

$$教育费附加 ＝（增值税 ＋ 消费税）× 费率 \tag{2-8}$$

其费率为 3%。教育费附加随增值税同时缴纳。

（5）土地使用税（land use charge）：是指在城市、县城、建制镇、工矿区范围内使用土地的单位和个人，以实际占用的土地面积为计税依据，依照规定由土地所在地的税务机关（地方税务局）征收的一种税赋。由于土地使用税只在县城以上城市征收，因此也称城镇土地使用税。属于资源税。

$$应纳税额 ＝ 实际占用土地面积(m^2)× 所占用土地对应的等级税额标准(元 /(m^2 · 年))$$
$$\tag{2-9}$$

税额标准按《中华人民共和国城镇土地使用税暂行条例》（2006 年 12 月 31 日修改）规定：大城市（人口在 50 万以上）1.5 元至 30 元、中等城市（人口在 20 万至 50 万）1.2元至 24 元、小城市（人口在 20 万以下）0.9 元至 18 元、县城、建制镇、工矿区 0.6 元至12 元。对于具体税额标准、减免政策等规定应咨询当地地方税务部门。

（6）房产税（house tax）：是以房屋为征税对象，按房屋的计税余值或租金收入为计税依据，向产权所有人征收的一种财产税。房产税征收标准分从价或从租两种情况。

1）以房产原值为计税依据的房产税：

$$应纳税额 ＝ 房产原值 ×（0.7 \sim 0.9）× 税率 \tag{2-10}$$

即：房产原值一次减去 10%～30% 后的余值乘以房产税税率（年税率 1.2%）。

2）以房产出租的租金收入为计税依据的房产税：

$$应纳税额 ＝ 房产租金收入 × 税率(年税率 12%) \tag{2-11}$$

对于征收范围、征收对象、减免政策等规定应咨询当地地方税务部门。

（7）车船使用税（vehicle and vessel use tax）：是指对在我国境内应依法到公安、交通、农业、渔业、军事等管理部门办理登记的车辆、船舶，根据其种类，按照规定的计税依据和年税额标准计算征收的一种财产税。从 2007 年 7 月 1 日开始，有车族需要在投保交强险时缴纳车船税。

对于征收范围、征收对象、减免政策等规定应咨询当地地方税务部门。

（8）印花税（stamp tax）：是对经济活动和经济交往中，书立、领受具有法律效力的凭证的行为所征收的一种税。因采用在应税凭证上粘贴印花税票作为完税的标志而得名。印花税的纳税人包括在中国境内书立、领受规定的经济凭证的企业、行政单位、事业单位、军事单位、社会团体、其他单位、个体工商户和其他个人。

1）以比例税率计算的印花税：

$$应纳数额 ＝ 应纳税凭证记载的金额(费用、收入额)× 适用税率 \tag{2-12}$$

如：财产所有权、版权、商标专用权、专利权、专有技术使用权、土地使用权出让合同、商品房销售合同等产权转移书据，按所载金额 0.5‰贴花。

2）以定额税率计算的印花税：

$$应纳税额 ＝ 应纳税凭证的件数 × 适用税额标准 \qquad (2\text{-}13)$$

如：政府部门发给的房屋产权证、工商营业执照、商标注册证、专利证、土地使用证，按件贴花 5 元。

对于征收范围、税目税率、减免政策等规定应咨询当地税务部门。

3. 总成本费用与经营成本

（1）总成本费用

现行财务会计制度对成本（cost of goods）的核算办法是采用制造成本法（production cost）而不是完全成本法（complete cost）。按照制造成本法计算产品成本时，只计算与生产经营最直接和关系密切的费用，而将与生产经营没有直接关系和关系不密切的费用计入当期损益。总成本费用（sum cost）构成如图 2-6 所示。

直接费用是指企业直接为生产产品和提供劳务等发生的各项费用，包括直接的材料、人工和耗费的燃料、动力等支出。

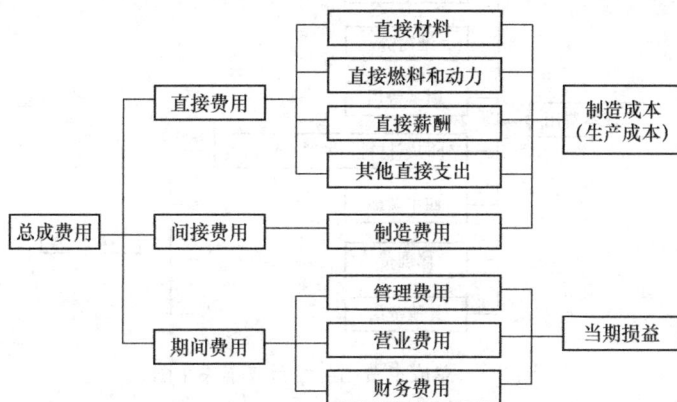

图 2-6　产品成本费用构成

直接材料费包括企业生产经营过程中实际消耗的原材料、辅助材料、备品配件、外购半成品、包装物以及其他直接材料的支出费用；直接燃料、动力费包括企业生产经营过程中实际消耗的燃料、动力费；直接工资包括企业直接从事产品生产人员的工资、奖金、津贴和补助；其他直接支出包括企业直接从事产品生产人员的职工福利费等支出。

间接费用是指企业内部各生产经营单位（分厂、车间）为组织和管理生产活动而发生的制造费用和不能直接进入产品成本的各项费用。包括企业内各个生产单位管理人员工资、职工福利费，生产设备和建筑等的折旧，矿山维简费，修理费，办公费，差旅费，劳动保护费，保险费，试验检验费等费用，它是按一定的标准分配计入生产成本，又称为制造费用。

期间费用是指企业行政管理部门等发生的管理费用（企业总部管理人员工资、职工福利费，工会经费，职工教育经费，劳动保险费，无形资产摊销，其他资产摊销，非生产设备、建设物等折旧等）；财务费用（生产经营期间发生的利息支出、汇兑净损失、筹资时发生其他的费用）；营业费用（企业负担的运输费、装卸费、包装费、保险费、广告费、销售服务费，销售部门人员工资、福利费、办公费、折旧费、修理费等费用）。

$$总成本费用＝直接材料费＋直接燃料和动力费＋直接薪酬＋其他直接支出费$$
$$＋制造费用＋管理费用＋财务费用＋营业费用 \tag{2-14}$$
$$直接材料费＝直接材料消耗量×单价 \tag{2-15}$$
$$直接燃料和动力费＝直接燃料和动力消耗量×单价 \tag{2-16}$$
$$直接薪酬＝直接从事产品生产人员数量×人均年职工薪酬 \tag{2-17}$$

其他直接支出费可采用按实计算，或按一定方式估算。

制造费用、管理费用、营业费用中除折旧费、摊销费外可按照一定标准估算，也可按各自包括的内容详细计算。财务费用应分别计算长期借款和短期借款利息。

可知，制造成本法特点在于同一投入要素分别在不同的项目中加以记录和核算，其优点在于简化了核算过程，便于成本核算的管理，缺点是看不清各种投入要素的比例。为了解决这一问题，总成本费用可由生产要素为基础构成，如图 2-7 所示。

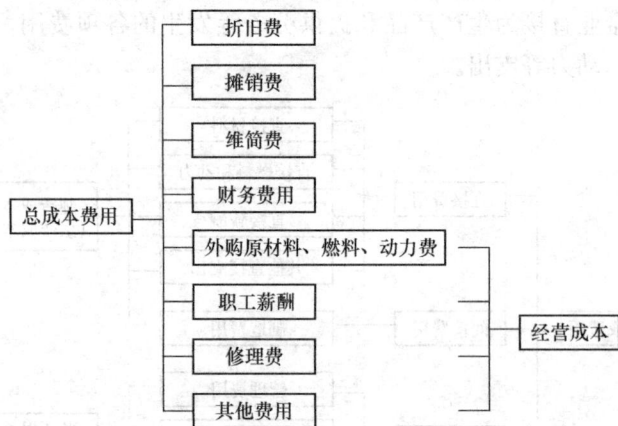

图 2-7　总成本费用与经营成本关系图

$$总成本费用＝外购材料费＋外购燃料和动力费＋职工薪酬＋折旧费＋摊销费$$
$$＋矿山维简费＋修理费＋其他费用＋财务费用 \tag{2-18}$$

这里的折旧、摊销、职工薪酬等成本要素除了含有与生产直接有关的制造费用中的成本要素外，还包括在管理费用和销售费用中的成本要素。

职工薪酬包括职工的工资、奖金、补贴，福利，医疗、养老、失业、工伤和生育等社会保险，住房公积金，工会经费和职工教育经费等支出。

财务费用包括利息支出、汇兑损失、相关的手续费和其他财务费用。利息支出：指企业短期借款利息、长期借款利息、应付票据利息、票据贴现利息、应付债券利息、长期应付引进国外设备款利息等利息支出（除资本化的利息外）减去银行存款等的利息收入后的净额；汇兑损失：指企业因向银行结售或购入外汇而产生的银行买入、卖出价与记账所采用的汇率之间的差额，以及月度（季度、年度）结束，各种外币账户的外币期末余额按照期末规定汇率折合的记账人民币金额与原账面人民币金额之间的差额等；相关的手续费：指发行债券所需支付的手续费（需资本化的手续费除外）、开出汇票的银行手续费、调剂外汇手续费等，但不包括发行股票所支付的手续费；其他财务费用：如融资租入固定资产发生的融资租赁费用等。

在项目评价中，财务费用通常只考虑利息支出。利息支出包括长期借款利息、流动资金借款利息和短期借款利息支出三部分。以生产要素为基础计算总成本时是按成本费用中各项费用性质进行归类后，分别计算。特别应注意的是各个费用要素中均包含直接费、间接费和期间费中的相同内容。比如：外购材料费包括直接材料费中的原材料、辅助材料、备品备件、外购半成品、包装物以及其他直接材料，制造费用、管理费用以及销售费用中的物料消耗、低值易耗品费用及其运输费用等归并在本科目内。

当采用进口材料或进口零部件时，用外币支付的费用有进口材料或进口零部件货价、国外运输费、国外运输保险费，用人民币支付的费用有进口关税、消费税、增值税、银行财务费、外贸公司手续费、海关监管手续费及国内运杂费。

（2）经营成本费用

经营成本（management cost）是为项目评价的实际需要专门设置的，并由下式计算：

$$经营成本费用 = 总成本费用 - 折旧费 - 摊销费 - 维简费 - 财务费用 \qquad (2-19)$$

经营成本是指经常性的实际支出费用，式中折旧费和摊销费是建设期或设备更换时固定资产、无形资产和其他资产投资支出的分摊，显然应把它们看作是总成本费用的组成部分。但是，从项目整个计算期看，按各项现金收支在何时发生，就在何时计入原则。由于投资已在其发生的时间作为一次性支出被计作现金流出，所以不能将折旧费和摊销费作为生产经营期经常性支出。对于矿山项目，维简费按销售收入提取，且视同折旧费处理。因此，经营成本费用中不包括折旧费、摊销费和维简费。利息支出也是一种实际支出，按税后还贷原则，借款的本金（包括融资租赁的租赁费）要用税后利润和折旧、摊销来归还，而生产经营期的利息，可计入财务费用。在考察全部投资（包括项目资本金和债务资金）时，利息无疑也是投资收益的组成部分，因此也不能把它再看作支出。

（3）可变成本与固定成本

为了进行项目的成本结构分析和不确定性分析，应将总成本费用按照费用的性质划分为可变成本（variable cost）和固定成本（fixed cost）。产品总成本费用中随产品产量增减呈比例地增减的部分为可变成本；与产品产量增减无关的部分为固定成本；另外还有一些费用，也随产品产量增减而变化，但非成比例地变化，称为半可变（半固定）成本。通常半可变（半固定）成本可进一步分解为可变成本与固定成本。因此：

$$总成本费用 = 可变成本 + 固定成本 \qquad (2-20)$$

$$可变成本 = 外购原材料、燃料、动力费 + 维简费 \qquad (2-21)$$

$$固定成本 = 折旧费 + 摊销费 + 职工薪酬 + 修理费 + 财务费用 + 其他费用 \qquad (2-22)$$

（4）总成本费用估算表

总成本费用的估算，一般采用"总成本费用估算表"来表达，见表 2-2。

总成本费用估算表　　　（单位：万元）　　**表 2-2**

序号	项目　　　　　年　份	投产期			达到设计能力期			合计
		3	4	5	6	...	n	
1	生产负荷（%） 外购原材料 ⋮							

序号	年　份 项目	投产期			达到设计能力期			合计
		3	4	5	6	…	n	
2	外购燃料及动力							
	⋮							
3	职工薪酬							
4	修理费							
5	其他费用							
6	经营成本（1+2+3+4+5）							
7	折旧费							
8	摊销费							
9	维简费							
10	财务费用							
11	总成本费用（6+7+8+9+10）							
	其中：固定成本（3+4+5+7+8+10）							
	可变成本（1+2+9）							

4. 折旧费、摊销费、维简费及其他费用

折旧费、摊销费、维简费和其他费用都是总成本费用的组成部分。

（1）折旧费

1）固定资产折旧

固定资产在使用过程中，将受到有形磨损和无形磨损而使固定资产价值发生损失。这种损失通常采用折旧方法来补偿。因此，折旧费（depreciation charge）是指固定资产在使用寿命期内，将其以折旧的形式列入产品总成本中，逐年摊还的费用。即通过折旧的方法获得用于偿还或重新购置、建造固定资产的费用。

折旧的计算包括以下三个要素：

① 固定资产原值：指用于提取折旧的固定资产一次性支出的价值。应提取折旧的固定资产是指投资估算中的建筑物、构筑物及机械设备等，详见附录2。值得指出的是有些固定资产不提取折旧。如土地；除房屋、建筑物以外的未使用、不需用以及封存的固定资产；以经营租赁方式租入的固定资产；已提足折旧继续使用的固定资产；按照规定提取维简费的固定资产；已在成本中一次性列支而形成的固定资产；破产关停企业的固定资产以及国家与有部门规定的固定资产。

② 折旧年限（或预计产量）：固定资产从开始使用到失去其使用价值的时间段称为固定资产的使用年限。固定资产在经济角度上讲最合理的使用年限，也就是产生的总年成本最小或总年净收益最大时的使用年限称为固定资产的经济年限（经济寿命）。按照国家有关部门规定的固定资产折旧方式，逐年进行折旧，一直到账面价值（固定资产净值）减至固定资产残值时所经历的全部时间，称为固定资产的折旧年限（折旧寿命）。

③ 固定资产净残值：固定资产在完成了它的使用价值后，余下的实物残值，被称为固定资产残值。固定资产净残值是指固定资产残值减去清理费用后的余额。一般地，净残值率按照固定资产原值的3%～5%确定，外资企业规定为10%。

2）固定资产折旧费计算

折旧的方法按折旧对象不同划分为：个别折旧法、分类折旧法和综合折旧法。个别折旧法是以每一项固定资产为对象来计算折旧；分类折旧法则以每一类固定资产为对象来计算折旧；综合折旧法则以全部固定资产为对象计算折旧。具体的做法又可分为：平均年限法、工作量法和快速折旧法。固定资产折旧，原则上应采用分类法计算折旧；当项目投资额较小或设备种类较多，且设备投资占固定资产投资比例不大时也可采用综合法计算折旧。

因此，应当根据固定资产原值、净残值、折旧年限或工作量来计算固定资产折旧费用。

① 平均年限法：又称直线折旧法（straight line method），一般情况下，是企业的固定资产折旧通常采用的方法。其计算公式如下。

$$年折旧率 = \frac{1 - 净残值率}{折旧年限} \times 100\% \tag{2-23}$$

$$年折旧额 = 固定资产原值 \times 年折旧率 \tag{2-24}$$

$$净残值 = 固定资产原值 \times 净残值率 \tag{2-25}$$

② 工作量法：又称作业量法（production method），是以固定资产的使用状况为依据计算折旧的方法。它适用于企业专业车队的客、货运汽车，某些大型设备的折旧。

$$工作量折旧额 = 固定资产原值 \times \frac{1 - 净残值率}{规定的总工作量} \tag{2-26}$$

a. 按照行驶里程计算折旧：

$$单位里程折旧额 = 原值 \times \frac{1 - 净残值率}{总行驶里程} \tag{2-27}$$

$$年折旧额 = 单位里程折旧额 \times 年行驶里程 \tag{2-28}$$

b. 按照工作小时计算折旧

$$每工作小时折旧额 = 原值 \times \frac{1 - 净残值率}{总工作小时} \tag{2-29}$$

$$年折旧额 = 每工作小时折旧额 \times 年工作小时 \tag{2-30}$$

③ 快速折旧法：又称递减费用法（progressive decrease method），即固定资产每年计提的折旧数额不等，在固定资产使用初期时计提的多，而在后期时计提的少，是一种相对加快折旧速度的方法。在国民经济中具有重要地位、技术进步快的电子生产企业、船舶工业企业、生产"母机"的机械企业、飞机制造企业、汽车制造企业、化工生产企业和医药生产企业以及其他经财政部批准的特殊行业，这类企业的机器设备折旧可以采用快速折旧法。

a. 双倍余额递减法（double remaining sum progressive decrease method）：该方法是以平均年限法残值为零时折旧率的两倍作为该方法的折旧率，计算每年折旧额。

$$年折旧率 = \frac{2}{折旧年限} \times 100\% \tag{2-31}$$

$$年折旧额 = 固定资产净值 \times 年折旧率 \tag{2-32}$$

$$固定资产净值 = 固定资产原值 - 累计年折旧额 \tag{2-33}$$

实行双倍余额递减法时，由于固定资产净值不可能完全冲销，因此，在固定资产使用的后期，如果发现某一年用该法计算的折旧额少于平均年限法计算的折旧额时，应改用平均年限法计提折旧。

b. 年数总和法（Sum of Year Digit Method）：是采用固定资产原值减去净残值后的余额，按照逐年递减的分数（即年折旧率，亦称折旧递减系数）计算折旧的方法。

$$年折旧率 = \frac{折旧年限 + 1 - 已使用年限}{折旧年限 \times \frac{1}{2}(折旧年限 + 1)} \times 100\% \tag{2-34}$$

$$年折旧额 = (固定资产原值 - 预计净残值) \times 年折旧率 \tag{2-35}$$

c. 余额递减法（Declining Balance Method/Reducing Balance）：是采用固定的折旧率乘以固定资产净值，作为该年的折旧额。由于固定资产净值是逐年递减的，因此，折旧额也是逐年递减的。

$$固定折旧率 = 1 - \sqrt[T]{\frac{净残值}{固定资产原值}} \tag{2-36}$$

式中 T——折旧年限（年）。

$$年折旧率 = (1 - 固定折旧率)^{t-1} \times 固定折旧率 \tag{2-37}$$

式中 t——已使用年限（年）。

$$年折旧额 = 固定资产原值 \times 年折旧率 \tag{2-38}$$

或：
$$年折旧额 = 固定资产净值 \times 固定折旧率 \tag{2-39}$$

值得注意的是该方法中固定资产净残值不得为零。

【例 2-1】某通用机械设备的资产原值（包括购置、安装、单机调试和筹建期的借款利息）为 5000 万元、折旧年限为 10 年，净残值率为 4%。试按不同的折旧法计算年折旧额。

【解】① 平均年限法

$$年折旧率 = \frac{1 - 4\%}{10} \times 100\% = 9.6\%$$

年折旧额＝5000×9.6%＝480 万元（10 年内每年相同）见表 2-3。

② 双倍余额递减法

$$年折旧率 = \frac{2}{10} \times 100\% = 20\%（前 6 年每年相同）$$

年折旧额计算表 表 2-3

方法	年序 项目	1	2	3	4	5	6	7	8	9	10	合计
平均 年限法	资产净值（万元）	5000	4520	4040	3560	3080	2600	2120	1640	1160	680	
	年折旧率（%）	9.6	9.6	9.6	9.6	9.6	9.6	9.6	9.6	9.6	9.6	96
	年折旧额（万元）	480	480	480	480	480	480	480	480	480	480	4800
	预计净残值（万元）											200
双倍 余额 递减法	资产净值（万元）	5000	4000	3200	2560	2048	1638	1310	1032	754	477	
	年折旧率（%）	20	20	20	20	20	20	25	25	25	25	
	年折旧额（万元）	1000	800	640	512	410	328	278	278	277	277	4800
	预计净残值（万元）											200

方法	年序 项目	1	2	3	4	5	6	7	8	9	10	合计
年数 总和法	资产净值（万元）	5000	4127	3342	2644	2033	1509	1073	724	462	287	
	年折旧率（%）	10/55	9/55	8/55	7/55	6/55	5/55	4/55	3/55	2/55	1/55	
	年折旧额（万元）	873	785	698	611	524	436	349	262	175	87	4800
	预计净残值（万元）											200
余额 递减法	资产净值（万元）	5000	3624	2627	1904	1380	1000	725	526	381	276	
	年折旧率（%）	27.52	19.95	14.46	10.48	7.59	5.50	3.99	2.89	2.10	1.52	
	年折旧额（万元）	1376	997	723	524	380	275	199	145	105	76	4800
	预计净残值（万元）											200

年折旧额每年不同，先多后少，见表 2-3。但最后 4 年的折旧按第七年初净值 1310 万元减残值 $5000 \times 4\% = 200$ 万元后除以 4 得到的，即：按平均年限法计算折旧：

$$年折旧率 = \frac{1}{4} \times 100\% = 25\%（后 4 年每年相同）$$

$$年折旧额 = (1310 - 200) \times 25\% = 277.5 万元$$

③ 年数总和法

项目折旧年限为 n 年，已使用年限为 t 年，则：

$$年折旧率 = \frac{(n+1-t)}{0.5n(n+1)} \times 100\%$$

年折旧额 = （5000 万元 - 5000 万元 × 4%）× 年折旧率 = 4800 万元 × 年折旧率，具体计算见表 2-3。

④ 余额递减法

$$折旧率 = (1 - \sqrt[10]{200/5000}) \times 100\% = 27.52\%$$

$$年折旧额 = 5000 \times (1 - 27.52\%)^{t-1} \times 27.52\%$$

式中　t——已使用年限（年）

详见表 2-3。

（2）摊销费

1）摊销费（apportion charge）

除固定资产以外，一次性投入的费用还包括无形资产和其他资产等，这些资产在使用中损耗的价值将转入总成本费用中去。因此，从项目受益之日起，按相关法律和合同规定应在一定期间（摊销年限）内分期平均摊销。一般不计残值。

2）无形资产摊销估算

无形资产是指企业长期使用但没有实物形态的资产，包括专利权、商标权、土地使用权、非专利技术、商誉等。其摊销年限应按法律和合同或企业中申请书中分别规定的有效期限和受益年限的长短确定，取两者中较短者为摊销年限。无法确定有效期限和受益年限的，按照不少于 10 年的期限确定摊销年限。

当企业自行开发建造厂房等建筑物，土地与建构筑物应当分别处理，但为了便于与折旧相协调，土地使用权可直接列入固定资产其他费用进行折旧。

3）其他资产摊销估算

其他资产，原称递延资产，是指除流动资产、长期投资、固定资产、无形资产以外的其他资产，如长期待摊销费用和其他长期资产。按照有关规定，除购置和建造固定资产以外，所有筹建期间发生的费用，先在长期待摊费用中归集，待企业开始经营起计入当期的损益。

（3）维简费

维简费是指专项用于维持简单再生产所发生的费用，在煤炭生产企业用得比较多，该部分资金相当于折旧。煤矿维简费不包括安全费用，但包括井巷费用；林业维简费是用于维持木材建材简单再生产和发展林区生产建设事业的资金。以产品销售收入为基数，按一定百分比或标准提取维简费。

（4）其他费用

其他费用包括其他制造费用、其他管理费用和其他营业费用三项费用中，扣除其相关人员职工薪酬、折旧费、摊销费、修理费以后的其余部分。一般按固定资产原值（扣除所含建设期利息）的百分数估算或按人员定额估算。

5. 所得税及利润分配

利润（profit）是企业经营成果的体现，也是重要的财务指标。按照收入、成本和费用的关系，详见图2-5，利润的表达为：

$$销售利润 = 销售收入 - 税金及附加 - 总成本费用$$
$$= 营业外净支出(-) + 其他投资净收益(+) + 利润总额 \tag{2-40}$$
$$利润总额 = 所得税 + 税后利润(净利润) \tag{2-41}$$

上述内容通常采用利润与利润损益表（profit and loss statement，简称利润表）来计算。该表是财务评价的基本财务报表，是反映项目计算期内各年的利润总额，所得税及税后利润的分配情况，见表2-4。

利润与利润分配表　　　　　（单位：万元）　**表2-4**

序号	年份 项目	投产期		达到设计能力期							合计
		3	4	5	6	7	8	9	…	n	
	生产负荷（%）										
1	营业（销售）收入										
2	税金及附加										
3	总成本费用										
4	补贴收入										
5	利润总额（1-2-3+4）										
6	弥补以前年度亏损										
7	应纳税所得额（5-6）										
8	所得税										
9	净利润（5-8）										
10	期初未分配利润										
11	可供分配的利润（9+10）										
12	提供法定盈余公积金（9×规定比率）										
13	可供投资者分配的利润（11-12）										
14	应付优先股股利										

续表

序号	项目 ＼ 年份	投产期		达到设计能力期							合计
		3	4	5	6	7	8	9	…	n	
15	提取任意盈余公积金										
16	应付普通股股利（13－14－15）										
17	各投资方利润分配										
	其中：××方										
	××方										
18	未分配利润（13－14－15－17）										
19	息税前利润（利润总额＋利息支出）										
20	息税折旧摊销前利润 （息税前利润＋折旧＋摊销）										

（1）所得税及其估算

所得税（income tax）包括个人所得税和企业所得税，在这里主要指企业所得税，它是国家对企业在一定时期内的生产经营所得和其他所得征收的一种税。其计算公式为：

$$所得税 ＝ 应纳税所得额 \times 所得税率 \tag{2-42}$$

$$应纳所得税额 ＝ 收入总额 － 准许扣除项目金额 \tag{2-43}$$

收入总额包括经营收入、财产转让收入、利息收入、租赁收入、股息收入、其他收入。这里的收入总额主要指经营收入中的商品（产品）销售收入。准许扣除项目余额包括总成本费用、税金及附加、已发生的经营亏损和投资损失及其他损失。不得扣除项目金额包括资本性支出；无形资产转让，开发支出；违法经营的罚款和被收财产的损失；各项税收的滞纳金、罚金和罚款；自然灾害或意外事故损失有赔偿的部分；非公益性捐赠以及超过国家规定允许扣除的公益、救济性的捐赠；各种赞助支出；贷款担保；与取得收入无关的各项支出。对于纳税人发生年度亏损，可以用下一纳税年度所得弥补，若下一纳税年度的所得不足弥补的，可以逐年延续弥补。但是延续弥补期最长不得超过 5 年。5 年内不论是盈利或亏损，都作为实际弥补年限计算。

有关所得税的减免优惠按国家有关规定执行，内资企业所得税率按表 2-5 执行。对于外商投资企业和外国企业的所得税征收应符合国家有关规定。

企业所得税（税率）　　　　　　　　　　　　　　　　　　表 2-5

企 业 类 型	税率
内资企业，包括国有企业、集体企业、私营企业、联营企业、股份制企业，以及有生产、经营所得和其他所得的其他组织	25%
国家需要重点扶持的高新技术企业	15%
小型微利企业	20%

注：根据 2017 年 12 月 6 日出台的《企业所得税法实施条例》的规定，所谓小型微利企业，是指从事国家非限制和禁止企业，并符合下列条件的企业：

1. 工业企业，则为年度应纳税所得额不超过 30 万元，从业人数不超过 100 人，资产总额不超过 3000 万元；

2. 其他企业，则为年度应纳税所得额不超过 30 万元，从业人数不超过 80 人，资产总额不超过 1000 万元。

税后利润 {
提取法定盈余公积金
提取任意盈余公积金
弥补超过5年未弥补的亏损 }
交纳违法经营罚款
弥补没收财产的损失 } 损失弥补
弥补自然灾害或意外事故损失
向投资者分配利润
偿还借款本金
未分配利润

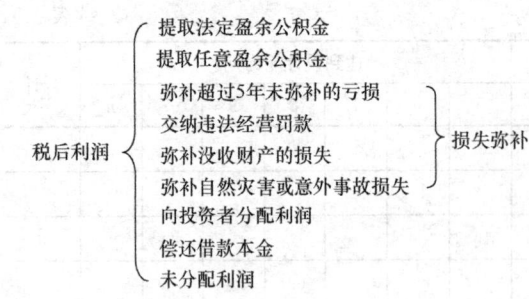

图 2-8　税后利润分配顺序图

（2）利润分配

税后利润（净利润）的分配按图 2-8 的顺序进行。

法定盈余公积金额按税后利润的 10% 提取，其累计额达到项目法人注册资本的 50% 以上时可不再提取。法定盈余公积金可用于弥补亏损、扩大企业生产经营或按照国家规定转增资本金等。

2006 年《公司法》修改后，取消公益金，设置任意盈余公积金。经公司章程或者股东会决议方式，可以从税后利润中提取任意盈余公积金。提取任意盈余公积金没有比例限制，主要是调节分红和公司发展资金的比例。

向投资者（国家投资、其他单位投资和个人投资）分配利润应按项目当年有无盈利而定，无盈利不得向投资者分配利润；企业上年度未分配的利润，可以并入当年向投资者分配。

应该说，投资者的利益分配有两种形式。一种是现金形式，这就是经上述计算出的已变成现金的利润分配。另一种是资金形式，即作为投资者在企业中的盈余资金，它包括盈余公积金（surplus reserve）、折旧费和摊销费等扣除借款本金偿还以后的余留部分。这些盈余资金虽不能向投资者分配，但可按照规定用于弥补亏损或转增资本金或用于再投资，至少可以存入银行赚取利息。如果把以上两种形式的利益和权益，看做是投资者的收益，完整的收益表述应该是各年的：

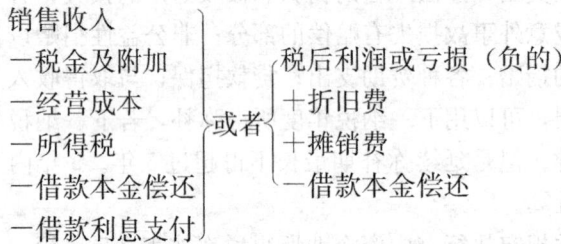

销售收入
－税金及附加
－经营成本 } 或者 {
税后利润或亏损（负的）
＋折旧费
－所得税
＋摊销费
－借款本金偿还
－借款本金偿还
－借款利息支付 }

注意，弥补上年度亏损只是在计算当年所得税和计算当年法定盈余公积金时起作用，在计算投资者的现金流入时，各年已考虑了盈余和亏损的因素，不应再用以后年份的税后利润弥补上年度的亏损，否则会造成现金流出的重复计算。

【例 2-2】某投资项目投产后的前两年的收入和成本费用情况见表 2-6，求投资者在这两年中的全部投资收益。

投资收益与利润的关系　　　　　　　　单位：万元　　表 2-6

年　份 项　目	投产期			备注（第 3 年数字）
	2	3		
1. 销售收入	2500	3500		
2. 税金及附加（费率 6.6%）	165	231		
3. 总成本费用	2500	2550		

续表

项　目 \ 年　份	投产期			备注（第 3 年数字）
	2	3		
其中：折旧与摊销	950	950		
财务费用	450	400		
经营成本	1100	1200		
4. 利润总额	−165	719		
5. 弥补亏损后应纳税所得额	0	554		719−165=554
6. 所得税（税率 25%）	0	139		554×25%=139
7. 税后利润	−165	580		719−139=580
8. 弥补以前年度亏损	0	165		
9. 提取盈余公积金		42		(580−165)×10%=42
10. 偿还借款本金	500	500		
其中：用折旧费与摊销费	500	500		
用税后利润	0	0		
11. 利润分配	0	373		580−165−42=373

【解】 虽然投资者在该项目投产后的前两年中只得到现金分配的利润 373 万元（第三年），其实际可用于回收投产的收益（即自有资金的投资净现金流量）是：

项　目	第二年	第三年
销售收入	2500	3500
−销售税金及附加	165	231
−经营成本	1100	1200
−所得税	0	139
−财务费用	450	400
−借款本金偿还	500	500
净现金流量	285	1030

或者：

项　目	第二年	第三年
税后利润	−165	580
+折旧费与摊销费	950	950
−借款本金偿还	500	500
投资者的全部收益	285	1030

第二年可用于回收投资的收益是 285 万元，第三年为 1030 万元，其中第三年投资者到手的现金是 373 万元，其余部分是留在企业的盈余资金。

对于股份制企业，利润以股利的形式分配。先支付优先股股利，再按公司章程或者股东会议决议提取任意盈余公积金，再分配普通股股利。当年无利润时，不得分配股利，但在盈余公积金弥补亏损后，经股东会议特别决议，可以按照不超过股票面值 6% 的比例用盈余公积金分配股利。在分配股利后，企业法定盈余公积金不得低于注册资金的 25%。盈余公积金可以用于转增资本金，以送配股或再发行的方式扩大资本金，但转增资本金后，企业的法定盈余公积金一般不低于注册资金的 25%。

2.2.2　现金流量表

现金流量表（statement of cash flow）是财务评价的基本财务报表，是以项目作为一个独立系统，反映项目在整个计算期内各年的现金流入和流出，用以计算各项静态和动态评价指标，进行项目财务盈利能力分析。其计算要点是只计算现金收支，不计算非现金收支（如折旧、应收及应付账款等）。现金收支按发生时间列入相应的年份。这里的"现金"泛指资金或可变现资产的货币量。由于固定资产折旧只是项目内部的现金转移，因此投资应按实际发生的时间作为一次性支出记入现金流量，而不以折旧的方法逐年分摊。

按照投资计算基础和财务评价侧重点的不同，现金流量表可以分为项目投资现金流量表，见表 2-7；项目资本金现金流量表，见表 2-8；投资各方现金流量表，见表 2-9。一般情况下，任何项目都应编制项目投资现金流量表。根据项目要求，视需要编制项目资本金现金流量表和（或）投资各方现金流量表。

1. 投资项目计算期的确定

投资项目的计算期（或研究期）包括项目的建设期和生产经营期，理论上讲它应是从第一笔资金投入到项目直至项目不再产生收益为止的全部时间过程，这个过程至少需要几年甚至几十年。投资者希望在这段时间内使投资活动取得成功。在进行投资决策时，一般地要事先估计项目的计算期（或研究期）。计算期的起点可以定在投资决策后开始实施的时点上，在此之前的投资支出（一般不会很大）可以合并后作为这点上的支出。计算期的长短取决于项目的性质或产品的寿命周期或主要生产设备的经济寿命或合资合作期限。一般取上述考虑中较短者，且不宜超过 20 年，但应不短于基准回收投资期，也应不短于长期贷款的还款期。在投资环境风险较大的情况下，投资者一般选定较短的计算期，仅几年甚至几个月，当然这样做会造成投资项目选择的余地很小，投资规模也不会太大。

2. 项目投资现金流量表

项目投资现金流量分析是针对项目基本方案进行的现金流量分析，原称为"全部投资现金流量分析"。它是在不考虑债务融资条件下进行的融资前分析，是从项目投资总获利能力的角度，考察项目方案设计的合理性。即不论实际可能支付的利息是多少，分析结果都不发生变化，因此，可以排除融资方案的影响。

项目投资现金流量表（见表 2-7）是从全部投资者角度出发的现金流出和现金流入的汇总。在现金流出中包括了项目全部投资的支出，即包括项目各投资者的自有资金出资，也包括用于投资者的借贷资金和融资租赁的资产投入，并用于建设投资、流动资金、经营成本、税金及附加。在现金流入中包括投资者的营业收入、补贴收入，还包括计算期末可以回收的固定资产余值和回收的流动资金。

表 2-7 中栏目的设置及其数字来源：年份指的是该年年末，"0"指的是第一年年初。

生产负荷（%）：是指该年产品生产量占设计生产能力的百分比，在计算期内达到设计能力之后各年的产品生产量可设定为相等。

营业收入：指产品销售或营业收入，在这里一般按当年生产的产品全部销出考虑。对于水工程中的自来水处理厂或污水处理厂的营业收入主要是指自来水水费或排污费收入，自来水售水价格或排污费收费标准可通过成本计算和价格趋势分析、预测确定。

补贴收入：指企业按规定实际收到包括退还增值税的补贴收入，以及按销量或工作量等和国家规定的补助定额计算并按期给予的定额补贴。我国企业的补贴收入，主要是按规定应收取的政策性亏损补贴和其他补贴，一般将其作为企业的非正常利润处理。

回收固定资产余值：折旧年限短于或等于计算期中生产经营期时，固定资产余值即为固定资产净残值，一般按发生年份填列。对于折旧年限长于计算期中生产经营期时，可在计算期末填列固定资产余值。

回收流动资金：回收流动资金在计算期末填列。

建设投资：包括固定资产投资、无形资产投资和其他资产投资以及固定资产投资方向调节税，但不包括建设期借款利息。

流动资金：包括自有流动资金和流动资金借款，按发生年份填列。也可以在流动资金栏下，分别填列自有流动资金和流动资金借款。这些数据来自流动资金估算表。

经营成本：经营成本各年的数值来自总成本费用估算。

税金及附加：各种税金及附加按现行税法规定的税目、税率、计税依据进行计算后填列。

维持运营投资：维持项目正常运营的投入，包括固定资产更新投资、支付的矿业权价款或转让费、开拓延深费和追加投资予以资本化，安全生产投入、维简费开支的其他维持简单再生产投入予以费用化。

调整所得税：是为简化计算而设计的虚拟企业所得税额，计算的时候使用息税前利润（EBIT），不需要减去利息费用。所得税和调整所得税区别在于：前者是以应纳税所得额，后者是以息税前利润作为计税基数；前者用于融资后分析，后者用于融资前分析。

$$\begin{aligned} 调整所得税 &= 息税前利润 \times 适用的企业所得税税率\\ &= (营业收入 - 税金及附加 - 经营成本 - 折旧 - 摊销 - 维持运营投资\\ &\quad + 补贴收入) \times 适用的企业所得税税率\\ &= (利润总额 + 利息支出) \times 适用的企业所得税税率 \end{aligned} \tag{2-44}$$

净现金流量：按现金流入小计减现金流出小计之差填列。

累计净现金流量：按逐年净现金流量累计列入。

同时计算出所得税前及所得税后的内部收益率（IRR）、基准收益率（i_c）下的财务净现值（NPV）、静态投资回收期（P_t）和 i_c 条件下的动态投资回收期（P'_t）。显然，建设期或计算期开始的几年，净现金流量是负的，它们代表投资资金的支出，生产经营期的净现金流量一般是正的，它们表示投资的收益。

项目投资现金流量表 （单位：万元） 表 2-7

序号	年份 / 项目	建设期			投产期		达到设计能力期				合计
		0	1	2	3	4	5	6	…	n	
1	生产负荷（%）										
	现金流入										

续表

序号	项目＼年份	建设期 0	1	2	投产期 3	4	达到设计能力期 5	6	…	n	合计
1.1	营业收入										
1.2	补贴收入										
1.3	回收固定资产余值										
1.4	回收流动资金										
1.5	其他资金收入										
2	现金流出										
2.1	建设投资										
2.1.1	固定资产										
2.1.2	固定资产投资方向调节税										
2.1.3	无形资产										
2.1.4	其他资产										
2.2	流动资金										
2.3	经营成本										
2.4	税金及附加										
2.5	维持运营投资										
3	所得税前净现金流量（1−2）										
4	累计所得税前净现金流量										
5	调整所得税										
6	所得税后净现金流量（3−5）										
7	累计所得税后净现金流量										

计算指标：　　　　　　　　　　所得税后　　　　　　　　　　所得税前

　　　　财务内部收益率（%）：

　　　　财务净现值（$i_c=$　%）：

　　　　投资回收期（年）：

3. 项目资本金现金流量表

项目资本金现金流量表（见表 2-8）是从投资者角度出发，以投资者的出资额即资本金作为计算基础，把借款本金偿还和利息支付作为现金流出，用以计算项目资本金的财务内部收益率和财务净现值等财务分析指标的表格。因此，其净现金流量可以表示为缴税和还本付息之后的剩余，即项目（或企业）增加的净收益，也是投资者的权益性收益。编制该表格的目的是考察项目所得税后资本金可能获得的收益水平，属项目融资后分析。

表 2-8 与表 2-7 比较，生产负荷、现金流入内容相同；现金流出包括项目投入的项目资本金、借款本金偿还、借款利息支付、经营成本、税金及附加、所得税和维持运营投资等。

项目资本金（自有资金）：指在建设项目总投资、建设期利息和流动资金中，由投资者认缴的出资额，对于建设项目来说是非债务性资金，项目法人不承担这部分资金的任何利息和债务。投资者可按其出资的比例依法享有所有者权益，也可转让其出资及其相应权益，但不得以任何方式抽回。

项目资本金现金流量表 （单位：万元） 表 2-8

序号	年份 项目	建设期			投产期		达到设计能力期				合计
		0	1	2	3	4	5	6	…	n	
	生产负荷（%）										
1	现金流入										
1.1	营业收入										
1.2	补贴收入										
1.3	回收固定资产余值										
1.4	回收流动资金										
2	现金流出										
2.1	项目资本金										
2.2	借款本金偿还										
2.3	借款利息支付										
2.4	经营成本										
2.5	税金及附加										
2.6	所得税										
2.7	维持运营投资										
3	净现金流量（1—2）										
4	累计净现金流量										

计算指标：　财务内部收益率：
　　　　　　财务净现值（$i_c=$　%）：

注：1. 根据需要可在现金流入和现金流出栏里增减项目。

　　2. 对外商投资的项目，现金流出中应增加职工奖励及福利基金科目。

4. 投资各方财务现金流量表

投资各方财务现金流量表（见表 2-9）是从项目各投资者角度出发的现金流出和现金流入的汇总。它以项目投资者的出资额（包括赠款和补贴）作为计算的基础，用以计算考查投资各方的财务内部收益率，评价项目各投资者的财务效果。

投资各方财务现金流量表中现金流入是指出资方因该项目的实施将实际获得的各种收入，包括实分利润、资产处置收益分配、租赁费收入、技术转让或使用收入和其他现金流入；现金流出是指出资方因该项目的实施将实际投入的各种支出，包括实缴资本、租赁资产支出和其他现金流出。

实分利润：指投资者由项目获取的利润。

资产处置收益分配：指对有明确的合作期限或合资期限的项目，在期满时对资产余值按入股比例或约定比例的分配。

租赁费收入：指出资方将自己的资产租赁给项目使用所获得的收入，此时应将资产价值作为现金流出，列为租赁资产支出科目。

技术转让或使用收入：指出资方将专利或专有技术转让或允许该项目使用所获得的收入。

投资各方财务现金流量表　（单位：万元）　　　　表 2-9

序号	年份 项目	建设期			投产期		达到设计能力期				合计
		0	1	2	3	4	5	6	…	n	
	生产负荷（%）										
1	现金流入										
1.1	实分利润										
1.2	资产处置收益分配										
1.3	租赁费收入										
1.4	技术转让或使用收入										
1.5	其他现金流入										
2	现金流出										
2.1	实缴资本										
2.2	租赁资产支出										
2.3	其他现金流出										
2.4	借款利息支付										
3	净现金流量（1−2）										

计算指标：　　财务内部收益率：
　　　　　　　财务净现值（$i_c=$　　%）：

注：1. 根据需要可在现金流入和现金流出栏里增减项目。

　　2. 该表可按不同投资方分别编制。

　　3. 该表既适用于内资企业，也适用于外商投资企业；既适用于合资企业，也适用于合作企业。

以上三种财务现金流量表各有其特定的目的。项目投资现金流量表在计算现金流量时，不考虑资金来源、所得税和项目是否享受国家优惠政策，因而不必考虑借款本金的偿还、利息的支付和所得税，为各个投资项目或投资方案进行比较建立了共同的基础。资本金现金流量表主要考察投资者的出资额即项目资本金（自有资金）的盈利能力。投资各方现金流量表主要考察投资各方的投资收益水平，投资各方可将各自的财务内部收益率指标与各自设定的基准收益率及其他投资方的财务内部收益率进行对比，以便寻求平等互利的投资方案，并据此判断是否进行投资。

2.2.3　盈利能力分析

1. 盈利能力指标

项目的盈利能力分析（gain analysis）主要是考察项目投资的盈利水平，前面介绍了可用于投资回收的资金来源，投资者可获得的利益，项目的收入和成本费用。但是，用什么方法或指标来确定该项目是否对投资者有利。一般地，财务盈利能力分析采用的评价指标如图 2-9 所示。

除了总投资收益率、投资利税率、资本金净利润率这三个指标外，其余的在第 1 章已有详细介绍。值得注意的是当项目投资财务内部收益率（所得税前、所得税后）大于或等于行业基准收益率（i_c）或设定的折现率（i_c'）时，项目在财务上可以考虑接受；当项目资本金或投资各方财务内部收益率（所得税后）大于或等于投资者期望的最低可接受收益率（i）时，项目在财务上可以考虑被接受。在利用财务内部收益率这一指标进行盈利能力判断时，应注意计算口径的可比性。在基准收益率（i_c）或设定的折现率（i_c'）条件下的财务净现值

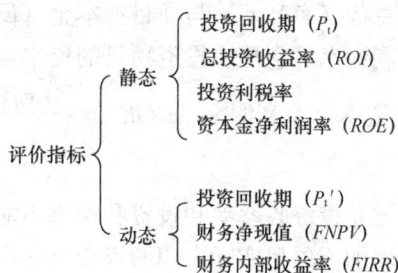

$$
评价指标\begin{cases} 静态\begin{cases} 投资回收期（P_t） \\ 总投资收益率（ROI） \\ 投资利税率 \\ 资本金净利润率（ROE） \end{cases} \\ 动态\begin{cases} 投资回收期（P_t'） \\ 财务净现值（FNPV） \\ 财务内部收益率（FIRR） \end{cases} \end{cases}
$$

图 2-9　盈利能力指标构成图

大于或等于零时，表明项目在计算期内可获得大于或等于基准收益率水平的收益额，项目在财务上可以考虑被接受。投资回收期一般从建设开始年起计算，同时还应说明投入运营开始年或发挥效益年算起的投资回收期。静态投资回收期 P_t 与基准投资回收期 P_{tc} 相比较，当 $P_t \leqslant P_{tc}$ 时，项目在财务上才可以考虑被接受。动态投资回收期是 P_t' 是按现值法（$i = i_c$）计算的投资回收期，它能真正反映投资资金的回收时间。当投资回收期不长或折现率不大的情况下，两种投资回收期的差别可能不大，不致影响项目评价或方案比选的结论。

（1）总投资收益率

总投资收益率（return on investment）是指项目达到设计能力后正常年份的年息税前利润或运营期内年平均息税前利润（EBIT，EBIT＝净利润＋所得税＋利息）与项目总投资（TI）的比率，又称投资利润率、投资回报率（ROI）。对于生产经营期内各年的利润总额变化幅度较大的项目，应以生产经营期内年平均利润总额与项目总资金的比率为准。

$$
ROI = \frac{年平均息税前利润}{项目总投资} \times 100\% = EBIT/\ TI \times 100\% \tag{2-45}
$$

年息税前利润＝年利润总额＋年利息支出＝年营业（销售）收入－年税金及附加－年总成本费用＋补贴收入＋年利息支出　　　　　　　　　　　　　　　　(2-46)

$$
项目总投资＝固定投资＋流动资金 \tag{2-47}
$$

可根据利润与利润分配表中的有关数据计算求得。当投资利润率≥行业基准投资利润率时，项目在财务上才可能考虑接受。

（2）投资利税率

投资利税率是指项目达到设计生产能力后的一个正常生产经营年份的年利税总额或项目生产经营期内的年平均利税总额与项目总投资的比率。它是反映项目单位投资盈利能力和对财政所作贡献的静态指标。

$$
投资利税率 = \frac{年利税总额或年平均利税总额}{项目总投资} \times 100\% \tag{2-48}
$$

$$
年利税总额＝年销售收入－年总成本费用 \tag{2-49}
$$

当投资利税率≥行业基准投资利税率时，项目在财务上才可以考虑被接受。

（3）资本金净利润率

资本金净利润率（Rate of return on common stock holders' Equity）是指项目达到设计能力后正常年份的年所得税后利润（净利润，NP）总额或营运期内年平均所得税后利

润总额（净利润）与项目资本金（EC）的比率（ROE），又称净资产收益率、项目资本金净利润率。它反映投资项目的资本金的盈利能力。

$$资本金净利润率（ROE）=\frac{年所得税后利润总额或年平均所得税后利润总额}{项目资本金}\times100\%$$

$$=NP/EC\times100\% \tag{2-50}$$

总投资收益率和投资利税率不能反映项目计算期获益时间的长短，其次，随项目收益的增加，项目实际占用的资金是逐步减少的，用项目总投资做分母显然低估了投资项目的盈利水平，而在计算期范围内由于公积金转资本金，使资本金额度增加，资本金净利润率会从初始阶段逐渐减少。

2. 盈利能力分析

财务盈利能力分析是财务分析的主要内容之一。按照分析的范围和对象，财务盈利能力分析可分为项目投资财务盈利能力分析、项目资本金财务盈利能力分析和投资各方财务收益分析。

（1）项目投资财务盈利能力分析

项目投资财务盈利能力分析属于融资前分析，是从项目投资总获利能力角度考察项目方案设计的合理性。根据需要，可以从所得税前和（或）所得税后两个角度进行分析，计算所得税前和（或）所得税后的财务指标。

项目投资是指用于项目的全部投资，包括项目各方的项目资本金（自有资金）出资部分和债务资金（包括借款、债券发行收入和融资租赁等）。进行项目投资财务盈利能力分析，首先要对营业收入、建设投资、经营成本、相关税费和流动资金等现金流量进行识别与预测，考察项目在整个计算期内的财务效益与费用。项目投资现金流量表记载的是项目融资方案确定前的整个项目的现金流入和现金流出情况，它排除了融资方案对盈利能力的影响，反映的是项目方案本身的盈利能力。

所得税前分析中，净现金流入是计算财务指标的基础，其分析指标不受融资方案和所得税政策的影响，反映的是项目方案本身的盈利能力，主要用于项目方案的比选；所得税后分析仍是融资前分析，只是在现金流出中增加了所得税，其数值应区别于其他财务报表中的所得税数值，因此表中的"所得税"应与融资方案无关。

因此它提供给投资者和债权人（可以认为是间接投资者）以最基本的信息——是否值得投资（或贷款）。

（2）项目资本金财务盈利能力分析

项目资本金财务盈利能力分析是融资后财务盈利能力分析，是针对项目资本金获利能力的分析。该分析应建立在确定融资方案的基础上，从投资者整体的角度，分析其净现金流量，编制项目资本金现金流量表，计算资本金内部收益率等指标，考察项目资本金可获得的收益水平。其净现金流量是项目资本金的净收益，据此计算的项目资本金财务指标是投资者整体进行投资决策、融资决策的依据。

（3）投资各方财务收益分析

在按股权式合资结构共建项目的一般情况下，投资各方按出资比例分配利润和分担损失及风险，投资各方的收益率一般是相同的，没有必要计算投资各方的财务内部收益率；在按契约式合资结构共建项目的情况下，投资各方不按股本比例进行分配，或者虽按股权式合资共建项目但存在股权之外的不对等收益时，投资各方的收益率才会有差异，此时就需要进行投资各方的财务收益分析。投资各方现金流量表记载的现金流入和现金流出，分别是投资各方实际从项目获得的收入和对项目的投入，其净现金流量是各方的净收益。分析、计算投资各方的财务内部收益率，可以得知各方收益率的差别，分析其差别是否在一个合理的水平上，有助于促成投资各方在合资、合作谈判中达成平等互利的协议。

（4）财务杠杆原理

项目资本金（自有资金）的盈利能力分析是研究投资者出资这部分的投资效益。因此，投资阶段的现金流出只包括项目资本金（自有资金）出资部分，生产经营期的现金流入要扣除债权人的收益，即：本金的偿还、利息支付以及融资租赁的租赁费支出。具体的现金流量表见表2-8。

【例2-3】某项目的项目投资净现金流量见表2-10。试变化初始投资资金来源（借款资金：项目资本金）比例，求项目投资和项目资本金投资的内部收益率。其借款条件是：一年以后开始归还，分五年等额（利息加本金）还款，年利率为10%。

某项目净现金流量（全部投资）表 表 2-10

年份	0	1	2	3	4	5	6	7	8	合计
净现金流量	−2500	450	700	700	700	700	700	700	900	3050

【解】按题意，可知项目投资的内部收益率 $IRR=20.30\%$。

对于项目资本金投资的内部收益率 IRR 列表计算，见表2-11。

项目资本金（自有资金）投资 IRR 计算结果表 表 2-11

项目资本金占比例	每年还本付息额	各年项目资本金投资的净现金流量									$IRR_自$
		0	1	2	3	4	5	6	7	8	
10%	−594	−250	−144	106	106	106	106	700	700	900	40.65%
20%	−528	−500	−78	172	172	172	172	700	700	900	34.04%
30%	−462	−750	−12	238	238	238	238	700	700	900	30.18%
40%	−396	−1000	54	304	304	304	304	700	700	900	27.55%
50%	−330	−1250	120	370	370	370	370	700	700	900	25.60%
60%	−264	−1500	186	436	436	436	436	700	700	900	24.09%
70%	−198	−1750	252	502	502	502	502	700	700	900	22.88%
80%	−132	−2000	318	568	568	568	568	700	700	900	21.87%
90%	−66	−2250	384	634	634	634	634	700	700	900	21.03%
100%	0	−2500	450	700	700	700	700	700	700	900	20.30%

根据等额还款公式，求得每年的还本付息数 A。

$$A=P\ (A/P,\ i,\ n)\ =P\ (A/P,\ 10\%,\ 5)$$

从表2-10中减去借款的流入和还本付息的流出，得到项目资本金投资的净现金流量，并计算出各种比例下项目资本金投资的内部收益率。见表2-11。

一般来说，只要项目投资的内部收益率高于借款的利率，增加借款比例可以提高项目资本金（自有资金）投资的内部收益率。如［例2-3］，项目投资的内部收益率为

22.30%，借款的利率是 10%，在借款投资达 90% 时，项目资本金投资的内部收益率达到 40.65%。项目资本金投资的盈利能力的一部分来自项目，另一部分来自贷款者。在这种情况下，投资者会尽可能地减少项目资本金的出资额，把余下的项目资本金投向类似的项目，使整个项目资本金投资的盈利能力提高。人们把投资者的这种做法叫做杠杆原理（lever principle）。即使在项目投资的内部收益率与借款利率相同的情况下，增加借款比例对直接投资者还是有利的。这是因为建设期借款利息可以形成资产的原值，提高了折旧和摊销额；在生产经营期，借款利息进入当期损益（财务费用），增大了总成本，这都可以减少所得税的支出，使项目资本金的盈利水平提高。此外，投资者利用债务资金，分散项目资本金在不同项目上，还可以减少投资的风险。当然，这明显地增加了债权人的投资风险。

为体现"风险共担"的原则，国家的政策和法规对负债的比例是有所限制的。例如，我国《中外合资经营企业法》规定中外合资外商投资企业的注册资本中，外国投资者的出资比例一般不低于 25%。我国财务通则还规定，企业筹集的项目资本金（自有资金）在生产经营期内不得以任何方式抽走。另外，当多余的项目资本金找不到较好的其他投资机会时，减少项目资本金的出资也未必有利。

2.3　清偿能力分析

项目的清偿能力分析（liquidity analysis）是在盈利能力分析的基础上，进一步对经营活动、投资活动、筹资活动的资金平衡分析、资产负债分析，考核项目的各个阶段的资金是否充裕，项目的总体负债水平、清偿长期债务及短期债务的能力，为信贷决策提供依据。在这里，将涉及基本报表中的财务计划现金流量表和资产负债表的编制。

2.3.1　资金在时间上的平衡

有的项目的投资盈利水平虽然很高，但由于资金筹措不足，资金到位迟缓，应收账款收不上来以及汇率和利率的变化都会对项目产生影响，招致失败。因此，工程项目在进行过程中的各个阶段的资金是否充裕，是否能满足建设和营运的需要就显得十分重要。一般说来，项目在筹建的后期到生产经营的初期这段时间资金平衡最为困难，此时项目占用的资金量大，利息支付也多，借款也开始要求偿还；而投产试生产阶段成本费用高，产量低，资金流入偏少。因此，有必要逐年甚至逐季逐月地予以平衡资金，做到事先心中有数，按计划行事。

资金平衡分析可以通过编制财务计划现金流量表进行，详见表 2-12。

财务计划现金流量表　　　　　（单位：万元）　表 2-12

序号	年　份 项　目	建设期			投资期		达到设计能力期				合计
		0	1	2	3	4	5	6	…	n	
1	生产负荷（%） 经营活动净现金流量（1.1−1.2）										
1.1	现金流入										
1.1.1	营业（销售）收入										

第 2 章　工程项目财务分析

续表

序号	年　份 项　目	建设期			投资期		达到设计能力期				合计
		0	1	2	3	4	5	6	…	n	
1.1.2	增值税销项税额										
1.1.3	补贴收入										
1.1.4	其他流入										
1.2	现金流出										
1.2.1	经营成本										
1.2.2	增值税进项税额										
1.2.3	税金及附加										
1.2.4	增值税										
1.2.5	所得税										
1.2.6	其他流出										
2	投资活动净现金流量（2.1—2.2）										
2.1	现金流入										
2.2	现金流出										
2.2.1	建设投资										
2.2.2	维持运营投资										
2.2.3	流动资金										
2.2.4	其他流出										
3	筹资活动净现金流量（3.1—3.2）										
3.1	现金流入										
3.1.1	项目资本金投入										
3.1.2	建设投资借贷										
3.1.3	流动资金借贷										
3.1.4	债券										
3.1.5	短期借款										
3.1.6	其他流入										
3.2	现金流出										
3.2.1	各种利息支出										
3.2.2	偿还债务本金										
3.2.3	应付利润（股利分配）										
3.2.4	其他流出										
4	净现金流量（1+2+3）										
5	累计盈余资金										

注：将计算期终了后的回收固定资产余值、回收流动资金、流动资金借款本金偿还填写在"上年余值"栏内。

　　财务计划现金流量表反映项目计算期各年的投资、融资及经营活动的现金流入和流出，用于计算累计盈余资金，分析项目的财务生存能力。该表反映项目计算期内各年的资金盈余或短缺情况，用于选择资金筹措方案，制订适宜的借款及偿还计划，并为编制资产负债表提供依据。

　　显然，通过分析资金来源与应用表所提示的资金平衡情况。可知盈余资金为正值时，表示当年资金来源多于当年应用的数额；盈余资金为负值时，表示当年资金的短缺数。作为资金应用的平衡，并不需要每年的盈余资金出现正值，而要求从筹建期的投资开始至各年的累计盈余资金大于或等于零。即：

　　各年的累计盈余资金≥0。

　　这就是要求投资项目在进行过程中的任何时刻都有够用的"钱"，否则，项目将无法

79

进行下去。当在某一时刻累计盈余资金小于零时，要在此之前增加借款或增加项目资本金投入或延缓（减少）利润分配或设法与债务人协商延缓还款时间。当所有这些措施都无效时，即便是投资盈利能力很好，也还要重新考虑投资可行性，缩小投资项目的规模甚至放弃项目的投资。

值得注意的是：财务计划现金流量表与用于盈利性分析的现金流量表都属于现金流量计算的表格，但前者是考察项目各年度资金平衡情况，考察项目的生存能力，而后者是考察项目的盈利能力程度。财务计划现金流量表是以财务的口径对项目现金流按经营活动、筹资活动、投资活动分类反映项目的流量构成及盈缺情况，一般不评价项目的可行性和收益情况。投资现金流量表反映全投资状态下，即不考虑项目融资的情况下的项目现金流量状况，用于评判项目是否可行；资本金现金流量表是在项目可行的情况下，站在项目投资者的角度，以项目资本金为出发点，反映项目现金流量的状况，用以评价投资者的收益情况；投资各方现金流量表是在资本金现金流量表的基础上，从各投资者的角度来评价项目的收益情况。

2.3.2　资产负债表

清偿能力分析除了考察投资项目各时刻的资金平衡情况外，还有必要考察企业（项目）的资产负债变化情况，保证项目（企业）有较好的清偿能力和资金流动性。而资产负债表（statement of assets and liabilities）就是反映企业在某一特定日期财务状况的报表，见表 2-13。它与前面介绍的现金流量表、损益表、财务计划现金流量表的区别在于资产负债表记录的是企业存量而现金流量表等记录的是流量。所谓存量是指某一时刻的累计值，流量反映是的某一时段发生资金流量值。资产负债表是以"资产＝负债＋所有者权益"会计方程式为理论依据，提供了企业掌握经济资源、企业负担的债务、企业的偿债能力、企业所有者享有的权益、企业未来的财务趋向。有利于企业管理人员、投资者、债权人以及其他与企业有利害关系的集团和个人，分析和评价企业财务状况的好坏，以便作出决策。因此，资产负债表综合反映了项目计算期内各年末资产、负债和所有者权益的增减变化及对应关系。

资产负债表　　　　　　　　　　　（单位：万元）　**表 2-13**

序号	项目 ＼ 年份	建设期		投资期		达到设计能力期				合计
		0	1	2	3	4	5	6	···	n	
1	资产										
1.1	流动资产总额										
1.1.1	货币资金										
1.1.2	应收账款										
1.1.3	预付账款										
1.1.4	存货										
1.1.5	其他										
1.2	在建工程										
1.3	固定资产净值										
1.4	无形资产及其他资产净值										
2	负债及所有者权益（2.4＋2.5）										
2.1	流动负债总额										

序号	年 份 项 目	建设期			投资期		达到设计能力期				合计
		0	1	2	3	4	5	6	…	n	
2.1.1	短期借款										
2.1.2	应付账款										
2.1.3	预收账款										
2.1.4	其他										
2.2	建设投资借款										
2.3	流动资金借款										
2.4	负债小计（2.1+2.2+2.3）										
2.5	所有者权益										
2.5.1	资本金										
2.5.2	资本公积金										
2.5.3	累计盈余公积金										
2.5.4	累计未分配利润										
计算指标：1. 资产负债率（%）											
2. 流动比率（%）											
3. 速动比率（%）											

注：1. 对外商投资项目，第 2.5.3 项改为累计储备基金和企业发展基金。

　　2. 货币资金包括现金和累计盈余资金。

资产负债表（表 2-13）中应收账款、存货、货币资金（含累计盈余资金）和预付账款按流动资金估算表对应栏目填列。显然，流动资产总额包括了生产经营中所必须的最低要求的流动资产，即应收账款、存货和货币资金，也包括累计盈余资金。后者在形式上也是一种现金，但它是多于周转的必要部分。

在建工程客观地反映了项目建设期内各年所占用的资金，其数值应按投资计划与资金筹措表中固定投资与建设期利息之和的逐年累计值填列。项目建成投入生产经营时，它将形成固定资产、无形资产和其他资产原值。在建工程记录的是包括施工前期准备、正在施工中和虽已完工但尚未交付使用的建筑工程和安装工程所花的投资费用，它与建设期累计的固定投资和建设期利息支出是一致的。固定资产净值的数值根据固定资产原值按年折旧费逐年递减计算；无形资产和其他资产净值的数值根据其原值按年摊销费逐年递减计算；流动资金借款、短期借款、建设投资借款、资本金、资本公积金（含赠款、资本溢价）等项按实际发生年及数值填列，建设期可由投资使用计划与资金筹措表数值填列；其中资本金和资本公积金等于出资累计值。流动负债总额除各种应付账款外，还包括短期借款的债务值。累计盈余公积金、累计未分配利润按利润与利润分配表中数值填列。

2.3.3　清偿能力分析

项目的清偿能力分析（pay off analysis）主要是通过资产负债表中的有关数据来分析资产与负债情况，计算出一系列比率，据以考察企业的资本结构是否健全与合理，并了解该企业偿还债务的能力。

1. 资产负债率

资产负债率（Loan of Asset Ratio，$LOAR$）是指各期末负债总额（TL）与资产总额（TA）的百分比，即负债总额与资产总额的比例关系。它反映总资产中有多大比例是通过借债来筹集的，也反映企业各个时刻所面临的财务风险程度及偿债能力，也可用于衡量企业在清算时对债权人利益的保护程度。

$$资产负债率 = \frac{负债总额}{资产总额} \times 100\% \tag{2-51}$$

负债总额不仅包括长期负债，还包括短期负债。这是因为短期负债作为一个整体，企业总是长期性占用着，可以视同长期性资本来源的一部分。例如，一个应付账款明细科目可能是短期的，但企业总是长期性地保持一个相对稳定的应付账款总额。这部分应付账款可以成为企业长期性资本来源的一部分。该指标又称举债经营比率。从债权人的角度看，该指标越低越好。因为如果股东提供的资本与企业总额相比，只占较小的比例，则企业的风险将主要由债权人负担，这对债权人来讲是不利的。从股东的角度看，只要全部资本利润高于借款利率，股东就可以从负债资金中获得额外利润，因此负债比例越大越好。从企业经营的角度看，企业负债越大，债务风险加大，但是如果举债越小，又说明企业利用债权人资本进行经营活动的能力太差，畏缩不前，对前途信心不足。因此，企业必须审时度势，全面考虑，在利用资产负债率制定借入资本决策时，必须充分估计预期的利润和增加的风险，在二者之间权衡得失，做出正确决策。

资产负债率到底多少合适，没有绝对的标准，一般认为50%～80%是合适的。国外类似指标有债务/资本比（debt-capital ratio），它表示投资的杠杆比率（investor leverage）越高，投资者的资本金越少，一般说来每一份资本的收益率就越高。从盈利性角度出发，权益的所有者希望保持较高的债务/资本比，以此赋予资本金有较高的杠杆力——用较少的资本来控制整个项目。另一方面，资产负债比越高，项目的风险也越大，因为自有资金投资的大部分形成土地使用权、房屋和机械设备，除非企业宣告破产，一般来讲它们变现较为困难。因此，银行和债权人一般不愿意贷款给自有资金额低于总投资的30%～50%的项目。

当资产负债率或债务/资本比高时，可以通过增加项目资本金的出资和减少利润分配等途径调节。

资产负债率可用以衡量项目利用债权人提供资金进行经营活动的能力，也反映债权人发放贷款的安全程度。对债权人来说，资产负债率愈低愈好。另外，对投资者来说，一般希望比率高些，但过高也会影响到项目资金筹措能力。通常，资产负债率大于100%，说明项目资不抵债，视为已达到破产的临界值。

2. 流动比率

流动比率（current ratio）是反映项目各个时刻偿付流动负债能力的指标。它等于流动资产总额与流动负债总额比。

$$流动比率 = \frac{流动资产总额}{流动负债总额} \times 100\% \tag{2-52}$$

项目生产经营期内各年的流动比率可通过资产负债表逐年求得。流动比率可用以衡量项目流动资产在短期债务到期前可以变为现金用于偿还流动负债的能力。也就是说是反映企业流动资产中有多少可在近期转变为现金的能力（即变现能力）。对债权人来说，比率愈高，债权愈有保障。一般要求流动比率在200%以上，也有的认为可以是120%～200%。这些数值都不是绝对的，对各种不同行业制定一个统一评价标准是不现实的。

一般认为，生产企业合理的最低流动比率是 200%。这是因为流动资产中变现能力最差的存货金额，约占流动资产总额的一半，其余流动性较大的流动资产至少要与流动负债相等，才能保证企业的短期偿债能力。但这一比率并非绝对的标准。不同的行业，由于经营的性质不同，营业周期不同，对资产的流动性要求亦不同，应该有不同的衡量标准。流动比率，只有与同行业平均流动比率和本企业历史的流动比率进行比较，才能确定其高低。影响流动比率的主要因素有营业周期、流动资产中的应收幅度款数额和存货的周转速度。因为不易立即变现的存货存在，所以该指标不能确切反映瞬时的偿债能力。

3. 速动比率

速动比率（quick-current ratio）是反映变现能力的另一财务比率。等于速动资产（即流动资产总额减存货）与流动负债总额之比。

$$速动比率 = \frac{速动资产}{流动负债总额} \times 100\% = \frac{流动资产总额 - 存货}{流动负债总额} \times 100\% \qquad (2-53)$$

项目生产经营期内各年的速动比率可通过资产负债表逐年计算而得，速动比率是对流动比率的补充。流动比率不能反映瞬时的偿债能力，而速动比率可以反映企业各个时刻用可以立即变现的货币资金偿付流动负债能力。一般要求速动比率在 100% 以上，也有的认为可以是 100%～120%，低于 100% 反映短期偿债能力偏低，这些数值同样也不是绝对的。例如，商店多以现金进行销售，几乎没有应收账款，其速动比率远小于 100%；相反，一些应收账款较多的企业，速动比率可能要大于 100%。

在计算速动比率时把存货从流动资产中扣除的主要原因是：

① 在流动资产中存货的变现速度最慢；②部分存货因某种原因可能已毁损报废还未做处理；③部分存货已抵押给某债权人；④存货估价还存在着成本与合理市价相差悬殊的问题。

将存货从流动资产总额中减去而计算出的速动比率所反映的短期偿债能力更令人可信。

影响速动比率可信性的重要因素是应收账款的变现能力。账面上的应收账款不一定都能变成现金，实际坏账可能比计提的准备金要多；季节性的变化，可能使报表的应收账款数额不能反映平均水平。

当流动比率和速动比率过小时，应设法减少流动负债，通过减少利润分配，减少库存等办法增加盈余资金。例如通过增加长期借款（负债）等方法来加以调整。

4. 利息备付率（ICR）

利息备付率（Interest Coverage Ratio）也称已获利息倍数，是指在借款偿还期内的息税前利润（EBIT）与应付利息（PI）的比值，它从付息资金来源的充裕性角度反映项目偿付债务利息的保障程度。其计算公式为：

$$ICR = \frac{EBIT}{PI} \qquad (2-54)$$

式中　EBIT——息税前利润；

　　　PI——计入总成本费用的全部利息。

其中，息税前利润＝利润总额＋计入总成本费用的全部利息

利息备付率应分年计算。利息备付率高，表明利息偿付能力强，风险小。

利息备付率至少应大于 1，并根据以往经验结合行业特点来判断，或是根据债权人要求确定。

5. 偿债备付率（DSCR）

偿债备付率（Debt Service Coverage Ratio）又称偿债覆盖率，是指在借款偿还期内，用于计算还本利息的资金（$EBITDA\text{-}T_{AX}$）与应还本付息金额（PD）的比值，它表示可用于计算还本利息的资金偿还借款本息的保障程度。其计算公式为：

$$DSCR = \frac{EBITDA - T_{AX}}{PD} \tag{2-55}$$

式中　$EBITDA$——息税前利润加折旧和摊销；

　　　T_{AX}——企业所得税；

　　　PD——应还本付息金额，包括还本金额和计入总成本费用的全部利息。融资租赁费用可视通借款本金偿还，可用于还本付息的资金应扣除维持运营的投资。

偿债备付率应分年计算。偿债备付率高，表明可用于还本付息的资金保障程度高。偿债备付率应大于 1，并结合债权人的要求确定。

2.3.4　借款偿还期计算

1. 固定投资借款偿还分析

固定投资借款（贷款，loan）偿还首先应明确项目可用于还款的资金来源，尽可能做到偿还的来源与偿还的对象一致。对于税利分流和税后还贷的项目，固定投资借款（贷款）的本金由税后利润加上折旧费和摊销费来归还，必要的话，还可以扣除项目在还款期间的留利和留用的折旧或利用短期借款来偿还。其项目经营期的利息和流动资金借款利息，可以进入总成本费用；项目建设期的借款利息作为项目总投资的一部分计入建设期借款利息栏内。

2. 固定投资借款偿还期

（1）借款利息计算

对于国内外借款（贷款），无论实际按年、季月计息，均可简化为按年计息，即将名义利率按计息时间折算成有效年利率进行计算。

长期借款（贷款）利息计算，假定借款（贷款）发生当年均在年中支用，按半年计息，其后年份按全年计算；还款当年按年末偿还，按全年计算，每年应计利息的近似计算公式如下：

$$每年应计利息 = \left(年初借款（贷款）本息累计 + \frac{本年借款（贷款）额}{2}\right)$$
$$\times 年有效利率 \tag{2-56}$$

短期借款利息（含流动资金借款利息）计算，每年应计利息的计算公式如下：

$$每年应计利息 = 年初借款本息累计 \times 年有效利率 \tag{2-57}$$

国外借款（贷款）除支付借款（贷款）利息外，还要另计管理费和承诺费等财务费用。为简化计算，可采用适当提高利率的方法进行处理。

（2）借款还本付息计划表

借款还本付息计划表是项目进行财务分析的辅助报表之一，见表 2-14。用来分析计算偿还借款（贷款）的方式和时间。借款人（贷款部门）很希望知道项目能偿还借款（贷款）的最短时间，即投资借款（贷款）的偿还期。

借款还本付息计划表 （单位：万元） 表 2-14

序号	年份 项目	建设期		投资期		达到设计能力期				合计
		1	2	3	4	5	6	…	n	
1	借款 1									
1.1	期初借款余额									
1.2	当期还本付息									
	其中：还本									
	付息									
1.3	期末借款余额									
2	借款 2									
2.1	期初借款余额									
2.2	当期还本付息									
	其中：还本									
	付息									
2.3	期末借款余额									
3	债券									
3.1	期初债券余额									
3.2	当期还本付息									
	其中：还本									
	付息									
3.3	期末债券余额									
4	借款和债券合计									
4.1	期初余额									
4.2	当期还本付息									
	其中：还本									
	付息									
4.3	期末余额									
5	偿还借款本金的资金来源									
5.1	利润									
5.2	折旧									
5.3	摊销									
5.4	其他资金									
计算指标：										
利息备付率（%）										
偿债备付率（%）										

偿还借款（贷款）本利的方式一般有：

1）等额偿还本金和利息总额方式

$$A = I_c \times \frac{i(1+i)^n}{(1+i)^n - 1} \tag{2-58}$$

式中 A——每年的还本付息额（等额年金）；

I_c——还款起始年年初的借款余额（含未支付的建设期利息）；

i——年有效利率；

n——贷款方要求的借款偿还期（以年为单位，由还款年开始计）。

还本付息中偿还的本金和利息各年相等，偿还的本金部分将逐年增多，支付的利息部分将逐年减少。

$$每年支付利息 = 年初本金累计 \times 年有效利率 \tag{2-59}$$

$$每年偿还本金 = 每年还本付息额 - 每年支付利息 \tag{2-60}$$

$$式中:年初本金累计 = I_c - 本年以前各年偿还本金累计 \tag{2-61}$$

2）等额还本，利息照付方式

$$A'_t = \frac{I_c}{n} + I_c \times (1 - \frac{t-1}{n}) \times i \tag{2-62}$$

式中　A'_t——第 t 年的还本付息额。

偿还期内各年偿还的本金与利息之和不等。亦即每年偿还的本金额相等，而利息将随本金逐年偿还而减少。

$$每年支付利息 = 年初本金累计 \times 年有效利率 \tag{2-63}$$

$$每年偿还本金 = \frac{I_c}{n} \tag{2-64}$$

3）用获得还款资金还本方式

利用项目获得的全部税后利润、折旧费、摊销费来偿还借款本金。其特点在于投资偿还期不定，有时投资偿还期会长于贷款方要求的借款偿还期。

通过财务计划现金流量表和借款还本付息计划表可计算借款偿还期。

$$借款偿还期 = （借款偿还后开始出现盈余的年份数 - 开始借款年份）$$
$$+ \frac{当年偿还借款额}{当年可用于还款的资金额} \tag{2-65}$$

当借款偿还期满足借款机构的要求期限时，即认为项目具有还款能力。

【例2-4】某项目采用全部税后利润、折旧费和摊销费（见表2-15）来偿还贷款本金。生产经营期（第3年）初固定投资欠款为4000万元（含建设期借款利息并已计入固定投资），借款利率为10%。试计算该项目的借款偿还期。

还款资金来源表　　　　　　　　单位：万元　**表2-15**

项　目 \ 年份	生 产 经 营 期													备注
	3	4	5	6	7	8	9	10	11	12	13	14	15	
全部税后利润	100	200	300	300	300	300	300	300	300	300	300	300	300	
折旧费	160	160	160	160	160	160	160	160	160	160	160	160	160	
摊销费	40	40	40	40	40	40	40	40	40	40	40	40	40	
还款资金合计	300	400	500	500	500	500	500	500	500	500	500	500	500	

【解】首先，该项目生产经营期发生的借款利息偿还已在总成本中支付，而建设期发生的利息已计入项目总投资，其次，借款偿还后开始出现盈余的年份为第11年，

所以：借款偿还期＝11－1＋300/500＝10.6年

2.4 外汇平衡分析

涉及外汇收支的项目，要通过财务外汇平衡表，对项目计算期内各年的外汇来源与运用进行外汇平衡分析（balanced analysis of foreign exchange）。

2.4.1 外汇使用与通货膨胀

1. 国外贷款的选择

国外贷款的选择，不能单纯着眼于贷款的利率和偿还的年限；还应结合贷款程序、贷款币种、偿还方式和贷款资金的限制条件等诸多方面，通盘考虑，并通过经济性态的全面分析，才能做出正确抉择。

国外贷款的经济性态通常由资金成本和赠予成分两项综合性指标来衡量。影响国外贷款经济性态的主要因素有：贷款利率、偿还期限、宽限期；贷款的限制条件；贷款程序和周期；贷款币种和还款方式；利息以外其他费用等。

贷款利率（Loan Interest Rate）可分为无息贷款（只还本不付息）、低息贷款（利率在5%以下的贷款）、中息贷款（利率在5%～10%）和高息贷款（10%以上贷款）。政府贷款一般按年利率计算，属低息贷款。贷款利息基本上是每半年支付一次。

偿还期限（Repayable Time Limit）是从贷款协议规定开始提款之日起到本利全部还清之日止的期限。偿还期限内含有宽限期（Days of Grace）。所谓宽限期是指贷款在偿还期内开始若干年只付息不还本的时间长度，即：从借款日期开始到第一次偿付本金的期限称宽限期。

资金成本（loan cost）即借款成本，它是指归还借款最终支付的货币总值，包括本金、利息和其他各项费用。选择贷款的最大目标是尽量降低借款成本，使最终支付货币的总现值为最少。影响资金成本的主要因素有：货币汇率、利率、偿还期、宽限期、其他费用等。

赠予成分（grant element）也称捐助成分，它是贷款中所含的赠送成分，是根据贷款的利率、偿还期、宽限期（允许只偿还借款利息，不偿还借款本金的时间段）和折现率等数据，计算出衡量贷款的优惠程度的综合性指标。

各种国外贷款都有其一定的限制条件，一般是对借款国所借款项的使用范围和物资采购方式有所限制。例如，有的贷款使用范围较宽，可以部分用于通过国际或国内公开招标的土建工程；有的贷款只允许用于进口设备、管道和"三材"，且采购方式为有限制的竞争性招标，限定参加投标的国家；还有的贷款则必须用于购买贷款国的物资设备及支付其服务费用。因此，进行贷款选择时，应摸清贷款的使用条件，如资金使用范围较宽，就可减少建设项目的国内配套资金，若是只能购买贷款国的物资设备，则应进一步研究贷款国所能提供的物资设备技术水平的先进程度，是否符合项目技术上的要求，分析其价格比经过国际竞争招标后的国际价格高出多少，然后衡量其贷款利率是否真正优惠。

各类贷款的贷款程序、手续和周期各有差异。有的贷款程序严格，需多次派团来我国调研、审查，周期很长；有的贷款程序比较简单，贷款国不需进行项目评估，审批手续方便。贷款程序的繁简与评估周期的长短，将直接影响工程项目的预期进度要求和人员精力。同时，建设周期的延长，由于物价调价、借款利息等因素，导致建设成本提高，投资效益降低。

不同途径的贷款所提供的币种也不同，一般都以提供本国的货币居多，有些国家则按不同贷款性质，提供不同货币，有的国家政府出口信贷可在几种货币中选定一种来使用和偿还，也有国家按不同的贷款币种确定不同的贷款条件，例如 D 国贷款，采用美元时年利率为 3.75%，采用英镑时年利率为 4%。不同币种的汇率将直接影响到贷款的资本成本和赠予。随着外汇汇率的提高，所需归还的本金和利息（按国内货币计）相应增加，也就意味着实际支付的贷款利率将高于借款时所确定的利率。因此，汇率波动对资金成本影响很大，这种因借款币种的汇率变化造成的影响就是所谓的外汇风险，不可忽视。但要预测未来偿还债款的 20~30 年间汇率的中长期波动是很困难的。

国外贷款的借贷过程中，所发生的支付费用，除利息外大致有以下几种其他费用：

管理费：近似于手续费，按照贷款总额收取一定的比例，一次支付，费率在 0.25%~0.5% 的幅度内。

代理费：因为代理银行与借款人直接联系，需要一些费用开支，在整个贷款期内，每年支付一次，收费标准不一。

承担费（或称承诺费）：贷款方因借款方没有按期使用贷款，造成贷款资金闲置不能生息，因此向借款方收取的一种补偿性费用，一般按未提款余额的 0.25%~0.75% 年利率计算。

手续费：是指贷款者从开始与借款者接触谈判，直到签订协议止所开支的费用，一般约为 0.4%~1.25%。

其他费用还有项目先征费、担保费、保险费、杂费等。

除利息外的几种费用约占贷款金额的 1%~1.5%。选择贷款时，应将以上可能发生的各项费用，一并计入资金成本后进行比较。

2. 通货膨胀

财务评价用的价格，即财务价格。它是以现行价格体系为基础的预算价格。现行价格是指现行商品价格和收费标准，有政府定价、政府指导价和市场价三种价格形式。在多种价格并存的情况下，项目财务价格应采用预计最有可能发生的价格。前面的财务分析中，把项目计算期内各年使用同一价格，亦即所谓"不变价格"，这只是一种简化处理方法，并不意味着项目计算期内实际价格固定不变。为防止资金不足，出现缺口，近年来，国家明确要求，所有建设项目都要把利率、汇率和物价上涨等变动因素考虑进去，不留资金缺口。

（1）价格类型

1）绝对价格与相对价格

依货物比价关系来分，市场价格可分为绝对价格和相对价格。绝对价格是指用货币单位表示的商品的价格水平。许多国家通常利用商品的绝对价格作为计算本国商品价格指数以及商品之间的比价基础。相对价格是指商品间的价格比例关系。导致商品相对价格变动的因素很多，例如劳动生产率的提高、消费习惯的变化、互相补充或互相替代的商品价格变化等等，都会引起商品供求关系的变化，从而影响相对价格的变化。此外，价格变化本身也导致一系列连锁反应。

2）不变价格与时价

依在项目计算期内是否考虑通货膨胀因素来分，市场价格又可分为当时价格（当年价格 Current Price 简称时价）和不变价格（Constant Price）。所谓"当时价格"，也就是当时的市场价格。市场价格包含有通货膨胀因素。只是通常人们提到"市场价格"时，往往侧重于市场的价格水平，当提到"时价"时，则往往侧重于通货膨胀影响的考虑。不变价格亦称为固定价格，是不考虑通货膨胀因素的价格，是时价的对称。时价（用时价元表示）和不变价格（用不变元表示）之差是通货膨胀（inflation）。

当通货膨胀需要在项目财务评价中加以考虑时，通常可采用两种基本表示方法：

其一是通过把各年现金流量换算为具有不变购买力的货币单位来消除通货膨胀的影响。这个货币单位如以人民币元表示，则可称为不变价格元（constant price yuan），或实际价格元（real price yuan）。当各年现金流量采用同一通货膨胀率时，这种表示方法对所得税税前分析最为适用。

其二按照货物每次成交时，实际交换的当时货币单位数量来估算现金流量。这种货币单位如以人民币元表示，则可称为当时价格元（current price yuan），简称时价元。这种表示方法一般说来比不变元更容易理解，更适用于一般应用方面。

用以上两种方法进行分析时，关键是贷款利率、基准收益率应与项目财务计算与评价中使用的通货膨胀率一致。由于通货膨胀的直接结果波及市场物价，因此，世界各国多用物价上涨率（消费物价指数、零售物价指数等）表示通货膨胀率。我国通常是以零售物价总指数，即零售物价总水平的变动来反映的。指数大于 100，表示计算期物价比基期上升；指数小于 100，表示计算期物价比基期下降。作为一般性通货膨胀的论述，为了使问题简化，一般是假定通货膨胀率等于物价上涨率（价格水平上涨率）。

设 $\overline{P_0}$ 为基年 0（通常是指项目建设开始的前一年，也可指其他年份）的价格水平，f 为计算期内预期的年平均通货膨胀率，则项目计算期内任何一年（t 年）的预期价格平均水平为：

$$\overline{P_t} = \overline{P_0}(1+f)^t \tag{2-66}$$

当已知 $\overline{P_t}$ 和 f 时，则：

$$\overline{P_0} = \overline{P_t}(1+f)^{-t} \tag{2-67}$$

（2）利率类型

由于通货膨胀率的介入，利率可分为名义利率（nominal interest rate）和实际利率（real interest rate）。这里的名义利率是指不剔除通货膨胀等因素的影响的利率，亦即银行执行的利率。实际利率是指人们预期价格不变时所要求的利率，亦即扣除币值变动影响（通货膨胀或通货紧缩）后的利率。

市场利率是泛指某一时刻金融市场上实际通行的各种利率，因为市场利率包含有通货膨胀因素，所以有与名义利率相等的一面。但通常人们提到"市场利率"时，往往侧重于市场通行的利率水平；当提到名义利率时，则往往侧重于通货膨胀影响的考虑。任一时刻市场利率的确定，除其他因素外，都必然同实际利率水平、通货膨胀有关系。在有通货膨胀情况下进行利率计算时，名义利率（i_n）是实际利率（i_r）和通货膨胀率（f）的综合。实际利率随着名义利率的提高而提高，随着通货膨胀率的提高而降低。实际利率的计算公式（即等值利率公式）为：

1) 较为精确的方法

$$i_r = \frac{1+i_n}{1+f} - 1 \tag{2-68}$$

亦即：

$$i_n = (1+i_r)(1+f) - 1 = i_r + f + i_r f$$

$$i_r = i_n - f - i_r f \tag{2-69}$$

2) 较为粗略的方法（比较常见和通用的方法）

$$i_r = i_n - f \tag{2-70}$$

上式中 $i_r f$ 略而不计，亦即：只考虑了本金的贬值，忽略了利息购买力的贬值。

【例 2-5】 有一笔 100 万元的贷款，期限 1 年，名义利率为 10%。通货膨胀率为 6%，求实际利率？

【解】 1. 较为精确的方法

$$i_r = \frac{1+10\%}{1+6\%} - 1 = 3.78\%$$

2. 较为粗略的方法

$$i_r = 10\% - 6\% = 4\%$$

两种计算方法相差 4%－3.78%＝0.22%。原因是今年的 104 万元相当于去年的 100 万元，但是，今年支付的 4 万元利息，由于货币贬值，也只是相当于去年的 3.78 万元。

从上述计算公式中可以看出，i_r 不外乎三种情况，即大于、等于或小于零。

当 $i_r > 0$ 时，即 i_r 为正值，$i_n > f$，则银行贷款除回收本金外，还可以得到利率为 i_n 的利息。

当 $i_r = 0$ 时，即 $i_n = f$，则银行贷款只能收回本金，利息为零。

当 $i_r < 0$ 时，即 $i_n < f$，则银行贷款不仅得不到利息，而且要亏本，不能收回本金。

2.4.2　通货膨胀与项目财务分析的关系

1. 通货膨胀的财务分析基本数据

项目财务分析所用的基本报表有现金流量表、利润与利润分配表、财务计划现金流量表和资产负债表。其基本数据来自项目收支两个方面。项目收入主要包括产品销售收入等效益；项目支出主要包括固定资产投资和流动资金、产品生产成本和费用、各种税金（税金及附加、所得税等）等费用。

通货膨胀将加大项目收支两方面的货币名义值。为了检验通货膨胀对财务分析的影响，需要区分直接和间接受通货膨胀率影响科目。以上科目除所得税为间接影响科目外，其余均为直接影响科目。

另外，由于建设期内的通货膨胀将加大投资费用的货币名义值，直接影响到项目资金筹措，所以在通货膨胀率不高的情况下，一般是在投资估算的未预见费用中一并予以考虑。但是，在通货膨胀较高的情况下就需要单独考虑，通常的做法是除了增加一项一般的未预见费用（基本预备费）外，还要再增加一项专门应付通货膨胀的价格未预见费用（涨价预备费）。

2. 通货膨胀与项目财务盈利能力分析

（1）税前分析与税后分析

由于在全部投资现金流量表中，所得税是唯一受通货膨胀间接影响的科目，因此，盈利能力分析需对所得税前和税后分别进行分析。亦即，税前分析考虑直接影响的科目，税后分析则对直接和间接影响的科目同时予以考虑。

1）税前分析

当项目净现金流量（即项目净收益）在计算期内各年按相同比例（相同通货膨胀率）增加时，由于通货膨胀对项目税前分析没有实际影响，所以在有通货膨胀和无通货膨胀两种情况下的所得税税前内部收益率的货币实际值是相同的。由于通货膨胀影响，税前内部收益率的实际值（IRR_r）将低于其名义值（IRR_n）。二者的换算公式为：

$$IRR_r = \frac{1 + IRR_n}{1 + f} - 1 \qquad (2\text{-}71)$$

① 较为精确的方法：$IRR_r = IRR_n - f - IRR_r \cdot f$

② 较为粗略的方法：$IRR_r = IRR_n - f$

显然，以上公式与实际利率和名义利率的换算公式是完全相同的。

2）税后分析

在有、无通货膨胀两种情况下的所得税税后内部收益率的实际值显然是不同的。这是因为虽然未来的收益将因通货膨胀而增加，但是各年的折旧费却是一个固定值，并不因为通货膨胀而增加。因此，应纳税所得额和所得税额将因通货膨胀而增加，从而使各年税后净现金流量减少，进而使税后内部收益率降低。通货膨胀率愈高，税后内部收益率的名义值愈大，而实际值愈小。

有无通货膨胀的内部收益率对照表（实例）见表 2-16。

有无通货膨胀的内部收益率对照表　　　　　　　　　　　表 2-16

情　况	税前内部收益率（%）		税后内部收益率（%）	
	名义值	实际值	名义值	实际值
1. 无通货膨胀（$f=0$）	11.99	11.99	8.27	8.27
2. 有通货膨胀				
① $f=6\%$	18.71	11.99	12.78	6.40
② $f=12\%$	25.43	11.99	17.61	5.01

由表 2-16 可见，在有、无通货膨胀的两种情况下，税前 IRR 的实际值完全相同，但税后 IRR 的实际值则因受通货膨胀而降低。通货膨胀率愈高，其实际值愈小。

（2）项目内部收益率和基准收益率、贷款利率的可比性

在财务盈利能力分析中，项目财务内部收益率（$FIRR$）大于或等于财务基准收益率（i_c）时，该项目才是可以考虑接受的。通常，财务基准收益率应大于市场贷款利率（i）。值得注意的是项目内部收益率和基准收益率、银行贷款利率，对于有无通货膨胀的计算口径必须对应一致，才具有可比性。亦即，用货币名义值或实际值表示的内部收益率必须用相应的基准收益率和银行贷款利率来检验，否则将会导致错误的结论。三者与净现金流量的对应关系见表 2-17。

有无通货膨胀的 *FIRR* 与 i_c 对照表　　　　　表 2-17

项　目	有通货膨胀（名义值）	无通货膨胀（实际值）
净现金流量	NCF_n	NCF_r
内部收益率	$FIRR_n$	$FIRR_r$
基准收益率	i_c^n	i_c^r
市场贷款利率	i_n	i_r

3. 通货膨胀与项目财务清偿

在有通货膨胀情况下，如采用固定市场贷款利率，则通货膨胀将使实际利率降低，从而对借款者产生有利的影响。

2.4.3　几种通货膨胀处理方法的比较

1. 几种常用的处理方法

通货膨胀在西方国家项目评价实践中，有各种各样的处理方法。通常是在项目计算期内各年采用一个平均通货膨胀率。常用的方法大致可以归纳为四种类型。即：不变价格法、混合价格法、简单时价法和详细时价法。四种处理方法的汇总表见表 2-18。

通货膨胀在财务分析中的几种处理方法　　　　　表 2-18

类型	计算原则和依据	具体计算方法			净现金流量和评价指标
		采用价格	各种货物的通货膨胀率	各年的通货膨胀率	
1. 不变价格法（传统方法）	假定通货膨胀对各种价格有相同影响。因此，用不变价格和时价计算的税前净现金流量和评价指标，只是数值不同，但不会影响评价结论	计算期各年均用不变价格（即基期价格）	—	—	实际值
2. 混合价格法	假定通货膨胀对各种价格有相同影响，也可以考虑有不同影响	计算期内两种价格：建设期各年用时价，生产期各年用不变价格（即均用建设期末年价格）	用同一物价指数或不同物价指数	常数	混合值
3. 简单时价法	假定通货膨胀对各种价格有相同影响	计算期内各年均用时价	用统一总物价指数	常数	名义值
4. 详细时价法	通货膨胀对各种价格有不同影响	计算期内各年用时价先计算出名义值净现金流量和评价指标，然后再用缩减指数将名义值净现金流量转换为实际净现金流量，求实际值评价指标	不同货物采用不同的分类物价指数。计算实际值时，用总物价指数作为缩减指数	常数	名义值、实际值

2. 几种处理方法的对比分析

上述四种处理方法都是在承认通货膨胀这一事实客观存在的前提下采取的方法。很明显，前三种方法对通货膨胀都做了简单假设，采取了简化处理的方法。即假设通货膨胀对各种货物的价格都具有同等的影响，而且各年的通货膨胀率均为一常数，第四种处理方法的特点是不同货物采用不同的通货膨胀率。这在理论上是无可非议的，但在实践中将会遇到更多的困难。应该指出，不论哪种方法，都需要就价格变化对评价指标的影响进行敏感性分析。四种方法的优缺点及其实用性分述如下：

（1）第一种方法（不变动价格法）用不变价格计算实际值（不考虑通货膨胀因素）的净现金流量和评价指标，其最大优点是：①由于避开了在项目计算期内预测通货膨胀的难题，从而使方法简便易行。②在项目计算期内使用不变价格计算的评价指标可以不受价格变动因素的影响，从而可比性强。一方面是便于进行项目与项目之间的对比，另一方面也便于项目收益率与不含通货膨胀因素的基准收益率进行对比。实际上，用不变价格考核项目或考核近期和长期规划是国内外惯用的做法。

其缺点是在通货膨胀率较高的情况下，按不变价格计算的各项收支金额，不能反映在建设期用钱时，按时价筹措的足够资金，也不能反映生产期按时价计算的收益、利息和税金等各项收支。在必要时，为了弥补这一缺点，在建设期增加一笔涨价预备费，以筹措足够的建设资金。至于还本付息则可用不变价格计算。也可用时价计算。如用时价计算时，同样也需要预测一个通货膨胀率。

（2）第二种方法（混合价格法）的最大优点是解决了建设期按时价计算的资金筹措问题，在建设期较短的情况下，预测建设期的通货膨胀率还是比较容易的，其缺点是：

①一个计算表（比如现金流量表、还本付息表等）的计算期内存在着两种不同的评价方法，而建设期的投资需要用生产期的收益来补偿，建设期的借款也要用生产期的资金来归还。因此，第二种方法在理论上似有缺陷。②在建设期较长的情况下，预测通货膨胀会遇到困难。③按此方法求得的 IRR，即非名义值，也非实际值。

（3）第三种方法（简易时价法）的优点是：①克服了第一、二种方法的缺点，能够反映整个计算期用时价计算的各项收支金额。②从资料数据的可得性和计算工作量来看，都比第四种方法简易得多。

其缺点是整个计算期的通货膨胀率不好预测，通常认为从项目评价角度来看，第三种处理方法的必要性是不大的。与第一种方法相比，虽然两种方法的所得税税后分析结果不同，但其税前分析结论却完全一致。

（4）第四种方法（详细时价法）的优点是：①事实上，不同货物的通货膨胀率不可能完全相同，因此不同货物采用不同的通货膨胀率在理论上比较容易理解。②两种情况（有和无通货膨胀）都做计算。

其缺点是：①无通货膨胀的实际值是由有通货膨胀的名义值转换过来的，计算相当繁杂。②如果预测的各种通货膨胀率很不准确（事实上很难准确）则由名义值转换过来的实际值净现金流量很可能不能真正表示实际值，导致不正确的结论。而准确地预测通货膨胀率即使是国际上权威预测机构也是很难保证没有出入。

3. 综合意见

综合以上各点，可以认为：在通货膨胀率较高，特别是达到两位数字的情况下，在项目财务分析中充分考虑通货膨胀引起的一系列问题是很有必要的。

（1）通货膨胀将加大计算期内各年收入（收益）和支出（费用）的货币名义值，从而加大了名义净现金流量和名义内部收益率。为了使问题简化，计算简单，在项目评价中，往往提出两点假设：一是假设通货膨胀对各种货物（包括各种产出物和投入物）产生相同影响（即各种货物均用同一通货膨胀率）；二是计算期内各年的通货膨胀率为一常数（即各年均用同一通货膨胀率）。在此前提下，产生了两种处理通货膨胀的方法，即不变价格法（计算期内用不变元）和简单时价法（计算期内用时价元，采用同一通货膨胀率）。在此基础上，又派生出一些其他的方法例如混合价格法（建设期用时价元，生产期用不变元）。

计算表明，在（所得税）税前分析中，用不变价格法和简单时价法计算的净现金流量和内部收益率，只有货币名义值的不同，而无实际值的差别，不会影响评价的结论。因此，从项目评价角度来看，用简单时价法计算的必要性不大，但在（所得税）税后分析中，两种计算结果将有所不同。同时，简单时价法的优点是可以得知各年按时价计算的货币额，能适应资金筹措和编制资金分配规划的需要。这正是不变价格法的不足，混合价格法弥补了这个缺陷，其计算复杂程度介于不变价格法与简单时价法之间。权衡利弊，则不变价格法（即计算期用不变元，资金筹措与还本付息计算按时价元另做处理）不失为一种简便易行的较好的处理方法。

（2）实际上，通货膨胀率对各种货物的影响不可能完全相同。于是国外石油行业出于开发建设时间长的考虑，提出了按不同通货膨胀率计算的时价法（此法已被一些采矿工业采用）。此法计算更加繁杂。特别是不同货物的通货膨胀率的预测，更加难以准确。因此，国内项目一般不宜采用这种处理方法。

（3）特别值得注意的是评价标准（如基准收益率）必须与评价指标（如内部收益率）的计算口径一致。简言之，就是名义值的内部收益要和名义值的基准收益率相比较，实际值的内部收益率要与实际值的基准收益率相比较。

利率也是一样，只能是名义值和实际值的内部收益率分别与对应的名义利率和实际利率相比较。通常所说的市场利率是名义利率，一般考虑了通货膨胀因素，原则上名义利率是实际利率和通货膨胀率之综合。

总之，内部收益率、基准收益率和利率，如要考虑通货膨胀因素，三者就都要考虑，否则都不要考虑。问题是把名义利率分为通货膨胀率和实际利率是人为进行的。而分别预测通货膨胀率和实际利率的困难在于没有一种满意的方法可以用来测算一般的通货膨胀率（总通货膨胀率）。

（4）前述四种处理方法都涉及通货膨胀率的预测。在国民经济发展的历史长河中，从短期来说，物价有升有降，从长期来说，物价上涨则是总的趋势。项目评价中的计算期少则十来年，多则几十年，原则上应考虑通货膨胀因素，实际上则有很大困难。用时价元计算的难点，不仅是计算工作量的加大（这可以用计算机解决），而主要还在于通货膨胀率难以准确预测。这里不仅有项目评价如何处理通货膨胀的实际问题，而且也有通货膨胀及影响通货膨胀的因素涉及一系列的经济理论问题。

（5）在通货膨胀条件下，审查投资项目时，要注意资金构成（贷款资金与项目资本金比例）和实际收益率（不考虑通货膨胀因素）两个因素。在混合筹资（包括贷款和项目资本金）情况下，采用固定利率时，项目资本金持有者将因通货膨胀而获利，并且贷款的实际费用（按实际利率计算的利息）将随通货膨胀而下降。

1）当实际利率大于零时，则项目资本金持有者实际上除偿还银行贷款本金外，仅支付按实际利率（低于名义利率）计算的利息。

2）当实际利率等于零时，则项目资本金持有者实际上将只偿还本金，不支付利息。

3）当实际利率小于零时，则项目资本金持有者实际上不仅不支付利息而且只偿还部分本金。

（6）涉及外资的国内项目，如贷款金融机构有具体要求，在双方同意的情况下，也可按照双方设定的通货膨胀率进行盈利能力分析和清偿能力分析。

（7）合资经营项目，如外方有合理而又可行的具体要求时，也可在各方协商一致的情况下，进行有通货膨胀的盈利能力分析和清偿能力分析。

2.4.4　价格变动因素的处理

在《方法与参数》（第三版）的总则和总说明中，均涉及有关价格变动因素在财务分析中的处理问题，现归纳如下：

1. 财务价格

（1）财务评价用的价格简称为财务价格（Financial Price），即以现行价格体系为基础的预测价格。

在建设期内，一般应考虑投入的相对价格变动及价格总水平变动。

在运营期内，若能合理判断未来市场价格变动趋势，投入与产出可采用相对变动价格；若难以确定投入与产出的价格变动，一般可采用项目运营期初的价格；有要求时，也可考虑价格总水平的变动。

经济费用效益分析应采用以影子价格体系为基础的预测价格，不考虑价格总水平变动因素。

（2）影响价格变动的因素。

1）相对价格变动因素。例如，价格政策变化引起的国家定价和市场调节价的变化；商品供求关系变化引起的供求均衡价格的变化；劳动生产率提高，消费习惯变化互相补充和互相替代的商品价格的变化等。

2）绝对价格变动因素是物价总水平的上涨，即因货币贬值（或称通货膨胀）而引起的所有商品的价格以相同比例向上浮动。

（3）预测现行价格除必须考虑生活幸福价格变动因素外，还应考虑物价总水平变动因素。

2. 价格变动因素在财务分析中的处理

概括言之，价格变动因素在财务分析中，可归纳为三种处理方法。

（1）对于价格变动因素，在进行项目财务盈利能力和清偿能力分析时，原则上宜做不同处理。即两种分析分别采用两套预测价格，两套计算数据。

1）财务盈利能力分析中的财务价格，可只考虑相对价格变化，不考虑物价总水平上涨因素。

2）项目清偿能力分析中的财务价格，除考虑相对价格变化外，还要考虑物价总水平的上涨因素，物价总水平上涨因素一般只考虑到建设期末。

（2）结合我国情况，对物价总水平上涨因素，也可区别以下两种情况，分别采用两种不同的简化处理方法。即两种分析采用一套预测价格，一套计算数据。

1) 建设期较短的项目

两种分析在建设期内各年均采用时价（既考虑相对价格变化，又考虑物价总水平上涨因素）；在生产经营期内各年均以建设期末物价总水平为基础，并考虑生产经营期内相对价格变化的价格。

2) 建设期较长、确实难以预测物价总水平上涨指数的项目。

两种分析在计算期内均采用以基年（或建设期初）物价总水平为基础，仅考虑相对价格变化，不考虑物价总水平上涨因素价格。

2.4.5 财务外汇平衡

对于涉及外汇收支的项目，产品出口创汇、替代进口节汇及外汇借贷的项目，要进行外汇平衡分析，考察项目年的余缺程度，对外汇不能平衡的项目，应提出具体的解决办法。具体做法是通过编制财务外汇平衡表（见表2-19）来实现，该表属基本报表。

财务外汇平衡表　　　　　　单位：万美元　**表 2-19**

序号	项 目 ＼ 年 份	建设期		投产期		达到设计能力生产期				合计
		1	2	3	4	5	6	......	n	
	生产负荷（%）									
1	外汇来源									
1.1	产品销售外汇收入									
1.2	外汇借款									
1.3	其他外汇收入									
2	外汇应用									
2.1	固定资产投资中外汇支出									
2.2	进口原材料									
2.3	进口零部件									
2.4	技术转让费									
2.5	偿付外汇借款利息									
2.6	其他外汇支出									
2.7	外汇余缺									

注：1. 其他外汇包括自筹外汇。

2. 技术转让费是指生产期支付的技术转让费。

思 考 题 与 习 题

1. 某企业应纳增值税，其增值税率为 17%，生产年产品的含税销售收入为 23400 万元，外购原材料、燃料和动力费的年支出为 5850 万元（含增值税），试按扣税法计算该企业应纳增值税额。

2. 某新建项目的固定资产原值为 45000 万元，折旧年限为 15 年，净残值率为 5%，分别按平均年限法、双倍余额递减法、年数总和法和余额递减法计算其年折旧额。

3. 简述利润分配的一般规则。

4. 简述现金流量表的作用及编制方法。

5. 如何进行盈利能力分析?

6. 试从投资者、业主的角度如何来理解"杠杆原理"?

第3章 敏感度和风险分析

水工程经济分析通常为预测分析，因此一般情况下，产量、价格、成本、收入、支出、残值、寿命、投资等参数都是随机变量，有些甚至是不可预测的，它们的估计值与未来实际发生的情况，可能有相当大的出入，这就产生了不确定性和风险。本章旨在介绍不确定性分析（uncertainty analysis）和风险分析（risk analysis）的基本常用方法，其中包括盈亏平衡分析、敏感性分析、概率分析和风险决策分析。

3.1 风险因素和敏感度分析

水工程经济分析中用于工程项目经济分析和评价的数据多数来自预测和估算。由于缺乏足够的信息，对有关因素和未来情况无法做出精确无误的预测，或者是因为没有全面考虑所有可能的情况，因此项目实施后的实际情况难免与预测情况有所差异，这种差异有可能会给工程项目带来损失，也就是风险。换句话说，立足于预测和估算进行的项目经济分析和评价的结果有不确定性。为了尽量避免投资决策失误，有必要进行不确定性分析和风险分析。

不确定性分析（uncertainty analysis）也称为敏感度分析。就是考察人力、物力、资金、利率和汇率、固定资产投资、生产成本和产品销售价格等因素变化时，对项目经济评价效果所带来的响应。这些响应越强烈，表明所评价的项目及其方案对某个和某些因素越敏感，对这些敏感因素，要求项目决策者和投资者予以充分的重视和考虑。

3.1.1 风险因素与传统决策方法

在水工程项目中，由于存在着许多决策者难以预料到的变化因素，这些变化因素中的有一些是具有某种统计概率分布的，有一些则是难以预测的，因而都会给项目在技术经济上带来一定的风险。即使在确定的情况下，也可能存在多种决策方案，而对这些决策方案选择，通常都会影响到项目的技术经济指标。因此，了解影响水工程项目的各种因素，这些因素变化给水工程项目所带来的技术经济风险以及其风险的程度，了解在有多种决策方案时的决策方法和风险情况下的决策技术，对于分析水工程项目的抗风险能力，减少投资决策的失误，做出正确的决策，十分必要。

因为水工程项目的建设期一般都较长，同时其寿命期也较长，所以在水工程项目技术经济分析和评价中，有许多因素将影响到项目的技术经济指标，以及通过这些指标所预期的项目未来的技术经济效果，我们称这些因素为风险因素（risk factor）。换句话说，风险因素就是可能使工程项目的预期技术经济效果发生某种不确定性的因素。对于风险因素，有多种方式的分类。例如，有的将风险因素分为有形风险因素和无形风险因素。

有形风险因素是指可以直接观测得到的、可以直接度量或检测的因素（也称为看得见的因素和用手摸得着的因素）。如水工程项目所在的地理位置、环境状况、工程建设期的气候变化、水文地质情况、资金筹措和技术设备选取等，这些因素的变化和不确定性，都将直接地影响到水工程项目的预期技术经济效果。例如，对于一个供水厂，水源的水质变差，将使供水厂付出额外的处理费用，才能提供达到饮用水标准的水质。而对于一个污水处理厂来说，污水处理技术和设备的选取，将直接影响到将来的年运行成本。一般来说，对水工程项目而言，气候、水文、地质、地理位置等，都将对工程的技术经济指标产生影响，都会使工程预期效果产生某种不确定性。

无形风险因素是指那些看不见或摸不着的因素。如政策的变化、某些人的因素、市场效应和影响等。在许多水工程项目中，收费标准和销售价格等，通常都带有政府行为或行政性指令。例如排水工程和污水处理工程，废水排放和污水处理的收费标准一般都由政府制定，因此，政府环保政策的变化，通常都会直接影响到这类工程的预期经济效果。人的道德因素，也会给一些水工程项目的预期经济效果产生影响，如有意的偷水行为和有意少报排污量等。

生产原材料和设备的价格变化、销售产品的价格变化、利率和汇率的变化等，也是影响工程项目预期经济效果的重要因素，而这些因素即具有有形风险因素的某些特性，又具有无形风险因素的某些性质。我们说原材料和设备的价格等具有有形风险因素的特性，是指从经济规律、市场规律和经济技术发展趋势来看，在某种程度上和一定的范围内，其变化是可以预测的。如工程所需的智能化控制系统、某些原材料价格等，可以较为准确地估计出未来若干年内的变化趋势。我们说这些因素具有无形风险因素的性质，是指在市场机制的作用下，其变化的具体幅度不能完全无误地进行预测。

有的将风险因素分为项目外部风险因素和项目内部风险因素。

工程项目的外部风险因素主要是指由于宏观经济状况、市场竞争机制的完善、政策与行政指令、国家税收政策、环境、自然条件的变化等给项目所带来的风险。这些因素共同构成了水工程项目的外部环境，并且都对项目的预期经济效果产生影响，因此，这些因素共同作用的结果就构成了工程项目的外部风险。外部风险的另外一个重要因素就是时间因素，所设计的项目建设期和寿命期，对工程项目的预期目标和技术经济指标，都有直接的影响，而众多的其他外部风险因素，也是随时间而变化的。

工程项目的内部风险因素主要是指投资决策、技术方案的选择、工程建设、工程运营和管理等因素变化给项目所带来的风险。这些因素共同构成了水工程项目的内部环境，并共同对项目的预期经济效果产生影响，因此，这些因素的综合作用结果就构成了工程项目的内部风险。投资决策是指有多种投资规模可供选择时，确定合理的投资规模，对于工程项目偿还借款、回收资金等，是十分重要的。对水工程项目技术方案和设备的选择，将直接影响到项目的运营成本和技术管理，因而将对项目的投资回收期等技术经济指标产生影响。工程建设主要是指对工程质量、资金的合理使用、工程进度等的控制，将直接影响水工程项目的建设期、投资额、开始回收投资的时间和项目的寿命期。工程运营和管理风险主要是指经营管理者能力素质欠缺或项目管理公司的管理技术水平和管理方式的不当导致的项目经营运作的失败，给项目所造成的损失。

还可以将风险因素分为可预测风险与不可预测风险。

工程项目的可预测风险是指各种变化因素具有确定的多种形式或者这些因素遵循一定

的变化规律。我们所说的风险因素具有确定的多种形式是指投资额、技术方案、寿命期等有多种确定情形可供选择，而每一种选择都将直接或间接地影响工程项目的技术经济指标和预期经济效果。而风险因素遵循一定的变化规律是指这些因素的变化可以用某种定量化的模型来描述，或者具有某种概率分布，或有足够的信息可以获得其变化规律的统计分布等。如原材料和设备价格、产品销售价格、水工程项目所涉及的水文环境变化等，通常都可以用统计资料所获得的概率分布或某些模型来刻画。

工程项目的不可预测风险是指各种变化因素不能用恰当的模型来描述，其变化规律目前还不为人们所知，不能用概率和统计方法来确定风险发生的概率，以及一些偶然发生的事件，如自然灾害、工程事故等。

对于风险的处理，通常的方法都是按照可预测风险和不可预测风险来分类和进行决策的。传统的决策方法主要有：

敏感度分析。主要用于处理有多种确定情形的风险因素和部分具有概率分布的风险因素，比如解决产销平衡问题、规模经济区和最佳生产规模的确定，多方案技术经济指标的评价和比较，项目获利机会分析，可行性基础分析等。敏感度分析主要包括盈亏平衡分析、敏感性分析及概率分析等方法和内容。盈亏平衡点分析只适用于财务评价，敏感性分析和概率分析可同时用于财务分析和费用——效益分析。

决策分析。决策分析主要包括确定性决策分析（决策者不可控制的因素只有一个确定的状态）、风险决策分析（决策者不可控制的因素具有某种概率分布或统计分布）及不确定性决策分析（决策者不可控制的因素具有不可预测性）。

确定性决策分析的主要方法有：简单决策方法（最大效益或最小损失决策），结构化决策模型，最优化方法，多阶段决策，动态规划，层次分析法等。

风险决策分析的主要方法有：期望值法、决策树法、蒙特卡罗模拟方法、贝叶斯分析方法、模糊综合评价、排队论、马尔可夫决策规划等等。

不确定性决策分析的主要方法有：最大最大准则（乐观决策）、最大最小准则（悲观决策）、等可能性准则（Laplace 决策，又称随机决策）、后悔值决策准则等。

3.1.2　盈亏平衡分析

盈亏平衡分析（break-even analysis）是在一定的市场、生产能力的条件下，研究成本与收益的平衡关系的方法。对于一个项目而言，盈利与亏损之间一般至少有一个转折点，我们称这种转折点为盈亏平衡点 BEP（Break Even Point），在这点上，销售收入与生产支出相等，对于所研究的项目方案来说，既不亏损也不盈利。盈亏平衡分析就是要找出项目方案的盈亏平衡点。一般说来，盈亏平衡点越低，项目实施所评价方案适应产出变化的能力越大，造成亏损的可能性就越小，对某些不确定因素变化所带来的风险的承受能力就越强。

盈亏平衡点通常根据正常生产年份的产品产量或销售量、固定成本、可变成本、产品价格和税金及附加等数据计算。因此，盈亏平衡点可以用实物产量或销售量、单位产品售价、单位产品的可变成本，以及年总固定成本的绝对量表示，也可用生产能力利用率等相对值来表示。本书主要采用产量或销售量和生产能力利用率来表示盈亏平衡点。

盈亏平衡分析的基本方法是建立成本与产量、销售收入（扣除税金及附加）与产量之间的函数关系，通过对这两个函数及其图形的分析，找出用产量和生产能力利用率表示的盈亏平衡点，一般情况下为这两个函数的交点。进一步确定项目对减产、降低售价、单位产品可变成本上升等诸因素变化所以引起的风险的承受能力。

1. 线性盈亏平衡分析

线性盈亏平衡分析是在下面的基本假定下进行的：

（1）产品的产量等于销售量；

（2）单位产品的可变成本不变；

（3）单位产品的销售价格不变；

（4）生产的产品可以换算成单一产品计算。

我们首先建立成本与产量的函数关系。为进行盈亏平衡分析，必须将生产成本分为固定成本和可变成本。我们用 C 表示年总成本，C_F 表示年总固定成本，C_V 表示年总可变成本，C_q 表示单位产品的可变成本，Q 表示年总产量。则有：

$$C = C_F + C_V$$

由假定（2），总可变成本应是产量的线性函数，即：

$$C_V = C_q \times Q = C_q Q$$

所以，可将年总成本表示为年总产量的线性函数如下：

$$C = C(Q) = C_F + C_q Q \tag{3-1}$$

其次建立销售收入—产量之间的函数关系。我们用 S 表示年销售收入，S_1 表示扣除税金及附加金后的年销售收入，r_1 表示销售税率，P 表示产品的销售单价。于是，由假定（1）和假定（3），得

$$S_1 = (1 - r_1)S = (1 - r_1)PQ$$

因此，年税后销售收入 S_1 可以表示为年总产量 Q 的线性函数如下：

$$S_1 = S_1(Q) = (1 - r_1)PQ \tag{3-2}$$

当盈亏平衡时，年税后销售收入 S_1 应与年总成本 C 相等，即：

$$C_F + C_q Q = (1 - r_1)PQ$$

由此得到：

$$BEP(产量) = Q_{BEP} = \frac{C_F}{P - C_q - r} \tag{3-3}$$

式中　r——单位产品税金及附加（$r = P \times r_1$）。

把式（3-3）的两边除以设计（定额）产量 Q_0，则得到用生产能力利用率表示的 BEP：

$$BEP(生产能力利用率) = \frac{Q_{BEP}}{Q_0}$$

$$= \frac{C_F}{Q_0(P - C_q - r)}$$

$$= \frac{C_F}{S - C_V - R} \tag{3-4}$$

式中　R——年税金及附加（$R = r \times Q_0$）；

　　C_V——年可变成本（$C_V = C_q \times Q_0$）；

　　S——年销售收入（$S = P \times Q_0$）。

当采用含增值税价格时，在式（3-3）和式（3-4）中分母还应扣出增值税；对于有技

术转让费，营业外净支出及交纳资源税的项目，在式（3-3）和式（3-4）的分母中应扣除这些费用。

用产量和生产能力利用率表示盈亏平衡点说明当其他条件保持不变时，产量可允许降低到 Q_{BEP}，项目仍不会发生亏损，即项目在产品产量上有 $(1-Q_{BEP}/Q_0)\times100\%$ 的回旋余地，也即项目能承受减产 Q_0-Q_{BEP} 的风险能力。

用其他形式表示的盈亏平衡点分别具有如下形式和意义：

$$BEP(单位产品售价)=P_{BEP}=C_F/Q+C_q+r \tag{3-5}$$

这表示在正常生产的情况下，其他条件不变时，产品的销售价格可以从 P 降低到 P_{BEP}。

$$BEP(单位产品可变成本)=C_q^*=P-r-C_F/Q \tag{3-6}$$

这表明单位产品的可变费用允许从 C_q 上升到 C_q^*。

$$BEP(总固定成本)=C_F^*=(P-C_q-r)Q \tag{3-7}$$

即年总固定费用最高允许为 C_F^*。

【例 3-1】某设计方案年生产量为 12 万 t，已知每吨产品的销售价格为 675 元，每吨产品交付的税金及附加为 165 元，单位产品可变成本 250 元，年总固定成本是 1500 万元，试求盈亏平衡点和允许降低（增加）率。

【解】设 Q 为产量，C 为年总成本，S_1 为年税后销售收入，则有：

$$C=1500+250Q(万元)$$
$$S_1=(675-165)Q(万元)$$

于是，由式(3-3)~式(3-7)得

$BEP(产量)=1500/(675-250-165)=5.77 (万 t)$

$BEP(生产能力利用率)=[1500/(8100-3000-1980)]\times100\%=48.08\%$

$BEP(单位产品售价)=P_{BEP}=1500/12+250+165=540 (元/t)$

$BEP(单位产品可变成本)=C_q^*=675-165-1500/12=385 (元/t)$

$BEP(总固定成本)=C_F^*=(675-250-165)\times12=3120 (万元)$

计算所得的各种形式表示的盈亏平衡点及允许降低（增加）率列于表 3-1 中。

由表 3-1 可见，当其他条件保持不变时，产量可允许降低到 57692.3t，若低于这个产量，项目就会发生亏损，即产量可减少 52%。同样在销售价格上也可降低 20% 而不致亏损。单位产品的可变成本允许上升到每吨 385 元，即可比原来的每吨 250 元上升 54%，年固定费用最高允许达到 3120 万元，可上升 108%。

各种形式的盈亏平衡点及允许降低（增加）率　　　　　　　　　　　表 3-1

项　　目	产　　量	售　　价	单位可变费用	年固定费用
BEP（以绝对量表示）	57692.3t	540 元/t	385 元/t	3120 万元
BEP（以相对量%表示）	$Q_{BEP}/Q_0=48$	$P_{BEP}/P=80$	$C_q^*/C_q=154$	$C_F^*/C_F=208$
允许降低升高率（%）	降低 52	降低 20	升高 54	升高 108

以年产量为横坐标，生产总成本或销售收入为纵坐标，把成本函数 $C(Q)$ 和销售收入函数 $S(Q)$ 作在图上，则两线的交点即为相应的盈亏平衡点。

本例的盈亏平衡图如图 3-1 所示。

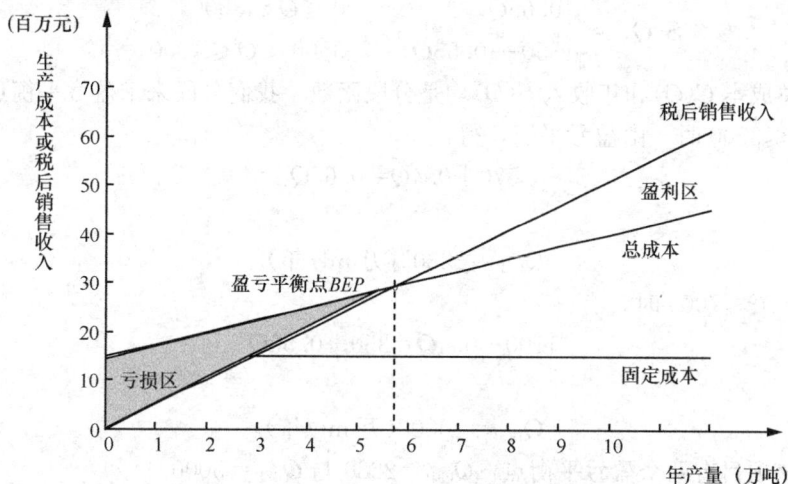

图 3-1　例 3.1 的盈亏平衡图

2. 非线性盈亏平衡分析

在实际工作中常常会遇到产品的年总成本与产量并不是线性关系，产品的销售也会受到市场和用户的影响，销售收入与产量也不呈线性变化，这时，就要用非线性盈亏平衡分析。产品总生产成本与产量不再保持线性关系的原因可能是：当生产规模扩大到某一限度后，正常价格的原料、动力等已不能保证供应，企业必须付出较高的代价才能获得生产资源；正常的生产班次也不能完成生产任务，不得不加班加点，增加劳务费用；此外，设备的超负荷运行也带来了磨损的增大、寿命的缩短和维修费用的增加等等；还可能是由于项目经济规模的扩大，产量增加，而使单位产品的成本有所降低，因此成本函数不再是线性的而变成非线性的了。

非线性盈亏平衡点分析最重要的是根据实际情况建立起成本与产量、销售净收入与产量之间的非线性函数关系。而这种非线性关系可能具有多种形式。

【例 3-2】某建材厂，其寿命期预计为 30 年。设计年生产能力不超过 3500 万 m³/年时，年固定成本（固定资产投资分摊到每年）为 570 万元，年生产能力在 3500 万 m³/年至 7000 万 m³/年时，年固定成本为 1100 万元；可变成本（运行成本）为 0.40 万元/(年·万 m³)。

该厂所生产的产品售价标准为：年生产能力不超过 3500 万 m³/年时，产品售价标准为 0.65 万元/(年·万 m³)；年生产能力超过 3500 万 m³/年时，其超出部分的产品售价标准为 0.55 万元/(年·万 m³)。

假定该厂的设计生产能力可以完全得到利用，且产品全部售出。不计税金等其他费用，试做盈亏平衡分析。

【解】设 Q 为年生产能力，C 为年总成本，P 是每年每万立方米的产品售价标准，则：

$$C(Q) = \begin{cases} 570 + 0.40Q, & 0 \leqslant Q \leqslant 3500, \\ 1100 + 0.40Q, & 3500 < Q \leqslant 7000, \end{cases}$$

$$P(Q) = \begin{cases} 0.65, & 0 \leqslant Q \leqslant 3500, \\ 0.55, & 3500 < Q \leqslant 7000, \end{cases}$$

由此可得年销售产品收入 $S(Q)$ 为:

$$S(Q) = \begin{cases} 0.65Q, & 0 \leqslant Q \leqslant 3500, \\ 350 + 0.55Q, & 3500 < Q \leqslant 7000, \end{cases}$$

由于年总成本 $C(Q)$ 和年收入 $S(Q)$ 均是分段函数,我们分段来求盈亏平衡点。

当 $0 \leqslant Q \leqslant 3500$ 时,由盈亏平衡,得:

$$570 + 0.4Q = 0.65Q$$

故

$$Q_{BEP} = 2280 \text{(万 m}^3/\text{年)}$$

当 $3500 < Q \leqslant 7000$ 时,有:

$$1100 + 0.4Q = 350 + 0.55Q$$

由此得

$$Q_{BEP} = 5000 \text{(万 m}^3/\text{年)}$$

所以,该项目有两个盈亏平衡点: $Q_{BEP} = 2280$ 与 $Q_{BEP} = 5000$。

当 $2280 \leqslant Q \leqslant 3500$ 或 $Q \geqslant 5000$ 时,项目盈利;其他情况下,项目亏损。

盈亏平衡图如图 3-2 所示。

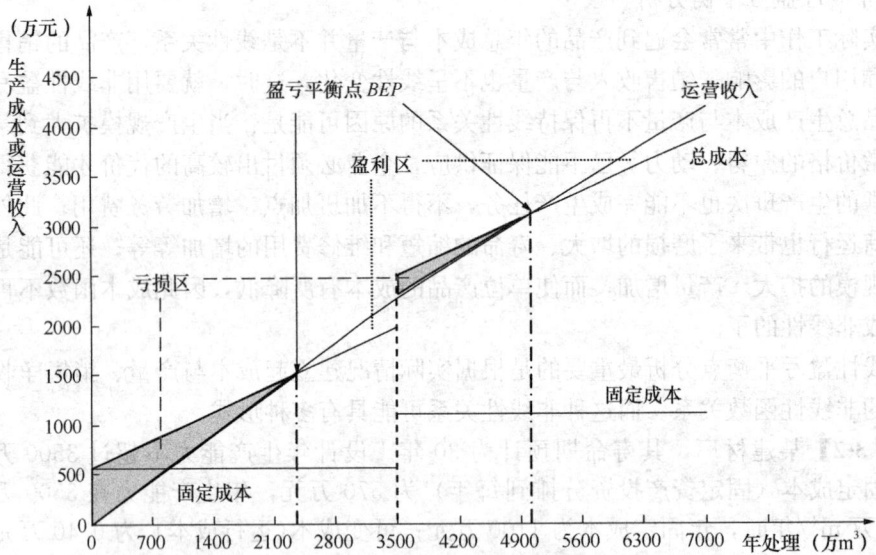

图 3-2 [例 3-2] 的盈亏平衡图

【例 3-3】设某项目所生产的产品的总固定成本为 6 万元,单位产品可变成本为 1000 元,产品的销售价格与产销量 Q 有关,为

$$P(Q) = 10000(\sqrt{625 + 60Q} - 25)/3,$$

其中 Q 为产品产销量。试确定产品的经济规模区和最佳规模。

【解】由题意,产品的销售收入方程为:

$$S(Q) = 10000(\sqrt{625 + 60Q} - 25)/3,$$

总成本方程为：

$$C(Q) = C_F + C_V = 60000 + 1000Q。$$

令 $S(Q) = C(Q)$，得：

$$10000(\sqrt{625 + 60Q} - 25)/3 = 60000 + 1000Q$$

整理后有 $Q^2 - 380Q + 13600 = 0$。求解得到：

$$Q = 190 \pm \sqrt{190^2 - 13600} = 190 \pm 150 = 40 \text{ 或 } 340$$

因此，经济规模区为（40，340），如图 3-3 所示。

产品的利润方程为：

$$B = S - C = 10000(\sqrt{625 + 60Q} - 25)/3 - 1000Q - 60000$$

利润最大时，利润变化率为零。故对利润方程求导数，并令导数等于零，解出 Q_{Max}。

$$dB/dQ = 10^5/\sqrt{625 + 60Q} - 1000 = 0$$

$$Q_{Max} = 156.25。$$

所以，最佳规模是生产 156 个产品，最大利润为 $B = 33750$，利润率 $B_{Max}/C = 15.61\%$，如图 3-3 所示。

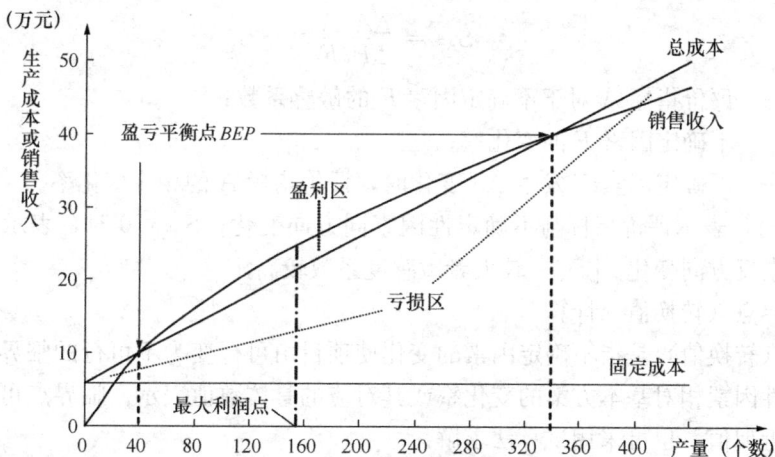

图 3-3　[例 3-3] 的盈亏平衡图

由于盈亏平衡分析计算简单，可直接对项目的关键因素（盈利性）进行分析，因此，至今仍作为一项目不确定性分析的方法之一而被广泛地采用。但盈亏平衡分析是建立在生产量等于销售量的基础上，它用的一些数据，是某一正常年份的数据。由于建设项目是一个长期的过程，所以用盈亏平衡分析很难得到一个全面的结论。

3.1.3　敏感性分析

敏感性分析（sensitivity analysis）是研究建设项目主要因素发生变化时，项目经济效益发生相应变化，以判断这些因素对项目经济目标的影响程度，这些可能发生变化的因素称为不确定性因素。敏感性分析就是要找出项目的敏感因素，并确定其敏感程度，以预测项目承担的风险。

一般进行敏感性分析可按以下步骤进行：

（1）选定需要分析的不确定因素

这些因素主要有：产品产量（生产负荷）、产品售价、主要资源价格（原材料、燃料和动力等）、可变成本、固定资产投资、建设期贷款利率及外汇汇率等。

（2）不确定因素变化程度的确定

敏感性分析一般选择不确定因素的变化率范围为±5％、±10％、±15％、±20％等；对于不便于用百分率表示的因素，例如建设工期，可采用延长一段时间表示，通常延长一年。

（3）确定敏感性分析的经济效果评价指标

衡量建设项目经济效果的指标较多，敏感性分析的工作量较大，一般不可能对每种指标都进行分析，而只对几个重要的指标进行分析，如净现值、内部收益率、回收期、投资利润率、投资利税率等。由于敏感性分析是在确定性经济效果评价的基础上进行，故选择敏感性分析的指标应与确定性经济效果评价所采用的指标相一致。

（4）敏感度系数（S_{AF}）计算

敏感度系数（S_{AF}）是指项目评价指标变化的百分率与不确定因素变化的百分率之比，其计算公式为：

$$S_{AF} = \frac{\Delta A/A}{\Delta F/F} \tag{3-8}$$

式中　S_{AF} ——评价指标 A 对于不确定因素 F 的敏感系数；

$\Delta F/F$ ——不确定因素 F 的变化率；

$\Delta A/A$ ——不确定因素 F 发生 ΔF 变化时，评价指标 A 的相应变化率。

$S_{AF} > 0$ 时，表示评价指标与不确定性因素同方向变化；$S_{AF} < 0$ 时，表示评价指标与不确定性因素反方向变化。$|S_{AF}|$ 较大者敏感度系数较高。

（5）临界点（转换值）计算

临界点（转换值）是指不确定因素的变化使项目由可行变为不可行的临界数值，一般采用不确定性因素相对基本方案的变化率或其对应的具体数值表示。临界点可通过敏感性分析图得到近似值，也可采用试算法求解。

（6）敏感因素判断及分析

敏感性分析的计算结果，应采用敏感性分析表或敏感性分析图表示；敏感度系数表和临界点分析的结果，应采用敏感度系数和临界分析表表示。

敏感性分析可以使决策者了解不确定因素对项目评价指标的影响，提高决策的准确性，还可以启发评价者对那些较为敏感的因素重新进行分析研究，以提高预测的可靠性。

根据项目国民经济评价指标，如经济净现值和经济内部收益率所做的敏感性分析叫经济敏感性分析。而根据项目财务评价指标所做的敏感性分析叫作财务敏感性分析。

依据每次所考虑的变动因素的数目不同，敏感性分析又分为单因素敏感性分析和多因素敏感性分析。

1. 单因素敏感性分析

每次只考虑一个因素的变动，而让其他因素保持不变时所进行的敏感性分析叫作单因素敏感性分析。

单因素敏感性分析还应求出导致项目由可行变为不可行的不确定因素变化的临界值。

临界值可以通过敏感性分析图求得。具体做法是：将不确定因素变化率作为横坐标，以某个评价指标，如内部收益率为纵坐标作图，由每种不确定因素的变化可得到内部收益率随之变化的曲线。每条曲线与基准收益率线的交点称为该不确定因素变化的临界点，该点对应的横坐标即为不确定因素变化的临界值。

【例 3-4】 设某项目基本方案的参数估算值见表 3-2，基准收益率 $i_c = 9\%$，试进行敏感性分析。

基本方案参数估算表 表 3-2

因素	期初投资 I（万元）	年销售收入 B（万元）	年经营成本 C（万元）	期末残值 L（万元）	寿命 n（年）
估算值	1520	600	250	201.14	6

【解】（1）以销售收入、经营成本和投资为拟分析的不确定因素。

（2）选择项目的内部收益率为评价指标。

（3）作出本方案的现金流量图如图 3-4 所示，则本方案的内部收益率 IRR 由下式确定：

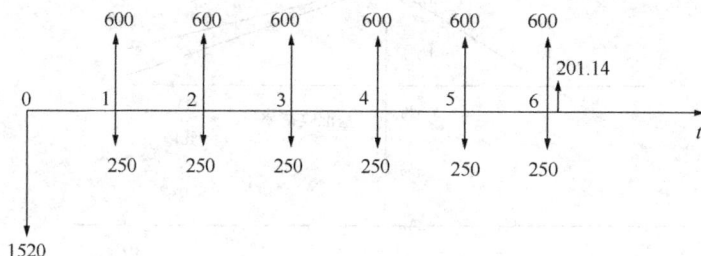

图 3-4 现金流量图

$$-I + (B-C) \sum_{t=1}^{6} (1+IRR)^{-t} + L(1+IRR)^{-6} = 0$$

式中：$I = 1520$，$B = 600$，$C = 250$，$L = 201.14$。上式可以写成：

$$-1520 + 350 \sum_{t=1}^{6} (1+IRR)^{-t} + 201.14(1+IRR)^{-6} = 0$$

采用线性内插法可求得

$$NPV(i = 12\%) = 20.89 > 0,$$
$$NPV(i = 13\%) = -24.25 < 0。$$

所以

$$IRR = 12\% + [20.89/(20.89+24.25)] \times 1\% = 12.457\%$$

（4）计算销售收入、经营成本和投资变化对内部收益率的影响，结果见表 3-3。

单因素敏感性分析表（内部收益率%） 表 3-3

变化因素 \ 变化率	-10%	-5%	基本方案	+5%	+10%
销售收入	6.93	9.73	12.46	15.12	17.72
经营成本	14.68	13.57	12.46	11.33	10.19
投资	16.11	14.21	12.46	10.84	9.34

（5）计算销售收入、经营成本和投资变化对内部效益率的敏感度系数，结果见表 3-4。

敏感度系数表（内部收益率%） 表 3-4

变化因素 ＼ 变化率	−10%	−5%	+5%	+10%
销售收入	4.44	4.38	4.27	4.22
经营成本	−1.78	−1.79	−1.81	−1.82
投　　资	−2.93	−2.81	−2.60	−2.50

关于内部收益率的敏感性分析图如图 3-5 所示。

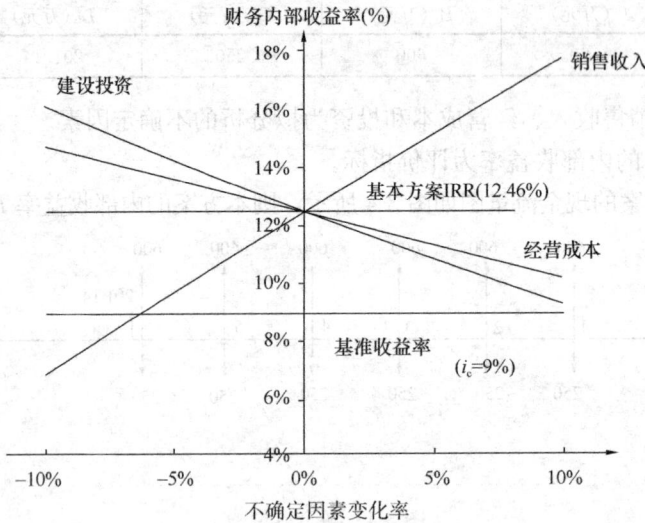

图 3-5　单因素敏感性分析图

易知：

$$NPV(i) = -I + (B-C)(P/A, i, 6) + L(P/F, i, 6)$$

令 $NPV(i_c = 9\%) = 0$，即可得：

$$B_{临界值} = 558, \quad C_{临界值} = 292, \quad I_{临界值} = 1679.$$

因此，当价格下降幅度超过 7%，或者年经营成本增长幅度超过 16.8%，或者投资增加幅度超过 10.46% 时，将有 $IRR < i_c$，方案变得不可行。

各因素的敏感程度依此为：

销售收入 ⟶ 投资 ⟶ 经营成本

对净年值分析也能得到类似的结果。

2. 多因素敏感性分析

单因素敏感性分析的方法简单，但其不足之处在于忽略了因素之间的相关性。事实上，一个因素的变动往往也伴随着其他因素的变动，多因素敏感性分析考虑了这种相关性，因而能反映几个因素同时变动对项目产生的综合影响，弥补了单因素分析的局限性，更全面地揭示了事物的本质。因此，在对一些有特殊要求的项目进行敏感性分析时，除进行单因素敏感性分析外，还应进行多因素敏感性分析。

（1）双因素敏感性分析

单因素敏感性分析可得到一条敏感曲线，如分析两个因素同时变化的敏感性，则可得到一个敏感曲面。

【例 3-5】我们对［例 3-4］中的基本方案做关于投资额和价格的双因素敏感性分析。

【解】设 x 表示投资额变化的百分比，用 y 表示年销售收入（或价格）变化的百分比，则当折现率为 i，且投资和价格分别具有变化率 x 和 y 时，净现值为：

$$NPV(i) = -I(1+x) + [B(1+y)-C](P/A,i,6) + L(P/F,i,6)$$
$$= -I + (B-C)(P/A,i,6) + L(P/F,i,6) - Ix + B(P/A,i,6)y$$

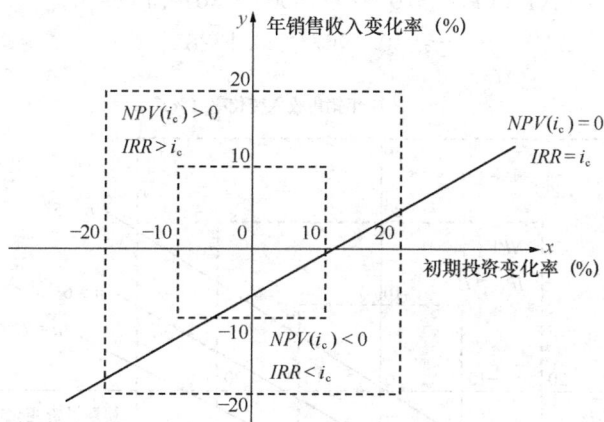

图 3-6　双因素敏感性分析图

即：

$$NPV(i) = -1500 + 350(P/A,i,6) + 200(P/F,i,6) - 1500x + 600(P/A,i,6)y$$

显然 $NPV(i) > 0$，则 $IRR > i$。取 $i = i_c = 9\%$（基准收益率），则：

$$NPV(i_c) = 189.36 - 1500x + 2691.6y$$

此式为一平面方程。令 $NPV(i_c) = 0$，可得该平面与 Oxy 坐标面的交线：

$$y = 0.557x - 0.0704$$

双因素敏感性分析图如图 3-6 所示。

此交线将 Oxy 平面分为两个区域，Oxy 平面上任意一点 (x, y) 代表投资和价格的一种变化组合，当这点在交线的左上方时，净现值 $NPV(i_c) > 0$，即 $IRR > i_c$；若在右下方，则净现值 $NPV(i_c) < 0$，因而 $IRR < i_c$。为了保证方案在经济上接受，应该设法防止处于交线右下方区域的变化组合情况出现。

（2）三因素敏感性分析

对于三因素敏感性分析，一般需列出三维的数学表达式。但也可以采用降维的方法来简单地处理。

【例 3-6】对［例 3-4］中的基本方案作关于投资、价格和寿命三个因素同时变化时的敏感性分析。

【解】设 x 和 y 的意义同［例 3-5］，n 表示寿命期。$NPV(n)$ 表示寿命为 n 年，方案的折现率为基准收益率（$i_c = 9\%$），投资和价格分别具有变化率 x 和 y 时的净现值，则：

$$NPV(n) = -I + (B-C)(P/A,9\%,n) + L(P/F,9\%,n) - Ix + B(P/A,9\%,n)y$$

同样，对给定的 x，y 和 n，$NPV(n) > 0$，意味着内部收益率 $IRR > i_c$。

依此取 $n=5$，6，7；并令 $NPV(n)=0$，按照［例 3-4］中对双因素变化时的，可得到下列的临界线（图 3-7）：

$$NPV(5)=-8.654-1500x+2333.76y=0,$$
$$y_5=0.6427x+0.0037;$$
$$NPV(6)=189.36-1500x+2691.6y=0,$$
$$y_6=0.557x-0.0704;$$
$$NPV(7)=370.92-1500x+3019.74y=0,$$
$$y_7=0.4967x-0.1228。$$

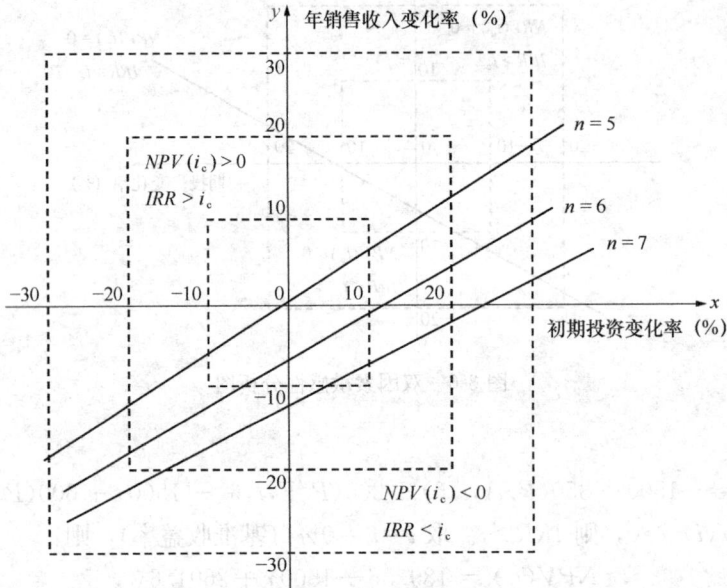

图 3-7　三因素敏感性分析图

这些临界线的意义如下：$n=5$，即寿命期 5 年，由于 $y_5|_{x=0}=0.0037>0$；所以，若要项目的内部收益率达到基准收益率，必须增加销售收入或减少投资而使其他条件保持不变。$n=6$，7 时，$y|_{x=0}<0$；故项目在价格和投资方面都有一定的潜力，可以承担一些风险。另外，随着 n 的增大，即寿命期的延长，x 的系数逐渐减小，因此投资的敏感度将越来越小。

同样，如取 $x=10\%$ 等，可得到关于年销售收入与寿命期的临界曲线。例如，$x=10\%$ 时，令 $NPV=0$，其临界曲线为：

$$y=\frac{664-403\times1.09^n}{1200\times(1.09^n-1)}，\text{ 或 } n=(\ln1.09)^{-1}\ln\left(1+\frac{261}{403+1200y}\right)。$$

请读者试就 $x=-20\%$，0，20% 时，求出临界曲线并作敏感性分析图。

（3）三项预测值敏感性分析

三项预测值的基本思路是，对技术方案的各种参数分别给出三个预测值（估计值），即悲观的预测值 P、最可能的预测值 M 和乐观的预测值 O，根据这三个预测值即可对技术方案进行敏感性分析并做出评价。

【例 3-7】某企业准备购置新设备，投资、寿命等数据见表 3-5，试就使用寿命、年支出和年销售收入三项因素按最有利、最可能和最不利三种情况，对项目的净现值进行敏感性分析，$i_c=8\%$。

新设备方案基本数据 表 3-5

因素变化＼因素	总投资（万元）	使用寿命（年）	年销售收入（万元）	年支出（万元）
最有利（O）	15	18	11	2
最可能（M）	15	10	7	4.3
最不利（P）	15	8	5	5.7

【解】计算过程见表 3-6。

在表 3-6 中，最大的 NPV 是 69.35 万元，即寿命、销售收入、年支出均处于最有利状态时，$NPV=(11-2)(P/A,8\%,18)-15=9\times9.273-15=69.35$ 万元。

在表 3-6 中，最小的 NPV 是 -21.56 万元，即寿命在 O 状态，销售收入和年支出均处在 P 状态时，$NPV=(5-5.7)(P/A,8\%,18)-15=-0.7\times9.273-15=-21.56$ 万元。

方案净现值在各种状态下的计算结果 单位：万元 表 3-6

年销售收入	年 支 出								
	O			M			P		
	寿 命								
	O	M	P	O	M	P	O	M	P
O	69.35	45.39	36.72	47.79	29.89	23.50	34.67	20.56	15.46
M	31.86	18.55	13.74	10.3	3.12	0.52	-2.82	-6.28	-7.53
P	13.12	5.31	2.24	-8.44	-10.30	-10.98	-21.56	-19.70	-19.00

对于年销售收入和年支出的各种状态，寿命从 O 状态变化为 M 状态时，所引起的净现值的平均变化为 $NPV_n(O\rightarrow M)=9.748$ 万元；寿命从 M 状态变化为 P 状态时，引起净现值的平均变化为 $NPV_n(M\rightarrow P)=3.541$ 万元；寿命从 O 状态变化为 P 状态时，净现值的平均变化为 $NPV_n(O\rightarrow P)=6.6445$ 万元。

对于寿命和年支出的各种状态，年销售收入从 O 状态变化为 M 状态时，所引起的净现值的平均变化为 $NPV_B(O\rightarrow M)=29.097$ 万元；年销售收入从 M 状态变为 P 状态时，所引起的净现值的平均变化为 $NPV_B(M\rightarrow P)=14.53$ 万元；年销售收入从 O 状态变化为 P 状态时，所引起的净现值的平均变化为 $NPV_B(O\rightarrow P)=21.8135$ 万元。

对于寿命和年销售收入的各种状态，年支出从 O 状态变化为 M 状态时，所引起的净现值的平均变化为 $NPV_C(O\rightarrow M)=16.764$ 万元；年支出从 M 状态变化为 P 状态时，引起净现值的平均变化为 $NPV_C(M\rightarrow P)=10.178$ 万元；年支出从 O 状态变化为 P 状态时，净现值的平均变化为 $NPV_C(O\rightarrow P)=13.741$ 万元。

我们可以求出净现值平均变化的相对比值为：

$$NPV_B(O{\rightarrow}M)/NPV_n(O{\rightarrow}M)=29.097/9.748=2.985$$

$$NPV_B(M{\rightarrow}P)/NPV_n(M{\rightarrow}P)=14.53/3.541=4.103$$

$$NPV_B(O{\rightarrow}P)/NPV_n(O{\rightarrow}P)=21.8135/6.6445=3.283$$

$$NPV_B(O{\rightarrow}M)/NPV_c(O{\rightarrow}M)=29.097/16.764=1.375$$

$$NPV_B(M{\rightarrow}P)/NPV_c(M{\rightarrow}P)=14.53/10.178=1.428$$

$$NPV_B(O{\rightarrow}P)/NPV_c(O{\rightarrow}P)=21.8135/13.741=1.587$$

从这些相对比值，我们得到各因素的敏感程度依次为：

年销售收入——年支出——寿命。

总之，通过敏感性分析，可以找出影响项目经济效益的关键因素，使项目评价人员将注意力集中于这些关键因素，必要时可对某些最敏感的关键因素重新预测和估算，并在此基础上重新进行经济评价，以减少投资的风险。

敏感性分析能够表明不确定因素对经济效益的影响，得到维持项目可行所能允许的不确定因素发生不利变动的幅度，从而预测项目承担的风险，但是并不能表明这种风险发生的可能性有多大。实践表明，不同项目的不确定因素发生相对变化的概率是不同的。因此两个同样敏感的因素，在一定的不利的变动范围内，可能一个发生的概率很大，另一个发生的概率很小。很显然，前一个因素给项目带来的影响很大，后一个因素给项目带来的影响很小，甚至可忽略不计。这个问题是敏感性分析所解决不了的，为此，还需要进行风险和不确定条件下的分析，我们称之为概率分析或风险分析。

3.1.4　概率分析

概率分析（Probability analysis）是通过研究各种不确定因素发生不同幅度变化的概率分布及其对方案经济效果的影响，对方案的净现金流量及经济效果指标做出某种概率描述，从而对方案的风险情况做出比较准确的判断。例如，我们可以用经济效果指标 $NPV\geqslant0$，$NPV\leqslant0$ 发生的概率来度量项目将承担的风险。

若每个影响因素的不确定性服从离散概率分布，且各因素是相互独立的，就可以对各个输入变量取值的组合计算相应的评价指标——内部收益率或净现值等；该收益率或者净现值发生的概率是各个输入变量取该值的联合概率；各个输入变量可能取值的个数的连乘积就是评价指标可能取值的个数。

以净现值指标的分析为例，设某方案的寿命期为 n 年，在各种不确定因素的综合影响下，该方案的净现金流量序列取 k 种状态，记作：

$$\{Y_t\mid t=0,1,2,\cdots,n\}^{(j)},j=1,2,\cdots,k.$$

这里，$Y_t=(CI-CO)_t$ 为第 t 年的净现金流量；k 为自然数，其值为各个输入变量可能取值的个数的连乘积，例如有三个不确定因素，投资、售价、经营成本作为输入变量，投资的取值有三个，售价的取值有四个，经营成本的取值有五个，则有 $3\times4\times5=60$ 个可能的净现金流量取值。

假设上述各种状态发生的概率 P_j 为已知，或可以计算、预测出来，且有：

$$P_j\geqslant0,\ j=1,\ 2,\ \cdots,\ k;\ \sum P_j=1.$$

于是在第 j 种状态下，方案的净现值为：

$$NPV^{(j)} = \sum_{t=1}^{n} Y_t^{(j)} (1+i_c)^{-t} \tag{3-9}$$

从而方案净现值的期望值和方差分别为：

期望值
$$E(NPV) = \sum_{j=1}^{k} NPV^{(j)} \times P_j \tag{3-10}$$

方差
$$D(NPV) = \sum_{j=1}^{k} \left[NPV^{(j)} - E(NPV) \right]^2 \times P_j = E(NPV^2) - \left[E(NPV) \right]^2$$

$$= \sum_{j=1}^{k} (NPV^{(j)})^2 \times P_j - \left[E(NPV) \right]^2 \tag{3-11}$$

标准差
$$\sigma(NPV) = \sqrt{D(NPV)}。$$

因此，方案净现值的概率分布：

$$p(NPV = NPV^{(j)}) = P_j, \ j = 1,2,\cdots,k。 \tag{3-12}$$

而累积分布函数为：

$$F(x) = p(NPV \leqslant x) = \sum_{NPV^{(j)} \leqslant x} p(NPV = NPV^{(j)}) = \sum_{NPV^{(j)} \leqslant x} P_j \tag{3-13}$$

式中的求和是对所有的 $NPV^{(j)} \leqslant x$ 的 j 进行的。

由式（3-13）知，净现值大于 0 或等于 0 的概率为

$$p(NPV \geqslant 0) = 1 - F(0) = 1 - \sum_{NPV^{(j)} \leqslant x} P_j \tag{3-14}$$

从概率论的理论知道，对净现值等指标的概率分析，项目方案可接受的条件是（以净现值为例）$E(NPV) > 0$，其净现值的期望值大于零；$p(NPV \geqslant 0)$ 较大，其净现值为非负的概率较大，如 $p(NPV \geqslant 0) \geqslant 0.6$，0.7 等；净现值的方差 $D(NPV)$ 较小，这表示在各种状态下，净现值落在其期望值附近的概率较大；因此，项目的净现值就可以由其期望值来较好地反映。

概率分析的一般步骤是：

（1）列出要考虑的各种不确定因素。如投资、经营成本、销售价格等。

（2）设想各种不确定因素可能发生的情况，即确定其数值发生变化的个数。

（3）分别确定各种情况可能出现的概率并保证每个不确定因素可能发生的情况的概率之和等于 1。

（4）分别求出各种不确定因素发生变化时，方案净现金流量各状态发生的概率和相应状态下的净现值 $NPV^{(j)}$。

（5）求方案净现值的期望值和方差。

（6）求出方案净现值非负的累计概率。

（7）对概率分析作说明。

【例 3-8】某水工程项目的现金流量见表 3-7，根据预测和经验判断，开发成本、销售收入（二者相互独立）可能发生的变化及其概率见表 3-8。试对使项目进行概率分析并求净现值大于或等于期望值的概率，取基准折现率为 12%。

项目的现金流量表　　　　　单位：万元　**表3-7**

年份	1	2	3	4	5~15	5年以后的折算到第5年为
销售收入	—	3000	6000	9000	15000	99752
开发成本	15000	15500	15000	12600	1000	6650
其他支出	—	500	1000	1400	2000	13300
净现金流量	−15000	−13000	−10000	−5000	12000	79802

【解】 参照以下步骤进行分析和计算。

(1) 欲分析的不确定因素为开发成本和销售收入。

(2) 这两个不确定因素可能发生的变化及其概率见表3-8。

开发成本和销售收入变化的概率表　　　　　**表3-8**

变幅\\因素	−10%	0	10%
销售收入	0.3	0.6	0.1
开发成本	0.1	0.4	0.5

(3) 利用概率作图列出本项目净现金流量序列的全部可能状态，共9种状态，如图3-8所示。

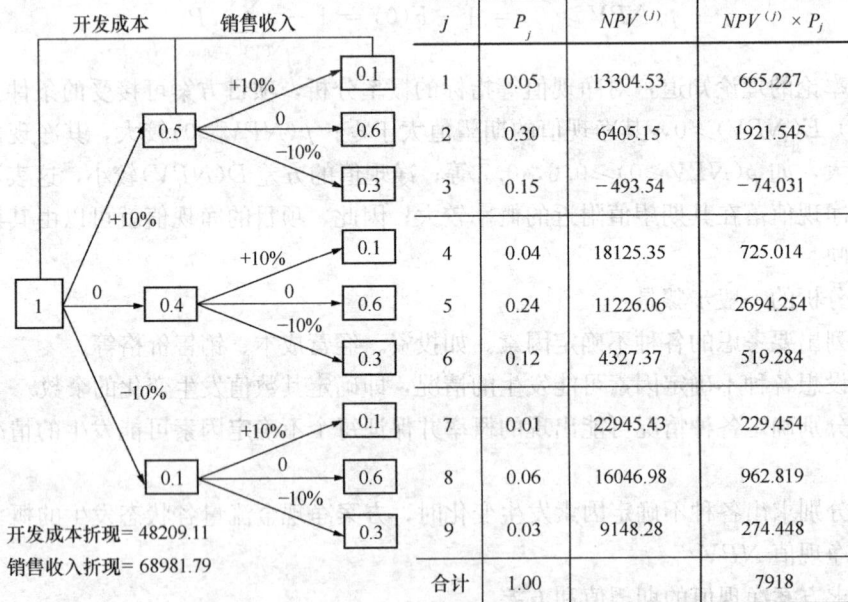

j	P_j	$NPV^{(j)}$	$NPV^{(j)} \times P_j$
1	0.05	13304.53	665.227
2	0.30	6405.15	1921.545
3	0.15	−493.54	−74.031
4	0.04	18125.35	725.014
5	0.24	11226.06	2694.254
6	0.12	4327.37	519.284
7	0.01	22945.43	229.454
8	0.06	16046.98	962.819
9	0.03	9148.28	274.448
合计	1.00		7918

开发成本折现 = 48209.11
销售收入折现 = 68981.79

图 3-8　概率状态图

(4) 分别计算项目净现金流量序列各状态的概率 P_j（j=1，2，…，9）：

$$P_1 = 0.5 \times 0.1 = 0.05，$$

$$P_2 = 0.5 \times 0.6 = 0.30，$$

其余类推，结果如图 3-8 所示。

（5）分别计算各状态下的项目净现值 $NPV^{(j)}$（$j=1, 2, \cdots, 9$）：

$$NPV^{(1)} = \sum_{t=1}^{5} (CI-CO)_t^{(1)} (1+12\%)^{-t} = 13304.53 \text{ 万元}$$

$$NPV^{(2)} = \sum_{t=1}^{5} (CI-CO)_t^{(2)} (1+12\%)^{-t} = 6404.15 \text{ 万元}$$

其余类似可得，结果列于图 3-8 中。

（6）计算加权净现值 $NPV^{(j)} \times P_j$（$j=1, 2, \cdots, 9$），结果如图 3-8 所示。然后依式（3-10）求得项目净现值的期望值 $E(NPV)=7918$ 万元，按照式（3-11）求得项目净现值的方差 $D(NPV)=27360245.346$，以及标准差 $\sigma(NPV)=5230.7$。

（7）由式（2-14）算得项目净现值为非负的概率是：

$$p(NPV \geqslant 0) = 1 - F(0) = 1 - 0.15 = 0.85$$

同理，可得项目净现值大于或等于期望值的概率为：

$$p(NPV \geqslant E(NPV)) = P_1 + P_4 + P_5 + P_7 + P_8 + P_9 = 0.43$$

（8）结论：因为 $E(NPV)=7918>0$，故本项目是可行的；又因 $p(NPV \geqslant 0)=0.85$ 以及 $p(NPV \geqslant E(NPV))=0.43$，说明项目具有较高的可靠性，且获得可观经济效果的可能性是不小的。但由于标准差 $\sigma(NPV)=5230.7$ 较大，所以期望值不一定能反映项目实施后的净现值。

【例 3-9】某项目的技术方案在其寿命期内可能出现的五种状态的净现金流量及其发生的概率见表 3-9。假定各年的净现金流量之间不相关，标准折现率为 10%，求方案净现值的期望值、方差及标准差。

不同状态的发生概率及净现金流量序列　　单位：百万元　**表 3-9**

状态和概率 年末	θ_1 $P_1=0.1$	θ_2 $P_2=0.2$	θ_3 $P_3=0.4$	θ_4 $P_4=0.2$	θ_5 $P_5=0.1$
0	−22.5	−22.5	−22.5	−24.75	−27
1	0	0	0	0	0
2~10	2.445	3.93	6.9	7.59	7.785
11	5.445	6.93	9.9	10.59	10.935

【解】对应于状态 θ_1，我们有：

$NPV^{(1)} = -22.5 + 2.445(P/A, 10\%, 9) \times 1.1^{-1} + 5.445(P/F, 10\%, 11)$

$= -22.5 + 2.445 \times 5.759 \times 1.1^{-1} + 5.445 \times 0.3505$

$= -7.791 \text{ 百万元}$

对应于状态 θ_2，有：

$NPV^{(2)} = -22.5 + 3.93(P/A, 10\%, 9) \times 1.1^{-1} + 6.93(P/F, 10\%, 11)$

$= 0.504 \text{ 百万元}$

对应于状态 θ_3，有：

$NPV^{(3)} = -22.5 + 6.9(P/A, 10\%, 9) \times 1.1^{-1} + 9.9(P/F, 10\%, 11)$

$= 17.1 \text{ 百万元}$

对应于状态 θ_4，有：

$NPV^{(4)} = -24.5 + 7.59(P/A, 10\%, 9) \times 1.1^{-1} + 10.59(P/F, 10\%, 11)$

　　　　$= 18.95$ 百万元

对应于状态 θ_5，有：

$NPV^{(5)} = -27 + 7.785(P/A, 10\%, 9) \times 1.1^{-1} + 10.935(P/F, 10\%, 11)$

　　　　$= 17.59$ 百万元

方案净现值的期望值：

$E(NPV) = \sum NPV^{(j)} P_j$

　　　　$= -7.791 \times 0.1 + 0.504 \times 0.2 + 17.1 \times 0.4 + 18.95 \times 0.2 + 17.59 \times 0.1$

　　　　$= 9.799 \times 0.1 + 38.908 \times 0.1 + 48.4 \times 0.1 = 9.7107$ 百万元

方案净现值的方差：

$D(NPV) = \sum (NPV^{(j)} - E(NPV))^2 \times P_j$

　　　　$= 306.31 \times 0.1 + 84.673 \times 0.2 + 54.602 \times 0.4$

　　　　$\quad + 85.365 \times 0.2 + 62.083 \times 0.1$

　　　　$= 92.688$

方案净现值的标准差：

$$\sigma(NPV) = [D(NPV)]^{1/2} = 9.6274$$

【例 3-10】 假定在［例 3-9］中方案净现值服从正态分布，利用［例 3-9］的计算结果求：

(1) 净现值大于或等于 0 的概率；

(2) 净现值小于 -75 万元的概率；

(3) 净现值大于 1500 万元的概率。

【解】 根据概率论的有关知识我们知道，若连续型随机变量 X 服从参数为 μ（均值）和 σ（均方差）的正态分布，则 X 小于 x 的概率为：

$$P(X < x) = \Phi\left(\frac{x - \mu}{\sigma}\right)，\Phi 值可由标准正态分布表中查出。$$

在本例中，我们把方案净现值 NPV 看成连续型随机变量，已知：

$$\mu = E(NPV) = 9.7107，\sigma = \sigma(NPV) = 9.6274，$$

则：

$$\frac{NPV - \mu}{\sigma} = \frac{NPV - 9.7107}{9.6274}。$$

由此可以求出各项待求的概率。

(1) 净现值大于或等于 0 的概率：

$p(NPV \geqslant 0) = 1 - p(NPV < 0) = 1 - \Phi((0 - 9.7107)/9.6274)$

　　　　$= 1 - 1 + \Phi(1.0087) = 0.843；$

(2) 净现值小于 -0.75 百万元的概率：

$p(NPV < -0.75) = \Phi((-0.75 - 9.7107)/9.6274)$

　　　　　　$= \Phi(-1.0866) = 0.1392；$

(3) 净现值大于 15 百万元的概率：

$$p\ (NPV \geqslant 15)\ =1-p\ (NPV < 15)\ =1-\varPhi\ (\ (15-9.7107)\ /9.6274)$$
$$=1-\varPhi\ (0.5494)\ =0.2912。$$

3.2　决策中的计量方法

什么是"决策"？它是一个事件？一个偶发事件？一个流动过程？一个思维过程？这些问题非常难以回答。看来一个决策包括着上述所有说法及更多的东西，但确切的定义是非常不易捉摸的。尽管如此，但是在决策中，当人们面对可变化因素的若干状态做出某种决策之后，一般来说，这些因素是不会主动采取对抗性的变化，使得决策人的决策结果立即变差。因此，我们说：决策是人与自然的对抗，决策研究的是人与自然的关系。换句话说，被决策的对象是被动的，在决策过程中，只有决策人才是主动的。这是所有决策与博弈之间的本质性区别。

决策是每个人自发地产生的个人事件，包括着判断与直觉，正如情感与个人价值系统一样。我们从未真正看见决策。而只能看见其现象与结果。我们可以观察到个人和团体如何进行决策，可以用文件证明他们的活动方式与分析方法，描绘其所用的逻辑顺序，影响决策的因素以及其最后抉择的理由。但这决不能说我们已经观察到了一个决策。不如说我们观察到的只是决策过程的各种组成要素，这些组成要素包括决策时所用的行为方式、分析过程及逻辑关系。因此，尽管一个决策可能是神秘的事情，但决策过程的组成要素并非如此。他们是可见的、明确的和可以控制的，同时可以将它们组成客观的系统的决策探讨方法，这就是结构化决策过程。

结构化决策过程是一个合乎逻辑的系统的程序，它包括以下七个步骤：问题的确定；说明目的及其相对重要性；列举决策方案；评价每一个方案；选择最优方案或方案组；后期选优分析；方案实施。

在结构化决策中，通常将决策者不可控制的变化因素称为自然状态或客观条件（简称为状态或条件），将决策者可控制的变化因素称为备选方案或策略（也称为变量），而将这些变化因素综合作用所产生的结果称为效益值或风险值（一般称为效用值）。效用值是决策人最关心的结果或技术经济指标，决策就是建立一个效用值的评价模型，由此评价模型对每个备选方案的效用值做出评价，选择评价结果最好的方案作为决策方案。评价模型通常是效用值的函数，因此，也是变化因素（包括备选方案和自然状态的函数。对于风险型决策，广泛采用的评价模型可以计算出每一个备选方案的预期值，方案的预期值就是该方案的期望效用值或期望益损值。

在本节中，我们将介绍一些最简单的决策计量方法。主要有：确定型决策方法、风险型决策方法和不确定型决策方法三类。确定型决策方法包括前述的盈亏平衡法等；风险型决策方法包含最大可能法、期望值法、决策树法和蒙特卡罗模拟方法等；不确定型决策方法包括乐观法、悲观法、乐观系数法、等可能性法和后悔值决策法等。对于其他较为复杂的决策方法，读者可以参考有关书籍和一些专门的论著。

3.2.1　确定型决策

确定型决策问题的特征一般由下列条件所规定：

（1）存在决策人希望达到的一个明确的目标（收益较大或损失较小）；

（2）自然状态是确定不变的，每个方案之产生唯一的一个结果；

（3）至少存在着两个以上（包括两个）的方案可供决策人选择；

（4）每个方案的效益值或风险值是可以计算出来的，选择一个方案必然产生一个相应的结果。

【例 3-11】某水工程项目有三个方案可供选择，其投资、寿命等数据见表 3-10，试以净现值指数（也称净现值率）最大为目标进行决策，$i_c = 8\%$。

某水工程项目基本数据　　　　　　　单位：千万元　**表 3-10**

因素 方案	总投资现值 K_P	使用寿命 n	年收入 B	年支出 C
方案 1	25	18	14	6
方案 2	20	15	13	5
方案 3	15	12	12	4

【解】方案的净现值指数计算公式为：

$$NPVI = NPV/K_P = (-K_P + (B-C)(P/A, i_c, n))/K_P。$$

于是，每个方案的净现值指数为：

$$NPVI_1 = (-25 + 8 \times 9.3719)/25 = 49.9752/25 = 1.999；$$

$$NPVI_2 = (-20 + 8 \times 8.5595)/20 = 48.4760/20 = 2.424；$$

$$NPVI_3 = (-15 + 8 \times 7.5361)/15 = 45.2888/15 = 3.019。$$

根据净现值指数最大原则，应该选择方案 3。

在较简单的情形，确定型决策问题与多方案的比较选择是一致的。但是，在多数情况下和实际工作中，确定型决策问题并不是这样简单，可供选择的方案可能很多，并不是一下子就能看出来的，这就需要用搜索算法或者其他的复杂方法来求解。

3.2.2　风险型决策

风险型决策问题通常也称为随机型决策问题或统计决策。这时，所考虑的变化因素一般遵循某种概率分布，它的特征由下列条件所规定：

（1）存在决策人希望达到的目标；

（2）存在两个以上的方案可供决策人选择；

（3）由于决策人不可控制的变化因素（自然状态）的影响，某些方案可能产生不止一个的结果；

（4）对每个方案而言，尽管决策人不知道那种结果会出现；但是，它产生任何结果的概率（可能性）是可以确定的；

（5）每个方案可能产生的全部结果都可以计算出来。

由于风险型决策是基于变化因素服从某种概率分布的决策，因此，进行风险决策的前提是已知变化因素的概率分布。然而，对许多变化因素（如市场价格等）要确切地给出其概率分布，几乎是不可能的。这就涉及主观概率和客观概率的问题。

　　客观概率是一个事件已发生的次数与它所可能发生的总次数之间的比率。历史分析法可用来建立并计算过去事件的频率，频率可以转变成事件发生的比例和比率。如果过去事件本身重复发生的历史资料可以预测，则客观概率即可作为未来事件的预期概率。在其他情况下，列举所有结果即可估计出特定事件的发生概率。比如，从 52 张普通扑克牌中随意抽取一张王牌 K 的概率是 $4/52=0.0769$。

　　近年来，主观概率的概念已经非常通用。主观概率是个人相信程度的一个标志。比如，0.60 的主观概率数值仅意味某人认为一事件发生的可能性与不发生的可能性相比是 6 对 4。这无需与任何客观概率相联系。某些观察到的频率对这个人可能发生影响，也可能不发生影响。许多用到主观概率的情况中，特定事件也许是一个从未发生的只出现仅此一次的事件。根据个人经验与观察力，个人可以作出判断信息。主观概率数值的度量尺度是从 0.0 到 1.0。这反映的是个人的感觉对事件发生的判断。

　　在技术经济分析中，人们用到的许多事件发生的概率，都带有主观概率的色彩。例如某种原材料在未来数月或数年中的价格变化之概率，产品销售价格变化幅度可能发生的概率，对某种产品的需求量变化之概率，等等。因此，风险情况下的决策除了具有一定的客观性以外，还有一定的主观性，即决策人意志的反映。

　　1. 最大可能法（maximum probable method）

　　根据概率论知识，我们知道：一个事件的概率越大，其发生的可能性就越大。最大可能法就是在风险型决策中，选择一个概率最大的自然状态进行决策，而忽略其他自然状态的存在。这样一来，风险型决策问题就变成了确定型决策问题。这种风险型决策准则被称为最大可能准则。

　　【例 3-12】设某水工程项目有三个建设规模的方案可供选择：大型、中型和较小型。与该项目有关的政策环境、社会环境和市场的综合因素变化有 5 种可能性：很差、较差、一般、较好、很好。综合因素的这 5 种可能变化都将直接影响到项目的运行和净现值。设综合因素变化的概率、项目各种方案的投资额和净现值等数据见表 3-11，试用最大可能准则对技术经济指标净现值指数进行决策。

　　【解】由于综合因素一般的概率为 0.4 最大，按照最大可能准则，我们只需计算此种情况下的净现值指数。通过计算得：

$$NPVI_1=42/200=0.21;$$

$$NPVI_2=32/140=0.23;$$

$$NPVI_3=20/100=0.20。$$

各方案的净现值、投资与综合因素变化概率表　　　　单位：百万元　　**表 3-11**

方　案 ＼ 因素变化	很差 $P_1=0.15$	较差 $P_2=0.15$	一般 $P_3=0.4$	较好 $P_4=0.2$	很好 $P_5=0.1$	投资
方案 1（大型）	-8	18	42	66	84	200
方案 2（中型）	10	22	32	48	62	140
方案 3（小型）	15	18	20	30	42	100

　　因为 $NPVI_2$ 最大，根据最大可能准则决策法，应该选择中型规模的建设方案。

将最大可能法与确定型决策比较一下，就知道确定型决策是风险型决策的特例，它是把某个自然状态看成必然事件（即确定性状态，出现的概率为 1），其他自然状态看做不可能发生的事件（出现的概率为 0）时的风险型决策。

在应用最大可能法时，其概率最大的自然状态的概率应该相当大才有较好的效果。如果所有自然状态发生的概率都很小，就不能使用最大可能法进行决策。

2. 期望值法 (expectancy method)

由于每个决策方案在变化因素的一个自然状态下，都会产生一个确定的结果，这些结果都是可以计算或估算出来的，而所考虑的变化因素按照某种概率去取这些自然状态。因此，对于一个给定的决策方案，考虑某个变化因素在所有可能发生的状态下，决策方案的各个可能结果的加权平均值，便是该方案关于这个变化因素的期望值。对于按照某种概率去取一些状态的变化因素，我们称之为随机变量。

设随机变量为 X，它取值（状态）x_i 的概率为 p_i，则随机变量 X 的数学期望为：

$$E[X] = \sum_i p_i x_i = \int p(x) dx$$

如果 A 是一个决策方案，对于随机变量 X 的任何一个取值 x_i，方案 A 有结果 $V(x_i)$，则方案 A 关于随机变量 X 的期望值为：

$$E[V] = \sum_i V(x_i) p_i = \int V(x) p(x) dx$$

如果方案 A 依赖于两个随机变量 X 和 Y，随机变量 X 取值为 x_i 的概率为 p_i，Y 取值为 y_j 的概率为 q_j，对随机变量 X 和 Y 的任何一组取值 x_i 和 y_j，方案 A 有结果 $V(x_i, y_j)$，则方案 A（关于随机变量 X 和 Y）的期望值为：

$$E[V] = \sum_{i,j} V(x_i, y_j) p_i q_j = \int V(x, y) p(x) q(y) dx dy$$

方案依赖于多个随机变量的情形依此类推。

期望值法就是求出每个方案的数学期望并进行比较，根据决策人的目标，决定选取期望值最大的行动方案还是选取期望值最小的行动方案，以此作为最优的决策方案。

【例 3-13】项目的基本数据如［例 3-12］所描述。现在我们以净现值指数的期望值为技术经济评价指标，试求期望净现值指数最大的方案。

【解】直接计算每个方案的期望净现值得：

$E[NPV_1] = -8 \times 0.15 + 18 \times 0.15 + 42 \times 0.4 + 66 \times 0.2 + 84 \times 0.1 = 39.9$；

$E[NPV_2] = 10 \times 0.15 + 22 \times 0.15 + 32 \times 0.4 + 48 \times 0.2 + 62 \times 0.1 = 33.4$；

$E[NPV_3] = 15 \times 0.15 + 18 \times 0.15 + 20 \times 0.4 + 30 \times 0.2 + 42 \times 0.1 = 23.15$。

因此各个方案的期望净现值指数为：

$$E[NPVI_1] = 39.90/200 = 0.1995$$；

$$E[NPVI_2] = 33.40/140 = 0.2386$$；

$$E[NPVI_3] = 23.15/100 = 0.2315$$。

从计算结果看，方案 2 的期望净现值指数为最大，因此，期望值法决策告诉我们应该

第 3 章　敏感度和风险分析

选择方案 2。但是，在本例中，由于方案 2 和方案 3 的期望净现值指数相差甚微，所以对于工程方案的决策，还应该进一步考虑其他技术经济指标，如内部收益率、静态和动态投资回收期、投资收益率等。

另外，在上例中，我们还可以先计算出每个方案在各种状态下的净现值指数，列成一个决策表如下：

$$M = \begin{pmatrix} -0.040 & 0.090 & 0.210 & 0.330 & 0.420 \\ +0.071 & 0.157 & 0.229 & 0.323 & 0.443 \\ +0.150 & 0.180 & 0.200 & 0.300 & 0.420 \end{pmatrix}$$

我们称决策表 M 为效用表或益损表，也称为益损矩阵，M 中的元素称为效用值或益损值。在决策目标为最小化时，也称为风险矩阵。

按期望值进行决策的基本步骤是：

（1）识别问题与机会，收集与决策问题有关的资料，明确决策目标；

（2）确定决策问题中的变化因素，发现其可能取的状态；

（3）建立变化因素取各个状态的概率（根据过去的资料建立客观统计概率或根据不足的资料与相关人员的经验建立带有主观性的概率）；

（4）找出所有的决策方案，计算每个方案在变化因素的各状态下的结果（益损值）；

（5）列出决策表（益损表），计算每个方案的期望益损值并加以比较，根据决策目标选择期望益损值最好的方案作为决策方案。

使用期望值决策方法，我们利用了事件的概率和事件发生的统计性质。例如在 ［例 3-13］中选择了方案 2，而原材料价格可能降低 10%，直到上升 10%，因此，净现值指数可能会是 0.38，0.30 或 0.17 等。但是，由于期望值决策利用了统计规律，所以，如果按照这种方法进行多次决策，其平均益损值应该是可以达到期望益损值的，这比凭直觉或主观想象进行决策要合理得多，其成功的机会也占大多数。因此，期望值决策方法仍是一种有效的常用决策方法。

3. 决策树法（decision tree method）

期望值决策除了用决策表或通过计算进行分析以外，还可以采用图形方式进行直观的形象的分析，这种用图形方式进行的决策分析法称为决策树法。决策树的概念非常简单，就是对一个问题画一张图，用更容易了解的形式表示出有关的信息，无需像前面那样把所有的有关复杂决策的信息都压缩在一张表格里。由于这个图是形如树枝状的，所以称之为决策树。此外，使用决策树还可以简化复杂概率的计算工作。

我们可以将 ［例 3-13］中的决策问题画成一棵决策树。怎样用图来表示从三个备选方案中进行选择的问题呢？如图 3-9 所示，只要把这三个备选方案画成一棵树的三个可能的分支就行了。进一步就是用像树上的分支点那样的形式，表示出变化因素（原材料价格）可能发生的各种状态（事件），其中每个分支代表发生的某一特殊事件，以及该事件发生时相应方案的结果（益损值）。

在图 3-9 的决策树上，方框表示决策点；圆圈代表方案（或机会）节点；三角形表示方案在变化因素的各个状态下的结果节点，它旁边的数值为结果的效用值或益损值。画决策树并不要求有什么固定的规则。但是，在做比较复杂的决策树时，最好像

121

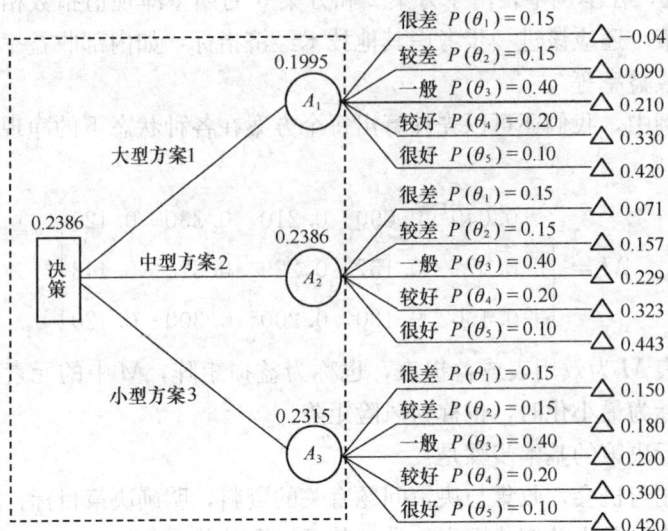

图 3-9　[例 3-13] 的决策树

这样把决策点和方案（机会）节点与结果节点区别开来，然后顺序标出决策、方案和结果。在某些实际情况下，我们将做出初步决策，以便有可能等待某些事件实际发生之后，再做出进一步的决策。从后面的例子中，可以知道这种情况也能用决策树形式来表现。

决策树的一个重要优点是便于决策人员很快地看出备选方案、未来可能发生的事件及其结果。为了便于检查，将作为决策基础的逻辑关系和假设都一一列举出来。这种树能够促进对有关备选方案、可能事件及其概念和结果展开有益的讨论。在实际情况下，要经过多次讨论修改，最后才能一致认为该决策树已精确地描述出实际问题。每修改一次，就能对问题的性质有进一步的理解。

因此，首先画出决策树对决策人员有很大的好处。而且，从分支端开始对每个分支点（称为树的顶点）进行研究，能简化计算各种决策效用值或益损值的工作。这种从右边开始，逐步以有关期望效用值来代替每个分支的过程，叫作"反推"决策树。这些树往往很简单，甚至在树越来越大而且包括有各种各样的计算时，也只需算出每一个机会点的期望效用值或期望益损值。最后结果是将图 3-9 的树简化为图 3-9 中虚线框出的部分。这种"反推法"是根据动态规划的一般概念和原理形成的。

下面，我们看几个例子。

【例 3-14】 设有一笔资金用于新建一个水工程项目，建设方案有如下几种：

（1）建设大型项目，使用现有工艺技术，需要投资 600 百万元，建设期为 3 年，项目的整个寿命期为 25 年；

（2）先全力进行新技术开发研究，需要投资研究经费 210 百万元，开发研究期为 3 年，然后再建设一个中型项目；如果新技术开发成功，项目将采用新工艺新技术，需要项目建设费 360 百万元，建设期 2 年，寿命期 22 年；如果新技术开发失败，仍采用现有工艺技术，项目建设费为 420 百万元，建设期 2 年，寿命期 22 年；

（3）建设一个中型项目，同时进行新技术开发研究，项目建设费为 360 百万元，建设期 2 年，寿命期 25 年；新技术开发研究需要经费 120 百万元，研究期 3 年；如果新技术开发成功，需要技术更新费 160 百万元，技术更新需时间 1 年。

设项目建成后即可正常运行。预计今后的市场前景有好、中、差、三种情况，其概率等数据见表 3-12。

市场概率和投资等费用表 单位：百万元 **表 3-12**

备选方案	建设期 或 新技术开发研究期	运行期			
		概率 市场前景	$P_1=0.3$ （差）	$P_2=0.4$ （中）	$P_3=0.3$ （好）
全力建设 大型项目	建设期为 3 年 每年初投资 200	年收入	120	230	320
		运营成本	110	140	160
		净现金流量	10	90	160
全力研究之 后建设中型 项目	研究期 3 年，每年初投资 70 然后建设 2 年，成功每年初投资 180，失败每年初投资 210	年收入	120	170	230
		运营成本	60	90	120
		净现金流量	60	80	110
建设中型项 目与新技术 研究相结合	建设期 2 年，每年初投资 180 研究期 3 年，每年初投资研究费 40 开发成功，投资技术更新费 160	年收入	100	170	220
		运营成本	70	95	130
		净现金流量	30	75	90

如果投入资金进行新技术开发研究，则全力进行新技术开发研究时，研究取得技术性突破的成功概率为 0.4；非全力进行研究时，取得技术性突破的成功概率为 0.3。若新技术开发成功，可以大幅度减少运营成本并提高项目的市场竞争能力，将增加年收入 10％；同时市场也将发生变化（因为其他项目也可能立即使用这项新技术）。若新技术开发成功后建设项目，每年可以节约运营成本 40％，如果是对项目进行技术改造，则可以节约成本 36％。使用新技术后的市场变化概率等数据见表 3-13。

中型项目使用新技术后的市场变化概率等数据表 单位：百万元 **表 3-13**

概率市场前景		$P_1=0.2$ 差	$P_2=0.45$ 中	$P_3=0.35$ 好
新技术开发研究 成功后建设项目	年收入	132	187	253
	运营成本	36	54	72
	净现金流量	96	133	181
新技术开发研究 成功后作技术改造	年收入	110	187	242
	运营成本	44.8	60.8	83.2
	净现金流量	65.2	126.2	158.8

设基准收益率为 10％。试以净现值为技术经济指标，用决策树方法进行决策。

【解】我们做出问题的决策树如图 3-10 所示。各个方案在各种状态下的净现值公式如下。

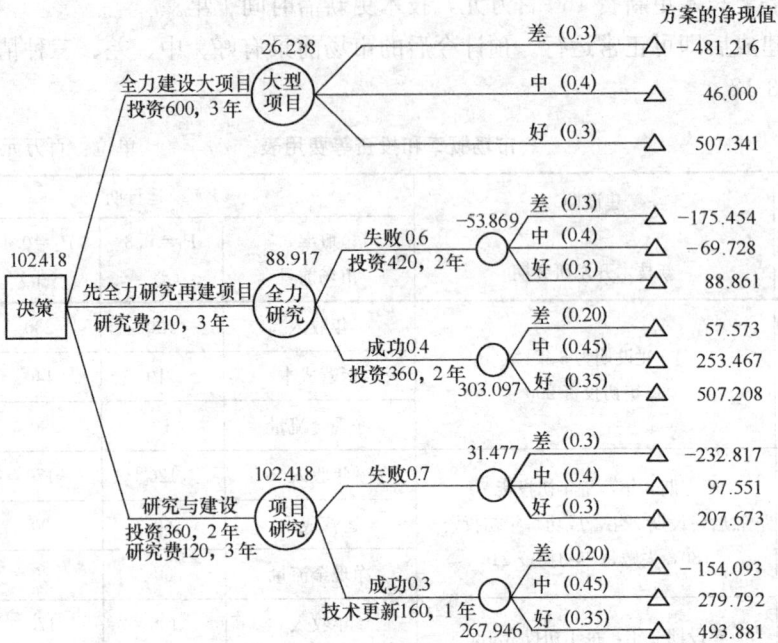

图 3-10 建设项目决策树

（1）全力建设大型项目：
$$NPV_1 = -547.118 + A \times 1.1^{-3}(P/A, 10\%, 22)$$

（2）先全力开发新技术，再建设一个中型项目：
$$NPV_2 = -191.492 - K \times 1.1^{-2}(P/A, 10\%, 2) + A \times 1.1^{-5}(P/A, 10\%, 20)$$

（3）开发新技术和建设一个中型项目同时进行：
$$NPV_3(l) = -453.062 - R \times 1.1^{-3} + A \times 1.1^{-2}(P/A, 10\%, 23)$$

$$NPV_3(s) = -573.272 + 1.1^{-3}(A_O + A_O \times 1.1^{-1}) + A_N \times 1.1^{-4}(P/A, 10\%, 21)$$

其中 A_O 和 A_N 分别是技术更新前和更新后的净现金流量。

由此可以计算出各个方案在各种状态下的净现值，如图 3-10 所示。

由决策树看出，选择建设一个中型项目和开研究新技术同时进行最好，项目的期望净现值为 102.418 百万元。

【例 3-15】市场信息的价值。在［例 3-14］中，如果决策人能通过对市场的深入调查研究和分析，确知市场前景，那么，新的决策树如图 3-11 所示。

如果项目决策人能确切预知市场前景，那么，不管新技术研究能不能成功，在市场前景差时，选择先研究再建设的方案，期望净现值为 -82.2432；市场前景中时，项目建设与新技术研究相结合，期望净现值至少是 152.2233；市场前景好时，全力建设大型项目，净现值为 507.341；如图 3-11 所示。

因此，如能准确知道市场前景，则期望净现值是：
$$E(NPV) = -82.2432 \times 0.3 + 152.2233 \times 0.4 + 507.341 \times 0.3 = 188.419。$$

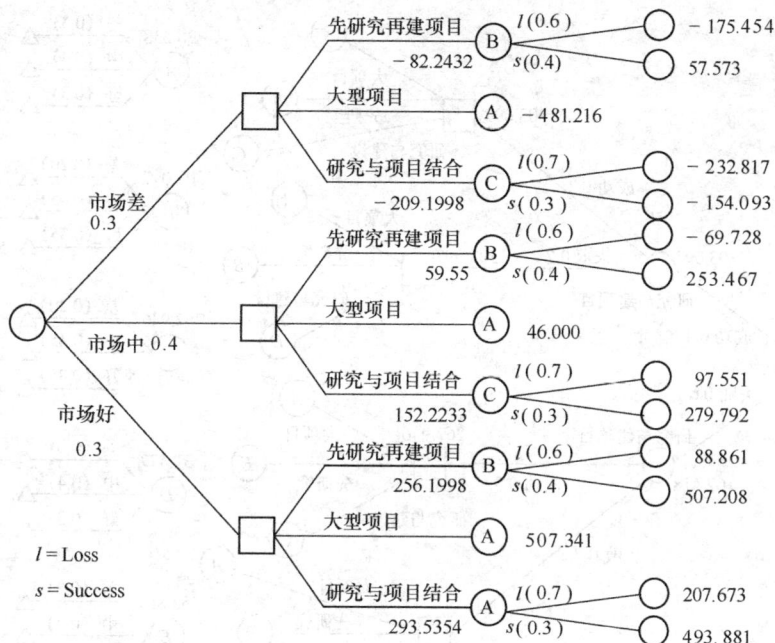

图 3-11　市场信息价值决策树

于是，市场完全信息的价值为：

$$V=188.419-102.418=86.001 （百万元）。$$

如果考虑到新技术研究不能成功，则市场完全信息的价值为 86.001 百万元。因此，在进行项目投资决策之前，项目决策人愿意多花不超过 86.001 百万元的费用来进行深入的市场调查分析，以确定今后数年内的市场前景。

【例 3-16】 技术咨询费与新技术试研费。在［例 3-14］中，如果决策人能通过某个权威性科研机构的咨询，确切知道研究开发新技术能否成功，那么他就可以针对性地做出较为有利的投资决策。

我们说该科研机构的咨询是权威性的，是指在任何新技术开发研究之前，该科研机构都能准确预测出这项新技术开发能否成功。但是，科学技术的创新和发展是具有其客观规律的，所以全力开发新技术成功的概率仍然是 0.4。因此，这家权威性科研机构在实际上全力进行新技术开发研究之前，预测出（或猜出）新技术开发成功的概率或失败概率仍然是 0.4 或 0.6。这家科研机构不能改变每一事件发生的概率而控制未来，但他的预测每次都是正确的。

在［例 3-15］中，我们假定了项目决策人通过对市场的深入调查分析，能够具有洞察市场前景的能力，猜测出未来的市场状况。但是，由于市场规律不是以个人意志为转移的，所以市场前景的概率仍然是：好（0.3）、中（0.4）和差（0.3）。决策人能够事先猜出，市场前景是好的概率还是 0.3，中的概率仍为 0.4，差的概率依然是 0.3。项目决策人不能通过市场调查分析而决定未来市场的发展。

本例中，我们将用决策树方法来确定技术咨询费的上限。因为项目决策人能够断定研究新技术能否成功，所以修改后的决策树如图 3-12 所示。

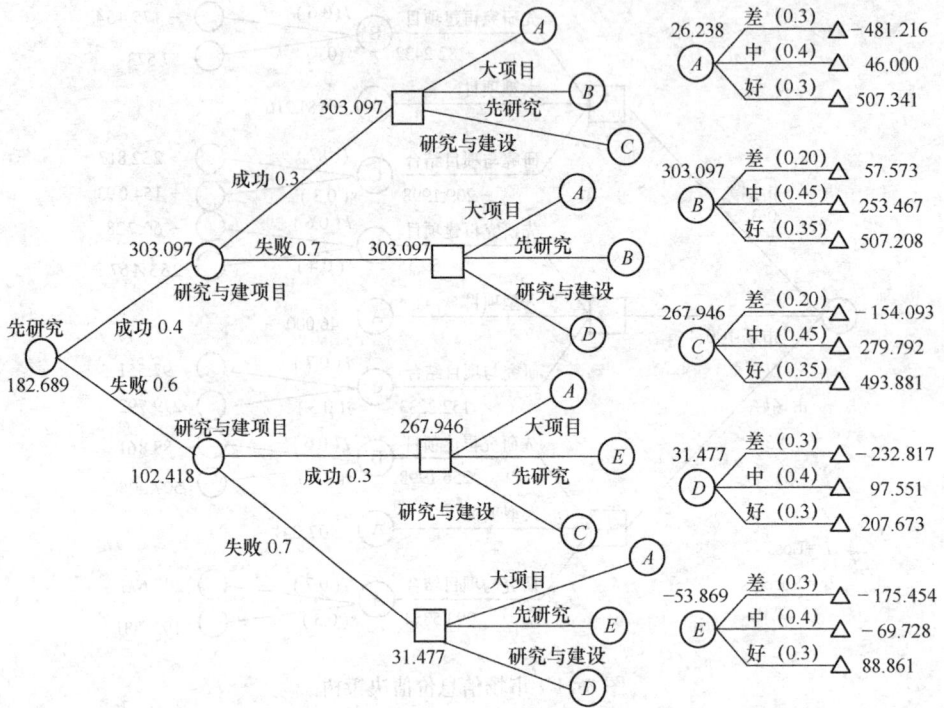

图 3-12　技术咨询费与新技术试研费决策树

由图 3-12 可以算出现在的期望净现值为 182.689 百万元。将这个结果与未解决新技术研究的不确定性时而采用建设中型项目和研究新技术相结合的方案期望净现值 102.418 百万元相比较，得出结论：项目应该马上多投资 182.689－102.418＝80.271 百万元来确定新技术开发研究是否能取得突破性成功。这个 80.271 百万元便是本项目的技术咨询费和新技术试研费的上限。

4. 蒙特卡罗模拟法（Monte Carlo method）

有许多决策问题过于复杂，而且还要用到的经验数据，因此用解析模型进行性能预测往往是不可能，或是不切合实际的。通到这样的情况时，通常用模拟法来预测性能。

"模拟"是个常用术语，意思就是"模仿"。事实上，在运筹学和系统分析中所发展起来的模拟技术，就是借助电子计算机来模仿各个过程的基本特性。我们在经济投资分析决策中用到的大部分模拟模型总是这样来处理问题的：先模仿真实系统会发生的情况，然后记录模型中得出什么结果。对模拟系统输入大量的采样数据，记录其结果，就能得到一个各种情况一览表，说明如果真的采取某项决策和设计时，大概会发生什么情况。就某种实际意义来说，模拟性的模型就是决策工作的实验室。

模拟模型可以是离散型或连续型的。在连续型系统，描述系统的各个参数可取规定范围内的任意值。离散系统仅取参数可能范围内的几个特定值。以这些系统发生的事件为特征，我们将事件、发生时间以及其他可以描述这些系统的参数记录下来。在决策问题中通常采用离散型模拟系统。

模拟系统还可以是确定型或随机型的，依模拟系统各个阶段上的输入、处理过程和输出而定。在输入已确定后，确定型系统的输出（或者系统内部的处理过程）就是确定可知的——不存在无法说明的变化。换句话说，预测模型可提供完全确定的输出。随机型系统对于一个既定输入都会有一组输出，其数值遵循某种分布律。在工程项目经济分析决策问题中，大部分模拟系统实际上都是随机型的，许多过程只能利用概率分布加以适当描述。在这种情况下，通常用称作蒙特卡罗法（即模拟抽样法）的特殊模拟技术处理模拟模型中的统计性质的变化。下面我们将介绍蒙特卡罗法。

模拟抽样法一般叫作蒙特卡罗法，可以把一些具有经验分布统计特性的数据用于一个系统。如果模型是根据过去的实际工程造价分布情况来处理工程费用估计，我们可以借助于从真实分布中抽样的蒙特卡罗法模拟一个工程的费用，从而使模拟系统中的工程费用和发生时间与过去的实际情况相对应。

【例 3-17】设某工程建设费用估计 10000 万元，预算材料费总额 6000 万元，人工费总额 2000 万元，其他费用 500 万元，承建该工程可能的收益是 1500 万元。建设期为 24 个月，合同中无货币保值和价格调值条款。工程建设单位为了作是否承建工程的决策，在承建前必须对工程的总风险金额有一个较准确的估计。他们决定采用蒙特卡罗法对此工程的风险进行评价。通过风险辨识，承建该工程主要面临三个方面的风险：材料价格变动、人工费上涨和付款拖延。其中材料费变动属于投机风险，而人工费上涨及付款拖延则属于纯粹风险。

为了对工程风险进行蒙特卡罗模拟，我们按下面步骤来进行。

第一步：确定各风险因素的分布规律。如果没有可以直接引用的分布律，就必须进行研究来确定这些分布律。这些分布是进行模拟的基础。

由于政治、经济、管理或腐败等原因，拖延付款日期是常有的事。且本工程的合同主要条款中写明拖期付款在六个月以上业主才支付利息，因此业主多半会拖延支付时间。经综合分析并考虑到其他因素，得到付款拖延的概率见表 3-14。

业主付款拖延的概率　　　　　　　　　　　　　表 3-14

平均拖延月数	拖延概率	平均拖延月数	拖延概率
按时付款	0.30	拖期 1 月	0.20
拖期 2 月	0.15	拖期 3 月	0.15
拖期 4 月	0.10	拖期 5 月	0.05
拖期 6 月	0.05	概率和	1.00

注：1. 合同主要条款中规定工程款为按月支付，由于考虑的是平均拖延月数，业主付款拖延的影响范围是工程的总费用 10000 万元。

2. 损失费指因付款误期导致承建单位借款从而增加的贷款利息，贷款利息按月息 6‰ 计算。

当地材料市场并不是很稳定。政府正准备大力增加基础设施建设投资，拟建一大批项目，但具体什么时候开始还不确定。若这些项目启动，材料价格必将上涨。这将是此工程中最重要的风险，直接影响到工程有无盈利可言。因此，承建单位聘请了一个咨询公司对此进行调查分析，最后得出结论：在全部材料中，约有价值 70% 的材料，若现在价格为 1 个单位，则第 t 年的平均价格可能为 $(1+X\%)^t$ 个单位，$t=1$，2；其中材料费变动因子 X 是随机变量，近似地服从正态分布 $N(4, 1.5^2)$，其密度函数如图 3-13 所示。由于工程所在地基本处于经济稳步增长的时期，人工费下降的可能性几乎为零。所以我们把人工费变化视为纯粹风险，两年内人工费上涨的概率分布由专家调查法得到，见表 3-15。

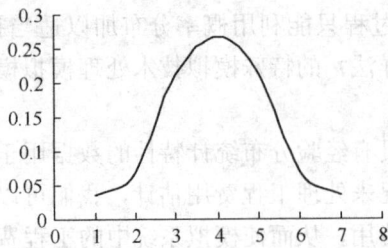

图 3-13 材料费变动因子的概率分布

人工费上涨的概率分布 表 3-15

人工费上涨幅度（%）	发生的概率
0	0.40
5	0.30
10	0.15
15	0.10
20	0.05
合计	1.00

注：1. 图 3-13 中的横坐标为材料价格变动因子（%），材料费的影响范围是预算材料费总额的 70%，约 4200 万元。

2. 人工费的影响范围是预算人工费总额 2000 万元。

第二步：把频率分布或概率密度转换成累积概率分布或分布函数。我们用 X 表示变化因素，$F(X)$ 表示累积概率分布或分布函数，见表 3-16、表 3-17 和式（3-15）。

业主付款拖延的累积概率分布 表 3-16

$F(X)$	0.00~0.30	0.30~0.50	0.50~0.65	0.65~0.80	0.80~0.90	0.90~0.95	0.95~1.00
拖延月数 X	0	1	2	3	4	5	6

人工费上涨幅度（%）的累积概率分布 表 3-17

$F(X)$	0.00~0.40	0.40~0.70	0.70~0.85	0.85~0.95	0.95~1.00
人工费上涨幅度（%）X	0	5	10	15	20

材料费的变动因子（%）的分布函数：

$$F(X) = N(4, 1.5^2) = \int_{-\infty}^{X} \frac{1}{1.5\sqrt{2\pi}} e^{\frac{(x-4)^2}{4.5}} \mathrm{d}x \tag{3-15}$$

第三步：从累积分布中随机抽样，产生符合各风险变量概率分布的随机数。为了产生符合一定概率分布的随机数，我们采用的基本思路是：

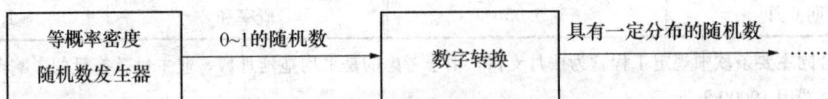

（1）产生 0~1 的均匀随机数。

产生均匀随机数的方法有四种：随机数表法（20 世纪 20 年代以前或更早）、物理方法（20 世纪 50 年代）、位移寄存器法（20 世纪 60 年代到 80 年代）、数学方法。现在都采用数学方法在电脑上产生随机数。产生均匀随机数的数学方法主要有线性同余法、乘同余法、素数原根法。这里我们不详细介绍这些方法，许多编程环境的库函数中都有用于产生均匀随机数的函数，可直接调用，如 TurboC、C++、Delphi 等。

（2）产生符合各风险变量分布的随机数。

由于业主付款拖延（X_1）和人工费上涨幅度（X_2）这两个随机变量的概率分布是离

散型的，可根据上面的累积概率分布表采用查表方式直接用逆变换法求出相应的随机数。具体做法是：产生一个 0~1 的均匀随机数 $R=F(X)$，利用累计概率分布表，查出对应的随机变量 X 值。

材料费变动因子（X_3）服从正态分布，而正态分布的逆变换公式无法求出，如用积分来确定随机变量 X_3 的值，计算代价太大。因此，我们采用中心极限定理，用 n 个均匀随机数 R_1，$\cdots$，R_n 来产生一个正态随机数 $X=(\mu, \sigma^2)$，算法是：

$$X = \mu + \sigma\left(\sum_{i=1}^{n} R_i - 0.5n\right)\sqrt{\frac{12}{n}}, \tag{3-16}$$

其中 $[0, 1]$ 区间上的均匀分布的期望值为 0.5，方差为 $1/12$。

对于 X_3 来说 $\mu=4$，$\sigma=1.5$；在计算机模拟中，n 我们取 500。需要注意是，n 的取值必须足够大，因为中心极限定理的前提就是大样本和极限逼近，否则产生的随机数不会服从正态分布。

第四步：使用抽样样本模拟实际风险。三个风险变量（X_1，X_2，X_3）产生出来后，总的风险金额 C 可以写成：

$$C = 10000 \times (1.006^{X_1} - 1) + 20 \times X_2 + 21 \times [3X_3 + (X_3)^2\%]。$$

模拟程序是：产生一组风险变量（X_1，X_2，X_3），计算出一个 C 值，如此反复，产生 k 个 C，对这 k 个 C 进行统计分析，得到总风险金额 C 的频数直方图、统计密度曲线、平均值和标准差。某些文献上说，实验证明：k 可以取 50~300，输出的分布函数就基本收敛了；而另一些文献上说 k 至少大于 100。到底取 k 为多大为宜呢？如果我们要求模拟的风险金额 C 的平均值与它的期望值之间的误差不超过 ε，可靠度为 95%，则由概率论中的切贝谢夫定理，应有：

$$1 - D(C)/(k\varepsilon^2) \geqslant 95\% \Longrightarrow k \geqslant 20D(C)/\varepsilon^2$$

取 $\varepsilon = \pm 4\%E(C)$，先令 $k_0 = 300$，计算机模拟得 $E(C) = 541.6$ 和 $D(C) = 199.7^2$，故有 $k \geqslant 20D(C)/\varepsilon^2 = 20 \times 25^2 \times 39880.09/293330.56 \geqslant 1699$。我们取 $k = 3000$，模拟得到风险金额 C 的最大值 1207.1，最小值 17.0，平均值 551.5，标准差 191.4。取 $k = 18000$，模拟 5 次的结果见表 3-18。

下面的图 3-14 中的（a）和（b）是 3000 个样本和 18000 个样本的频率直方图对比。

$k=18000$ 时的 5 次模拟结果 表 3-18

C 的最大值	最小值	平均值	标准差	与 $k=3000$ 时的平均值之差的绝对值
1320.4	25.5	545.3	187.7	6.2
1243.3	−51.2	542.8	187.2	8.7
1352.8	−31.3	546.1	189.3	5.4
1367.6	7.6	547.4	188.8	4.1
1317.4	−56.7	545.8	187.9	5.7

从我们对本例继续进行的几十万次模拟知，对较复杂的随机变量 C，如果要分布函数收敛，k 应大于 3000。换句话说，至少需要模拟 3000 次，其统计结果才有效。而用现在的计算机模拟数万次是不困难的。我们建议读者一般不要使用查随机数表的方法，除非所有的计算机都坏了。

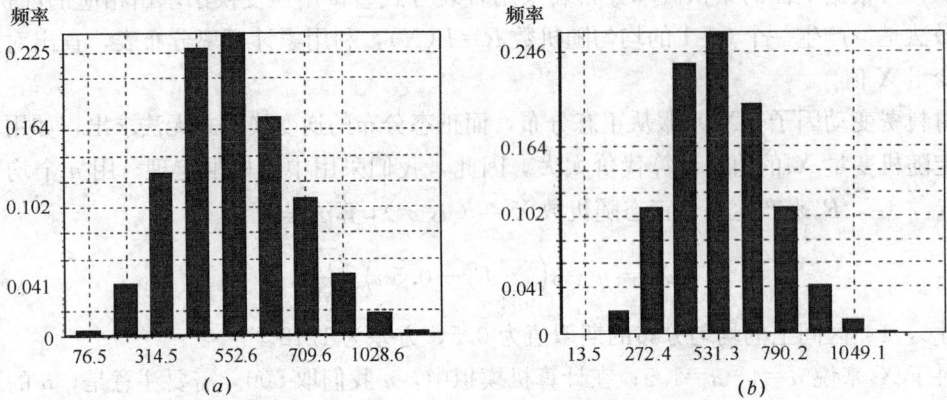

图 4-14　3000 个样本和 18000 个样本的频率直方图对比

(*a*) 3000 次模拟的频率直方图；(*b*) 18000 次模拟的频率直方图

3.2.3　不确定型决策

不确定型决策是指所考虑的变化因素或事件发生的概率是不知道的，同时，也难以确定其主观概率，因而事件发生的可能性是不可预测的。所以，在不可预测风险的情况下进行的决策，被称为不确定情况下的决策或不确定型决策。

1. 乐观法（optimistic method）

乐观法也叫作最大最大（max max）决策法，这种方法的思想基础是对客观情况始终持乐观态度。举例如下：

【例 3-18】设有 4 个可能的方案 A_1，A_2，A_3，A_4 和这 4 个方案在变化因素的 5 个可能状态（哪个状态发生是不可预测的）下的相应效益值见表 3-19。

不确定情况下决策表　　　　　　　　单位：百万元　**表 3-19**

效益值 a / 方　案	变化因素的 5 个可能状态					$\max\limits_{\theta} a(A,\theta)$
	θ_1	θ_2	θ_3	θ_4	θ_5	
A_1	4	5	6	7*	3	7
A_2	2	4	6	9*	5	9*
A_3	5	7*	3	5	6	7
A_4	4	5	6	8*	5	8
决策→	$\max\limits_{A}\max\limits_{\theta} a(A,\theta) =$					9

乐观法的决策步骤是：

（1）求出每个方案在各种可能状态下的最大效益值。

$$A_1 : \max\{4,5,6,7,3\} = 7$$
$$A_2 : \max\{2,4,6,9,5\} = 9$$
$$A_3 : \max\{5,7,3,5,6\} = 7$$
$$A_4 : \max\{4,5,6,8,5\} = 8$$

（2）求各最大效益值的最大值。

$$\max_A \max_\theta a(A,\theta) = \{7,9,7,8,\} = 9$$

最大值 9 对应的方案是 A_2，所以选择方案 A_2。

2. 悲观法（pessimistic method）

悲观法也叫作华尔德决策法（Wald Decision criterion）。这种方法的思想是，对客观情况持悲观态度；为了保险起见，把事态的发展估计的很不利，因而也叫保守方法。在各种最坏情况下，找出一个最好的方案，因此又叫最大最小（max min）法。

以［例 3-18］为例，悲观法的决策步骤是：

（1）对每个方案求出各种状态下的最小效益值。

$$A_1 : \min\{4,5,6,7,3\} = 3$$
$$A_2 : \min\{2,4,6,9,5\} = 2$$
$$A_3 : \min\{5,7,3,5,6\} = 3$$
$$A_4 : \min\{4,5,6,8,5\} = 4$$

（2）求各最小效益值的最大值。

$$\max_A \min_\theta a(A,\theta) = \{3,2,3,4,\} = 4$$

最大最小值 4 对应的方案是 A_4，所以选择方案 A_4。

3. 乐观系数法（optimistic coefficient method）

乐观系数法又叫赫威斯决策法（Hurwicz decision criterion）。这种方法的特点是，对客观情况的估计既不那么乐观，也不十分悲观。主张采取平衡态度，用一个数字表示乐观程度，该数字称为乐观系数，记为 α。一般规定 α 的取值在［0，1］区间中，即 $0 \leqslant \alpha \leqslant 1$，用下式计算结果

$$V(A_i) = \alpha \max_\theta a(A_i,\theta) + (1-\alpha) \min_\theta a(A_i,\theta)$$

也就是计算出每个方案在各种状态下的最大效益值和最小效益值，分别给最大效益值和最小效益值赋予权数 α 和（$1-\alpha$），相加后得到值 $V(A_i)$，选择使 $V(A_i)$ 为最大的方案 A_i 作为决策方案。

显然 $\alpha=1$ 时，乐观系数法成为乐观法。

$\alpha=0$ 时，乐观系数法成为悲观法。

以［例 3-18］为例，取 $\alpha=0.6$，我们得到

$$V(A_1) = 0.6 \times 7 + 0.4 \times 3 = 5.4$$
$$V(A_2) = 0.6 \times 9 + 0.4 \times 2 = 6.2$$
$$V(A_3) = 0.6 \times 7 + 0.4 \times 3 = 5.4$$
$$V(A_4) = 0.6 \times 8 + 0.4 \times 4 = 6.4$$
$$\max V(A_i) = \max\{5.4, 6.2, 5.4, 6.4\} = 6.4 = V(A_4)$$

决策结果是选择方案 A_4。

如取 $\alpha=0.8$，则决策是选择方案 A_2。因此，对于不同的 α 值，可能得到不同的决策结果。如何选取 α 的值，显然与主观判断能力和经验有关。

4. 等可能性法（equally liability method）

等可能性法又称为拉普拉斯法（Laplace method），它由法国数学家拉普拉斯首先提出来。当决策人不能预测事件发生的可能性时，就认为这些事件是对等的，它们发生的可能

性都是一样的。如果某事件有 n 个可能状态，这些状态的出现是不可预测的，那么就认为这些状态出现的概率都为 $1/n$。然后按照风险决策的期望值进行决策。

以 [例 3-17] 为例，我们有

$$E(A_1) = (4+5+6+7+3)/5 = 5$$
$$E(A_2) = (2+4+6+9+5)/5 = 5.2$$
$$E(A_3) = (5+7+3+5+6)/5 = 5.2$$
$$E(A_4) = (4+5+6+8+5)/5 = 5.6$$
$$\max E(A_i) = \max\{5, 5.2, 5.2, 5.6\} = 5.6 = E(A_4)$$

决策结果是选择方案 A_4。

5. 后悔值决策法（egret value method in decision making）

后悔值决策法又称沙万奇（Wavage）决策法。决策人进行决策之后，若实际情况与决策人的理想情况不符合，必会产生后悔的感觉，或者感到遗憾，所以也有人叫遗憾决策法。这种方法的出发点是将每种可能状态的最大值（对效益值，若为损失值则取最小值）设为该状态的理想值，将该状态的理想值与其他值之差，称为未达到理想之后悔值。用这个观点处理问题时，需要计算"后悔"矩阵，它可以从效益矩阵导出。

以 [例 3-18] 为例，计算出"后悔值"矩阵见表 3-20。

后悔值决策表　　　　　　　　单位：百万元　**表 3-20**

后悔值 b　方　案	变化因素的 5 个可能状态					$\max\limits_{\theta} b(A, \theta)$
	θ_1	θ_2	θ_3	θ_4	θ_5	
A_1	1	2	0	2	3	3
A_2	3	3	0	0	1	3
A_3	0	0	3	4	0	4
A_4	1	2	0	1	1	2
决策 →	$\min\limits_{A} \max\limits_{\theta} b(A, \theta) =$					2

后悔值决策方法是：

（1）先求出每个方案的最大后悔值，见表 3-20 右边的 max b。

（2）再求出这些最大后悔值的最小值。

$$\min\{3, 3, 4, 2\} = 2$$

所以，应该选择方案 A_4。

对于不确定情况下的决策，我们看到采用不同的决策方法，有可能得到不同的决策结果。在事件发生何种状态不可预测时，是难以判断哪个决策方法较好，哪个决策方法较差的。因此，不确定型决策的各种方法，都是以决策人的主观想法和意愿而定的。由于实际存在的风险本身是不可预测的，所以，不存在评价不确定型决策的各种方法的客观标准。对于不可预测事件的进一步探索，有可能使不确定型决策的结果更合理一些。

思 考 题 与 习 题

1. 某企业生产某种产品，设计每年产量为 6000 件，每件产品的出厂价格估算为 50

元，企业每年固定性开支为 66000 元，每件产品成本为 28 元。求企业的最大可能盈利，企业不盈不亏时的最低产量，企业年利润为 5 万元时的产量。

2. 某厂生产一种配件，有两种加工方法可供选择，一为手工安装，每件成本为 1.20 元，还需分摊年设备费用 300 元；一种为机械生产，需要投资 4500 元购置机械，寿命为 5 年，预计残值为 150 元，每个配件需人工费 0.5 元，维护设备年成本为 180 元，假如其他费用相同，年利率为 10%，试进行加工方法决策。

3. 某投资项目的主要经济参数估计值为：初始投资 15000 元，寿命为 10 年，残值为 0，年收入为 3500 元，年支出为 1000 元，基准收益率为 15%。（1）当年收入变化时，试对内部收益率的影响进行敏感性分析；（2）试分析初始投资、年收入与寿命三个参数同时变化时对净现值的敏感性。

4. 某项投资活动，其主要经济参数见表 3-21，其中年收入与贴现率为不确定因素，试进行净现值敏感性分析。

投资的主要经济参数

表 3-21

参数	最不利 P	最可能 M	最有利 O
初始投资	-10000	-10000	-10000
年收入	2500	3000	4000
贴现率	20%	15%	12%
寿命	6	6	6

5. 某方案需投资 25000 元，预期寿命为 5 年，残值为 0，每年净现金流量为随机变量，其变动如下：5000 元（概率 $P=0.3$），10000 元（$P=0.5$），12000 元（$P=0.2$），若利率为 12%，试计算净现值的期望值与标准差。

6. 某项目投资方案，其净现值的期望值为 $E[NPV]=1200$ 元，净现值的方差 $D[NPV]=3.24×10^6$，试计算：（1）净现值大于零的概率；（2）净现值小于 1500 元的概率。

7. 考虑是否带伞上班的问题。最好的结果是晴天不带伞。假如你认为这是个正常情况，不用花一分钱。你可能在晴天也带伞，但这是不必要的麻烦。假定你为了避免这一情况，决定宁可付出 2 元。倘若下雨了而你带着伞，就不至于淋湿。但为了避免在雨天带伞的麻烦，你宁可付出 4 元。如果下雨而你带伞，那就会淋得透湿。为了避免这种遭遇，你愿意支付 10 元。

（a）以数据表描述备选方案、可能事件和结果。写出结果的文字说明和你愿意避免这些结果而付出的金额。

（b）对于支付的金额，利用期望值评价确定在下述降雨概率预报时的最优决策。

（1）0.0；（2）0.25；（3）0.5；（4）0.75；（5）1.0。

（c）在上述每种情况下，关于是否下雨的完全信息的价值是多少？

8. 中谷制造厂有机会向某个政府合同投标。该合同是关于飞机液压系统所用的 10 万个高压阀。他们估计用本厂现有设备即可生产这些阀，每个阀的成本为 12.5 美元。但该厂有位工程师提出了一种制造该阀的新工艺。如果一切顺利的话，用新工艺生产估计每个阀的成本仅为 7.5 美元。如果出些小麻烦，估计单位成本为 9.5 美元；如果出大麻烦，成本将很高，就必然要重新采用原来的旧工艺。这位工程师估计，出小麻烦的概率为 0.5，出大麻烦的概率为 0.2，不出麻烦的概率为 0.3。实行新工艺需要投资 10 万美元，甚至在它失败时，这笔投资也不能收回。该公司必须在新工艺试验之前对该合同投标。所考虑的各种投标金额及其赢得合同的估计概率见表 3-22。

各种投标金额及其赢得合同的概率　　　　　　　　　　表 3-22

投标（每个阀的单位价格：美元）	赢得合同的概率
17	0.2
14	0.6
12	0.9

（a）利用期望值进行评价，画出决策树来分析这些问题。中谷制造厂应该做出什么样的投标？如果它赢得合同，应该采用哪一种工艺？工艺的选择取决于投标价格吗？

（b）该厂解决这项新工艺的风险价值是多少？

（c）该公司若投资 2 万美元，就可以对新工艺进行小规模试验。遗憾的是，从小规模试验结果中还不能得出结论。但若其试验成功，工程师就可将其概率估计改为：无麻烦时为 0.6，小麻烦时为 0.3，大麻烦时为 0.1。若试验失败，则概率与以前一样。小规模试验成功的概率为 0.5。如果承担这个合同，中谷制造厂是否应该进行这个小规模试验？你的答案是否取决于投标价格？为什么？

9. 某企业面临三种方案可以选择，五年内的效益值见表 3-23。

效益值表　　　　　单位：百万元　表 3-23

决策方案 \ 需求量	高	中	低	无
扩建	50	25	−25	−45
新建	70	30	−40	−80
转包	30	15	−1	−10

试用乐观系数法（$\alpha_1 = 0.3$，$\alpha_2 = 0.7$）决策，然后加以比较。

第4章 费用—效益分析

水工程建设项目的经济评价包括三部分内容：财务评价、国民经济评价和社会评价。本章主要阐述水工程建设项目国民经济评价的基本概念和基本方法，并简单介绍社会评价的基本内容。本章首先论述财务评价、国民经济评价和社会评价的区别，以及三种评价导致的不同评价结论的原因。接着介绍影子价格和费用与效益的识别原则，以及影子价格的计算方法和国民经济评价指标。最后介绍了费用效益分析中的基本报表和费用效益分析方法。

4.1 财务评价、国民经济评价和社会评价

4.1.1 财务评价、国民经济评价和社会评价的区别

项目财务评价是从企业角度考察项目的净效益，以此衡量项目的生存能力。财务评价（financial appraisal）中所涉及的费用和效益都是项目内部的直接效果，不包括项目以外的经济效果，即没有考虑项目的外部影响。财务评价所采用的价格是市场预测价格，这种价格往往严重背离资源的真实价值，从而有可能使财务评价的结论偏离社会资源合理或最优配置的要求。不同项目的财务分析包含了不同的税收、补贴和贷款条件等，使不同项目的财务盈利效果失去了公正比较的基础。因此，对建设项目进行国民经济评价和社会评价是非常必要的。

在我国现有的社会主义市场经济条件下和国有自然资源（特别是水资源）日益匮乏的时期，对建设项目（特别是水工程项目）不仅要从财务角度对拟建项目进行评价，而且要从国家和全社会的角度进行项目的国民经济评价和社会评价。国民经济评价是采用费用与效益分析的方法，运用影子价格、影子汇率、影子工资和社会折现率等经济参数，计算分析项目需要国民经济付出的代价和对国民经济的净贡献，考察投资行为的经济合理性和宏观可行性。国民经济评价（national economic appraisal）是项目经济评价的核心部分。社会评价（social appraisal）是考察建设项目对实现社会发展目标方面所产生的影响和效果，采用的是社会价格、计算就业效益指标、收入分配效果指标、节约自然资源指标、社会净现值和社会内部收益等，计算分析项目需要社会付出的代价和对社会的净贡献。决策部门可以根据国民经济评价和社会评价的结论，考虑建设项目的取舍。

1. 国民经济评价的目的和作用

（1）国民经济评价是宏观上合理配置国家有限资源的需要

国家的资源（包括资金、外汇、土地、水、劳动力以及其他自然资源）总是有限的，必须在资源的各种相互竞争的用途中做出选择。而这种选择必须借助于国民经济评价，从国家整体的角度来考虑。我们可以把国民经济作为一个大系统，项目的建设作为这个大系

统中的一个子系统，项目的建设与生产，要从国民经济这个大系统中汲取大量的投入物（资金、劳力、物资、土地等），同时也向国民经济这个大系统提供一定数量的产出物（产品和劳务等）。国民经济评价就是评价项目从国民经济中所汲取的投入与向国民经济提供的产出对国民经济这个大系统的经济目标的影响，从而选择对大系统目标优化最有利的方向和方案。

可以说，国民经济评价是一种宏观评价，对某一地区资源的合理配置，对于社会主义国家，宏观评价具有十分重要的意义。只有多数项目的建设符合整个国民经济发展的需要，才能在充分合理利用有限资源的前提下，使国家获得最大的净效益。

（2）国民经济评价是真实反映项目对国民经济净贡献的需要

在目前的市场经济条件下，部分商品的价格不能反映价值，也不能反映供求关系。在这种商品价格"失真"的条件下，按现行价格计算项目的投入和产出，不能确切地反映项目建设给国民经济带来的效益与费用支出。因此，就必须运用能反映资源真实价值的影子价格，借以计算建设项目的费用和效益，以得出该项目的建设是否对国民经济总目标有利的结论。

（3）国民经济评价是投资决策科学化的需要

这主要体现在以下三个方面。第一，有力引导投资方向。运用经济净现值、经济内部收益率等指标以及体现宏观意图的影子价格、影子汇率等参数，可以起到鼓励和抑制某些行业和项目发展的作用，促进国家资源的合理配置。第二，有利于控制投资规模。最明显的是国家可以通过调整社会折现率这个重要的国家参数来调控投资总规模。国民经济评价以经济内部收益率作为主要评价指标，要求经济内部收益率大于或等于社会折现率才能允许项目被接受。因此，当投资规模膨胀时，可以适当提高社会折现率，控制一些项目的通过。第三，有利于提高计划质量。项目是计划的基础，有了足够数量的、经过充分论证和科学评价的备选项目，才便于各级计划部门从宏观经济角度对项目进行排队和取舍。

2. 国民经济评价与财务评价的关系

国民经济评价和财务评价是互相联系的。既有相同之处，又有不同之处。对于大中型工业项目，一般都要进行两种评价，相辅相成，缺一不可。

两者的共同之处在于：

（1）评价目的相同

两者都是寻求以最小的投入获得最大的产出。

（2）评价基础相同

两者都是在完成产品需求预测、厂址选择、工艺技术路线和工程技术方案、投资估算和资金筹措等基础上进行的。

（3）基本分析方法和主要指标的计算方法类同

两者都采用现金流量分析方法，通过基本报表计算净现值、内部收益率等指标。

财务评价与国民经济评价的区别在于：

（1）评价的角度不同

财务评价是从财务角度对项目进行分析，考察项目的财务盈利能力；国民经济评价是从国民经济综合平衡角度对项目进行分析，考察项目的经济合理性。

（2）费用与效益的含义和范围划分不同

　　财务评价是根据企业实际发生的财务收支，计算项目的支出和收入；国民经济评价是根据项目所消耗的有用资源和对社会提供的有用产品（包括服务）来考察项目的费用和效益。有些在财务评价中列为实际收支的如税金、国内借款利息和补贴等，在国民经济评价中不作为费用和效益。财务评价时考察其直接费用和直接效益，国民经济评价除了考察其直接费用和直接效益外，还要考察项目所引起的间接费用（外部费用）和间接效益（外部效益）。

　　（3）费用与效益的计算价格不同

　　财务评价采用实际的产品价格（或市场预测价格）计量费用与效益，国民经济评价采用比较能反映投入物和产出物真实价值的影子价格计量费用与效益，它是根据机会成本和消费者支付意愿来确定的。

　　（4）评价依据的主要参数和判据不同。

　　财务评价依据的是官方汇率，并以行业基准收益率作为主要判据。国民经济评价依据的是影子汇率，以社会折现率作为主要判据。

　　3. 社会评价的目的和作用

　　社会评价是考察建设项目或方案对实现社会发展目标方面所产生的影响和效果。不同的社会制度由于意识形态上的差异，使得社会发展目标具有很大程度的不同。

　　西方的项目评价"费用—效益分析"是建立在福利经济学的理论基础上，以"潜在的帕累托优越性"作为价值判断准则。"潜在的帕累托优越性"是指一个项目的实现有可能使一部分人受到损失，但是其余的人会得到很多好处，对受损失人给以补偿后，所有人都得到好处。按此原则进行项目评价，可以确定各类人员受益、受损及受损补偿程度，检验项目实施的整体效益。以社会最大净效益来选择方案。

　　福利经济学提出了三大社会目标：

　　（1）最大的选择自由，就是在维护社会利益的前提下，经济领域的选择自由：自由买卖商品和劳务，自由开办经营企业，自由选择职业等。

　　（2）最高的经济效率，最大的产量和最优资源配置，最优劳动资源和自然资源的利用，最优积累率，最优经济增长等。

　　（3）最好的公平分配，通过收入再分配适当缩小高收入和低收入之间的差距，其衡量指标有就业效果、分配效果、地区效果等。

　　我国的社会主义发展目标实现体现为对人的关心和培养，社会物质文化生活水平的不断提高，以及综合国力的增强。

　　社会主义发展目标大致分为三个层次：

　　（1）高层次目标：是指社会主义社会通过技术、经济、社会的发展所要实现的社会主义阶段的根本目标。例如，我国社会主义初级阶段的目标就是实现社会主义现代化，建设富强、民主、文明的社会主义现代化国家。

　　（2）中层次目标：就是要提高人民物质文化生活水平，包括个人收入增长目标，科学、文化、教育、医疗、福利、生活条件等发展目标。

　　（3）低层次目标：是指社会主义社会发展过程中，为不断提高人民物质文化生活水平所必须实现的经济增长目标。它表现为总产值或人均总产值的增长，国民收入或人均国民收入的增长。

在社会主义发展过程中，高层次目标体现社会主义经济发展的方向，中层次目标体现社会主义目的的实现程度，低层次目标体现生产水平的增长情况。

评价项目对社会目标的影响程度，常有两种方法来衡量。一是用指标评价，另一种是通过权重调整国民经济评价值。

4. 社会评价与财务评价和国民经济评价的关系

(1) 社会评价采用定量与定性相结合的方法

投资项目社会评价的方法，包括社会调查、预测法、分析评价法等。由于项目的社会因素多而复杂，多数是无形的，甚至是潜在的。有的社会因素可以采用一定的计算公式定量计算，如就业效益、收入分配效益等，但多数则难以计量，更难以用一定的量纲采用统一的计算式计算。因而各国项目社会评价方法很不一样，有多种评价模式，一般都采用定量分析与定性分析相结合的方法，有的以定量分析为主、有的以定性分析为主。财务评价和国民经济评价主要采用定量分析方法。

对于项目社会评价来说，大量的、复杂的社会因素都要进行定量计算，难度很大。在这种情况下，往往通过某些假设、权重以及各种参数等来达到定量分析的目的，而且在确定这些假设、权重及参数时，引进了评价者的主观随意性，很难判定其准确程度。因此我国的社会评价采用定量分析与定性分析相结合，参数评价与经验判断相结合的方法，能定量的尽量定量，不能定量的指标则用定性分析。在一项评价指标中，可以用定量分析方法部分说明评价结果，也可以先用定量分析，然后再用定性分析补充说明评价结果。

(2) 社会评价采用的是社会价格

社会评价与财务评价、国民经济评价三者依据各不相同。财务评价依据的是市场预测价格，国民经济评价用的是影子价格，而社会评价用的则是社会价格。社会价格是以国民经济评价中所用的影子价格为基础，根据项目的效益和费用在社会目标方面的效果（正效果和负效果），给这些影子价格以某一权值，对实现社会目标有益的是一个正的权值，有害的是一个负的权值，这样调整以后的价格就叫作社会价格。

(3) 社会评价所采用的主要计算指标

以社会价格为根据求得的净现值和内部收益率，称为社会净现值和社会内部收益率，它们可以作为项目取舍的最终依据。其他的社会评价指标有：

1) 就业效益指标

就业效益指标可按单位投资就业人数计算。即：

$$\frac{单位投资}{就业人数} = \frac{新增的就业人数（人）}{（包括本项目与相关项目）} \div \frac{项目投资（万元）}{（包括直接投资与间接投资）} \quad (4\text{-}1)$$

总就业人数可分为拟建项目的直接投资所产生的就业人数，与该项目直接相关的项目的间接投资所新增的间接就业人数。即：

$$直接就业人数 = 本项目新增的就业人数（人） \div 本项目直接投资（万元） \quad (4\text{-}2)$$

$$间接就业人数 = 相关项目新增的就业人数（人） \div 相关项目投资（万元） \quad (4\text{-}3)$$

式中的本项目新增就业人数，一般指项目投入生产经营后正常年份新增的固定就业人数。项目建设期现场施工增加的临时就业人数不计入，可在定性分析中另行分析或按劳动部的有关标准折算为固定就业人数计算，并加以说明。

对于就业效益指标，从国家层次分析，一般是项目单位投资所能提供的就业机会越多越好，即就业效益指标越大，社会效益越大。从地区层次分析来说，我国各地区劳动就业情况不同，有的地区劳动力富余，要求多增加就业机会，有的地区劳动力紧张，希望多建设资金、技术密集型企业，这就很难说就业效益指标越大越好。因此，在评价就业效益指标时，应从社会就业角度考察，在待业率高的地区，特别是经济效益相同的情况下，就业效益大的项目应为优先项目。如果当地劳动力紧张，或拟建项目属高新技术产业，就业效益指标的权重就应减小，只可以作为次要的或可供参考的评价指标。

2）收入分配效果指标

分配效果是指项目实施运行后的国民收入，不同时期地、不平衡地在社会不同阶层和不同地区间，通过工资、税金、利润等不同形式所进行的分配结果。这里主要有社会机构（集团）、地区和国内外三类分配形式的效果。

① 社会机构的分配形式。它是表示项目国民收入净增值在社会各阶层和集团机构之间的分配情况。一般用以下四种分配指数表示：

A. 职工分配指数。表示在正常生产年份，职工所获得的工资和附加福利在项目年度国民收入净增值中所占的比例。

$$职工分配指数 = \frac{正常生产年份的工资收入 + 福利}{年国民净增值} \times 100\% \tag{4-4}$$

B. 企业（部门）分配指数。表示在正常生产年份企业和部门所获得的利润、折旧和其他收益总额占项目年度国民收入净增值的比例。

$$企业（部门）分配指数 = \frac{年利润 + 折旧 + 其他收益}{年国民净增值} \times 100\% \tag{4-5}$$

C. 国家（包括地区）分配指数。表示在正常生产年份企业上缴国家的税金、利润、折旧、利息、股息和保险费等国家收益在项目年度国民收入净增值中的比例。

$$国家（包括地区）分配指数 = \frac{年税金 + 年折旧 + 保险费}{年国民净增值} \times 100\% \tag{4-6}$$

D. 未分配（积累）的增值，一般在正常生产年份由国家掌握的扩建基金、后备基金和社会福利基金之总和在项目年度国民净增值中的比例。

$$未分配（积累）的增值 = \frac{年扩建基金 + 年后备基金 + 社会福利基金}{年国民净增值} \times 100\% \tag{4-7}$$

以上四种分配指数的总和应等于 1。

② 地区分配效果。它表示项目所得的国民收入净增值在各地区之间的分配情况。用地区分配指数表示，即项目在正常生产规模年份支付给当地雇员的工资、当地企业的利润、当地政府的税收（工商税）和地区的福利收入（住宅和公共设施）等增值与项目年度国民净增值之比值。

$$地区分配指数 = \frac{年工资 + 年利润 + 年税金 + 年福利}{年国民净增值} \times 100\% \tag{4-8}$$

收入分配是否公平，不仅是经济问题，更是社会是否公平的重要问题，包括贫富分配之间、地区分配之间是否公平的问题。我国项目社会评价方法设置了"贫困地区分配效益指标"。以促进国家经济在地区间合理布局，并促进国家扶贫目标的实现。

贫困地区收益分配效益指标，按下列两步计算：

A. 贫困地区收益分配系数 $D_i = (\bar{G}/G)^m$

B. 贫困地区收入分配效益 $= \Sigma(CI-CO)_i D_i (1+i_s)^{-1}$

D_i 为贫困地区 i（某省、某市、自治区）的收入分配系数，$\bar{G}$ 为项目评价时的全国人均国民收入，G 为同时期当地人均国民收入，m 为国家规定的扶贫参数，反映国家对贫困地区从投资资金分配上照顾倾向的价值判断，由国家制定。国家规定的 m 值越高，贫困地区收入分配系数越大。确定的 m 值对贫困地区算出的收入分配系数应大于1。在国家未发布扶贫参数以前，可取 $m=1\sim1.5$，由评价人员根据具体情况确定，并予以说明。

$\Sigma(CI-CO)_i D_i (1+i_s)^{-1}$ 为国家规定的项目经济效益 $ENPV$（项目的经济净现值），其年净现金流量乘以 D_i 将使项目的经济净现值增值，有利于在贫困地区建设的项目优先通过经济评价，得以被国家接受。

③ 国内外分配效果。主要用于评价技术引进和中外合资等涉外投资项目。它表示建设项目所获得的国内净增值在国内或国外之间的分配比例。

A. 国内分配指数。是指项目在国内获得的国民收入净增值中的比例。

$$\text{国内分配指数} = \frac{\text{项目国民净增值}}{\text{项目国内净增值}} \times 100\% \tag{4-9}$$

$$\text{国内净增值} = \text{国民净增值} + \text{汇出国外付款} \tag{4-10}$$

B. 国外分配指数。是指项目汇出国外付款在项目整个国内净增值的比例。

$$\text{国外分配指数} = \frac{\text{项目汇出国外付款}}{\text{项目国内净增值}} \times 100\% \tag{4-11}$$

$$\text{汇出国外付款} = \frac{\text{国外贷}}{\text{款本息}} + \frac{\text{国外贷}}{\text{款利润}} + \frac{\text{外籍人}}{\text{员工资}} + \frac{\text{其他国}}{\text{外付款}} \tag{4-12}$$

以上国内和国外分配指数的总和应等于1，同时要求国内分配指数要大于国外分配指数，才能有利于提高国内经济建设的投资效果。

3）节约自然资源指标

自然资源指国家的土地、水资源、矿产资源、生物资源、海洋资源等直接从自然界获得的物质。自然资源是投资项目最重要的物质来源。固定资产投资项目一般要占用国家的土地（包括耕地），耗用水资源，各种矿产资源，海洋资源等。

对于节约能源、节约耕地、节约水资源一般可采用以下公式计算：

① 节能指标——项目的综合能耗

项目的综合能耗＝项目的年综合能耗÷项目的净产值≤行业规定的定额 (4-13)

各种能耗应折合成"年吨标准煤"的消耗计算。行业的节能定额应由各主管部门根据国家计划期的节能要求制定。

② 单位投资占用耕地

单位投资占用耕地 ＝ 项目占用耕地面积（亩）÷项目总投资（万元） (4-14)

③ 单位产品生产耗水量

单位产品生产耗水量＝项目年生产耗水量÷主要产品生产量 (4-15)

单位产品耗水量由主管部门按行业规定的定额考核。单位投资占用耕地根据同类项目的经验予以评定。

4）环境影响指标

对于水工程项目，根据环境评价方法计算环境影响指标。

4.1.2　导致评价不同的原因

财务评价是从项目自身的角度考察项目的净效益，以衡量项目的生存能力为目的，所涉及的费用和效益都是项目内部的直接效果，依据的是市场预测价格、采用的是行业基准折现率等。因此，财务评价结论体现了项目在市场经济中的竞争能力和生存能力。国民经济评价把拟建项目看成国民经济大系统中的一个组成部分，考察项目对国民经济的净效益，评价拟建项目作为一个新要素加入到国民经济大系统中后，对国民经济系统所产生的影响，采用的是影子价格（shadow price）、影子汇率（shadow exchange rate）、影子工资（shadow wages）和社会折现率（converted to social present value rate）等。因此，国民经济评价从宏观经济角度反映了国家资源分配是否合理，经济系统配置的合理程度，优化经济结构的问题。拟建项目通过国民经济评价表示该项目的建设有利于促使国民经济朝优化经济结构的方向发展，有利于国家资源的合理分配和经济系统的合理配置。社会评价是从社会政治经济的角度来考察项目的综合社会效益，如项目对社会就业情况、社会分配的公平合理程度、自然资源和环境的影响等，使用的是社会价格，计算就业效益指标、收入分配效果指标、节约自然资源指标和环境影响指标等。社会评价结论反映了拟建项目的社会合理性和对社会可能产生的影响程度。拟建项目通过社会评价表示该项目的建设有利于社会的健康发展和安定团结。

由于财务评价、国民经济评价和社会评价计算费用和效益的范围不同，评价指标的不尽相同和各自的评价目标不同，因此，评价结论也可能不同。一般来说，评价的结论可能有以下八种情况：

（1）财务评价、国民经济评价和社会评价的结论都表明项目可行，项目应予通过。

（2）财务评价和国民经济评价结论表明项目可行，社会评价结论表明项目不可行，项目一般应根据国家的短中期经济发展目标和社会安定团结及稳定程度等因素，考虑通过或予以重新设计。

（3）财务评价和社会评价结论表明项目可行，国民经济评价结论表明项目不可行，项目一般应根据国家的社会安定团结及稳定程度和国民经济承载能力及对国民经济的不利影响等因素考虑予以重新设计或通过。

（4）财务评价结论表明项目可行，国民经济评价和社会评价结论表明项目不可行，项目一般应予否定。

（5）财务评价结论表明项目不可行，国民经济评价和社会评价的结论表明项目是个好项目，则项目一般应予推荐。

（6）财务评价结论表明项目不可行，国民经济评价结论表明项目可行，社会评价结论表明项目不可行，项目一般应予否定。

（7）财务评价结论表明项目不可行，国民经济评价结论表明项目不可行，社会评价结论表明项目可行，项目一般应予否定。

（8）财务评价、国民经济评价和社会评价结论都表明项目不可行，项目应予否定。

国民经济评价和社会评价结论之一表明项目是个好项目时，如果项目的国民经济效益很好，社会负效益较小；或者社会效益很好，国民经济负效益较小；则项目应予推荐，建议重新进行设计。一个财务上没有生命力的项目是难以生存的。因此，重新考虑方案，进行"再设计"，使其具有财务生存能力，同时消除项目对国民经济的负效益或对社会的负效益是十分必要的。比如，对于某些国计民生急需、国民经济效益好而财务效益欠佳的项目，可建议采取某些优惠措施，使其也能具有财务生产能力。某些对社会安定团结及稳定起重要作用而财务效益欠佳，对国民经济有较小负效益的项目，可以根据当时的国家政治经济情况，重新设计，缩短项目的寿命期，以某些优惠措施使项目具有财务生产能力，用较小的国民经济代价换取社会安定团结和稳定，为国民经济的发展奠定新的基础。

项目评价的程序可视具体项目而定。工业项目可以在财务评价的基础上进行国民经济评价。有些项目也可先做国民经济评价。大中型项目要做国民经济评价和财务评价，小型项目一般可以只进行财务评价。对于大型项目（特别是大型水工程项目），财务评价、国民经济评价和社会评价都要做。另外，在大中型项目建议书阶段及重大方案比选中，都需要做国民经济评价和社会评价，并以此作为取舍项目或方案的主要依据。

4.2　国民经济评价参数

4.2.1　影子价格

1. 影子价格的概念

影子价格（shadow price）的概念是 20 世纪 30 年代末、40 年代初由荷兰数理经济学、计量经济学创始人之一詹恩·丁伯根和苏联数学家、经济学家、诺贝尔经济学奖金获得者康特罗维奇分别提出来的。

某种资源的影子价格是指当社会经济处于某种最优生产状态下时，单位资源的边际产出价值。它是反映社会劳动消耗、资源稀缺程度和对最终产品需求情况的价格。因此，影子价格是比交换价格更为合理的价格。这里所说的"合理"的标志，从定价原则来看，应该能更好地方反映产品（资源）的价值，反映市场供求状况，反映资源稀缺程度；从价格产出的效果来看，应该能使资源配置向优化的方向发展。

影子价格又称为预测价格、计算价格，最优计划价格、边际投入和边际贡献等，这些名称表明影子价格不是用于交换，而是用于预测、计划、项目评价等的价格。

2. 国民经济评价采用影子价格的必要性

对拟建项目进行国民经济评价，主要目的是要考察它对国民经济作出多大贡献（效益）和使国民经济付出多少代价（费用）。这里的贡献和代价只能用价格来计量。如果价格是合理的，或者说对效益和费用的衡量是真实的，那么项目经济评价就能够正确指导投资决策，指导有限资源的合理配置，从而使国民经济达到高效率、高速度的增长。反之，如果价格被扭曲，对效益和费用的衡量失真，就必然导致错误的投资决策，浪费国家有限的资源，延误国民经济的发展。所以，价格是否失真，决定了国民经济评价的可信度，决定了资源配置是否能趋向优化。

一般来说，发展中国家的价格体系往往存在着扭曲现象，价格既不反映价值，也不反映供求状况。造成这种状态的原因是：通货膨胀，外汇短缺，劳动力过剩，过度保护本国工业，产业结构不合理，价格、工资和进出口管制等。我国也有类似情况。因此，依靠现有价格体系，就不可能正确衡量项目的费用和效益。

例如，劳动力被某个项目占用，就不能在原有的工作岗位上继续为社会作贡献。所减少的这部分贡献，就是项目因使用劳动力而给国民经济带来的损失。但实际上农村有大量的剩余劳动力，城市也存在着待业问题，如果项目占用的非熟练工人来自这两部分人，是不会使社会的产出有任何减少的。所以，在国民经济的角度来看，用现行工资衡量非熟练工人的劳务费用，是过高地估计了这些劳动力的边际贡献。

再如，经济的发展增加了对进口生产资料的需求，部分消费者或消费集团的欲望也增加了对进口生活资料的需求，但是要通过扩大出口来抵消增加进口的压力却比较困难。于是，必须采取外汇控制、提高关税、限制或禁止某些货物进口、提供出口补贴等手段来平衡国际收支。在这种情况下，项目使用的进口货物如果按现行汇率作价，就往往高于进口货物的实际价值。

生产资料的价格扭曲就更加明显。由于种种历史原因，许多初级工业品的价格严重偏低，而加工工业则价高利大。依据这样一种比价关系来计量项目的费用和效益，必然偏爱加工行业的建设项目，导致国民经济中长线更长、短线更短，进一步加剧供求不平衡。为了把扭曲的价格校正过来，使项目评价能够真正反映项目对国民经济造成的得失，就必须测算和应用影子价格。

3. 确定影子价格的基本方法

（1）市场均衡价格

在完善的市场条件下，任何货物的市场价格就等于影子价格。此时消费者愿为再多购买一个单位的某种货物所付的价格（即该货物的边际产品价格），恰好等于生产者多生产这一个单位的该种货物的生产成本（即该货物的边际生产成本），达到了图 4-1 所示的均衡状态。

这种均衡状态是理想的完全竞争市场下形成，它必须满足以下几个条件：

1）所有企业生产的同种货物具有相同的质量。

2）有大量的卖者和买者，任何一个卖者和买者都不能影响这种商品的价格。

3）各种生产资源可以完全自由流动。

4）生产者与消费者对市场情况有充分的知识，也就是说，市场信息是通畅的，生产者和消费者对它们是充分掌握的。

在以上所说的完善的市场条件下，边际社会效益、边际社会成本、边际企业效益和边际企业成本都等于市场价格，因此，项目的投入

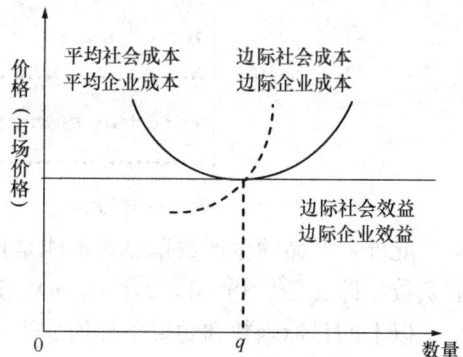

图 4-1　理想的完全竞争状态

物和产出物的市场价格就等于它们的影子价格。也就是说，国民经济评价价格和财务评价价格相一致。

但现实世界中，特别是在许多发展中国家里，市场机制很不完善，存在着供需不平衡和价格控制与人为干预，市场价格常常不能反映各种货物的真正价值。

图 4-2 的例子说明了市场价格偏离影子价格。

图 4-2　政府限价的影子价格

图 4-2 中，SS' 为某种货物的供应曲线，DD' 为需求曲线。如果没有外来干预，就会形成供需平衡时的价格 P_E。如果政府限价 P_C，由于价格降低，消费者愿意购买 Q_D 数量的货物，而在这种价格下生产者只愿意生产 Q_C 数量的货物，结果就出现了供不应求的局面。因此，当供应量为 Q_C 时，反映这种货物的边际效益的价格（即影子价格）应该是 P_S，高于消费者实际支付的价格 P_C。

完善的市场条件实际上是不存在的，即使是国际市场价格，也多多少少含有垄断、倾销、优惠、保护等因素在内。但是一般说来，市场机制比较充分的国家，其市场价格可以近似地看作是均衡价格。

（2）总体均衡分析

进行总体平衡分析的数学工具是线性规划。这里简单介绍一下线性规划和影子价格的关系。

对于国民经济发展来说，所追求的目标应该是国家收益的最大化。假定国家能生产 n 种产品，其中每单位第 j 种产品可提供 C_j 数量的收益，那么国民经济的目标函数就是：

$$\max Z = C_1 x_1 + C_2 x_2 + \cdots + C_j x_j + \cdots + C_n x_n \tag{4-16}$$

这里 x_j 是第 j 种产品的生产数量。如果没有任何限制，那么每种产品的生产量越多越好，国家的收益可以无穷大。但是每种产品都要消耗，而每种消耗都要受资源的限制。假定一共有 m 种资源，第 i 种资源的可用量为 b_i，每单位第 j 种产品要消耗第 i 种资源的数量为 a_{ij}，则资源约束条件就是：

$$\begin{cases} a_{11}x_1 + a_{12}x_2 + \cdots + a_{1j}x_j + \cdots + a_{1n}x_n \leqslant b_1 \\ a_{21}x_1 + a_{22}x_2 + \cdots + a_{2j}x_j + \cdots + a_{2n}x_n \leqslant b_2 \\ \cdots\cdots\cdots\cdots\cdots\cdots\cdots\cdots\cdots\cdots\cdots\cdots \\ a_{i1}x_1 + a_{i2}x_2 + \cdots + a_{ij}x_j + \cdots + a_{in}x_n \leqslant b_i \\ \cdots\cdots\cdots\cdots\cdots\cdots\cdots\cdots\cdots\cdots\cdots\cdots \\ a_{m1}x_1 + a_{m2}x_2 + \cdots + a_{mj}x_j + \cdots + a_{mn}x_n \leqslant b_m \end{cases} \tag{4-17}$$

此外，产品的生产数量显然不能是负的，所以 x_1，x_2，…，x_j，…，x_n 的取值都应是非负数，即 $x_j \geqslant 0$（$j = 1$，2，…，n），这被称为非负约束。

以上的目标函数和约束条件构成了一个线性规划，称为线性规划 I，这个规划有许多个可行解，也就是各产品的产量 x_j（$j = 1$，2，…，n）可以取多种组合，一般情况下其中会有一个最优解，即：如何规划各种产品的产量，才能更好地利用有限的资源，以获得最大限度的收益。这就是资源配置的优化问题。

尽管中线性规划 I 中可以求出各种产品产量的最优组合，但是如果实行高度集权的计划经济，而不实行有计划的市场经济，那就不能使企业用产量指标来控制生产。因此，也就不能实现资源的最优配置。我们可以从另一个角度来考察生产和资源利用之间的关系。

如果考虑生产的费用，所追求的目标应该是总成本的价值最低，也就是以最低价值的资源获得各种产出。如前所述，b 为资源向量，设第 i 种资源的价值为 y_i，那么生产费用的目标函数就是：

$$\min W = b_1 y_1 + b_2 y_2 + \cdots + b_i y_i + \cdots + b_m y_m \tag{4-18}$$

如果没有任何限制，显然所有资源的价值均为零时对生产最有利。如国家的某种资源是无限多的，或者不需付出任何代价就可以获得，则这种资源的价值就是无限小的，甚至于可以等于零。但是，获得生产中所消耗的资源通常是要付出代价的，因而每种资源都有它的价值，由于用这些资源可以生产出具有一定价格的产品，因此，资源所具有的价值自然不会低于消耗这些资源而从产品可能获得的收益，所以，资源价值约束条件为：

$$\begin{cases} a_{11} y_1 + a_{21} y_2 + \cdots + a_{i1} y_i + \cdots + a_{m1} y_m \geqslant C_1 \\ a_{12} y_1 + a_{22} y_2 + \cdots + a_{i2} y_i + \cdots + a_{m2} y_m \geqslant C_2 \\ \cdots\cdots\cdots\cdots\cdots\cdots\cdots\cdots\cdots\cdots\cdots \\ a_{1j} y_1 + a_{2j} y_2 + \cdots + a_{ij} y_i + \cdots + a_{mj} y_m \geqslant C_j \\ \cdots\cdots\cdots\cdots\cdots\cdots\cdots\cdots\cdots\cdots\cdots \\ a_{1m} y_1 + a_{2m} y_2 + \cdots + a_{im} y_i + \cdots + a_{nm} y_m \geqslant C_n \end{cases} \tag{4-19}$$

同样有非负约束

$y_i \geqslant 0$ （$i=1, 2, \cdots, m$）

新的目标函数和新的约束条件构成了线性规划Ⅱ。这里，收益向量 C 和消耗矩阵 A 的含义都与线性规划Ⅰ中一样。即：应该如何确定各种资源的价格，才能使产出达到更高水平，而这种成本降到最低点。

规划Ⅰ和规划Ⅱ中一个称为原始规划，另一个称为对偶规划。

从数学上可以证明，能够从原始规划的最优解，计算出对偶规划的最优解。例如，当规划Ⅰ达到最优时，各种产品的产量 x_j（$j=1, 2, \cdots, n$）都已确定，把对于这一产量组合的资源总消耗和单位收益代入对偶规划，就得到规划Ⅱ的最优解，即最优资源价格。

规划Ⅰ从最优资源配置出发，本身并不含资源的价格，但由于对偶规划的存在，一旦实现了资源的最优配置，各种资源的最优价格也如影随形地产生了。这就是"影子价格"这一术语的由来，也就是通常所说"影子价格是线性规划对偶解"的含义。

反过来说，如果线性规划Ⅱ解出了最优资源价格即影子价格，再用这一价格去引导生产，那么由于对偶规划的对应，在追求产出效益的同时，宏观上的资源配置优化也随之而实现了。

（3）局部均衡分析

在总体均衡分析中，资源的价格和产品的价格被庞大的数学规划联系在一起，牵一发而动全身。实际项目评价中，常用的方法是局部均衡分析，也就是在个别地区考察某一产品或某一资源的影子价格，不把它与其他产品和其他资源联系起来。在这种分析中，要用到两个基本的概念，即机会成本和消费者支付意愿。

1）机会成本

机会成本（opportunity cost）是经济学中的一个重要概念。在建设项目评价中，机会成本是指用于本项目的某种资源若用于其他替代机会所能获得的最大效益。换句话说，由于本项目使用了某种资源，就有可能使最好的替代项目因不能使用这种资源而被迫放弃。因此，国家也就失去了这个被放弃的替代项目所产生的效益，这被迫放弃的效益就是本项目使用这种资源的机会成本。

资本（capital）是一种社会资源，其机会成本为所放弃的其他获利机会所能获得的最大效益。资本市场的长期贷款利率常可用来表示资本的机会成本。

劳动力（labor）也是一种社会资源，项目使用劳动力的机会成本的大小取决于该劳动力在用于本项目前所能创造的最大社会净效益。换句话说，劳动力的机会成本就是由于用于本项目而损失的、原在别处可以获得最大净效益。如果劳动力来自失业者，一般可以认为其机会成本为零。如果劳动力来自其他企业，那么由于劳动力的转移而使原企业损失的效益，即为该劳动力的机会成本。

土地（land）也是一种社会资源，项目占用土地的机会成本等于该土地的替代用途所能获得的最大经济效益。如果该土地原来用于种植农作物，那么其机会成本即为种植农作物的最大净效益。

2）消费者支付意愿

用于度量产品效益的影子价格，是根据产品消费者的支付意愿来确定的。支付意愿是经济学中的又一重要概念。简单来说，它是指消费者愿意为商品或服务付出的价格。

假设某项目所生产的货物 X，既不替代进口，也不能替代国内原有货物 X 的生产，而是有效增加了国内市场的供应量，在这种情况下，什么是衡量消费者对货物 X 的支付意愿的最好尺度呢？可能的尺度之一是市场价格本身。因为当消费者以一定的价格购买某种货物时，他从该货物所获得的满足至少应等于他为该货物付出现金所作出的牺牲，否则他就不会买了。

在完善的市场条件下，边际消费者的支付意愿不可能高于市场价格。如果形成完善市场的条件之一得不到满足，市场价格就不能反映消费者的支付意愿了。

局部均衡分析方法对各种产品和生产要素的价格是分别考察确定的，既简单，又可以达到相当的精确程度。各种不同的项目评价方法体系，都适用这种方法来确定影子价格。

4.2.2　费用和效益的识别

确定建设项目经济合理性的基本途径是将建设项目的费用与效益进行比较，进而计算其对国民经济的净贡献。正确地识别费用与效益，是保证国民经济评价正确性的重要条件。

划分建设项目的费用与效益，是相对于项目的目标而言的。国民经济评价是从整个国民经济增长的目标出发，以项目对国民经济的净贡献大小来考察项目。识别费用与效益的基本原则是：凡是项目对国民经济所做的贡献，均计算为项目的效益；凡是国民经济为项目付出的代价，均计算为项目的费用。在考察项目的效益与费用时，应该遵循效益和费用计算范围相对应的原则。费用的计算强调采用寿命周期费用，即项目从建设投资开始到项目终结整个过程的期限内所发生的全部费用，包括投资、经营成本、末期资产回收和拆除、恢复环境的处置费用。项目的效果可以采用有助于说明项目收益的任何量纲。

4.2.3　直接费用与直接效益

费用和效益可分为直接费用与直接效益及间接费用与间接效益。

项目的直接效益是由项目本身产生，由其产出物提供，并用影子价格计算的产出物的经济价值。项目直接效益的确定，分为两种情况：如果拟建项目的产出物用以增加国内市场的供应量，其效益就是所满足的国内需求，也就等于所增加的消费者支付意愿。如果国内市场的供应量不变：①项目产出物增加了出口量，其效益为所获得的外汇；②项目产出物减少了总进口量，即替代了进口物，其效益为节约的外汇；③项目产出物摒弃了原有项目的生产，致使其减产或停产，其效益为原有项目减产或停产向社会所释放出来的资源，其价值也就等于这些资源的支付意愿。

项目的直接费用主要指国家为满足项目投入（包括固定资产投资、流动资金经常性投入）的需要而付出的代价。这些投入物用影子价格计算的经济价值即为项目的直接费用。

项目直接费用的确定，也分为两种情况：如果拟建项目的投入物来自国内供应量的增加，即增加国内生产来满足拟建项目的需求，其费用就是增加国内生产所消耗的资源价值。如果国内总供应量不变：①项目投入物来自国外，即增加进口来满足项目需求，其费用就是所花费的外汇；②项目的投入物本来可以出口，为满足项目需求，减少了出口量，其费用就是减少的外汇收入；③项目的投入本来用于其他项目，由于改用于拟建项目将减少对其他项目的供应，其费用为其他项目因此而减少的效益，也就是其他项目对该项投入物的支付意愿。

4.2.4 间接（外部）效果

项目的费用和效益不仅体现在他的直接投入物和产出物中，还会在国民经济相应部门及社会中反映出来。这就是项目的间接费用（外部费用）和间接效益（外部效益），也可统称为间接效果（外部效果）。间接费用系指国民经济为项目付出了代价，而项目本身并不实际支付的费用。例如工业项目产生的废水、废气和废渣引起的环境污染及对生态平衡的破坏，项目并不支付任何费用，而国民经济付出了代价。间接效益系指项目对社会作出了贡献，而项目本身并未得益的那部分效益。在项目评价中，只有同时符合以下两个条件的费用和效益才能称为间接费用或间接效益。

第一，项目将对与它并无直接关联的其他项目或消费者产生影响（产生费用或效益）；

第二，这种费用或效益在财务报表（如财务现金流量表）中并没有得到反应，或者说没有将其价值量化。

第一个条件称作相关条件，第二个条件称作不计价条件。间接费用和间接效益通常较难计量，为了减少计量上的困难，首先应力求明确项目的"边界"。一般情况下可扩大项目的范围，特别是一些相互关联的项目可合在一起作为"联合体"捆起来进行评价，这样可能是间接费用和效益转化为直接费用和效益。另外，在确定投入物和产出物的影子价格时，已在一定范围内考虑了间接效果，用影子价格计算的费用和效益在很大程度上使"间接效果"在项目内部得到了体现，通过扩大项目范围和调整价格两步工作，实际上已将很多间接效果直接化了。因此，在国民经济评价中，既要考虑项目的间接效果，又要防止间接效果扩大化。

在讨论外部效果时，必须区别技术的外部效果和价格的间接效果。一个项目的实施导致该种货物价格下降的效果，就属于价格效果。同样，由于某项目的实施导致原材料价格上升的效果也属于价格效果。这些价格的外部效果都不应作为间接效果来考虑。然而，如果某种效果确实使社会总生产和社会总消费发生了实质性变化，这种效果就可以称作技术性效果。在国民经济评价中，技术性外部效果应作为费用或效益，因为它反映了国民经济所付出的代价或者对国民经济所作的贡献。因此，在某些特定条件下，需要考虑下面这些外部效果：

(1) 工业项目造成的环境污染和生态的破坏，是一种间接费用，一般较难计量，除根据环卫部门规定征集的排污费计算外，可以参照同类企业所造成的损失来计算，至少也应做定性的描述。

(2) 拟建项目的产出物大量出口，从而导致出口价格下降，减少了创汇的效益，减少的效益可能计为项目的负效应，或直接计为该项目的间接费用。

(3) 技术扩散的效果

一个技术先进项目的建设，由于技术人员的流动，技术的扩散和推广，整个社会都会受益。不过，这个由间接效益常常由于计量困难，只作定性的说明。

(4) "向前联"的相邻效果

习惯上也可称作对下游企业的效果。这主要是只生产初级产品的项目对以其产出物为原料的经济部门产生的效果。就项目评价而言，如果能够合理确定这些初级产品的影子价格，就能正确计算这类项目的经济效益，这样就不再需要单独考虑"向前联"的效果了。

(5) "向后联"的相邻效果

习惯上也可称作对上游企业的效果。这主要是指一个项目的建设会刺激那些为该项目提供原材料或半成品的经济部门的发展，从而引起向后联的效果。这可分为两种情况：

1) 项目所需的原材料原先国内没有生产，由于新项目的建设产生了国内需求，刺激了原材料工业的发展。如果其价格低于进口价格，显然建设这种原材料生产项目对国民经济是有利的。就项目评价而言，如果采用这种较低的原材料价格作为影子价格，客观上已把这种"向后联"的效果纳入到项目的直接效益和直接费用中去了。

2) 该项目所需的原材料国内原来就生产，由于项目的实施增加了国内需求，使原材料生产企业得以发挥闲置的生产能力或使其达到经济规模，从而产生了新的效益。这种效益很难通过原材料价格反映到拟建项目的效益中去，这样就构成了"向后联"的相邻效果。

就以上两种情况，为防止外部效果计算的扩大化，须注意以下两点：

1) 随着时间的推移，如果不实施该项目，其"向后联"企业的生产情况也会由于其他原因而发生变化，要按照有无对比的原则计算"向后联"企业的增量效果作为考虑拟建项目外部效果的依据。

2) 应注意其他拟建项目是否也有类似的效果。如果有，就不应该把总效果全部归功于某个拟建项目，否则会引起外部效果的重复计算。

考虑了以上两点以后，这种"向后联"的效果相对于拟建项目本身的直接效益来说，一般是较小的，除非情况特殊，一般不去计算这种间接效益。

(6) 乘数效果

这是指新建项目的实施，刺激了对项目投入物的国内需求，可以使原来闲置的资源得到利用，从而产生的一种连锁性的外部效果。以劳动力为例，若劳动力严重过剩，项目的实施利用了原来闲散的劳动力，引起劳动力消费的增加，导致服务行业的发展，从而引起一系列的连锁效果，但是，只有在满足下列条件时才能把这种乘数效果归因于某个具体项目：

1）资源闲置的原因是国内需求不足，除实施该项目之外，别无其他办法来提高这种需求；

2）该项目所使用的资金没有机会用于其他项目；

3）应考虑整个项目周期内这种闲置资源费用的情况。

一般情况下，在项目国民经济评价中不考虑这种乘数效果。只有在不发达的地区建设项目时，才有必要考虑。

（7）无形效果

无形效果是指不在市场上出售，没有市场价格，或者现有市场不能完全确定它们的社会价值的效果。例如，城市的犯罪率，安全和国防，以及很多有关人身舒适和人的某些感觉的内容：噪声、空气污染、光污染、环境和绿化等，对于这些无形效果，很难用金钱或价值来衡量，因而没有市场价格。但是有时可以根据支付意愿估计费用和效益的方法，对这些无形效果进行估价。

4.2.5　转移支付

在识别费用与效益范围的过程中，会遇到税金、国内借款利息和补贴的处理问题。这些都是财务评价中的实际现金收入或支出，但是从国民经济的角度看，企业向国家缴纳税金、向国内银行支付利息，或企业从国家得到某种形式的补贴，都未造成资源的实际消耗或增加，因此不能计为项目的费用或效益，他们只是国民经济内部各部门间的转移支付。

产品税、增值税、营业税、所得税、调节税以及进口环节的关税和增值税等是政府调节分配和供求关系的手段，显然属于国民经济内部的转移支付。土地税、城市维护建设税及资源税等是政府为补偿社会消耗而代为征收的费用，这些税种包含了许多政策因素，并不能完全代表国家和社会为项目所付出的代价。因此，原则上可以把这些税金统统作为项目与政府间的转移支付，不作为项目的费用。国家对企业的各种形式的补贴可视为与税金反向的转移支付，不应作为项目的效益。企业支付的国内借款利息，实质上是项目与政府或项目与国内借款机构之间的转移支付，同样不应计为项目的费用。但国外借款利息的支付产生了国内资源向国外的转移，则必须计为项目的费用。

所以说，若在财务评价基础上进行国民经济评价时，应注意从原效益和费用中剔除其中的转移支付部分。

4.2.6　影子价格的确定

目前，世界各国进行项目费用效益分析所用的影子价格有两种不同的体系，即以国际市场价格为基础的价格体系和以国内市场价格为基础的价格体系。

例如：某个建设项目某年使用几种国内投入物，按照相应的国内市场价格计算，其费用分别为 N_1，N_2，$\cdots$，N_n，若项目还使用进口的投入物，按到岸价格计算为 M 美元，项目的产出物全部用于出口，按离岸价格计算为 X 美元，考虑到国内市场价格与国际市场价格的价差，将国内投入物的价格按国际市场价格进行修正，引入 CF_1，CF_2，$\cdots$，CF_n 个转换系数，该年的净效益 B_1：

$$B_1 = OER(X - M) - (CF_1 N_1 + CF_2 N_2 + \cdots + CF_n N_n) \tag{4-20}$$

式中　OER——官方汇率；

B_1是按国际市场价格为基准，以国内货币为单位计算的净效益。

若忽略国内投入之间比价的差，则

$$CF_1 = CF_2 = \cdots = CF_n = SCF \tag{4-21}$$

将式（4-20）代入式（4-21）得：

$$B_1 = OER(X - M) - SCF(N_1 + N_2 + \cdots + N_n) \tag{4-22}$$

或

$$B_2 = B_1/SCF = (OER/SCF)(X - M) - (N_1 + N_2 + \cdots + N_n) \tag{4-23}$$

式中　SCF——标准转换系数；

　　　B_2是按国内市场价格为基准，以国内货币为单位计算的净效益。

令 $OER/SCF = SER$

$$B_2 = SER(X - M) - (N_1 + N_2 + \cdots + N_n) \tag{4-24}$$

式中　SER——影子汇率。

用以上两种价格体系进行项目国民经济评价各有利弊。

按国内市场价格通过不同的转换系数调整为国际市场价格计算项目的费用、效益，一方面可以修正国内价格与国际市场价格的价差，同时也可以修正国内市场各种货物之间不合理的比价。对于国际贸易占国民生产总值比例较大，且国内运输费用占比例不大的国家，使用这种计算项目经济效益的方法是比较方便（当然由于转换系数一般是按产品类别规定，必然会产生计算误差）。而对国际贸易不甚发达的国家，用影子汇率修正国内市场与国际市场的比价，从而计算项目的净益更为方便。但是在计算中，没有对国内投入物之间不合理的比价进行修正。

我国建设项目国民经济评价所采用的净效益的计算公式为：

$$B_3 = SER(X - M) - (C_1 N_1 + C_2 N_2 + \cdots + C_n N_n) \tag{4-25}$$

式中　C_1，C_2，$\cdots$，C_n的含义与前面式中的 CF_1，CF_2，$\cdots$，CF_n 等转换系数的含义是不同的，C_1，C_2，$\cdots$，C_n 只是为了修正国内市场不合理的货物比价而采用的价格换算系数，且规定比较详细，以减少计算误差。

我国建设项目经济评价采用的价格体系也是以国内市场价格为基础，以人民币元为单位计算项目的费用、效益。

确定影子价格应对项目的投入物和产出物进行分类。一般可以分为：外贸货物、非外贸货物、特殊投入物、资金、外汇等。

4.2.7　社会折现率——资金的影子价格

社会折现率存在的基础是不断增长的社会扩大再生产。可以认为社会折现率是资金的影子利率，它反映了国家对资金时间价值的估量和资金占用的费用。在国民经济评价中，社会折现率的作用有：

1. 作为统一的时间价值标尺

衡量同时点发生的各种投入和产出，进行不同时间资金的等值计算。当以第一年初为基点进行这种计算，也就是所有资金都折现到建设期初时，得到的就是经济净现值指标。

2. 作为国民经济评价主要指标——经济内部收益率的判据

只有经济内部收益率大于或等于社会折现率的项目才是可行的。这就是说，社会折现率同时又是国民经济评价的基准收益率。

社会折现率是最重要的通用参数，只能由国家发改委制订发布，项目评价人员必须遵照执行。2006 年国家发展与改革委员会、建设部发布的《建设项目经济评价方法与参数》（第三版）中将社会折现率规定为 8%，供各类建设项目评价时的统一采用。对于受益期长的建设项目，如果远期效益较大，效益实现的风险较小，社会折现率可适当减低，但不应低于 6%。

4.2.8　影子汇率——外汇的影子价格

在经济评价中，常常要进行外汇和本国货币换算。汇率是指两个国家不同货币之间的比价或交换比率。

影子汇率（shadow exchange rate）是反映外汇真实价值的汇率。影子汇率的确定，主要依据一个国家或地区一段时期内进出口的结构和水平、外汇的机会成本及发展趋势、外汇供需状况等因素的变化情况。一旦上述因素发生较大的变化时，影子汇率需做相应的调整。

在许多发展中国家，由于采取贸易保护政策（如高额进口关税和大量出口补贴），或者出于支付的意愿，同非外贸货物相比，消费者对外贸货物付出了额外的溢价。当用官方汇率将外币换算为本国货币时，这种溢价没有得到反应。这种溢价代表了从整个国家的平均角度来看，外贸货物的购买者为多获得一个单位的外贸货物所愿意支付的额外价格。

从另一个角度而言，在一些发展中国家，一方面外汇短缺，另一方面又往往倾向于对本国货币定值过高，使得官方汇率小于进出口贸易中的实际换汇成本。

官方汇率的这种失真，往往会导致项目评价中的严重偏差，特别是使用进口投入，以及产品出口或者替代进口的项目。

这种外汇溢价实际上可由下式表明：

$$外汇溢价 = \frac{国家年度外汇支出 - 国家年度外汇收入}{国家年度外汇收入} \tag{4-26}$$

上式表明当外汇支出大于外汇收入，即外汇收支有较大逆差时，对外汇需求增大，此时官方汇率低估了外汇真正的价值。

影子汇率系指用于对外贸货物和服务进行经济费用效益分析的外币的经济价格，应能正确反映外汇的经济价值，应按下式计算：

$$影子汇率 = 外汇牌价 \times 影子汇率换算系数 \tag{4-27}$$

在进行项目国民经济评价时，采用影子汇率来表示外汇的真实价格。影子汇率换算系数是建设项目经济评价的重要的通用参数，由国家统一测定和发布。根据我国外汇收支情况、进出口结构、进出口环节税费及出口退税补贴等情况，目前我国的影子汇率换算系数取值为 1.08。影子汇率换算系数越高，外汇的影子价格越高，产品是可外贸货物的项目效益较高，评价结论会有利于出口方案。同时外汇的影子价格较高时，项目引进投入物的方案费用较高，评价结论会不利于引进方案。

4.2.9　影子工资和土地的影子价格

1. 影子工资——劳务的影子价格

职工工资和提取的福利基金之和称为名义工资。在财务评价中，明细工资作为费用计入成本，在国民经济评价中，亦需按影子工资进行调整。

建设项目占用了劳动力，国民经济是要付出代价的。这一种代价表现为劳动力的劳务费用，即影子工资，也可以说是劳务的影子价格。

影子工资主要应以劳动力的机会成本来度量，即由于劳动力投入到所评价项目而放弃的在原来所在部门的净贡献。此外，影子工资还包括少量的国家为安排劳动力就业或劳动力转移所发生的额外开支，如增加就业引起的生活资料运输和城市交通运输所增加的耗费等，而这些耗费并不提高就业人员的消费水平，亦即影子工资＝劳动力机会成本＋新增社会资源消耗。

影子工资一般是以财务工资乘以一个系数来取得，这个系数称为工资换算系数。即：

$$影子工资＝财务工资×工资换算系数 \tag{4-28}$$

由于财务工资在财务评价中已经列入，在国民经济评价中需要确定的只是工资换算系数。

国外对于劳动力的机会成本作了不少研究。首先区别熟练劳动力和非熟练劳动力，熟练劳动力的工资换算系数常常大于1，非熟练劳动力的工资换算系数常常小于1，甚至等于零。这表明项目占用熟练劳动力（包括管理人员和技术人员）时，国民经济付出的代价更大一些。还有的对富裕地区和贫穷地区加以区别，富裕地区劳动力和贫穷地区的劳动力相比，工资换算系数要大一些。

尽管可以用不同的方法、不同的取值来估量劳动力的影子价格，但是有一个看法是比较一致，对于中外合资企业，由于在人员聘用和解雇方面自主权较大，要求职工素质相对较高，所以影子工资取国内同行业职工名义工资的1.5倍。对于某些特殊项目，如果劳动力（熟练的或非熟练的）确实非常紧缺，或者非常充裕，允许根据具体情况适当提高或降低影子工资。但是一定要有充分的根据，并加以说明。

2. 土地的影子价格——土地费用

（1）土地费用的计算原则

项目占用土地国民经济要付出代价，这一代价就是土地费用，也就是土地的影子价格。一般来说，土地的影子价格包括两个部分：①土地用于建设项目而使社会放弃的原有效益；②土地用于建设项目而使社会增加的资源消耗。

项目所占用的土地，可以归纳为以下三种类型：

第一种是荒地或不毛之地，土地的影子价格为零。也就是说项目占用了这样的土地，国家不受任何损失。

第二种是经济用地，不管原来是用于农业、工业还是商业，项目占用之后都引起经济损失。这时，应该利用机会成本的观点考察土地费用，计算社会被迫放弃的效益。对于农田，应计算项目占用土地导致的农业净收益的损失。北方的主要农作物是小麦，我国是小麦进口国；南方的主要农作物是水稻，我国出口一部分大米。这样，从边际的观点来看，农作物应该以口岸价格而不是以国内收购价来计算。

有时仅仅考虑机会成本还是不够。例如，项目占用了一处商业网点的用地，该商店每年都为国民经济提供一笔净营业额，同时还向附近居民提供方便。净营业额可以计量，"方便"就很难量化了。这时可以参考下面的土地费用计算方法。

第三种是居住用地或其他非生产性建筑、非盈利性单位的用地。项目占用之后要引起社会效益的损失，但又很难用价值量计量。这时主要应该考察：如果土地被项目所占用，而原有的社会效益又必须保持，那么需要使国民经济增加多少资源消耗。假如原来有住户，首先要为原住户购置新的居住用地，其费用是新居住用地土地的机会成本；其次要使原住户和的不低于以前的居住条件，其代价是实际花费的搬迁费用。二项费用之和，就是项目所占用居住用地的影子价格。

对于前述商店来说，除了要考虑商店新地址土地的机会成本，以及使商店维持原营业水平所需的搬迁费用之外，也许还要加上商店关闭期间的净营业额损失。

进行国民经济评价时，财务评价中已列入固定资产投资的搬迁费用仍作为投资费用，计入固定资产投资总额。至于项目占用土地的机会成本，可以对其采取两种不同的处理方法：①分年支付，在项目计算期内将项目占用土地的机会成本逐年算出，在现金流量表中作为费用列入经营成本；②一次支付，将项目占用土地的各年机会成本用社会折现率折算为建设期初的现值，作为项目固定资产投资的一部分。

（2）土地机会成本的计算方法

项目占用土地之后，有时直接导致耕地的减少，有时通过原有用户的搬迁，间接导致耕地的减少。需要计算土地机会成本的，往往还是农田。所以这里侧重介绍农田机会成本的计算方法。

1）基本数据的准备。主要有：单位面积年产量、农作物影子价格、农作物生产成本等。其中单位面积年产量，可以项目占用前三年的年平均值为基数适当调整确定。根据具体情况，可以考虑在项目计算期内年产量每年递增某个百分比。确定农作物的影子价格，首先应从边际观点考虑该农作物是属于外贸货物，还是非外贸货物，然后按照货物的定价原则确定其影子价格。至于农作物的生产成本，要根据调查研究的结果确定，还要视情况对生产成本作适当调整。

2）农田机会成本的计算方法。根据年产量和影子价格计算出农作物的年产值，扣减生产成本后得到年净收益，即为各年的土地机会成本。然后用常规的折现法折算到建设期初。

例如：某工业项目建设期 2 年，生产期 10 年，占用小麦田 2000 亩。项目占用以前该土地三年内平均亩产量为 0.3 吨。预计该土地小麦单产可以 2% 的逐年递增。每吨小麦生产成本为 200 元（已调整）。小麦作为外贸货物，按替代进口处理，其进口到岸价 62.5 美元/t，该地区小麦主要在当地消费。由口岸至该地区的实际铁路运输费为 20 元/t。

① 每吨小麦的产地影子价格为：

每吨小麦的产地影子价格＝换算为人民币的口岸价格 62.5×8

＋贸易费用 500×0.06＋运输费用 20×2.41＝578.2 元

② 该地区生产每吨小麦的净效益为：

$$578.2－200＝378.2 \text{ 元}$$

③ 项目计算期内没有土地的净效益现值为：

$$P = \sum_{t=1}^{12} 378.2 \times 0.3 \times \left(\frac{1+0.02}{1+0.1} \right)^t = 862.2 \text{ 元}$$

④项目占用土地的净效益现值为：

$$862.2 \times 2000 ＝ 172.4 \text{ 万元}$$

国民经济评价中，取 172.4 万为项目占用土地的机会成本，作为一次性土地费用，计入项目投资额中。或者计算净效益现值 P 的年等值 A：

$$A = P(A/P, 10\%, 12) = 172.4 \times 0.1468 = 25.3 \text{ 万元}$$

于是，国民经济评价时，取 25.3 万元项目占用期间逐年土地费用，计入项目经常性投入。

4.2.10　外贸货物的影子价格

在区分外贸货物和非外贸货物时，应注意防止两种极端的做法：一种是把外贸货物划得过宽，凡是国家有进出口过的货物，都列为外贸货物；另一种是划得较严，认为只有项目本身直接进口的投入物和直接出口的产出物，才算外贸货物。根据我国具体情况，区分外贸货物和非外贸货物，宜采用以下原则：

（1）直接进口的投入和直接出口的产出物，应视为外贸货物。

（2）符合下列情况，直接影响进出口的项目投入物，按外贸货物处理：

1）国内生产的货物，原来确有出口机会，由于拟建项目的使用，丧失了出口机会。

2）国内生产不足的货物，以前进口过，现在也大量进口，由于拟建项目的使用，导致进口量增加。

（3）符合下列情况，间接影响进出口的项目产出物，按外贸货物处理：

1）虽然是供国内使用，但确实可以替代进口，项目投产后，可以减少进口数量。

2）虽然不直接出口，但确实能顶替其他产品，使这些产品增加出口。

（4）符合下列情况的货物，应视为非外贸货物：

1）天然非外贸货物。如国内运输项目、大部分电力项目、国内电信项目等基础设施所提供的产品或服务。

2）由于地理位置所限，国内运费过高，不能进行外贸的货物。

3）受国内国际贸易政策的限制，不能进行外贸的货物。

在进行项目经济评价时，一般投入、产出物是外贸货物还是非外贸货物，必须依据具体情况进行分析，做出有根据的判断。如果投入物或产出物是外贸货物，在完善的市场条件下，国内市场价格应等于口岸价格（假定市场就在口岸，进口货物为到岸价格，出口货物为离岸价格）。原因在于，如果市场价格高于到岸价格，消费者宁愿进口，而不愿意购买国内货物；如果国内市场价格低于离岸价格，生产者宁愿出口，而不愿以较低的国内市场价格销售。因此口岸价格就反映了外贸货物的机会成本或消费者支付意愿。在实际的市场条件下，由于关税、限额、补贴或垄断等原因，存在供需偏差，国内市场价格可能会高于或者低于口岸价格。因此，在国民经济评价中要以口岸价格为基础来确定外贸货物的影子价格。

1. 项目产出物影子价格（出厂价格）的确定

（1）直接出口（图 4-3）。项目的产出物在质量、售后服务等各方面都不劣于国内已有的该种出口货物，有把握参加国际市场竞争或已有国外用户供货合同。货物从项目所在地发出的价格（影子价格 SP），见式（4-29）：为离岸价格 $f.o.b.$ 乘以影子汇率 SER，减去从项目到最近口岸的国内运输费 T_1 和贸易费 T_{r1}。

$$SP = f.o.b. \times SER - (T_1 + T_{r1}) \tag{4-29}$$

(2) 间接出口（图 4-4）。项目的产出物确定为内销，用于满足国内需求；但由此使得其他同类产品或可替代产品得以出口，从而影响国家的进出口水平。此时货物到项目价格（即影子价格 SP），见式（4-30）：为离岸价格 $f.o.b.$ 乘以影子汇率 SER，减去原供应厂到口岸的运输费 T_2 和贸易费 T_{r2}，加上原供应厂到用户的运输费 T_3 和贸易费 T_{r3}，再减去拟建项目到用户的运输费 T_4 和贸易费 T_{r4}。

$$SP = f.o.b. \times SER - (T_2 + T_{r2}) + (T_3 + T_{r3}) - (T_4 + T_{r4}) \tag{4-30}$$

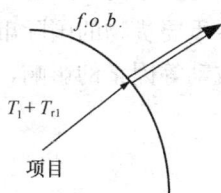

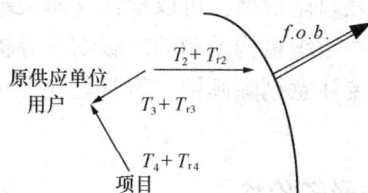

图 4-3　直接出口　　　　　图 4-4　间接出口　　　　　图 4-5　替代进口

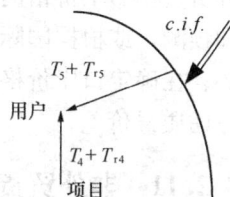

(3) 替代进口（图 4-5）。项目的产出物为内销，但由于质量过关，可以顶替原来依靠进口的货物从而减少进口。货物到项目价格（即影子价格 SP），见式（4-31）：为到岸价格 $c.i.f.$ 乘以影子汇率 SER，加口岸到原用户的运输费 T_5 和贸易费 T_{r5}，再减去拟建项目到用户的运输费 T_4 和贸易费 T_{r4}。

$$SP = c.i.f. \times SER + (T_5 + T_{r5}) - (T_4 + T_{r4}) \tag{4-31}$$

2. 项目投入物影子价格（到厂价格，到项目价格）的确定

(1) 直接进口（图 4-6）。由于国内生产不足、产品指标不过关或者其他原因，项目的投入物靠进口解决。货物到项目价格（影子价格 SP），见式（4-32）：为到岸价格 $c.i.f.$ 乘以影子汇率 SER，加从口岸到项目的国内运输费 T_1 和贸易费 T_{r1}。

$$SP = c.i.f. \times SER + (T_1 + T_{r1}) \tag{4-32}$$

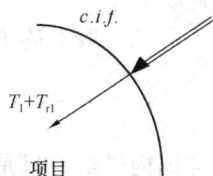

(2) 减少出口（图 4-7）。原生产厂家生产的某种货物可以出口，项目上马后要投入这种货物，使出口量减少了。货物到项目价格（即影子价格 SP），见式（4-33）：为离岸价格 $f.o.b.$ 乘以影子汇率 SER，减去供应厂到口岸的运输费 T_2 和贸易费 T_{r2}，再加上供应厂到拟建项目的运输费 T_6 和贸易费 T_{r6}。

$$SP = f.o.b. \times SER - (T_2 + T_{r2}) + (T_6 + T_{r6}) \tag{4-33}$$

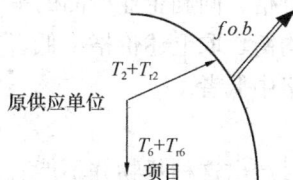

图 4-6　直接进口　　　　　图 4-7　减少出口　　　　　图 4-8　间接进口

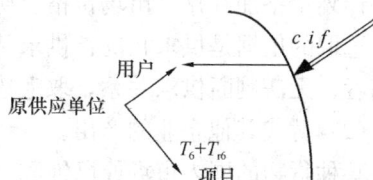

(3) 间接进口（图 4-8）。国内生产厂家向原有用户提供某种货物，由于项目上马后要投入这种货物需由国内生产厂提供，迫使原有用户靠进口来满足需求。此时货物到项目价格（即影子价格 SP），见式（4-34）：为到岸价格 $c.i.f.$ 乘以影子汇率 SER，加口岸到原

用户的运输费 T_5 和贸易费 T_{r5}，减去供应厂到用户的运输费 T_3 和贸易费 T_{r3}，再加上供应厂到拟建项目的运输费 T_6 和贸易费 T_{r6}。

$$SP = c.i.f. \times SER + (T_5 + T_{r5}) - (T_3 + T_{r3}) + (T_6 + T_{r6}) \tag{4-34}$$

在这种情况下需要收集的资料较多。如果生产厂和原用户都很分散，就难以获得必要的资料。为简化计算，可以按直接进口考虑。

3. 口岸价格的选取

外贸货物影子价格的基础是口岸价格。可以根据《海关统计》对历年的口岸价格进行回归和预测，或根据国际上一些组织机构编制的出版物，分析一些重要货物的国际市场价格趋势。在确定口岸价格时，要注意剔除倾销、暂时紧缺、短期波动等因素的影响，同时还要考虑质量价差。

4.2.11　非外贸货物的影子价格

从理论上说，非外贸货物的影子价格主要应从供求关系出发，按机会成本或消费者支付意愿的原则确定。非外贸货物影子价格的一般确定方法如下：

1. 项目投入物影子价格的确定

(1) 通过原有企业挖潜来增加供应

项目所需某种投入物，只要发挥原有生产能力即可满足供应，不必新增投资。这说明这种货物原有生产能力过剩，属于长线物资。此时，可对它的可变成本进行成本分解，得到货物出厂影子价格，加上运输费用和贸易费用，就是货物到项目的影子价格。

(2) 通过新增生产能力来增加供应

项目所需的投入物必须通过投资扩大生产规模才能满足项目需求。这说明这种货物的生产能力已充分利用，不属于长线物资。此时，可对它的全部成本进行成本分解得到货物出厂影子价格，加上运输费用和贸易费用，就是货物到项目的影子价格。

(3) 无法通过扩大生产能力来供应

项目需要的某种投入物，原有生产能力无法满足，就不可能新增生产能力，只有去挤占其他用户的用量才能得到。这说明这种货物是极为紧缺的短线物资。此时，影子价格取计划价格加补贴、市场价格、协议价格这三者之中最高者，再加上贸易费用和运输费用。

2. 项目产出物影子价格的确定

(1) 增加国内供应数量满足国内需求者，产出物影子价格从以下价格中选取：计划价格、计划价格加补贴、市场价格、协议价格、同利企业产品的平均分解成本。

选取的依据是供求状况：供求基本均衡，取上述价格中低者；供不应求，取上述价格中高者；无法判断供求关系，取上述价格中低者。

(2) 替代其他企业的产出

某种货物的国内市场原已饱和。项目产出这种货物并不能有效增加国内供给，只是在挤占其他生产同类产品企业的市场份额，使这些企业减产甚至停产。这说明这对产出物是长线产品，项目很可能是盲目投资、重复建设。在这种情况下，如果产出物在质量、花色、品种等方面并无特色，应该分解被替代企业相应产品的可变成本作为影子价格。如果质量确有提高，可取国内市场价格为影子价格；也可参照国际市场价格定价，但这时该产出物可能已转变成可实现进口替代的外贸货物了。

在《建设项目经济评价方法与参数》（第三版）中规定了对于非外贸货物，其投入或产出的影子价格应根据下列要求计算：

（1）如果项目处于竞争性市场环境中，应采用市场价格作为计算项目投入或产出的影子价格的依据。

（2）如果项目的投入或产出的规模很大，项目的实施将足以影响其市场价格，导致"有项目"和"无项目"两种情况下市场价格不一致，在项目评价中，取二者的平均值作为测算影子价格的依据。

4.3 国民经济评价指标

国民经济评价一般以经济内部收益率和经济净现值作为主要指标，必要时也可以计算经济净现值率，在项目初始阶段可以计算投资净效益率。当涉及产品出口换汇或替代进口节汇时，还应计算经济外汇净现值、经济换汇成本或经济节汇成本。

4.3.1 经济内部收益率

经济内部收益率（EIRR）是使项目经济净现值等于零时的折现率。它表示项目占用的投资对国民经济的净贡献能力，是一个相对指标。经济内部收益率大于或等于社会折现率时，说明项目占用投资对国民经济的净贡献能力达到了要求的水平。一般说来，经济内部收益率大于或等于社会折现率的项目是可以接受的。

经济内部收益率的表达式为：

$$\sum_{t=1}^{n} (CI - CO)_t \, (1 + EIRR)^{-t} = 0 \tag{4-35}$$

式中　CI——现金流入量；

　　　CO——现金流出量；

$(CI - CO)_t$——第 t 年的现金流量；

　　　n——计算期。

4.3.2 经济净现值

经济净现值（ENPV）是用社会折现率将项目计算期内各年的净效益折算到建设期初的现值之和。当经济净现值大于零时，表示国家为项目付出代价后，除得到符合社会折现率的社会效益外，还可以得到以现值表示的超额社会效益；当经济净现值等于零时，说明项目占用投资对国民经济所作净贡献刚好满足社会折现率的要求；当经济净现值小于零时，说明项目占用投资对国民经济所作净贡献达不到社会折现率的要求。因此，经济净现值是表示项目占用投资对国民经济净贡献能力的绝对指标。一般说来，经济净现值大于或等于零的项目是可以接受的。

经济净现值的表达式为：

$$ENPV = \sum_{t=1}^{n} (CI - CO)_t \, (1 + i_S)^{-t} \tag{4-36}$$

式中　i_S——社会折现率。

4.3.3 经济净现值率

经济净现值率（*ENPVR*）是反映项目的占用单位投资对国民经济所作净贡献的相对指标。它是经济净现值与投资现值之比，其表达式为：

$$ENPVR = \frac{ENPV}{I_P} \tag{4-37}$$

式中 I_P——投资（包括固定资产投资和流动资金）的现值。

经济净现值率的判别标准与经济净现值相同，项目可以接受的标准是经济净现值率大于或等于零。

4.3.4 投资净效益率

投资净效益率是反映项目投产后，单位投资对国民经济所作年净贡献的一项静态指标。它是年净收益与全部投资（固定资产投资＋流动资金）的比率。一般在项目初选阶段采用。其计算公式为：

$$投资净效益率 = \frac{年净收益}{全部投资} \times 100\% \tag{4-38}$$

式中 年净收益＝年产品销售收入＋年外部效益

$$-年经营成本-年折旧费-年外部费用 \tag{4-39}$$

年净收益数值可以采用达到设计能力后的正常年份的数值，当生产期内各年的净收益变化幅度较大时，应采用生产期年平均净收益数值。

对于有国外贷款的项目，国外贷款建设期利息也应计入分母。

一般说来，投资净效益率大于社会折现率的项目，应认为是可以接受的。

4.3.5 经济外汇净现值

涉及产品出口创汇或替代进口节汇的项目，应进行外汇效果分析，计算经济外汇净现值指标。

经济外汇净现值（$ENPV_F$）是按国民经济评价中效益、费用划分原则，采用影子价格、影子工资和社会折现率计算、分析、评价项目实施后对国家外汇收支直接或间接影响的重要指标，用以衡量项目对国家外汇真正的净贡献（创汇）或净消耗（用汇）。经济外汇净现值可通过经济外汇流量表计算求得。

经济外汇净现值的表达式为：

$$ENPV_F = \sum_{t=1}^{n} (FI - FO)_t (1 + i_S)^{-t} \tag{4-40}$$

式中 FI——外汇流入量；

        FO——外汇流出量；

$(FI-FO)_t$——第 t 年的外汇流量。

当项目的产品可以替代进口时，可按净外汇效果计算经济外汇净现值。

经济外汇净现值大于或等于零时，表示从外汇的获得或者节约的角度看，项目应该属于可行。

4.3.6 经济换汇成本

当有产品直接出口时，应计算经济换汇成本。它是用货物影子价格、影子工资和社会折现率计算的为生产出口产品而投入的国内资源现值（以人民币表示）与生产出口产品的经济外汇净现值（通常以美元表示）之比，亦即换取1美元外汇所需要的人民币金额。经济换汇成本是分析评价项目实施后在国际上的竞争能力，进而判断其产品应否出口的指标。其表达式为：

$$经济换汇成本 = \frac{\sum_{t=1}^{n} DR'_t (1+i_S)^{-t}}{\sum_{t=1}^{n} (FI' - FO')_t (1+i_S)^{-t}} \tag{4-41}$$

式中，DR'_t——项目在第 t 年为出口产品投入的国内资源（包括投资、原材料、工资、其他投入和贸易费用），元；

FI'——生产出口产品的外汇流入，美元；

FO'——生产出口产品的外汇流出（包括应由出口产品分摊的固定资产及经营费用中的外汇流出），美元；

n——计算期。

当有产品替代进口时，应计算经济节汇成本，它等于项目计算期内生产替代进口产品所投入的国内资源的现值与生产替代进口产品的经济外汇净现值之比，即节约1美元外汇所需要的人民币金额。

经济节汇成本的表达式为：

$$经济节汇成本 = \frac{\sum_{t=1}^{n} DR''_t (1+i_S)^{-t}}{\sum_{t=1}^{n} (FI'' - FO'')_t (1+i_S)^{-t}} \tag{4-42}$$

式中 DR_t——项目在第 t 年为生产替代进口产品投入的国内资源（包括投资、原材料、工资、其他投入和贸易费用），元；

FI''——生产替代进口产品所节约的外汇，美元；

FO'——生产替代进口产品的外汇流出（包括应由替代进口产品分摊的固定资产及经营费用中的外汇流出），美元。

经济换汇成本或经济节汇成本（元/美元）小于或等于影子汇率，表明该项目产品出口或替代进口是有利的，从获得或节约外汇的角度考虑是合算的。

4.4 费用效益分析

4.4.1 费用效益分析报表

国民经济费用——效益分析采用：项目投资经济费用效益流量表（表4-1）以及各类估算、调整表。项目投资经济费用效益流量表也被称为经济现金流量表，表中栏目的设置及其与财务基本报表栏目的异同如下：

项目投资经济费用效益流量表，其栏目与项目投资现金流量表（表 2-7）基本相同。不同点主要是：

1）表中的表述名称不同。表 2-7 中的现金流入，在表 4-1 为效益流量（含项目直接效益、资产余值回收和项目间接效益）；表 2-7 中的现金流出，在表 4-1 为效益流量（含建设投资、维持运营投资、流动资金、经营费用这些项目直接费用和项目间接费用）。

2）表 4-1 中效益流量和费用流量，原则上均应按影子价格计算，外币换算采用影子汇率。

3）税金和资源税因系国民经济内部的转移支付，所以既不作为费用（现金流出），也不作为效益（现金流入）。

4）由于从国民经济角度考察项目的效益和费用，因此在现金流入和现金流出中分别增加了"项目间接效益（又称项目外部效益）"和"项目间接费用（又称项目外部费用）"。

5）财务现金流量表中作为现金流出的营业外净支出，由于内容较多，而且有些内容在国民经济评价中不属于费用，为简化计算起见，未作详细划分，均不得列为费用。

项目投资经济费用效益流量表（单位：万元）　　　　　　　表 4-1

序号	年　份 项　目	建设期		投产期		达到设计能力期				合计
		1	2	3	4	5	6	…	n	
	生产负荷（%）									
1	效益流量									
1.1	项目直接效益									
1.2	资产余值回收									
1.3	项目间接效益									
2	费用流量									
2.1	建设投资									
2.2	维持运营投资									
2.3	流动资金									
2.4	经营费用									
2.5	项目间接费用									
3	净效益流量（1-2）									
4	累计净效益流量									

计算指标：

经济内部收益率（%）：

经济净现值（$i_s=$ %）：

投资回收期（年）：

4.4.2　费用效益分析的方法

国民经济评价可以单独进行，也可以在财务评价的基础上进行调整来完成。

1. 单独进行国民经济评价。

（1）确定费用与效益的范围。同时要认真考虑项目是否需要估算间接费用与间接效益。

（2）选定投入物与产出物的价格。对于在项目效益和费用中占比例较大，或者国内价格明显不合理的投入和产出物，应该采用影子价格计算效益和费用。其余投入物和产出物则可采用现行价格。

对于需要采用影子价格的投入物和产出物，要按照 4.2 节、4.3 节所述方法，首先确定货物的类型，然后分别按照外贸货物和非外贸货物影子价格的确定方法计算其影子价格。对于某些次要的投入和产出物，可直接采用"方法与参数"中给出的影子价格或换算系数。

（3）计算基本报表（可参考财务分析中的基本报表或有关参考文献）中的各项费用与效益。运用所选定的投入物与产出物价格，分别计算各项费用与效益，然后将其填于基本报表的适当栏目中。计算过程中采用的辅助报表参考财务评价。计算内容有：固定资产投资、流动资金、成本、外汇借款建设期利息、外汇借款还本付息、销售收入。生产期支付给外商的技术转让费、间接效益和间接费用。计算经济换汇成本或者经济节汇成本，还需编制国内资源流量表，计算国内资源的现值。

2. 在财务评价的基础上进行国民经济评价

国民经济评价相对于财务评价而言，其费用与效益的数值将有不同程度的变化，产生这些变化的原因来自三个方面：

一是由于费用与效益范围的调整所导致的数值变化。

二是在进行国民经济评价时，凡涉及外币和人民币的换算，都必须进行汇率调整，即用影子汇率代替财务评价中所用的官方汇率（中国银行公布的牌价）。这样与汇率有关的数值也将随之发生变化。

三是在国民经济评价中，要对那些在项目效益和费用中占比例较大，或者价格明显不合理的投入和产出物，采用影子价格代替财务评价中所用的价格进行费用和效益的计算，即所谓"价格调整"。价格调整也必须引起费用和效益数值的变化。

一般大中型工业项目，由于要进行财务评价和国民经济评价，因此在财务评价基础上进行必要的调整来完成国民经济评价，不失为一种方便的方法。这主要是通过费用与效益范围和数值的调整，重新算出各项费用与效益的调整值，进而完成报表编制。

（1）费用与效益范围的调整

1）转移支付的处理。本章 4.2 节所述的内容属于转移支付，应从费用和效益中剔除。

2）确定间接费用和间接效益。结合项目具体情况确定是否需要计算"外部效果"。既要考虑"外部效果"，又要注意防止"外部效果"的重复计算。

（2）费用与效益数值的调整

1）投资的调整。这包括调整固定资产投资和流动资金。

调整固定资产投资一般包括下列内容：

① 调整范围，剔除属于国民经济内部转移支付的部分，注意引进设备材料关税和增值税。

② 调整引进设备价值，包括调整汇率和国内运输费用、贸易费用。

③ 调整国内设备价值，包括采用影子价格计算设备本身的价值和运输费用、贸易费用。

④ 调整建筑费用，一般可只调整三材（钢材、木材、水泥）费用。根据需要也可以调整某些其他材料和建筑用电等费用。一般的做法是按三材耗用数量，分别采用实际财务

价格与影子价格计算建筑费用调整额。如果统一颁发的参数中有建筑费用换算系数，则可直接采用换算系数进行调整。

⑤ 安装费用的调整和主要考虑安装排量（主要指钢材）采用影子价格所引起数值的变化。如果使用引进的安装材料，还要考虑采用影子汇率所引起的数值调整。

⑥ 土地费用按项目占用土地的机会成本重新计算。

⑦ 其他调整，如其他工程费用中的外币采用影子汇率带来的数值变化。

完成上述调整后，将调整后的各项数值列入经济费用效益分析投资费用估算调整表（表4-2）。

项目投资经济费用效益分析投资费用估算调整表（单位：万元）　　　　表 4-2

序号	项　目	财务分析			经济费用效益分析			经济费用效益分析比财务分析增减
		外币	人民币	合计	外币	人民币	合计	
1	建设投资							
1.1	建筑工程费							
1.2	安装工程费							
1.3	设备购置费							
1.4	其他费用							
1.4.1	其中：土地费用							
1.4.2	专利及专有技术费							
1.5	基本预备费							
1.6	涨价预备费							
1.7	建设期利息							
2	流动资金							
	合计（1＋2）							

注：若投资费用是通过直接估算得到的，本表应略去财务分析的相关栏目。

流动资金的调整内容如下：

首先应进行费用范围的调整，在流动资金构成中，定额流动资金系指项目投入物和产出物在库存，或产出物在加工过程中所占用的资金，它既是项目的实际费用，又是国家为项目所付出的代价，因此在国民经济评价中仍然作为费用。而非定额流动资金中的货币资金是现金，结算资金是购货人和供货人之间的转移支付，项目占用非定额流动资金并未造成国家资源的实际耗费。如果该项目不被实施，也不会因此释放出资源供其他项目使用。因此按照国民经济评价费用识别原则，不应把非定额流动资金作为费用，在投资调整中应注意剔除这部分资金。

其次应进行数值的调整。这又分为两种情况：

① 如果在财务评价中流动资金是用扩大指标估算，则国民经济评价中的流动资金可按调整后的销售收入、经营成本或固定资产价值乘以相应的资金率进行调整。此时需注意剔除非定额流动资金部分。

② 如果在财务评价中流动资金是按项目详细估算的，则在国民经济评价中也应采用影子价格分项详细估算流动资金。

2）经营成本的调整。一般包括以下内容：

① 确定主要原材料及燃料、动力的影子价格，以影子价格重新计算该项成本。

② 根据调整后的固定资产投资计算出调整后的固定资产原值，注意国内借款建设期利息不应计入固定资产原值。然后按与财务评价相同的方式和比率重新计算年折旧费和年维修费。

3）确定工资换算系数，计算影子工资。

鉴于财务成本的计算可以采用按生产费用要素列项和按成本项目列项两种方式，国民经济评价中的成本调整也相应采用不同的方式。如果财务成本是按生产费用要素列项的，国民经济评价据此调整十分简便，只需按上述步骤调整后，再将各项相加即得调整后的经营成本。

如果财务成本是按成本项目计算的，国民经济评价中进行成本调整时，须注意成本项目与生产费用要素的交叉关系。例如成本项目中的动力系指工艺耗用的水、电、汽等动力耗用量，因此仅据工艺用量采用影子价格调整是不够的；另外，还必须将成本项目中的动力成本包括的外购燃料、职工工资、动力装置的折旧和维修费以及其他管理费等各项进行调整。基于上述理由，就成本项目直接进行调整计算，不但计算复杂，而且容易出错。

调整结果填入经济费用效益分析经营成本估算调整表（表 4-3）。

经济费用效益分析经营成本估算调整表（单位：万元）　　表 4-3

序号	项　　目	单位	投入量	财务分析		经济费用效益分析	
				单价（元）	成本	单价（元）	费用
1	外购原材料						
1.1	原材料 A						
1.2	原材料 B						
1.3	原材料 C						
	……						
2	外购燃料及动力						
2.1	煤						
2.2	水						
2.3	电						
	……						
3	职工薪酬						
4	修理费						
5	其他费用						
	合计						

注：若经营费用是通过直接估算得到的，本表应略去财务分析的相关栏目。

4）销售收入的调整。销售收入的调整比较简单，但它对评价结果影响较大，必须慎重对待。首先应该确定项目产品的货物类型，然后按不同的定价原则计算其影子价格。项目主要产品的影子价格应由评价人员根据实际情况自行确定，不宜照套"方法与参数"中所给出的影子价格。产品品种较多时，可用影子价格重新计算销售收入，列入销售收入表。

5）外汇借款还本付息数额的确定。列入现金流量表（国内投资）的外汇借款还本付息额是以人民币表示的。在财务评价中，该数额是由外汇额乘以官方汇率得出，而在国民经济评价中，应用影子汇率代替官方汇率重新计算该项数额。

6）技术转让费数额的确定。这里指生产期支付给外商的技术转让费，处理方式同外汇借款还本付息额。

（3）经济外汇调整

经济外汇是以美元为计量单位。其数值均可直接取用财务评价各项外汇金额，不需做任何调整。只是产品替代进口收入一项数值可能有所不同。亦即在财务外汇中不作为替代进口的产品，在经济外汇中也有可能作为替代进口产品。此时，在经济外汇调整中，可按产品的进口到岸价格计算产品替代进口收入。

（4）将以上各项调整后的数值填入项目直接效益估算调整表（表4-4）。

（5）或根据经济分析要求计算出的间接费用结果填入项目间接费用估算表（表4-5）、间接效益结果填入项目间接效益估算表（表4-6）。

项目直接效益估算调整表（单位：万元） 表4-4

产出名称		投产第1年负荷（%）			投产第2年负荷（%）			……	正常生产年份（%）		
		A产品	……	小计	A产品	……	小计		A产品	……	小计
年产出量	计算单位										
	国内										
	国际										
	合计										
财务分析	国内市场 单价（元）										
	现金收入										
	国际市场 单价（美元）										
	现金收入										
经济费用效益分析	国内市场 单价（元）										
	直接效益										
	国际市场 单价（美元）										
	直接效益										

项目间接费用估算表（单位：万元） 表4-5

序号	项　目	合计	计算期					
			1	2	3	4	……	n

项目间接效益估算表（单位：万元）　　　　　　　　表 4-6

序号	项　　目	合计	计算期					
			1	2	3	4	……	n

思 考 题 与 习 题

1. 试述国民经济评价与财务评价区别。

2. 国民经济评价的任务是什么？

3. 试述国民经济评价中的效益划分原则。

4. 试述国民经济评价中的费用划分原则。

5. 什么是间接效益和间接费用？

6. 怎样区分直接效益和间接效益？

7. 试述社会折现率与基准收益率的含义和差别。

8. 什么是影子价格？

9. 如何根据影子价格和市场价格的差异进行资源的购进与出售，使项目获利？

10. 有进出口的项目根据什么指标和标准来衡量对国家是否有利？

11. 为什么有的建设项目必须进行国民经济评价，有的建设项目可以不进行国民经济评价？

12. 什么是到岸价格？什么是离岸价格？

第5章 价值工程

5.1 概 述

5.1.1 产生和发展

价值工程（Value Engineering）简称 VE，是国际上公认的最有效的现代化管理方法之一，不管在发达国家，还是在发展中国家都十分受重视。第二次世界大战之后，价值工程与全面质量管理、系统工程、工业工程、行为科学、网络计划技术等一起，被誉为最先进、最有价值的六大管理技术。价值工程的方法，一方面用于对产品开发、设计和产品改进的具体技法，更重要的是它作为现代管理的观念，现代管理思想对各种管理科学化工作将产生重大影响。

价值工程起源于 1947 年前后的美国，第二次世界大战期间，由于战争需要，军用品的生产强调交货期而不顾及材料的节约，因此，在资源丰富的美国也发生了原材料的紧缺问题，当时，在美国通用电气公司就职的麦尔斯（Miles）先生在采购中发现，用一种薄而廉价的纸可以替代石棉板达到防火和防止油漆沾污地板的作用。由此他想到，完成同一个功能，可以用不同的材料相互替代，那么能否在完成某一功能的前提下采用较经济的原材料呢？为此，他不断实践，终于使他所担任的采购工作取得了卓越的成绩，受到通用电气公司总裁的赞赏，并为他安排了几名助手，专门从事在保证产品质量（功能）的前提下如何降低成本的科学方法的研究。经过四、五年的研究和实践，终于总结出一套比较科学的方法，并于 1947 年正式以"价值分析"（Value Analysis 简称 VA）为题公开发表，深刻系统地表述了价值工程的基本理论和方法。由于麦尔斯在价值工程方面的杰出贡献，他被誉为"价值工程之父"。

价值工程在 20 世纪 50 年代至 60 年代曾作为美国独创的工业企业管理奥秘，促进了一大批新产品的问世（比如多种部队重力武器的开发研究制造等），20 世纪 70 年代，日本向美国学习，将价值工程作为经济腾飞的有力武器；日本产品如汽车、家电、机械等能在国际市场上树立价廉物美的形象，其中许多都得益于价值工程。当今工业发达国家及世界上众多先进企业，都把价值工程视作企业的金矿，大力开发应用。

我国引进价值工程是在改革开放伊始，首先引入的是日本价值工程。开始，我国的许多企业本着"洋为中用"的原则，积极学习、试验、推广这一方法，取得了较好的经济效果。

经过多年来的实践，从寻找代用材料，改进产品设计，改进工艺方案，指导新产品的开发与设计等，都进行了尝试，在分析方法和组织方法方面也取得了许多的宝贵经验，1987 年，价值工程作为管理标准中的第一部国家标准，正式颁布（即：《价值工程基本术语和一般工程程序》GB 8223—87）。目前，这一科学的管理方法在我国仍在进一步推广之中。相信随着价值工程的推广应用，必定会为我国的经济腾飞发挥巨大的作用。

5.1.2 价值工程的概念

1. 概念

价值工程中价值的概念不同于政治经济学中的有关价值的概念。在这里价值是作为"评价事物〈产品或作业〉的有益程度的尺度"而提出来的。价值高，说明有益程度高；价值低，则说明益处不大。例如有两种功能完全相同的产品，但价格不同，从价值工程的观点看，价格低的物品价值就高，价格高的物品价值就低。

价值工程中的"价值"量是指产品（或服务）的功能（质量）和成本之间的比值，可以用下式表示：

$$价值(V) = \frac{功能(F)}{成本(C)} \tag{5-1}$$

式中　　V——产品或服务的价值；

　　　　F——产品或服务的功能；

　　　　C——产品或服务的成本。

根据以上公式，提高价值可以有以下几种途径，见表 5-1。

提高价值的途径　　　　　　　　　　　　　　表 5-1

序列	特征	结果	F	C	V
（1）	成本不变，功能提高	价值提高	↑	→	↑
（2）	功能不变，成本降低	价值提高	→	↓	↑
（3）	成本略有提高，功能有更大提高	价值适当提高	↑↑	↑	↑
（4）	功能略有下降，成本大幅度下降	价值适当提高	↓	↓↓	↑
（5）	功能提高，成本降低	价值大大提高	↑	↓	↑↑

表 5-1 中 （1）、（2）、（3）、（5） 四种情况经常采用，第 （4） 种情况是指性能不同的产品。

例如为了使产品适应广大购买能力较低的对象，可以生产一些价廉物美的产品，也能取得很好的经济效果，比如目前市场上销售的饮水机，有否制冷或有否杀菌功能，其价格就相差 30%～50% 不等。

2. 价值工程的含义

所谓价值工程是指用最低的寿命周期总成本，可靠地实现产品或服务的必要功能，并且着眼于功能分析的有组织的活动。

由上述定义可以看出，价值工程具体包括以下 5 个方面的含义：

（1）价值工程的目的：是提高产品的功能，降低产品的成本，从而提高产品的价值。因此必须从产品的功能和成本入手同时考虑，偏废哪个方面都不利于价值工程的体现。

(2) 价值工程的核心是进行产品或服务的功能分析。因为没有中肯的功能分析就不可能有恰当的功能定位，也就没有价值工程有效应用的前提。我们知道在工业生产中，降低成本的方法是多种多样的。价值工程之所以比其他方法更有效，关键在于进行功能分析。弄清哪些是用户需要的，哪些是不需要的，通过分析，搞清各功能之间的关系，找出新的解决办法。

(3) 价值工程是一项有组织有领导的集体活动。一种产品从设计到制成成品出厂，要通过企业内部的许多部门；一个方案的改进，从提出到试验，到最后付诸实施，单靠某一个人或几个人的力量是不够的，必须依靠集体的力量，依靠许多部门的配合，才能体现到产品上，达到提高功能，降低成本的目的。比如据日本资料的报道，有组织地进行 VE 活动，可降低成本 3% 以上，就是一个很好的例证。

(4) 价值工程要求保障必要功能的实现。因此，不是为了降低成本而不负责地损害用户利益。

(5) 价值工程追求的寿命周期成本最低，是追求制造商的制造成本与用户的使用成本之和最低，而不是仅仅追求制造成本最低。因此，价值工程是资源消耗最低的体现。

5.1.3　价值工程的工作程序

价值工程的执行过程，实质是一个发现问题、分析问题、解决问题的过程。如果将其总的程序粗略地描绘出来，如图 5-1 所示。

图 5-1 可以看出，价值工程可以分为两个大的阶段，第一个阶段是发现和分析问题，第二个阶段是解决问题。对于一个产品或零部件，对其进行价值分析是通过提问展开的。通常可提出以下七个方面的问题：

(1) 这是什么？（这实际是问 VE 的对象是什么？）

(2) 它是干什么的？

(3) 它的成本是多少？

(4) 它的价值是多少？

(5) 有否其他方法可以实现同样的功能？

(6) 有否新方案可以实现这一功能？新方案的成本是多少？

(7) 新方案能满足要求吗？

针对上述提出的 7 个问题，相应地可采取不同的价值分析方法，其具体的工作程序分为 3 个基本程序和 11 个详细步骤，见表 5-2。

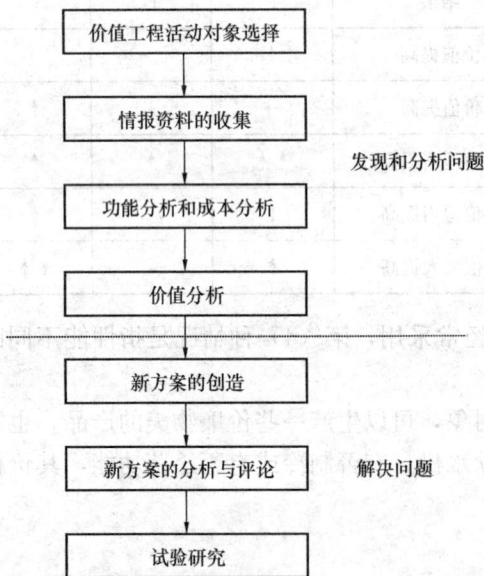

图 5-1　价值工程执行过程图

发现和分析问题

解决问题

价值工程的工程程序 表 5-2

决策的一般程序	价值工程实施步骤		价值工程提问
	基本步骤	详细步骤	
发现问题和分析问题	(1) 功能定义	收集情报	这是什么？（VE 对象）
		功能定义	它是干什么用的？（用途、功用、性能、机能等）
		功能整理	
	(2) 功能评价	功能成本分析	它的成本是多少？
		功能评价	它的价值是多少？
		选择对象范围	
综合研究和方案评价	(3) 创造新方案	方案创造	有否其他具有同样功能的方案？
		初步评价	它的成本是多少？
		具体化调查	
		详细评价	新方案满足要求吗？
		提高审批	

价值工程的 7 个提问是作为严格执行价值工程步骤的指针，这些问题均要求按顺序一一回答。

为了很好地回答前述的 7 个问题，在回答之前应深刻领会价值工程之父麦尔斯总结的 13 条 VE 指导原则，这些原则是：

(1) 避免一般化、概念化；

(2) 收集一切可用的费用数据；

(3) 使用最可靠的情报资料；

(4) 打破现有框框，进行创新和提高；

(5) 发挥真正的独创性；

(6) 找出障碍，克服障碍；

(7) 请教有关专家，扩大专业知识面；

(8) 对于重要的公差要换算成加工率，以便认真考虑；

(9) 尽量利用专业化工厂生产的产品；

(10) 利用和购买专业化工厂的生产技术；

(11) 采用专门的生产工艺；

(12) 尽量采用标准件；

(13) 以"我是否也如此花自己的钱"作为判别标准。

5.1.4 价值工程的应用范围和作用

由于价值工程起源于对材料代用问题的研究，简单易行，行之有效，应用范围越来越广泛，已经在机械、纺织、化工、建筑、环境、电子、交通、农业等许多部门和行业得到广泛应用。价值工程的应用范围主要有以下几个方面：

(1) 设计过程：包括新产品的设计分析，老产品的改进分析。

(2) 制造过程：包括工艺流程、工艺方法分析，技术改造措施分析，原材料、能源的利用分析等。

　　（3）供销过程：包括原材料、外协件的供应管理分析，产品包装分析，推销分析等。

　　（4）管理过程：包括机构设置、人事安排、管理方法等分析。

　　（5）工程设计与施工过程：包括工程设计分析，施工分析，原材料选用分析，技术措施分析等。

　　总之，一切发生费用的地方都可以应用价值工程。工程建设需要投入大量人、财、物，因而，价值工程在工程建设方面大有可为。它作为一种相当成熟而又行之有效的管理办法，在许多国家的工程建设中得到广泛运用。例如：美国 1972 年对俄亥俄河拦河坝的设计进行了严密的分析，从功能和成本两个角度综合考虑，最后提出了新的改进设计方案。他们把溢水道闸门的高度增大，使闸门的数量从 17 扇减为 12 扇，同时改进了闸门施工用的沉箱结构，在不影响水坝功能和可靠性的情况下，节约了筑坝费用 1930 万美元，而用于请人进行价值工程分析的费用只花了 1.29 万美元，取得了 1 美元收益近 1500 美元的成果。

　　随着价值工程在我国工程设计中的应用和推广，其作用也越来越被人们所认识。它主要应用在以下几个方面。

　　运用价值工程，既可提高工程的功能，又可降低工程的造价。例如上海华东电力设计院承担的宝钢自备电厂储灰场长江边围堤筑坝设计任务，原设计为土石堤坝，造价在 1500 万元以上。后来通过价值分析，对钢渣的物理性能和化学成分进行了分析试验，大胆提出了钢渣黏土灰心坝的设计方案，不仅降低造价 700 万元，而且建成的大坝稳定而坚固，经受强台风和长江特高潮位同时袭击而巍然屹立。

　　运用价值工程，可在保证工程功能不变的情况下降低工程造价。例如云南鲁布革水电站的下水厂房由水电部昆明勘测设计院负责设计，根据 4 台 15 万 kW 机组的尺寸，原设计是 26m 的跨度，后来根据世界银行专家建议，设计单位经过反复调查研究和价值分析，考虑到工程地点岩质较好，岩体较完整，采用地下厂房顶拱、喷锚支护和锚固式吊车梁方式，并对原设计方案某些机电设备位置做了适当调整，在保护地下厂房功能的前提下将跨度改为 18m，节省投资约 700 万元。

　　运用价值工程，可在造价不变的情况下提高工程功能。比如某酒厂建的曲酒仓库，原设计甲方案是按习惯做法在地面上用花岗石大石条砌成储酒池，另外加建罩房。经过价值分析提出的乙方案则是利用 2m 以下的硬土层，建 3/4 埋在地下的钢筋混凝土酒池。两方案造价相同，但乙方案因酒池顶板就是罩房地坪，整个罩房除可利用作为灌装车间外，还可在地下储藏酒，不仅有利于产品质量的转化，而且可比地上储存减少损耗 0.7%～1.7%，大大提高了曲酒仓库的功能。

　　运用价值工程，可在工程功能略有下降的情况下使工程造价大幅度降低。比如宝钢中心试验室的 4 栋厂房，日本原设计为钢结构，设计单位在施工单位配合下，通过价值分析建议把日方设计的第一试验室和机械加工室两栋厂房改为混凝土结构。这样，虽然增加了动力管网、电缆、电线埋管设计，但不影响厂房的主要功能，却能节约投资 40 多万元。

　　运用价值工程，可在工程造价略有上升的情况下使工程功能大幅度提高。例如上海某设计院承担一座地处要道路口冷饮商品的冷库设计任务，设计院经过价值分析，认为原设计方案中冷库单纯用于储存冷饮商品，季节性强，设备利用不足，经济效益不高，同时冷库立面光秃，街景十分难看。为此他们提出了以冷藏为主兼搞冷饮商品生产的改进方案，沿街建设一座漂亮的生产大楼，街景典雅美观。虽然造价提高，但由于充分发挥了制冷设备潜力，投产后企业也取得了较好的经济效益。

虽然价值工程在我国还处于刚刚起步阶段，但大量事实证明，在工程设计和施工中可以利用价值工程控制工程造价，提高工程"价值"，是大有可为的。

5.2 对象的选择和情报收集

5.2.1 对象选择的原则

开展价值工程活动首先要确定其对象是什么。一个企业所生产的产品往往都是品种多样，规格多样，而每一种具体的产品又往往由许多零部件组成。由于开展价值工程活动要花费一定的人力、财力，对产品逐一分析，经济上不合算，何况，作为企业不可能也没必要对全部产品或产品的全部零配件进行价值分析。因此，必须分清主次轻重，有重点、有顺序地选取每次价值工程活动的对象。如果对象确定得当，其工作可事半功倍；否则，可能劳而无功。

选择价值工程对象时，通常应遵循两条基本原则：

一是优先考虑在企业生产经营上有迫切需要的或对国计民生有重大影响的项目；

二是在提高价值上有较大潜力的产品（或项目）。企业在具体选择时，一般应从以下几个方面考虑：

（1）设计方面：考虑结构复杂，技术落后，零部件多，工艺性差，工艺烦琐、落后，体积大，质量大，材料昂贵，性能较差的产品或构配件。

（2）生产制造方面：考虑产量多，批量大，工艺复杂，工序烦琐，原材料消耗高，成品率低的产品或构配件。

（3）销售方面：考虑选择用户意见大，退货索赔多，销售量下降，竞争力差；需要巩固或扩大市场的，能够增加收益的产品，以及未投入市场的新产品等。

（4）成本方面：应考虑选择市场有需要，市场占有比例大，但成本高，利润低，物耗高的产品或费用项目。

5.2.2 对象选择的方法

1. 经验分析法（method of experiential analysis/Factor Analysis Approach）

经验分析法（又叫因素分析法）是一种定性的分析方法。经验分析法，简言之，就是凭借经验来分析各种可能的因素，从而进行对象选择的方法。具体来说，是指参加价值工程活动的人员，根据自己所了解到的企业产品情况，凭借个人的知识和经验，经过对情况的全面分析和综合研究，区别轻重、主次，从而选定价值工程分析的对象。

这种方法使用起来简便易行，并且因进行综合分析，考虑问题比较全面，对象选择比较准确，特别是当时间紧迫，使用该方法更为适宜。此法的缺点是，容易受参加选择人员的工作态度，经验水平等主观因素的限制。因此，在使用该方法时，要选择熟悉业务，经验丰实，对生产和技术有综合了解的人员。此外，在进行对象选择时，要注意发挥集体的智慧，集中各方面的思想，并尽量与其他方法配合使用。

2. 寿命周期分析法（life cycle analysis method）

任何一个企业所生产的产品，不论其产品是什么，都有一个从研制、生产、使用直到被淘汰的过程。我们习惯上称之为产品的寿命周期。产品处在不同阶段，其销售量和盈利情况会有很大差别，企业对不同的阶段所采用的策略也不同。因此，企业应经常对产品处于哪个时期进行分析。寿命周期分析法可以应用在管理的许多方面，尤其在价值工程活动中，常用该方法来分析产品所处不同的周期阶段，以便选择价值分析的重点对象。

在实际问题中，要判定一个产品正处于哪个时期，有一定困难，要根据产品在市场上的销售量、价格，其他同类产品等各方面情况进行分析。图 5-2 为产品生命周期曲线，由图可以看出，一个产品的整个发展过程分为四个阶段。

（1）投入期。投入期的特点是增长率不稳定，增加的幅度也小，一般在这一时期，企业宁肯冒点风险也要进行投资。此时，若进行价值工程对象的选择，则应选择成功可能性较大的产品。通过价值工程活动，重点分析如何使产品获得较好的工艺性，从而提高产品的质量和可靠性，努力实现用户所要求的功能。

（2）生长期。产品到了生长期，销售量迅速增加，曲线呈上升趋势，一方面企业在这一时间已经投入了一定量的资金，还将继续投资。另一方面，市场上，投入此种产品生产的厂家增多，竞争加剧了。为了提高产品的竞争能力，使企业多获利，应选择成本高、竞争激烈的产品作为价值分析的对象。

（3）成熟期。产品到达成熟期时，销售增长率逐步下降，企业在此时已投入了大量资源，为了保证利润，都进行广告宣传。这是个很重要的时期，它决定企业是否转产。所以此阶段价值工程应该着重新产品的研制，同时应对产品进行改进，以图延长其寿命周期，如图 5-3 所示。

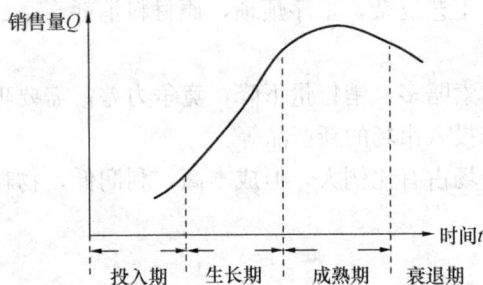

图 5-2　产品生命周期曲线　　　　图 5-3　产品生命周期的延长曲线

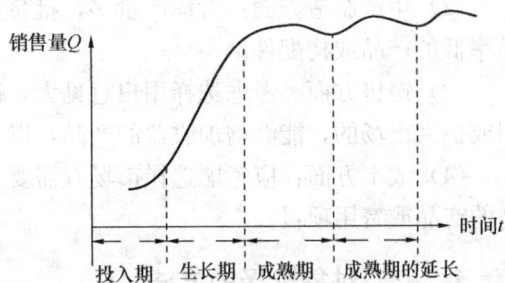

（4）衰退期。产品一旦进入衰退期，销售量就会迅速下降，企业纷纷转产，这对价值工程的对象，应以用户要求为基准，研究老产品的价值改善，以图延长其寿命周期。

3. 费用比重分析法（cost proportional analysis approach）

所谓费用比重分析法，是指企业在生产产品的过程中，针对某一个具体的目标，在所有费用构成中，应选取费用比重较大者为价值工程的对象。这种方法主要用于节约某种原材料或能源时，选择价值工程活动的产品对象。

假如，某企业要降低油耗，那么油耗大的产品就应列入价值分析的对象。又假如某企业要降低运输费、管理费、材料费等，那么运输费、管理费或材料费所占比重大的产品也应列入价值分析的对象。

【例 5-1】某企业现有 A、B、C、…、G 等七种产品，其中油耗比重见表 5-3。若以节油为目的选择价值分析对象，应如何选择。

[例 5-1] 条件表　　　　　　　　　表 5-3

产品	A	B	C	D	E	F	G	合计
油耗（%）	50	24	10	8	5	2	1	100

【解】用费用比重分析法

由表 5-3 可知，A 产品的油耗比重最大（占 50%），应选为价值分析对象。

若企业有力量，也可以对 A、B 两种产品进行分析，只要 A、B 产品的油耗能降低，该企业就能在 74% 的油耗中挖掘潜力。

费用比重分析法虽然简单易行，但其致命缺点是仅从一个指标上进行选择，缺乏对各产品的综合分析，因此，必须同经验分析法等综合分析法结合使用。

4. ABC 分析法（Activity Based Costing）

ABC 分析法（又称不均匀分布定律法）是帕莱脱（Pareto）氏所创造，现已广泛应用。方法的基本思路是将某种产品的成本组成逐一分析，将每一个零件占多少成本从高到低排出一个顺序，再归纳出占多数成本的是哪些零件。一般零件的个数占零件总数的 10%～20%，而成本却占总成本的 70%～80% 左右的这类零件为 A 类零件；若零件的个数占零件总数的 20% 左右，而成本也占总成本的 20% 左右，这类零件称为 B 类零件。另一类零件的个数占 70%～80%，而成本却占 10%～20% 左右的这类零件为 C 类零件。ABC 分类原则见表 5-4。

零件分类原则　　　　　　　　　表 5-4

类别	成本比率	数量比率
A	70%～80%	10%～20%
B	20%	20%
C	10%～20%	70%～80%

通过分析后应选择 A 类零件作为价值工程的对象。ABC 分析法还可以用图来表示。例如，竹壳热水瓶有 8 个零件组成，经过分析，瓶胆零件成本占全部成本的 75%；竹壳零件成本占全部成本的 15%，还有 6 个零件的成本占全部成本的 10%。据此，可以画出 ABC 分析图，如图 5-4 所示。

从图 5-4 可以看出，假如我们集中在瓶胆这个零件上做些工作，那么

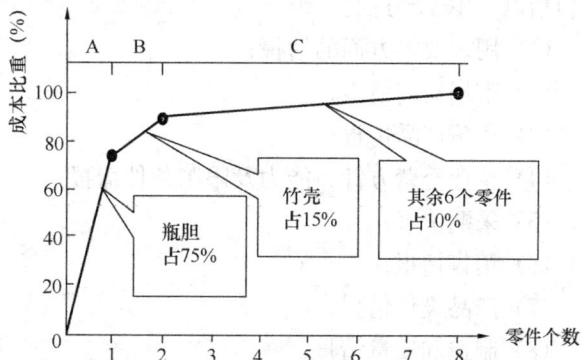

图 5-4　竹壳热水瓶的 ABC 分析图

一定会达到降低竹壳热水瓶成本的目的。所以应选瓶胆作为价值分析的对象为宜。

此外还有百分比法，强制确定法，最合适区域法等，在此不作一一介绍。

5.2.3　情报资料的收集

1. 信息情报的作用

发展商品经济的中心问题是市场问题，而信息情报则是市场的先导和媒介，要大力发展外向型经济，要以尽可能少的投入获得尽可能多的产品，就必须不断地从宏观和微观的经济技术活动中索取、处理、加工、传递、储存信息，以此导向企业的生产经营行为，促进研究对象价值的提高。

价值工程所需的情报就是在各个工作步骤进行分析和决策时所需要的各种资料和信息。在选择价值工程对象的同时，就要收集有关的技术情报及经济情报，并为进行功能分析、创新方案和评价方案等步骤准备必要的资料。收集情报是价值工程实施过程中不可缺少的重要环节，通过资料信息的收集整理和汇总分析，使人们开阔思路、发现差距、掌握依据、开拓创新，使价值工程活动得到事半功倍的效果。因此，收集信息情报的工作是整个价值工程活动的基础。

2. 信息情报收集的内容

价值工程活动中需要收集的信息情报从内容来说可分为基础情报和对象情报两大类，如图 5-5 所示。

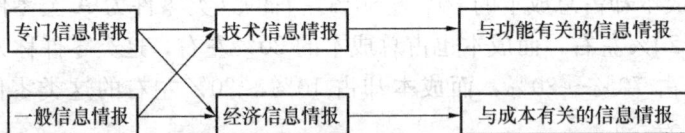

图 5-5　信息情报的内容

基础情报即一般信息情报，是指除了与价值工程对象直接关系之外的大范围信息资料，如市场动态、科技发展水平、体制改革动向等。

对象情况即专门情报，是指与价值工程对象直接有关的信息情报，范围很广。以水工业产品而言，主要指产品在开发、设计、制造、流通和使用过程等各方面的专用情报，一般包括以下 13 个方面。

（1）用户要求方面的情报；

（2）市场动向情报；

（3）竞争产品情报；

（4）企业经营方针、能力及限制条件情报；

（5）采购情报；

（6）销售情报；

（7）产品设计情报；

（8）制造和质量情报；

（9）成本情报；

（10）包装运输情报；

（11）安全公害情报；

（12）社会道德方面的情报；

（13）政府和社会有关部门法规条例方面的情报。

需要搜集的情报很难一一列举，但通常在搜集时要注意目的性、可靠性、适时性、广泛性、系统性、连续性等方面。

3. 信息情报的收集和整理

价值工程所需的信息资料存在的形式有两种：一种是记录在图纸、报表、说明书上，是有记录可查，可供随时翻阅的资料；另一种是本企业内及社会上各类专家的经验或知识，它是没有记录下来的信息。价值工程活动中所需的资料往往是属后者，这些信息需要通过一些适当的方法来收集，通常使用的方法是面谈法、观察法和书面调查法，也可以采用查阅法、购买法、交换法等，这些方法各有优缺点，可视不同对象、条件和需要，灵活应用或结合应用。

情报的收集不是简单的资料汇集，需要在收集的基础上分析、整理、删除无效情报，活用有效情报，以利于价值工程活动的分析研究，情报整理工作的基本步骤可由图 5-6 所示。

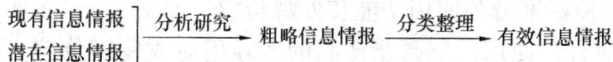

现有信息情报
潜在信息情报 —分析研究→ 粗略信息情报 —分类整理→ 有效信息情报

图 5-6　信息情报的整理程序

5.3　功能分析　整理和评价

5.3.1　功能分析

价值工程的核心是进行功能分析。那什么叫功能呢？功能就是某个产品或零件在整体中所担负的职能或所起的作用。任何产品都具备相应的功能，不同的产品有不同的功能，不同的功能又要花费不同的成本来实现。功能分析的目的就是要用尽可能少的成本来实现这个功能。

1. 功能定义

进行功能分析，首先要给功能下定义。所谓功能定义就是用简单明确的语言对产品或各零部件的功能下个确切的定义。以区别各产品或零部件之间的特性。功能定义一般用一个动词和一个名词来表达，如自行车的功能是代替（动词）＋步行（名词），手表的功能是指示（动词）＋时间（名词）等。通过功能定义，可以使设计者准确掌握用户的功能要求，抓住问题的本质，扩大思考范围，打开设计思路，加深对产品功能的理解，为创造高价值的方案打下基础。

2. 功能分类

用户所要求产品的功能是多种多样的，功能的性质不同，其重要程度就不同，一般可用如下分类：

（1）按重要程度为标准可分为基本功能与辅助功能

基本功能就是用户对产品所要求的功能，是为了达到其使用目的所必不可少的功能，是产品存在的条件。比如冰箱的基本功能是冷藏食品，钟表的基本功能就是显示时间等，基本功能可从三个方面加以确定：首先它的功能是必不可少的；其次，它的功能是主要的，再其次，如果它的功能改变，则产品的结构或制造工艺等就会随之改变。

辅助功能是设计人员为实现基本功能而在用户直接要求的功能基础上加上去的功能，是为了更好地帮助基本功能的实现而存在的功能。如自行车的基本功能是代步，车上书包架的功能就只是一个辅助功能。辅助功能也可以从三个方面来判断：它对基本功能的实现起辅助作用；与基本功能相比处于从属地位，是实现基本功能的手段。

值得注意的是，在辅助功能中往往包含着不必要的功能，应通过改进设计予以消除。

（2）按用户对产品的要求可分为必要功能和不必要功能。必要功能和不必要功能是相对而言。一个产品的功能是否必要并不是设计者主观所能决定的，而是要以用户为标准。对于现存方案内的功能要加以分析，经过反复提问、推敲，原来认为是必要的功能也许会变为不必要的功能。价值工程的目的就是要保证用户所要求的必要功能，发现和剔除用户不需要的不必要功能。

（3）按功能的性质标准分为使用功能和外观功能

对每一种产品而言，使用功能是指产品的实际用途或使用价值。美观功能是指产品的外观、形状、色彩、艺术性等。使用功能与美观功能是通过基本功能或辅助功能实现的。

5.3.2　功能整理

功能整理就是将功能按目的—手段的逻辑关系把 VE 对象的各个组成部分的功能根据其流程关系相互连接起来，整理成功能系统图。目的是为了确认真正要求的功能，发现不必要的功能，确认功能定义的正确性，认识功能领域。

进行功能整理，目前普遍采用的方法是"功能分析系统技术"，其工作步骤分为以下三步：

第一步：明确基本功能、辅助功能和最基本功能。

第二步：明确各功能之间的相互关系，根据功能之间的逻辑关系，进行功能整理，又有两种具体方法可采用：

（1）从产品的最终目的开始。可以提出这样的问题："此功能是通过什么办法实现的?"由此追问其手段功能，然后再以这一手段功能为目的，进一步追问其手段，这样逐步地提出问题，一步一步地将其全部功能整理出来。此种方法多用于新产品的开发设计，因为一般的新产品并无固定结构，通常是用户提出对最终功能的要求。

（2）从产品的具体结构即从最终手段开始，提出这样的问题："此功能的目的是什么?"以此推出其目的功能，再以目的功能为手段，进一步提问，直到追问出最终功能为止。通常在老产品改造中使用这种方法，因为老产品改造，许多是从某一具体结构存在的问题入手分析的。

第三步：绘制功能系统图

通过第二步的两种方法，最后将其功能整理成图，如图 5-7 所示。例如电冰箱的功能系统（图 5-8）。

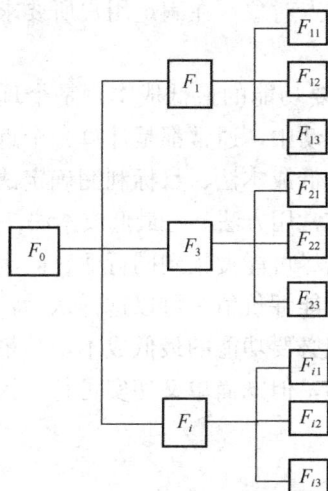

图中 F_0——是产品的最基本功能。

F_1、F_2…F_i 是并列关系的功能，是实现 F_0 的手段；

F_{11}…F_{21}…F_{31} 分别是实现 F_1、F_2…F_i 的手段。

图 5-7 功能整理系统图的一般形式

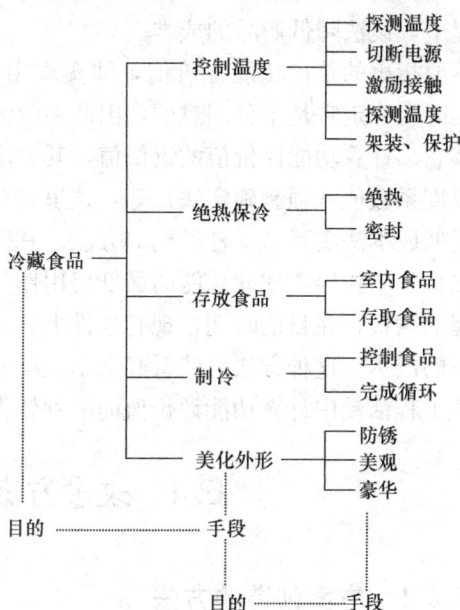

图 5-8 电冰箱的功能系统简图

5.3.3 功能评价

经过功能定义和功能整理明确了分析对象所具有的功能之后，紧接着就要定量地确定功能的目前成本是多少？功能的目标成本是多少？功能的价值是什么？改进目标是什么？改进幅度有多大？等，这些问题都要通过功能评价来解决。所谓功能评价，是指找出实现某一必要功能的最低成本（称为功能评价值），以这个最低成本为基准，通过与实现这一功能的现实成本相比较，求出二者的比值（称为功能的价值）和二者的差值（称为节约期望值），然后选择价值低、改善期望值大的功能，作为改进的重点对象。

根据价值的定义公式 $V=\dfrac{F}{C}$，上面所述可用公式表示为：

$$功能的价值（V）=\frac{功能评价值（F）}{成本（C）}$$

即： $$功能的价值（V）=\frac{实现必要功能的最低成本（F）}{实现现行功能的现实成本（C）} \tag{5-2}$$

$$节约期望值（E）=实现必要功能的最低成本（F）-实现现行功能的现实成本（C) \tag{5-3}$$

当 $V=1$ 或 $E=0$ 时，表明 $F=C$，即所花费的现实成本与实现该功能所必需的最低成本相当，可以认为是最理想的状态，此功能无改善必要。

当 $V>1$ 或 $E>0$ 时，此时 $F>C$ 理论上说是不应发生的，这种情况一般由于数据的搜集和处理不当或不够完善或不足，可以列为价值改善的对象，若无此反映，可以不考虑。

当 $V<1$ 或 $E<0$ 时，此时 $F<C$，即所花费的现实成本大于实现该功能所必需的最低成本，换句话说，$F<C$，说明实现该项功能的成本有花得不适当的地方，或者有功能过

剩的情况。针对这种情况，应将此功能列为价值改善的重点对象，在满足用户所要求功能的前提下，设法降低产品的成本。

需要指出的是，功能评价值，即实现用户要求的必要功能的最低成本，是个理论数值，实际要确定它是十分困难的，因此在价值工程实施活动中，通常都是计算一个近似值来代替它。计算功能评价值的近似值，其方法很多，如最低成本法、目标利润确定法、功能重要度系数值（强制确定法）等，这里只介绍一种目前常用方法——最低成本法。

最低成本法实际是一种类比的方法。其做法是：根据尽可能搜集到同行业、同类产品的情况，从中找出实现此功能的最低费用作为该功能的功能评价值。可以这样认为：就已经掌握的情报，在目前时期，现有条件下，该成本是实现必要功能的最低成本，是最理想状态下的成本。这种方法虽然看起来不太科学，比较粗糙，但既简单又切实可行，因而它是价值工程活动中计算功能评价值的一种较常用的方法。

5.4　改进方案的制定与评价

5.4.1　方案创造的方法

为了实现产品的基本功能、辅助功能、使用功能、外观功能等功能的任何方案都可以提出来。方案创造的方法，实质是开发人的创造力，有效地运用人的创造力，使其处于最有利于发挥的状态的方法。

1. 头脑风暴法

"头脑风暴法"（Brain Storming，BS 法）又称智力激励法或自由思考法，其原意为神经病患者的胡思乱想，这里借用来形容参加会议的人思想奔放，创造性地思考问题。该法由美国 BBDO 广告公司的奥斯本于 1941 年首次提出，他通过这种方法创造出许多新的广告花样。

这种方法是邀请一些有经验、有专长的人参加会议，会前将讨论内容通知大家。开会时，要求会议的气氛热烈、协调、环境优美，室温、光线适宜，并对到会人员约定四条规定：不互相批评指责；自由奔放地思考；多提构思方案；结合别人的意见提出设想。

2. 哥顿法

哥顿法（Gordon Method）是 1964 年美国人哥顿所创。这种方法的指导思想是把所要研究解决的问题适当抽象，以利于开拓思路。提方案也是采用会议方式进行，具体目的先不说明，以免束缚大家的思想。例如，要研究"屋面排水"的方案，开始提出"如何把水排掉"这个问题，让大家提方案。

3. 德尔菲法

德尔菲法（Delphi Method）是将所要提出的方案分解为若干内容，并将这些内容邮给提案的对方，经对方邮寄回来后整理出各种建议，并归纳出若干较合适的方案再邮寄给对方分析方案，对方邮寄回来后集中各位建议的内容，选出较少的、实用的方案又邮给各位专家分析提案，如此经过多次反复，最后可以提出方案。这种方法提案人员互不见面，可以避免不必要的顾虑而尽量提出方案。

关于提方案的方法多种多样，在此不一一赘述。

5.4.2 方案的具体化

方案具体化是指在设计方案提出之后，首先进行初步分析，去掉那些明显的希望不大的方案，留下少数可行的方案再进一步研究，即调查分析初选出来的方案的优缺点，寻求克服缺点的途径，具体充实方案的实施方法、结构形式、组成要素等各个方面的内容。

方案的具体化一般分两步进行，首先，是要决定各个设想方案的具体结构、尺寸大小、材料及加工、装配方法，将抽象的设想变为具体且具有实质性的方案，其次，需将各个功能区的设想方案联系起来全面考虑，使之组成一个可靠地实现总体功能的完整方案。这实际上是在保证实现必要功能的前提下，进行产品各个部分的结构设计，同时，也要研究它们之间的协调性，使总体结构系统能经济合理地保证必要功能的实现。

5.4.3 方案组合法

方案组合是在方案具体化的基础上进行的，它是指从不同角度抽出各方案中比较理想的部分进行重新组合，从而得到新的理想方案。在方案组合法中最常用的方法是采用"最低成本组合法"。即是先把初选出的方案具体化之后，再把各方案中实现某一功能的成本最低部分抽出来加以组合，这样可能更有希望实现降低成本的目的（见表 5-5）。

方案最低成本组合法　　　　　　　　　　　　　表 5-5

功能		F_1	F_2	F_3	F_4
方 案	A	2	①	3	3
	B	①	5	4	5
	C	3	2	①	3
	D	4	3	5	2
	E	5	4	2	①

由表 5-5，A、B、C、D、E 为已有方案，F_1、F_2、F_3、F_4 为产品应具备的功能，将各个方案按照实现某一功能所花成本的高低排出次序，成本最低的为①，比如对实施功能 F_2 来说，A 方案的成本最低应为①，A 方案是备选方案。同样的，对功能 F_1、F_3、F_4 而言，成本最低的分别是 B 方案、C 方案和 E 方案，这样将 A 方案中 F_2 部分，B 方案中 F_1 部分和 C 方案中 F_3 部分，E 方案中 F_4 部分抽出，重新加以组合，便可能形成一个降低成本的更好的方案。最低成本法，这一方法在价值工程活动中常常被采用。

5.4.4 方案的评价和选择

方案的评价和选择主要考虑能否满足各方案提出的要求，方案评价有概略评价和详细评价两种。

概略评价是对所提出的许多方案进行粗略的分析和筛选，减少详细评价的工作量。它的目的不是评定方案是否先进，而仅是剔除技术和经济上明显不可行的方案。它的任务是在尽可能短的时间内，对数量众多的方案进行初步筛选，因此，粗略评价的标准不必过严，评价的项目无需过细，评价结论无需详尽，评价的方法要尽可能简便易行。

详细评价是对经过概略评价筛选后的少数方案再具体化，通过进一步的调查，研究和技术经济分析，最后选出最令人满意的方案。

方案的评价不论概略评价和详细评价都包括技术评价，经济评价和社会评价三个方面。技术评价主要评价方案能否实现所要求的功能，以及方案本身在技术上能否实现。大致包括：功能实现程序（性能、质量、寿命等）、可靠性、可维修性、可操作性、安全性、整个系统的协调与环境条件的协调性等。方案的经济评价主要包括费用的节省，对企业或公众产生的效益，同时还应考虑产品的市场情况，销路以及同类产品的竞争企业、竞争产品、产品盈利的多少和能保持盈利的年限。社会评价主要包括是否符合国家政策、法令及有关规定，能否最有效地利用资源，有无造成环境污染、噪声、能源等的浪费或损害生态平衡等弊病，对国民经济有无不利影响等。

方案评价的方法很多，如评分法、判定表法、重要系数法、功能加权法、方案相加评价法等等，下面重点介绍简便易行的评分法和判定要素法。对方案的评价总括起来从两个方面来考虑，一是效果，二是成本。一般选择成本低效果好的方案作为采用的方案。

1. 评分法

方案的效果好坏，可以通过邀请有经验的专家来评分，评分的分值，可通过方案接近理想完成的程度来定。一般是：很好很理想的方案给 4 分，好的方案给 3 分，过得去的方案给 2 分，勉强过得去的方案给 1 分，不能满足要求的方案给 0 分。这种做法称为评分法（Composite Grade Method）。

1）从给分评价数据中先分析出技术价值系数。技术价值系数用 X 表示：

$$X = \frac{\sum P}{n \cdot P_{max}} \tag{5-4}$$

式中　P——各方案满足功能的得分值；

　　　P_{max}——各方案满足功能的最高得分，$P_{max} = 4$；

　　　n——各方案需要满足的功能数。

以大家熟悉的手表功能来计算它的技术价值系数，见表 5-6。

手表的技术价值系数表　　　　　　　　　　　表 5-6

技术功能目标	A 方案	B 方案	C 方案	理想方案
走时准确	3	2	1	4
防震性能	3	2	1	4
防水性能	3	2	1	4
防磁性能	4	2	1	4
夜光性能	0	3	0	4
式样新颖	3	3	3	4
$\sum P$	16	14	7	24
$X = \dfrac{\sum P}{n \cdot P_{max}}$	$X_A = 0.66$	$X_B = 0.58$	$X_C = 0.29$	$X_{理} = 1.00$

2）从经济价值再来对方案进行评价。经济价值系数用 Y 表示为：

$$Y = \frac{H_{理} - H}{H_{理}} \tag{5-5}$$

式中　$H_{理}$——理想成本（元）；

　　　H——新方案的预计成本（元）。

理想成本的确定，可将老产品或类似产品原成本作基数来计算，如原手表的理想成本为 10 元/只。A、B、C 三个方案的预算成本见表 5-7。

A、B、C 三个方案的预算成本 表 5-7

方案名称	新方案的预计成本 H（元）	理想成本 $H_{理}$（元）	经济价值系数 Y
A 方案	8	10	$Y_A = 0.2$
B 方案	7	10	$Y_B = 0.3$
C 方案	6	10	$Y_C = 0.4$

3）对三个方案综合评价，综合评价系数以 K 表示

$$K = \sqrt{XY} \tag{5-6}$$

A、B、C 三方案的综合评价值见表 5-8。

手表的综合评价值表 表 5-8

方案名称	技术价值系数 X	经济价值系数 Y	综合评价系数 K
A 方案	0.66	0.2	0.3633
B 方案	0.58	0.3	0.4171
C 方案	0.29	0.4	0.3406

从表 5-8 可看出 B 方案的综合评价系数最高，所以选择 B 方案为最佳方案。

2. 判定表法

判定表法（Decision Table）是一种简便易行的方法，它分三步进行。

首先，定出评价要素，所谓评价要素就是决定产品竞争能力的主要因素。例如，目前影响建筑产品销路的主要因素是制造成本高、功能可靠性差，外观也不太好，那么就可以把这三项定为评价要素。

其次，定出各评价要素的比例。对各评价要素不能同等对待，应有主次之分。要定出位次，定出比重（权值）。比例大小是基于调查研究的结果来定的，不能靠生产者的主观臆断。比如，经过对市场、用户的调查，发现绝大多数人都提出了提高功能可靠性的要求，但也有不少人要求降低价格，也有些人提出了外观的要求。再根据竞争能力的需要定出比例如下：功能为 30%，成本为 60%，外观为 10%。

再次，列表进行判定，见表 5-9。

判 定 表 法 表 5-9

评价要求	比例	对各要素的满足程度（%）		评价值	
		A	B	A	B
功能	0.3	80	60	24	18
成本	0.6	60	50	36	30
外观	0.1	10	80	1	8
Σ	1	150	190	61	56

表中 A、B 为两个备选方案。就 A 方案而言，A 能较好地满足功能要求，能满足降

低成本的要求，同时适当顾及了外观。因而方案 A 对三个评价要素的满足程度可分别定为 80%、60%、10%。而对 B 方案而言，B 方案能较好地满足外观要求，基本上能满足功能要求，成本也降低不少，对三个评价要素的满足程度可定为：60%、50%、80%。如果不考虑评价要素的比例，则 B 的综合满足程度（190）超过 A（150），似乎应当选 B 更好，但是，如果考虑了市场和用户因素，则评价值可用比重与 A 或 B 各评定要求的满足程度的乘积的和来表示，显然可以看出 A 方案优于 B 方案。因此，选 A 方案。

5.5 价值工程应用举例

【例 5-2】某水务公司两幢科研楼及一幢综合楼，设计方案对比项目如下：

A 楼方案：结构方案为大柱网框架轻墙体系，采用预应力大跨度叠合楼板，墙体材料采用多孔砖及移动式可拆装式分室隔墙，窗户采用单框双玻璃钢塑窗，面积利用系数 93%，单方造价为 1437.58 元/m²；

B 楼方案：结构方案同 A 墙体，采用内浇外砌、窗户采用单框双玻璃空腹钢窗，面积利用系数 87%，单方造价 1108 元/m²。

C 楼方案：结构方案采用砖混结构体系，采用多孔预应力板，墙体材料采用标准黏土砖，窗户采用单玻璃空腹钢窗，面积利用系数 70.69%，单方造价 1081.8 元/m²。

方案功能得分及重要系数见表 5-10。

方案功能得分及重要系数 表 5-10

方案功能	方案功能得分 ϕ_{ij}			方案功能重要系数 f_i
	A	B	C	
结构体系 F_1	10	10	8	0.25
模板类型 F_2	10	10	9	0.05
墙体材料 F_3	8	9	7	0.25
面积系数 F_4	9	9	7	0.35
窗户类型 F_5	9	7	8	0.10

试回答下列问题：

（1）应用价值工程方法选择最优设计方案。

（2）为控制工程造价和进一步降低费用，拟针对所选的最优设计方案的土建工程部分，以工程材料费为对象开展价值工程分析。将土建工程划分为 4 个功能项目，各功能项目评分值及其目前成本见表 5-11。按限额设计要求目标成本额应控制为 12170 万元。分析各功能项目的目标成本及其成本可能降低的幅度。

【解】（1）应用价值工程方法选择最优设计方案

成本系数计算见表 5-12。

A 方案成本系数＝A 方案造价/各方案造价和

基础资料表			表 5-11
序号	功能项目	功能评分	目前成本（万元）
1	桩基围护工程	11	1520
2	地下室工程	10	1482
3	主体结构工程	35	4705
4	装饰工程	38	5105
合　计		94	12812

成本系数计算		表 5-12
方案名称	造价（元/m²）	成本系数
A	1437.48	0.3963
B	1108	0.3055
C	1081.8	0.2982
合　计	3627.28	1.0000

功能因素评分与功能系数计算见表 5-13。

功能因素评分				表 5-13
功能因素	重要系数 f_i	方案功能得分加权值 $f\phi_{ij}$		
		A	B	C
F_1	0.25	$0.25 \times 10 = 2.5$	$0.25 \times 10 = 2.5$	$0.25 \times 8 = 2.0$
F_2	0.05	$0.05 \times 10 = 0.5$	$0.05 \times 10 = 0.5$	$0.05 \times 9 = 0.45$
F_3	0.25	$0.25 \times 8 = 2.0$	$0.25 \times 9 = 2.25$	$0.25 \times 7 = 1.75$
F_4	0.35	$0.35 \times 9 = 3.15$	$0.35 \times 8 = 2.8$	$0.35 \times 7 = 2.45$
F_5	0.10	$0.1 \times 9 = 0.9$	$0.1 \times 7 = 0.7$	$0.1 \times 8 = 0.8$
方案加权平均总分 $\sum f\phi_{ij}$		9.05	8.75	7.45
功能系数 $\phi = \dfrac{\sum f_i \phi_{ij}}{\sum_i \sum_j f_i \phi_{ij}}$		$\dfrac{9.05}{9.05+8.75+7.45}=0.358$	0.347	0.295

计算各方案价值系数（见表 5-14）

各方案价值系数计算表				表 5-14
方案名称	功能系数	成本系数	价值系数	选优结果
A	0.358	0.3963	0.903	
B	0.347	0.3055	1.136	最优
C	0.295	0.2982	0.989	

注：价值系数＝功能系数/成本系数。

结论：根据对 A、B、C 方案进行价值工程分析，B 方案价值系数最高，为最优方案。

（2）分析各功能项目的目标成本及其成本可能降低的幅度。

以桩基围护工程为例分析如下：

本项功能评分为 11，功能系数 $F = 11/94 = 0.1170$；

目前成本为 1520，成本系数 $C = 1520/12812 = 0.1186$；

价值系数 $V = F/C = 0.1170/0.1186 = 0.9865 < 1$，成本比例偏高，需作重点分析，寻找降低成本途径。

根据其功能系数 0.1170，目标成本只能确定为 $12170 \times 0.1170 = 1423.89$ 万元，成本需降低的幅度为：$1520 - 1423.89 = 96.11$ 万元。

其他项目分析同理，按功能系数计算目标成本及成本降低幅度，计算结果见表 5-15。

成本降低分析　　　　　　　　　　　　　表 5-15

序号	功能项目	功能分析	功能系数	目前成本（万元）	成本系数	价值系数	目标成本（万元）	成本降低幅度（万元）
1	桩基维护工程	11	0.117	1520	0.1186	0.9865	1423.89	96.11
2	地下室工程	10	0.1064	1482	0.1157	0.9196	1294.89	187.11
3	主体结构工程	35	0.3723	4705	0.3672	1.0139	4530.89	174.11
4	装饰工程	38	0.4043	5105	0.3985	1.0146	4920.33	148.67
合　计		94	1.0000	12812	1.0000		12170	642

【例 5-3】 造价工程师在某污水处理生物反应池建设工程中，采用价值工程的方法对该工程的设计方案和编制的施工方案进行了全面的技术经济评价，取得了良好的经济效益和社会效益。现有四个设计方案，经有关专家对上述方案进行技术经济分析和论证，得出如下资料（表 5-16、表 5-17）。

功能重要性评分表　　　　　　　　　　　表 5-16

F_1	F_2	F_3	F_4	F_5	F_1	F_2	F_3	F_4	F_5
0	4	2	3	1	3	4	1	0	1
4	0	3	4	2	1	2	1	1	0
2	3	0	1	1					

方案功能得分及单方造价　　　　　　　　表 5-17

方案功能	方案功能得分及单方造价				方案功能	方案功能得分及单方造价			
	A	B	C	D		A	B	C	D
F_1	9	10	9	8	F_4	8	8	8	7
F_2	10	10	8	9	F_5	9	7	9	6
F_3	9	9	10	9	单向造价（元/m²）	1420.00	1230.00	1150.00	1360.00

试计算和分析下列问题：

（1）计算功能重要性系数；

（2）计算功能系数、成本系数、价值系数、选择最优设计方案。

【解】（1）计算功能重要性系数

F_1 得分＝4＋2＋3＋1＝10　　　　功能重要性系数＝10/44＝0.227

F_2 得分＝4＋3＋4＋2＝13　　　　功能重要性系数＝13/44＝0.295

F_3 得分＝2＋3＋1＋1＝7　　　　　功能重要性系数＝7/44＝0.159

F_4 得分＝3＋4＋1＋1＝9　　　　　功能重要性系数＝9/44＝0.205

F_5 得分＝1＋2＋1＋1＝5　　　　　功能重要性系数＝5/44＝0.114

总得分＝10＋13＋7＋9＋5＝44

（2）计算功能系数、成本系数、价值系数、选择最优设计方案

1）计算功能系数

方案功能得分：

$F_A=9\times0.227+10\times0.295+9\times0.159+8\times0.205+9\times0.114=9.090$

$F_B = 10 \times 0.227 + 10 \times 0.295 + 9 \times 0.159 + 8 \times 0.205 + 7 \times 0.114 = 9.089$

$F_C = 9 \times 0.227 + 8 \times 0.295 + 10 \times 0.159 + 8 \times 0.205 + 9 \times 0.114 = 8.659$

$F_D = 8 \times 0.227 + 9 \times 0.295 + 9 \times 0.159 + 7 \times 0.205 + 6 \times 0.114 = 8.021$

总得分：$F = F_A + F_B + F_C + F_D = 34.859$

功能系数计算：

$\phi_A = 9.090/34.859 = 0.261$ $\phi_B = 9.089/34.859 = 0.261$

$\phi_C = 8.659/34.859 = 0.248$ $\phi_D = 8.021/34.859 = 0.230$

2）确定成本系数、价值系数

成本系数和价值系数的计算见表 5-18。在四个方案中，C 方案价值系数最大，所以 C 方案为最优方案。

价值系数计算表   表 5-18

方案名称	单方造价（元/m²）	成本系数	功能系数	价值系数	优选方案
A	1420.00	0.275	0.261	0.949	
B	1230.00	0.238	0.261	1.097	最优
C	1150.00	0.223	0.248	1.112	
D	1360.00	0.264	0.230	0.871	
合计	5160.00	1.000	1.000		

【例 5-4】某公司承担××厂排水管线的施工任务，根据情况设计三个施工方案可供选择，方案一需要 6 个施工点，占用农田 21.60m²，修筑和拓宽便道 1.2km，加固 2 座桥梁。方案二要设 5 个施工点，占用农田 29.90m²，修筑和拓宽便道 3.4km，加固桥梁 2 座。方案三设 2 个施工点，沿用已有基地，占用农田 18.18m²，修筑和拓宽便道 0.5km，架设临时渡桥 2 座。根据表 5-19 的评分标准，试对以上方案进行分析优选。

各点施工因素的评分标准   表 5-19

序号	施工因素	等级和评分				
		优秀（四级）	良好（三级）	一般（二级）	尚可（一级）	不可（0 级）
1	施工条件	220	165	110	55	0
2	投资费用	180	135	90	45	0
3	征用农田	108	81	54	27	0
4	排灌影响	40	30	20	10	0
5	交通情况	60	45	30	15	0
6	便道长度	48	36	24	12	0
7	临建设施	32	24	16	8	0
8	土建配合	12	9	6	3	0
9	水源情况	20	15	10	5	0
10	动力供应	16	12	8	4	0
11	后勤供应	16	12	8	4	0
12	施工管理	48	36	24	12	0
总分		800	600	400	250	0

【解】根据表 5-19 的评分标准，对三个施工方案评定的结果见表 5-20、表 5-21 和表 5-22。

三个施工方案分级评分比较　　　　　　　　　　　表 5-20

序号	方案一		方案二		方案三	
	等级	评分	等级	评分	等级	评分
1	4	220	4	220	3	165
2	2	90	2	90	4	180
3	3	81	2	54	4	108
4	4	40	3	30	2	20
5	2	30	2	30	4	60
6	3	36	2	24	4	48
7	3	24	4	32	3	24
8	2	6	3	9	3	9
9	3	15	4	20	3	15
10	2	8	3	12	3	12
11	2	12	2	8	3	12
12	2	24	3	36	4	48
总分		586		565		701

施工方案的成本分析　　　　　　　　　　　表 5-21

方案成本分析因素	方案一		方案二		方案三	
	成本（元）	成本系数	成本（元）	成本系数	成本（元）	成本系数
人工	214374.52	0.034	209471.82	0.035	200619.02	0.034
材料	5231607.06	0.843	5164162.56	0.864	5162335.54	0.886
机具	301172.50	0.050	275400.85	0.046	222654.80	0.038
临建	155000.00	0.020	75960.00	0.013	35000.00	0.006
间接	301200.00	0.050	251000.00	0.042	200800.00	0.034
总计	6203354.08		5975995.23		5821409.36	

价值系数计算表　　　　　　　　　　　表 5-22

方案	功能得分 F	功能系数 $F_1=\dfrac{(1)}{\Sigma(1)}$	方案成本 C（万元）	成本系数 $C_i=\dfrac{(3)}{\Sigma(3)}$	价值系数 $V_i=\dfrac{(2)}{(4)}$	选择方案
	(1)	(2)	(3)	(4)	(5)	
方案一	586	0.316	620.3	0.345	0.915	
方案二	565	0.305	597.6	0.332	0.918	
方案三	701	0.379	582.1	0.323	1.173	✓
总计	1852	1.000	1800	1.000		

对经济效益分析如下。

若采用方案三，则第一，只设 2 个施工点，由于施工点减少，不仅节约建点费用，还明显地增强了所设施工点的功能；第二，不需进行桥梁加固，节省了加固费、断航补贴费、道修筑费和高压线移位赔偿费，节约 60000 元，并能缩短工期，少征用农田；第三，主要生产、生活设施集中安排，既节省了临时建筑费，又便于施工管理。因此方案三为最优方案。

思 考 题 与 习 题

1. 什么叫作价值？提高价值的方法有哪些？
2. 什么叫价值工程？价值工程的核心是什么？
3. 价值工程的工作程序是什么？每个程序需要解决什么问题？
4. 选择价值工程对象的常用方法有哪些？
5. 方案创造的方法有哪几种？
6. 请同学们对 [例 5-1]，[例 5-2]，[例 5-3] 随意修改数据后进行练习。

第 2 篇
水工程建设项目概算

第6章 水工程建设项目投资

6.1 基本建设程序

6.1.1 基本建设的定义及内容

基本建设（capital construction）是指国民经济各部门完成固定资产再生产的手段及过程，它是实现国民经济和社会发展，增强综合国力和提高人民群众物质文化生活的重要途径，也是实现资金积累不可缺少的重要环节。

所谓固定资产（fixed assets）是指在生产过程中，能在较长时间内发挥作用而不改变其实物形态，其价值逐步转移到新产品中去的劳动资料，以及能在较长时期内为人民生活各方面服务的物质资料。

固定资产在生产和使用的过程中，会不断地磨损和逐渐损耗而最后丧失它的效用，为了保持企业和社会再生产能力正常地不断地进行，必须对固定资产的损耗进行补偿，以及在固定资产的使用价值全部丧失时进行更新。固定资产的不断补偿、更新和不断扩大的连续过程，就称为固定资产再生产。固定资产的再生产分为简单再生产和扩大再生产两种形式。固定资产的规模在原有的基础上重复，则称为简单再生产（simple reproduction）；当固定资产的规模在原有基础上扩大，就称为扩大再生产（expanded reproduction）。

实现固定资产的扩大再生产，可以采用两种形式：一种是通过对现有项目进行技术改造，用提高生产效率的方式扩大生产能力和效益，属于更新改造，它是固定资产在内涵上的扩大再生产；另一种是建设新项目或对现有项目进行改扩建，以扩大生产能力和效益，它是固定资产在外延上的扩大再生产。换句话说，基本建设是人们使用各种手段，对各种建筑材料、机械设备等进行建造、购置和安装，使之成为固定资产的过程。

基本建设按其经济用途和服务对象，可分为生产性建设和非生产性建设两类。生产性建设是创造用于物质生产和直接为物质生产服务的固定资产，如工业建设、农林水利建设、运输邮电建设、建筑业及地质资源勘探事业建设；非生产性建设是创造用于人们物质和文化生活的固定资产，如住宅建设、文教卫生体育建设、公用事业建设、科学实验研究建设和其他建设。

基本建设按其建设性质可分为新建、扩建、改建和恢复。新建是指建设新的项目；扩建是指为扩大原有企业产品的生产能力、增加新产品的生产能力而新建和扩建分厂、车间及其附属辅助工程项目；改建是指原有企业为提高产品质量、节约能源、降低材料消耗、改变产品结构、改革生产工艺、提高技术水平，而对原有固定资产进行整体技术改造；恢复是指原有固定资产由于自然灾害或战争而遭破坏，仍按原来规模予以重建。

此外，若按建设规模的不同，基本建设可分为大型项目、中型项目和小型项目的建设。划分标准因经济用途和行业不同而有所区别。

基本建设的划分虽有所不同，但其工作内容都是由下列三部分组成：

固定资产的建造和安装：即建筑物和构筑物的建筑工程与安装工程；

固定资产的购置：主要是设备、工具和器具的购置；

其他基本建设工作：指同固定资产的建筑、安装、购置相联系的一系列工作。主要包括勘察设计、工程监理、土地征购、拆迁补偿、职工培训、科研实验、建设单位管理等工作。

当以货币形式表现基本建设各项工作活动的工作量时，称为基本建设投资（investment in capital construction）。它是反映基本建设投资规模速度、比例关系、使用方法的综合指标。基本建设投资通常按主要用途，分为生产性建设投资及非生产性建设投资。

基本建设投资包括三大部分。第一部分费用：指工程费用，含建筑工程投资、设备安装工程投资、设备及工器具购置投资；第二部分费用：指其他基本建设投资（工程建设其他费用），含勘察设计、工程监理、土地征购、拆迁补偿、职工培训、科研实验、建设单位管理等投资；其他投资：包括预备费、固定资产投资方向调节税、建设期借款利息、铺底流动资金等费用。

基本建设是国民经济的重要组成部分，贯穿于一切部门、行业之中，为一切部门和行业提供"物质技术基础"，同时也需要各部门和行业投入产品、资金、技术、劳力和其他劳务与协作。

为了规定一定时期内，国家或地区、部门和企业的基本建设任务，需要编制一定时期内的基本建设计划（capital construction programme）。基本建设计划是国民经济和社会发展计划的重要组成部分，其主要任务是：规定基本建设的规模和投资方向；合理确定和安排各类建设项目，充分发挥投资效果，尽快增加新的固定资产和生产能力；保证发展国民经济和提高人民物质文化生产水平的需要；从国情出发，搞好综合平衡，保证重点，量力而行。

基本建设在国民经济的作用，主要表现为：

（1）基本建设为国民经济各部门和各行业建立固定资产，提供生产能力，是扩大再生产及促进国民经济与社会发展的重要手段。

（2）基本建设是有计划地调整产业结构、部门结构及地区结构，建立新的合理的部门结构和地区结构，促进新兴行业的发展，不断完善国民经济体系的有力保证。

（3）基本建设是实现工农业、国防和科学技术现代化的重要条件。基本建设是实现固定资产的再生产，其内容与技术进步是密切相关的。通过基本建设增添新的先进的劳动手段，改进或替代原有的落后的劳动手段，用先进技术改造国民经济，不断提高国民经济技术水平，促进现代化的实现。

（4）基本建设为社会提供住宅、科教卫生设施及其他文化福利设施、市政公用设施等，为改善和提高人们物质文化生活水平创造物质条件。

可见，基本建设在国民经济中的地位和作用，是由它所建造的固定资产的重要性所决定的。衡量一个国家经济实力的雄厚、社会生产力发展水平的高低，其中重要的标志之一是看它拥有的固定资产的数量多少及质量优劣。

但是，进行基本建设要在较长时期内占用和消耗大量财力、物力和人力，当建设过程终了，才能取得完整形态和完全的使用价值。因此，必须处理好一定时期的基本建设投资规模、速度、重大比例和结构关系，使其与国家能够提供的财力、物力和人力相适应；确定恰当的投资方向，合理安排外延扩大再生产和内涵的扩大再生产以及生产性建设和非生产性建设的投资比例等。反之，如果基本建设投资规模过大，增长过快，战线过长，远远超过国力的可能，致使建设周期过长，经济效益低下；而在具体项目的建设上不能做到优质、低耗和高效，则将会引起消极作用，不仅影响基本建设本身，而且也会影响经济的稳定，给生产和消费带来严重不良后果。

6.1.2　基本建设程序

基本建设工作牵涉面广，且环节多，是要由多行业和多部门密切协作配合的社会经济活动。因此，必须有组织、有计划、按顺序地进行。

基本建设程序（或基本建设工作程序，capital construction procedure）是指在工程项目建设全过程中，各项工作必须遵循的先后顺序。它是通过长期投资建设反复实践的总结，反映出人们对工程建设运动规律的认识和掌握。我国在经济建设中，经过多年来正反两方面的实践与总结，证明了坚持科学的建设程序进行建设是取得成效的先决条件，也是按照客观规律管理基本建设的一条根本原则。进行基本建设的工作程序如图 6-1 所示。

基本建设的工作程序可归纳分成四大部分，即工程项目建设的前期工作、勘察及设计期的工作、项目建设实施期的工作和建成投产后的工作。其中每部分工作都由若干个阶段和环节所组成。

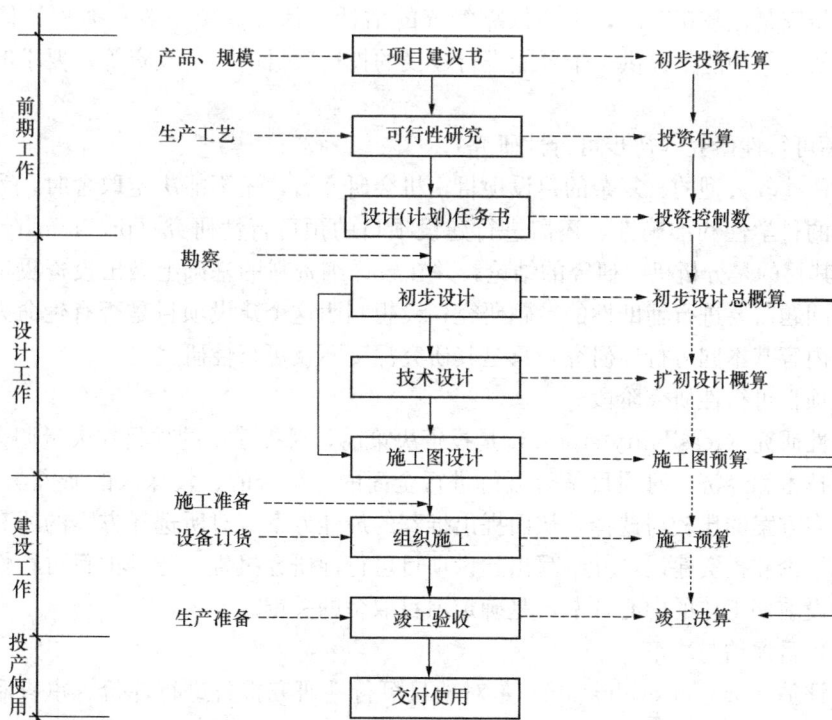

图 6-1　基本建设程序示意框图

1. 工程建设项目前期工作

项目建设前期工作，包括从成立项目、项目研究到评估与决策。工程项目的成立与否，它的规模和产业类型，技术设备与厂址选择，项目投资及资金的筹措等重大问题，都须在这一时期完成。具体包括如下阶段和环节：

（1）工程项目建议书阶段

项目建议书（the project proposal）是由建设项目主管单位根据国民经济和社会发展的中长期计划，结合行业或部门发展规划以及地区和城市发展规划的要求，通过调查研究编制提出的，通常称这个阶段为立项。它是选择建设项目和有计划地进行可行性研究的依据。项目建议书的主要内容是提出拟建项目的必要性（当需引进国外技术和进口设备时，应说明理由、引进国别及其初步分析），并对项目的生产建设条件、规模、投资估算和资金筹措（利用外资要说明方式和配套投资来源、偿还能力）、进度安排、经济效果和社会效益的估算等。项目建议书经有关主管部门批准，方可开始项目建设的可行性研究。对于项目建议书的编制常常采用下述方法进行。

1）机会研究

机会研究（opportunity study）是指在一个确定的地区或部门内，以自然资源、市场预测和环境要求为基础，选择建设项目，为建设项目的内容、投资等提出建议，寻找最有利的投资机会。通过对自然资源情况，社会经济和工农业格局，基础设施现存问题的轻重缓急，地区和城市的发展目标，现有企业扩建到合理的经济规模的可能性，获得成功的经验以及得到失败的教训等方面的分析，来研究投资机会。

机会研究是比较粗略的，主要依靠笼统的估计，其投资额一般根据相类似的工程估算。机会研究的功能是提供一个可能进行建设的投资项目内容、投资等，要求时间短、花钱不多。

2）预可行性研究（初步可行性研究）

对于一些较大型的、复杂的建设项目，机会研究后，还不能决定取舍时，为了保证项目建议书的科学性和准确性，还需进行建设项目的预可行性研究（preliminary feasibility study）。其目的是分析机会研究的结论，并在较详细资料的基础上做出投资决定；确定有哪些关键问题需要进行辅助性的专题研究；设想判明这个建设项目是否有生命力。预可行性研究的内容基本同可行性研究，只是其研究深度不及可行性研究。

（2）项目可行性研究阶段

可行性研究（feasibility study）是投资决策前，对拟建中的项目在大量调查研究的基础上，从技术和经济上对项目是否可行进行全面的、综合的、较深入的研究与科学论证，经过对诸多方案的比较与选择，从而提出推荐的最佳方案。对所选择方案的所有基本问题做出明确结论和投资建议，并编写出建设项目可行性研究报告。建设项目可行性研究阶段是项目建设前期工作的中心环节，是确定项目取舍的关键。

（3）项目评估与决策

项目评估（project evaluation）是对项目可行性研究报告进行评价、审查和核实。评估工作由具有相应资质的咨询机构进行，对于重要项目，有时由多个咨询机构同时进行评估，评估须经技术经济分析、比较与论证，以求得建设项目最优投资方案、最佳质量目标和最短的建设周期。项目评估应提出评估报告，对项目是否可行做出公正、客观、具有科学性的评价。评估报告经上级有关部门审核批准做出项目投资的决策。

项目决策（project decision）应根据国民经济发展的中长期计划和资源条件，正确处理局部与整体、近期与远期、社会效益与经济效益之间的关系，全面分析，搞好综合平衡；合理地控制投资规模与速度，讲究投资效益，预测投资回收期。

对技术引进项目决策时，要从我国实际情况出发，选择技术引进的内容和引进的方式，要从有利于产品产业的调整；能够发展和生产新产品；能提高产品质量和性能；能充分利用本国资源，扩大出口和增加外汇；能节约能源和材料；有利于环境保护和安全生产；有利于改善经营管理，提高科学技术水平等。

经过评估和决策后，建设项目的前期论证工作就算告一个段落，此时，上级主管部门应编写设计（计划）任务书，为下一阶段的工作提供依据。

2. 工程建设项目勘察、设计期工作

拟建项目在可行性研究报告经评估做出决策、获得设计（计划）任务书后，就进入建设项目勘察、设计期。

建设项目的勘查工作，是为建设项目设计提供工程依据的重要工作。它包括厂区、管道沿线的工程地质、水文及水文地质、地形地貌以及气象等方面的勘测。要求在进行勘察过程中按照国家有关的规范、规定执行，并保证结果的真实性、可靠性、科学性。勘察、分析完成后，应给出勘察报告书以及勘察图等。

建设项目的设计，是基本建设工作的一个重要阶段。建设项目的投资、质量和标准水平目标，是通过设计使其具体化的，它是设备购置、施工准备和组织施工的依据。编制建设项目设计文件，应贯彻国家有关经济建设的方针、政策，严格按照国家颁布的有关法律、法规和技术标准，根据必要的资料和相关文件进行设计。

按照国家现行规定，建设项目的设计工作，是分阶段进行的。一般大中型项目采用两阶段设计，即：初步设计和概算；施工图设计和工程预算。对于一些技术复杂、工艺新颖的重大项目，可根据行业特点和要求，采用三阶段设计，即：初步设计和概算；技术设计（扩大初步设计）和修正概算；施工图设计和工程预算。对特殊的大型项目，如联合企业、矿区、水利水电枢纽等，为解决总体部署和开发问题，可在初步设计之前，进行总体规划设计或总体设计，但总体设计不作为一个阶段，仅作为初步设计的依据。对于一些小型项目也可把初步设计和施工图设计合并，不再分为两阶段进行。

（1）编制初步设计文件阶段

初步设计（preliminary design）是根据已获批准的项目建设内容和相应的勘察资料进行编制的。它的任务是保证拟建项目在技术上的可能性和经济上的合理性；确定项目建设的主要技术方案、总投资和主要技术经济指标以及建设进度计划等。它的内容应有建设工程的说明，工艺设计和其他功能的设计方案，建筑物、构筑物的建筑设计方案和结构设计方案，给水、排水、消防设计方案，能源、照明、供暖、通风设计方案，污染预防和治理方案，总平面设计，工程总工期，工程总概算等。初步设计文件的深度，应能满足招标发包，投资包干，主要材料和设备订货的要求。初步设计经批准后，是编制技术设计或施工图设计的依据，也是确定建设项目总投资、编制建设计划和投资计划、控制工程拨款及进行施工准备工作的依据，经批准的初步设计和总概算，一般不得随意变更和修改。如需有重大变更时，必须上报原审批部门重新批准。

（2）编制技术设计文件阶段

技术设计（expanded preliminary design）是针对技术上复杂或有特殊要求，又缺乏设计经验的建设项目增加的一个设计阶段，用以解决初步设计阶段尚需进一步研究解决的一些重大问题，如生产工艺、新设备、大型建筑物、构筑物及特殊结构等的技术问题。技术设计根据批准的初步设计及总概算进行，编制深度应视具体项目情况、特点和要求确定，并能指导施工图设计。技术设计阶段应在初步设计总概算的基础上编制出修正总概算。技术设计文件要报主管部门批准。

（3）编制施工图设计文件阶段

施工图设计（working drawing design）是工程项目施工的依据，它是在批准的初步设计或技术设计的基础上进行详细而具体的设计，其详细程度应能满足建筑材料、构（配）件和设备购置，结构或系统的形式、尺寸、做法，以及非标准构（配）件和非标准设备加工、制作安装；满足编制施工图预算及组织施工生产的要求。其内容要有：

全项目性文件：设计总说明，总平面布置图及说明，各专业全项目的说明及室外管线图；工程总预算。

各建筑物、构筑物的设计文件：建筑、结构、水、暖、电气、工艺等专业图纸说明，以及公用设施，工艺设计和设备安装，非标准设备制造详图，单项工程预算等。

施工图设计文件应报主管部门批准的施工图审查机构审查，合格后，方可使用。

3. 工程建设项目建设实施期工作

完成设计后的工程建设项目，就进入了项目的建设实施期。在基本建设过程中，该期所用时间最长。

（1）列出年度建设计划

建设项目的初步设计总概算文件，经批准即列入年度建设计划，批准的年度计划是进行基本建设拨款或贷款的主要依据。

（2）设备订货和施工准备

列入年度建设计划的拟建项目，必须完成施工前的各项准备工作后，由建设单位提出开工报告，经审查批准即正式开工建设。

建设部门（甲方，capital construction unit）在工程开工前，应完成建设用地的永久性或临时性征购、拆迁、赔偿，解决工地范围外的交通、水、电和其他能源供应，确定建筑材料的供应来源，定购各种设备、机器、仪表等，设立工程建设项目的管理机构、协调各方面的协作关系，做好生产前的准备工作（培训工人，制订操作规程和产品质量标准，原料、能源的供应等）。

施工部门（乙方，construction unit）在工程开工前，应熟悉设计图纸，进行现场测量放线，完成现场内的"三通一平"以及各种临时辅助生产、生活设施，按建设计划组织好工人、机具、材料等的进场或储备，完成施工组织设计，编制施工预算或施工图预算。

设计部门（丙方，design unit）在工程开工前，应全部提交施工图纸，并向施工现场人员进行技术交底。同时，随时为现场施工提供服务，保证工程的顺利进行。

（3）组织施工阶段

在工程正式施工与安装开始后，应在计划、技术、质量、安全、经济核算等方面进行科学管理，制订相应的职责范围、运行制度和操作规程。严格把握好工程质量、工程进度和工程造价三者之间的关系。在监理工程师的监督下，严格按施工组织设计的要求进行施工，搞好隐蔽工程、结构工程、重点部位等的工程质量验收，并做好相应的文字记录。

（4）竣工验收、交付使用阶段

在完成了工程局部验收后，应进行单机试运行，单位工程的准备使用，原料、燃料、动力等的准备，然后进入全项目性的运转调试，试生产。并准备进行工程建设项目的总验收，交付使用。

4. 工程建设项目建成投产期工作

建成投资期工作的主要内容是实现生产经营目标，归还贷款和回收投资。

如前所述，我国建设项目投资所需资金的筹措，随着基本建设投资体制的改革深化，新制度和新规定不断建立，并开始推行了资本金制度等。因此，从投资建设项目的完整周期上和从基本建设的管理上，项目建成投产后，对其进行总结评估，资金回收和偿还贷款就成为实现投资经济效果的重要环节，它是基本建设程序管理的延续和生产衔接的一个阶段。

（1）生产准备

对于生产性的大中型建设项目，做了生产准备工作，是保证项目建成及时投产，尽快达到设计生产能力，充分发挥投资效益的一个重要环节。

生产准备工作主要包括：培训必要的生产和管理人员，组织参加设备安装、调试和工程初验；组织订购原材料、协作产品、落实燃料、水、电、气及其他协作条件，并签订有关协议；准备生产流动资金等。大型项目应根据施工进度，经主管部门批准，可在工程施工同时，开展生产准备工作。

（2）产品生产

完成生产准备，并完成建设项目的总验收后，开始进行产品的生产、销售等生产期的工作，并做好偿还建设资金的准备。在该期间应做好提高产品质量、降低产品成本、增产增效等工作。

（3）建设项目的总结评估

建设项目总结评估（又称项目的后评估），是在项目投产一年以上并达到设计能力时进行。项目总结评估应依据实际的生产数据及后续年限的预测数据，对其技术水平、经营管理、产品市场、成本和效益等进行系统分析和评价，并与项目建设前期评估中相应的内容进行对比分析，找出两者差距及存在的问题、原因及影响因素，提出改进和建议措施，以提高项目的经济效益。

开展项目总结评估，有利于提高项目投资决策的科学性，为今后同类项目的前评估和决策，提供参照和分析的依据，防止和减少项目可行性研究的随意性。同时，项目总结评估，也是对项目进行调查研究和监督的有效办法。总结评估要由项目审批单位委托的工程咨询单位进行。

（4）资金回收、偿还贷款

项目建成并转入正常生产经营后，就要逐年从收入中收回投资，偿还全部贷款。为了保证资金能正常回收，应根据偿还贷款计划，建立一整套规章制度。在建设项目投资前，投资主体与企业签署贷款合同或协议，规定投资的回收期、回收量及预测风险的措施。在生产经营中，企业必须加强生产经营管理和财务管理，特别是债务管理，保证按计划、按期归还到期的借款和债务偿付。

6.1.3　建设项目的可行性研究

可行性研究是建设项目投资决策的基础，是对项目建议书进行技术、经济深入论证的一个重要阶段。其任务是必须深入研究有关市场、生产纲领、厂址、工艺技术、设备选型、土木工程以及管理机构等各种可能的选择方案，在实现项目目标的条件上使投资费用和生产成本减到最低限度，以取得显著的经济效果。这个阶段一般进行 1～2 年，或更长时间，投资计算的精度要达到 ±10％，甚至 ±5％。

1. 可行性研究的内容

可行性研究在调查研究、收集资料、踏勘建设地点、初步分析投资效果的基础上，主要研究和解决下面几个问题：

（1）项目的社会需要性

水工程所研究的城市水源、供水排水、水处理、水环境保护以及围绕这些内容的材料、设备等的生产是城市基础设施之一，是人民生活所必需的物质、是生产的重要原料、也是保证城市环境、保护人民身体健康的重要内容。其综合效益也是可观的。其中自来水企业所创造的商品、排水企业实现的劳务价值都是其直接经济效益的体现；为城市各行业提供的原料，舒适的环境，从而为社会创造出新的价值是其间接效益的实现；还为城市的广大居民提供了不能以货币计量的社会效益及环境效益。

（2）项目的技术可行性

选择既先进又适用，符合本国国情的生产技术方案，特别应注意要与当地的环境条件、人文条件、经济条件相适应，切忌盲目先进、盲目超前。落实生产建设条件，为项目及时上马做好各项前期准备工作，包括建设用地情况、移民拆迁情况、地方材料、施工条件的可行性。分析诸多被选方案在技术上能达到的效果和效率。当然，往往采用效益/费用比和技术经济指标来分析比较。

（3）项目的经济合理性

首先，应详细计算项目的总投资、单位产品成本等各项指标并进行分析；其次，通过投资利润率、投资回收期内部收益率、净现值等综合指标，分析和评价项目的经济效果。

（4）项目的财务可能性

主要分析、研究和确认项目建设的资金来源，资金的使用及资金逐年的流动情况；借款资金的利率，还本付息的偿还办法以及债务偿还能力。

（5）制订项目的实施计划

根据项目各项准备条件落实情况、项目的建设规模等诸多因素，制订项目实施计划。

2. 可行性研究的步骤

一般地，项目的可行性研究可分为以下步骤进行：

（1）开始筹划

根据国家、地区的国民经济与社会发展的计划或城市建设的总体规划、详细规划进行。就企业而言，则根据企业制订的发展计划，与主管部门一起讨论研究建设项目的目的、范围、内容，特别应摸清主管部门的目标和意见。

（2）调查研究

调查研究包括产品需求量、价格、竞争能力、原材料、能源、工艺要求、运输条件、劳动力、外部工程、环境保护等各种技术经济的情况。每项调查研究都要分别做出评价。

（3）优化和选择方案

与主管部门进行讨论，将项目各个不同方面进行组合，设计出各种可供选择的方案，并经过多种方案的比较和评价，推荐出最佳方案。

（4）详细研究

对选出的最佳方案进行更详细的分析研究工作，明确建设项目的范围、投资、总成本、运营费、收入估算；并对建设项目的经济和财务情况做出评价；对建设项目资金来源的不同方案进行分析比较。经过分析研究应表明所选方案在设计和施工方面是可以顺利实施的；在经济上、财务上是值得投资建设的。并对建设项目的实施计划做出最后决定。为了检验建设项目的效果，还要进行敏感性分析，标明成本、价格、销售量等不确定因素变化时，对项目收益率所产生的影响。

（5）编制报告书

编制的可行性研究报告书的形式、结构和内容，除按通常做法外，对一些特殊要求，如国际贷款机构的要求，要单独说明。

3. 可行性研究报告的编制

（1）编制可行性研究报告的目的和作用

编制建设项目可行性研究报告的基本目的和作用是确定项目的取舍，但各个建设项目的情况和要求不同，有时还有些特别作用。主要有以下几方面：

1）作为建设项目投资决策的依据：可行性研究是建设项目投资的重要环节。国家规定，凡是没有经过可行性研究的建设项目，不能进行设计，不能列入计划。可行性研究是编制设计文件、进行建设准备工作的主要根据。它对一个建设项目的目的、建设规模、产品方案、生产方法、原材料来源、建设地点、工期、经济效益等重要问题，都要做出明确规定。

2）作为向银行申请贷款的依据：国内银行明确规定，根据企业提出的可行性研究报告，对贷款项目进行全面、细致的分析评价后，才能确定能否给予贷款。世界银行等国际金融组织都把可行性研究作为建设项目申请贷款的先决条件。他们审查可行性研究以后，认为这个建设项目经济效益好、具有偿还能力、不会承担很大风险时，才能同意贷款。

3）作为建设项目主管部门与各有关部门商谈合同、协议的依据：一个建设项目的原料、辅助材料、协作件、燃料以及供电、运输、通信等很多方面，需要由有关部门供应、协作。这些供应的协议、合同都需要依据可行性研究结果来签订。对于有关技术引进和设备的进口项目，项目可行性研究报告经过审查批准后，才能据以同外国厂商正式签约。

4）作为建设项目开展初步设计的基础：在可行性研究中，对产品方案、建设规模、厂址、工艺流程、主要设备选型、总图布置等都进行了方案比选及论证，确定了原则，推荐了建设方案。可行性研究经过批准、正式下达后，初步设计工作必须据此进行，不需另作方案比选，重新论证。

5）作为拟采用新技术、新设备研制计划的依据：建设项目采用新技术、新设备必须慎重，经过可行性研究后，证明这些新技术、新设备是可行的，方能拟订研制计划，进行研制。

6) 作为建设项目补充地形、地质工作和补充工艺性试验的依据：进行可行性研究，需要大量基础资料，有时这些资料不完整或深度不够，不能满足下个阶段工作的需要，应根据可行性研究提出的要求，进行地形、地质、工艺试验等补充工作。

7) 作为安排计划、开展各项建设前期工作的参考：在可行性研究报告中，根据推荐方案的内容，结合当地的实际条件，提出了工程建设进度计划、资金筹措计划和资金使用计划等。在建设项目的实施过程中，应结合可行性研究报告提出的要求，安排计划、开展各项建设前期工作。

8) 作为环保部门审查建设项目对环境影响的依据：为了保护环境、防止污染，国家规定任何建设项目的建设，都必须进行环境影响评价。而环境影响评价是根据可行性研究报告提出的内容进行的。

9) 作为其他有关部门审查建设项目对社会、交通、人们生活等影响的依据。

（2）编制可行性研究报告的基本要求

1) 坚持实事求是，保证可行性研究的科学性：在编制可行性研究报告时，必须实事求是，在调查研究的基础上，做多方案比较，按实际情况进行论证和评价；按科学规律、经济规律办事，绝不能先定调子；在编制过程中，必须保持客观立场和公正性，以保证可行性研究的科学性和严肃性。

2) 内容深度要达到标准：可行性研究的内容和深度在不同行业，视不同项目应有所侧重，但基本内容要完整，文件要齐全。其深度应能满足确定项目投资决策的要求和编制设计任务书的依据等上述各项作用的要求。

3) 编制单位要具备一定条件：可行性研究报告是起决策作用的基本文件，应该保证质量。承担编制任务的单位要具备技术力量强、实践经验丰富、有一定装备的技术手段等条件。目前，可以委托经国家正式批准颁发证书的设计单位或工程咨询公司承担。委托单位向承担单位提交项目建议书，说明对建设项目的基本设想，资金来源的初步打算，并提供基础资料。为了保证可行性研究报告的质量，应有必要的工作周期，不能采用突击方式，草率从事、编制可行性研究应采用由委托单位和承担单位签订合同的方式进行，以便对双方起制约作用，如发生问题时，可依据合同追究责任。

（3）编制可行性研究报告的依据

1) 国家经济建设的方针、政策和长远规划：一个建设项目的可行性研究，必须根据国家的经济建设、政策和长远规划以及对投资的设想来考虑。所以对产品的要求、协作配套、综合平衡等问题，都需要按长远规划的设想来安排。

2) 委托单位的设想说明：有关部门在委托进行可行性研究任务时，要对建设项目提出文字的设想说明（包括目标、要求、市场、原料、资金来源等），交给承担可行性研究的单位。

3) 经国家正式批准的资源报告、国土开发整治规划、河流流域规划、路网规划，工业基地规划等。

4) 可靠的自然、地理、气象、地质、经济、社会等基础资料：这些资料是可行性研究进行厂址选择、项目设计和技术经济评价必不可少的资料。

5) 有关的工程技术方面的标准、规范、指标等：这些工程技术的标准、规范、指标等都是项目设计的基本根据。承担可行性研究的单位，都应具备这些资料。

6）国家公布的用于项目评价的有关参数、指标等：可行性研究在进行评价时，需要有一套参数、数据和指标，如基准收益率、折现率、折旧率、社会折现率、高速外汇率等。这些参数一般都是由国家公布实行的。

4. 可行性研究报告的组成内容

对于水工程项目中的给水、排水、防洪等工程可行性研究报告的组成内容如下。在编制过程中，对章节内容可根据工程具体情况，适当加以调整或补充新的章节，以说明一些特殊问题。

前言：应说明工程项目的建设目的和提出的背景、建设的必要性和经济意义；简述可行性研究报告编制过程；指出可行性研究的技术、经济等多方面的结论。

（1）总论

1）编制依据：应含有上级部门的有关文件和主管部门批准的项目建议书；上级或主管部门有关方针政策方面的文件；委托单位提出的正式委托书和双方签订的合同（或协议书）；环境质量（影响）评价报告书；城市总体规划文件；大型城市给水工程应有"水资源报告书"；对城市防洪工程还应有流域规划报告文件。

2）编制范围：按照合同（或协议书）中所规定的范围以及经双方商定的有关内容和范围。

3）城市概况：包括城市的历史沿革，行政区划；城市的性质及规模；城市的社会经济及市政基础设施；城市或地区的自然条件，包括地形、河流湖泊、气象、水文、工程地质、地震、水文地质等；给水工程还应有给水现状及规划；对排水工程还应包括城市排水现状与规划概况，城市水域污染概况；防洪工程还应包括城市防洪工程及规划概况，历史洪灾情况等。

（2）方案论证

对给水工程项目应进行水源论证，包括在不同保证率下的水量平衡、水质情况；各类用户耗水定额的确定分析；不同水源方案下的论证和技术经济比较；取水方式、位置的论证选择等。根据城市规划、自然条件、结合现有给水设施，从技术、经济及消耗能源与主要材料等方面综合比较，进行输水方式、输水线路的选择，并提供建设（或分期建设）方案；对净水厂厂址、水处理工艺及构筑物、附属建筑物及主要加压泵站位置及布局、净水厂工艺、配水系统（包括分区、分压、分质供水）方案论证。大型或较复杂工程应进行系统工程分析及论证。

对排水工程项目首先应对雨水、污水排水体制（分流制或合流制），排水系统布局，排放污水水质、水量情况以及污染环境治理情况进行分析、论证；其次对排水管网布置、走向以及污水处理厂的位置、布局，污水处理厂的污水、污泥处理与处置工艺、污水和污泥综合利用的分析论证；污水不经处理或简易处理后向江、河、湖、海排放或回收利用的可行性论证。对大型或较复杂工程应进行系统工程分析及论证。

对城市防洪工程项目的方案论证应包括水文水力计算、拆迁征地范围的论证；对周围环境，其他专业的协调配合，包括对港口、码头、桥梁、滨河公园、市内排水、航运等配合问题；建筑材料、交通运输及主要协作条件的分析论证。

（3）工程方案内容

对于给水、排水工程项目应提出设计原则，城市防洪工程项目除了提出设计原则还应提出设计标准。

对给水工程项目的工程方案设计论证首先应确定工程项目规模及内容，包括工程规模（设计水量）以及送水天数；确定取水枢纽、加压泵站、输水管道（渠道）规模，水厂净化能力及日、时变化系数的选用等。然后，对取水构筑物、输水管渠以及加压泵站、净水、蓄水、配水等工程进行方案设计。说明地面水取水枢纽或地下水源地的设计原则和方案比较，水源卫生防护措施的原则；说明不同的输水管渠走向、长度、管径（断面）、条数、材料等的技术经济比较，主要穿越特殊构筑物以及加压泵站的级数等；说明净水厂净化能力、位置、占地面积、净水方式选择、工艺流程、总平面布置原则，排泥废水的处理回收措施，排放水对水体或环境的影响等；说明水处理构筑物及附属建筑物位置、大小、形式、主要设备以及相互间的关系；说明厂、站供电容量、电压等级、安全程度以及自动化管理水平等；说明厂、站的水源保护及绿化措施，采暖方式、采暖耗热量、采暖的热媒以及来源等；计算出工程方案的主要技术经济指标，包括给水工程综合经济指标（元/m³/d）、单项工程经济指标（元/m³/d，元/m，元/m³/d/km）、装机容量（kW，kVA），占地面积（m²，hm²）等。

对排水工程项目的工程方案设计论证，首先应对各排水系统方案进行技术经济比较论证，并提出工程规模、规划人数及污水量定额，合流系统截留倍数的论证确定；主干管道（渠道）断面、走向位置、长度、倒虹吸管的论证确定。泵站及污水处理厂座数等的论证确定，污水水质及处理程度的论证确定。污水处理厂的污水、污泥处理工艺流程的论证确定，以及污水回用和污泥综合利用的说明。说明水处理构筑物及附属建筑物位置、大小、形式、主要设备以及相互间的关系；说明厂、站的供电容量、电压等级、安全程度，自动化管理水平，绿化及卫生防护等；说明改扩建项目对原有固定资产的利用情况，采暖方式、耗热量、热媒以及热源等。计算出工程方案的主要技术经济指标。

对城市防洪工程项目的工程方案设计论证首先应说明建设目的、规模、保护范围；说明工程总体布置，包括布置原则、工程措施、总工程量；说明主要技术经济指标；管理机构的设置及人员编制；进行方案比较，择优推荐方案。

（4）管理机构、劳动定员及建设进度设想

根据行业规定，自动化程度并参照有关厂、站情况设置厂、站管理机构，并进行人员编制安排（附定员表）及生产班次划分；并按工程量情况、施工现场大小以及建设要求等进行建设进度和计划的安排或建设阶段划分（附建设进度设想表）。

（5）投资估算及资金筹措

应指出编制说明及编制依据，包括计算依据、基本资料及定额来源等；按建设项目子项编制工程投资估算表及近期工程投资估算表。说明建设资金来源，申请国家投资、地方自筹、贷款等资金数量；列表说明资金的构成，资本金以及其他资金来源占总投资的比例。

（6）财务预测及工程效益分析

列表说明资金专用情况、分年投资计划，固定资产折旧情况；预测给水单位产水量或污水处理单位水量或防洪工程的单位成本（元/m³）及建设单位水量售价或排水收费标准；列表进行财务效益分析，计算投资效益、投资回收期、动态分析、敏感性分析等；进行工程效益分析，包括节能效益、经济效益、社会效益和环境效益等。

（7）结论和存在问题

在技术、经济、效益等方面论证的基础上，提出对项目的总评价和推荐方案的意见，相应的非工程性措施建议及分期建设安排的建议，说明有待进一步研究解决的主要问题。

除了上述内容外，还应有附图以及各类批准文件和附件，一般包括总体布置图、方案比较示意图、工艺流程图、厂区或泵站平面图及主要构筑物图。

6.2　建设项目总投资

建设项目总投资是指拟建项目从筹建到竣工验收以及试车投产的全部费用，简称投资费用、投资总额，有时也简称"投资（investment）"。它包括建设投资（固定资金，fixcd funds）和流动资金（current funds）两部分，目的是保证项目建设和生产经营活动正常进行的必要资金。从企业财务角度讲，这些投资将形成企业的固定资产、无形资产、其他资产和流动资产。

6.2.1　建设项目总投资构成

建设项目总投资构成如图 6-2 所示。显然，固定投资（fixed investment）是建设项目总投资的主要组成部分，一般地，固定资产投资远远大于无形资产和其他资产投资。因此，目前，对建设项目总投资构成常常采用图 6-3 的形式。

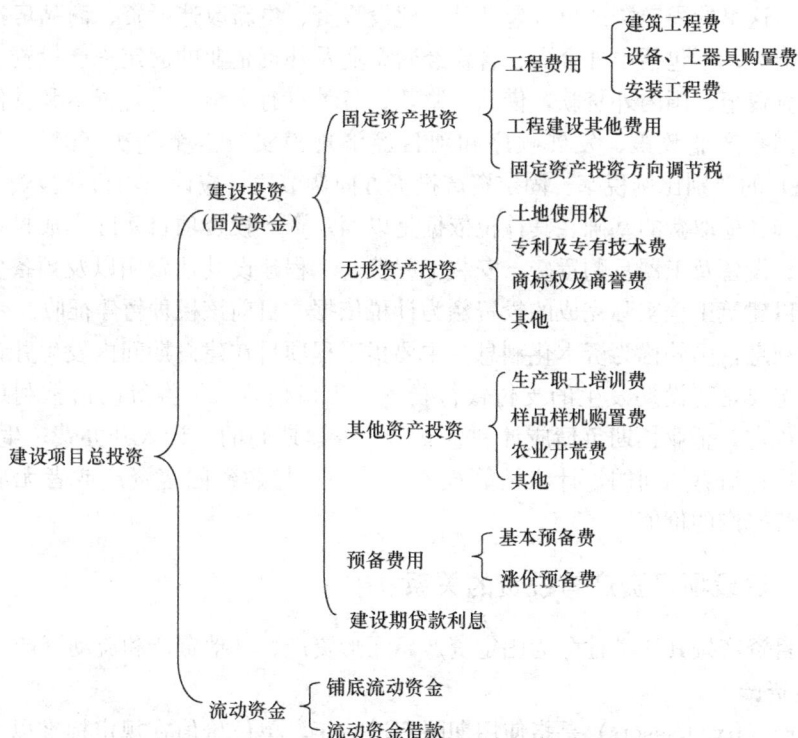

图 6-2　建设项目总投资构成

显然，简图中的固定资产投资中含有无形资产、其他资产投资内容。由于未包括流动

建设项目总投资 ⎰ 建设投资 ⎰ 工程费用 ⎰ 建筑工程费
　　　　　　　　　　　　　　　　　　安装工程费
　　　　　　　　　　　　　　　　　　设备、工器具购置费
　　　　　　　　　　　　工程建设其他费用
　　　　　　　　　　　　预备费用 ⎰ 基本预备费
　　　　　　　　　　　　　　　　　　涨价预备费
　　　　　　固定资产投资方向调节税
　　　　　　建设期利息
　　　　　　铺底流动资金

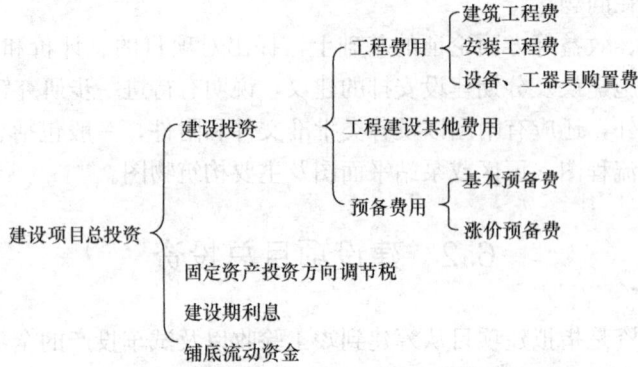

图 6-3　建设项目总投资构成简图

资金借款，简图的建设项目总投资仅包含项目建设时所花费用情况，而铺底流动资金只是为项目正常运营而预备的部分费用。

建设项目总投资按其费用项目性质分为静态投资、动态投资和流动资金等三个部分。静态投资包括固定资产、无形资产、其他资产投资，以及基本预备费。动态投资是指建设项目从估（概）算编制时间到工程竣工时间由于物价、汇率、税费率、劳动工资、贷款利率等发生变化所需增加的投资额，主要包括建设期利息、汇率变动及建设期涨价预备费。

固定资产投资方向调节税，是国家对单位和个人用于固定资产投资的各种资金征收的一种行为税。这里的固定资产投资包括基本建设投资、更新改造投资、商品房投资和其他固定资产投资等；不包括中外合资、合作经营企业及外资企业的固定资产投资。各种资金是指国家预算资金、国内外贷款，借款、赠款、各种自有资金、自筹资金和其他资金。其税率是根据国家产业政策、发展顺序和项目经济规模实行五个档次（0％、5％、10％、15％和30％）的差别比例税率。固定资产投资方向调节税，应计入项目总投资，但不作为设计、施工和其他取费的基础。其计税依据是以固定资产投资项目实际完成投资额，包括建筑工程费、设备及工器具购置费、安装工程费、工程建设其他费用以及预备费。但更新改造项目是以建筑工程实际完成的投资额为计税依据。目前该税种暂停征收。

建设期利息，国外称为资本化利息。主要指工程项目在建设期间内发生并计入固定资产的利息，主要是建设期发生的支付银行贷款、出口信贷、债券等的借款利息和融资费用。按我国规定，企业长期负债应计利息支出。筹建期间的，计入开办费；生产期间的，计入财务费用；清算期间的，计入清算损益。其中：与购建固定资产或者无形资产有关的，计入购建资产的价值。

6.2.2　建设项目资产与投资的关系

建设项目资产按其流动性分为固定资产、无形资产、其他资产和流动资产。

1. 固定资产

固定资产（fixed assets）是指使用期限超过一年，单位价值在规定标准以上，并且在使用过程中保持原有物质形态的资产，包括房屋及建筑物、机器设备、运输设备、工具器具等。《工业企业财务制度》进一步规定：不属于生产经营主要设备的物品，单位价值在2000 元以上，并且使用期限超过两年的，也应当作为固定资产。

简言之，作为企业主要劳动资料的固定资产，具有两个主要特点：一是使用期较长，一般在一年以上；二是能够多次参加生产过程，不改变其实物形态。

2. 无形资产

无形资产（intangible assets）是指企业能长期使用但是没有实物形态的资产，包括专利权、商标权、土地使用权、非专利技术、商誉等。它们通常代表企业所拥有的一种法定权或优先权，或者是企业所具有的高于一般水平的盈利能力。

（1）专利权是指对某一产品的造型、配方、结构、生产工艺或流程拥有专门的特殊权利。

（2）商标权是指商标经过注册登记，享有受法律保护的商标使用权。

（3）土地使用权是土地经营者对依法取得的土地在一定期限内进行建筑、生产或其他活动的权利。

（4）非专利技术是指运用先进的、未公开的、未申请但可以带来经济效益的技术及诀窍，通常称为专有技术或技术诀窍，主要包括工业专有技术、商业（贸易）专有技术和管理专有技术等。

（5）商誉是指某一企业由于信誉好而得到客户信任，或者由于生产经营效益好，或者由于技术先进等形成的无形价值。

无形资产主要具有四个特点。一是非物质实体，但具有价值，其价值体现为一种权利或获得超额利润的权利；二是可在较长时期内为企业提供经济效益；三是所提供的未来经济效益存在有很大的不确定性，有可能随着新技术、新工艺、新产品的出现而失去其价值；四是有些无形资产的存在及其价值不能与特定企业或企业的有形资产分离。因此，在财务处理上，购入或者按法律程序取得的无形资产支出，一般都予以资本金化，在其受益期内分期摊销。

3. 其他资产

其他资产（other assets）是指不能全部计入当年损益，应当在以后年度内分期摊销的各项费用，主要包括长期待摊费和其他长期资产。

（1）长期待摊费用是指企业已经支出，但摊销期限在 1 年以上（不含 1 年）的各项费用，包括开办费、租入固定资产的改良支出以及摊销期在 1 年以上的固定资产大修理支出、股票发行费用等。应当由本期负担的借款利息、租金等，不得作为长期待摊费用处理。

开办费是指企业在筹建期间发生的费用，包括筹建期间人员工资、办公费、培训费、差旅费、印刷费、注册登记费以及不计入固定资产和无形资产购建成本的汇兑损益和利息等支出。企业发生的下列费用，不应计入开办费：应由投资者负担的费用支出；为取得各项固定资产、无形资产所发生的支出；以及应计入资产价值的汇兑损益、利息支出等。

以经营租赁方式租入的固定资产改良工程支出，是指能增加以经营租赁方式租入的固定资产的效用或延长其使用寿命的改装、翻修、改建等支出。该项支出应在租赁有效期限内分期摊入制造费用或者管理费用。

（2）其他长期资产是指具有特定用途，不参加正常生产经营过程的，除流动资产、长期投资、固定资产、无形资产和长期待摊费用以外的资产。一般包括经国家特批的特准储备物资、银行冻结存款和冻结物资、涉及诉讼中的财产等。特准储备物资是指由于特殊原因经国家批准储备的特定用途的物资（应付自然灾害和意外事故等特殊需要的物资，它不占用企业的资金，亦不属于企业的存货），未经批准，不得挪作他用。银行冻结存款和冻结物资是指人民法院对被执行人在银行的存款或企业的物资实施强制执行的一种措施，经冻结后的存款和物资。

如上所述，筹建期间长期借款的利息支出应是：与购建固定资产或者无形资产有关的利息支出，进入购建资产的价值；不计入固定资产和无形资产成本的利息支出，计入开办费。同时，固定资产投资中的预备费用也应按比例分别进入固定资产与无形资产价值。在项目财务评价中，为了简化计算，可将预备费用和建设期利息全部计入固定资产原值。

4. 流动资金与流动资产

项目流动资金（operating fund）是流动资产的货币表现。

流动资产（current assets）是指可以在一年内或者超过一年的一个营业周期内变现或者运用的资产，包括货币资金、应收账款、存货、预付账款及短期投资等。流动资产在周转过程中，从货币形态开始，依次改变其形态（货币→产品→货币），最后又回到货币形态，各种形态的资金与生产流通紧密相结合，周转速度快，变现能力强。

（1）货币资金是指企业在生产经营活动中停留于货币形态的一部分资金。它是企业流动资金的重要组成部分。为了保证企业能正常进行生产，必须要有一定数额的货币资金。

货币资金包括现金、各种存款及其他货币资金。现金是指库存现金，其流动性最大，是立即可投入流通的交换媒介，可以随时用于购买所需的物资或支付有关费用，也可随时存入银行。各种存款是指企业存入银行的各种款项，它可以用于企业各项经济往来的结算、补充库存现金等。根据现金管理制度和结算制度的规定，企业的货币资金除在规定限额以内可以保存少量现金以外，都必须存入银行。其他货币资金包括外埠存款、银行汇票存款、银行本票存款、信用卡存款、信用卡保证金存款以及存出投资款等。

（2）应收账款是指企业对外销售商品产品、提供劳务等形成的尚未收回的被购货单位、接受劳务单位所占有的本企业资金。企业只有在实现销售并取得货币资金，才能补偿企业生产经营中的各种耗费，确保企业资金的循环周转，因此企业应控制应收账款的限额和收回的时间，采取有效措施，及时组织催收，避免企业资金被其他单位占用。

（3）存货是指企业为销售或耗用而储存的各种资产。由于它们经常处于不断销售和重置，或耗用和重置中，具有鲜明的流动性，所以，存货是流动资产的重要组成部分，而且是流动资产中所占比例最大的项目。按存货在生产经营中所处的阶段不同，可包括以下三个方面的有形资产。

1）企业在正常生产经营过程中处于待销售过程中的资产，如库存产成品等；

2）为了出售而处于生产加工过程中的资产，如在产品等；

3）为产品生产耗用储存的各种资产，如原材料等。

以工业企业为例，存货通常包括各种原材料、燃料、包装物、低值易耗品、在产品、外购商品、协作件、自制半成品、产成品等。亦即，存货所占用的资金不仅包括生产领域中的储备资金和生产资金，还包括流通领域中的成品资金。

（4）预付账款是指企业因购货、接受劳务等，按照合同规定预付给供应单位的款项。一般包括预付的货款、预付的购货定金、预付工程款、预付备料款等。预付账款不是用货币抵偿的，而是要求企业在短期内以某种商品、提供劳务或服务来抵偿。

（5）短期投资是指企业购入能够随时变现，并且持有时间不超过一年（含一年）的有价证券以及不超过一年（含一年）的其他投资，包括各种股票、债券、基金等。

流动资金经常与净流动资金一词作为同义词使用，亦称营运资金。净流动资金是企业在生产经营周转过程中可供企业周转使用的资金，是建设项目总投资的重要组成部分，为项目投产筹资所用（图 6-4）。流动资金是企业在生产经营过程中占用在流动资产上的资金，就是随时都能拿出来的、短期内可周转的企业财产。具有周转期短，形态易变的特点。

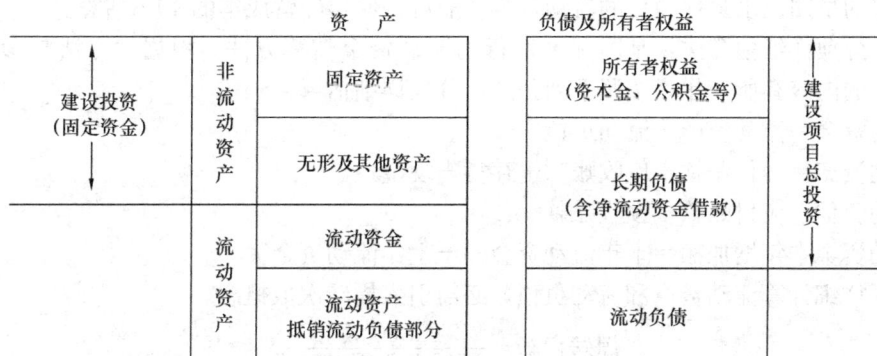

图 6-4　资产与负债及所有者权益

由图 6-4 可见：

$$净流动资金＝流动资产－流动负债 \tag{6-1}$$

或：
$$净流动资金＝建设项目总投资－建设投资 \tag{6-2}$$

$$流动负债＝应付账款＋预收账款 \tag{6-3}$$

（1）应付账款是指企业外购原材料、燃料、动力和商品备件等应付的货币资金，也就是项目所处企业欠其他企业的货币资金。因此，又称流动负债（floating liabilities）。企业在具备原材料、燃料、动力等必备条件下才能实现产品的生产，才能确保项目投资目的的实现。

（2）预收账款是指企业按照合同规定或交易双方之约定，而向购买单位或接受劳务的单位在未发出商品或提供劳务时预收的款项。一般包括预收的货款、预收购货定金等。企业在收到这笔钱时，商品或劳务的销售合同尚未履行，因而不能作为收入入账。

应注意，流动资金不应与生产经营期间因流动资产及流动负债发生变化而产生的流动资金净增额或净减额相混淆。

由图 6-4 还可以看出企业负债包括流动负债和长期负债。流动负债是指可以在一年或者超过一年的一个营业周期偿还的债务，包括短期借款、应付和预收货款等；长期负债是指偿还期限在一年以上或者超过一年的一个营业周期以上的债务，包括长期借款、应付长期债券、应付引进设备款等。净流动资金借款有两种情况，一是与固定资产投资借款相同，作为长期借款的一部分，按约定期限，归还借款本金；二是按我国现行体制，由银行贷款，企业长期占用，按期结算（比如按季结算），有借有还，从资金的长期占用这个意义上来说，也可视同长期负债，但真正归还银行借款本金的时间应在计算期末，这是与长期负债的不同之点。

6.2.3 流动资金计算

(1) 扩大指标估算法：是按照流动资金占某种费用基数的比率来估算项目所需流动资金。常用的费用基数一般有销售收入、经营成本、总成本费用和固定资产投资等，采用何种基数依行业习惯而定。所采用的比率根据项目的特点，按以往已建成运行的类似项目的数据确定，或依行业或部门给定的参考值确定。也有的行业习惯按单位产量占用流动资金额估算项目所需流动资金。该方法简便易行，但误差较大，适用于项目初选阶段，即项目决策研究的早期。水工程项目的流动资金一般可按照年经营成本的40%估算。

(2) 分项详细估算法：是国际上通行的流动资金估算方法。根据"方法与参数三"，流动资金的内容有所变化，按照下列公式，分项详细估算。

$$流动资金 = 流动资产 - 流动负债 \tag{6-4}$$

$$流动资产 = 预付账款 + 应收账款 + 存货 + 现金 \tag{6-5}$$

$$流动负债 = 应付账款 + 预收账款 \tag{6-6}$$

$$流动资金本年增加额 = 本年流动资金额 - 上年流动资金额 \tag{6-7}$$

为了详细计算流动资产和流动负债，必需引入周转次数概念。

$$周转次数 = \frac{360 \text{ 天}}{最低需要周转天数} \tag{6-8}$$

周转天数是指企业在一年的生产经营时段内为保证生产经营所需，在企业内存留货币资金、原材料、燃料等的天数。周转天数愈长库存货币资金、原材料、燃料等的量越大，会造成流动资产大；反之，周转天数越短，会造成正常生产经营的原材料、燃料等的缺乏而影响生产经营的正常进行。显然，既要保证生产经营的正常进行，又要防止流动资产太大，造成项目投资大，就需确定一个合理的周转天数，这就是常说的最低需要周转天数。最低周转天数的确定应根据运行成本中各项的实际情况而定，并考虑一定的保险系数，它们可能相同，也可能不相同。

1) 现金估算

$$现金 = \frac{年职工薪酬 + 年其他费用}{现金周转次数} \tag{6-9}$$

年其他费用 = 制造费用 + 管理费用 + 销售费用 - （以上三项费用所包含的职工薪酬、折旧费、摊销费和修理费）。

2) 应收账款估算

$$应收账款 = \frac{年经营成本}{应收账款周转次数} \tag{6-10}$$

3) 存货的估算

存货应包括各种外购原材料、燃料、包装物、低值易耗品、在产品、外购商品、协作件、自制半成品和产成品等。在这里，存货一般仅考虑外购原材料、燃料、在产品、产成品及其他材料费，也可以考虑备品备件。

$$存货 = 外购原材料、燃料 + 在产品 + 产成品 + 其他材料 \tag{6-11}$$

其中：

$$外购原材料、燃料 = \frac{全年外购原材料、燃料费用}{外购原材料、燃料周转次数} \tag{6-12}$$

$$在产品 = \frac{年外购原材料、燃料及动力费用 + 年职工薪酬 + 年修理费 + 年其他制造费用}{在产品周转次数} \tag{6-13}$$

$$产成品 = \frac{年经营成本 - 年营业费用}{产成品周转次数} \tag{6-14}$$

$$其他材料费 = \frac{年其他材料费用}{其他材料周转次数} \tag{6-15}$$

年其他制造费用是指由年制造费用中扣除生产单位管理人员职工薪酬、折旧费、修理费后的其余部分。

4）预付账款的估算

预付账款是指企业为购买各类材料、燃料、动力以及半成品或服务所预先支付的款项。属流动资产。

$$预付账款 = \frac{年外购商品或服务费用}{预付账款周转次数} \tag{6-16}$$

5）应付账款的估算

$$应付账款 = \frac{年外购原材料、燃料及动力费用}{应付账款周转次数} \tag{6-17}$$

6）预收账款的估算

预收账款科目核算企业向购买单位或接受劳务的单位在未发出商品或提供劳务时预收的款项，属流动负债。

$$预收账款 = \frac{年预收的营业收入}{预收账款周转次数} \tag{6-18}$$

在进行分项详细估算流动资金时，对于存货中的外购原材料、外购燃料要区别品种和来源，考虑运输方式和运输距离等因素分别确定。不同生产负荷下的流动资金是按不同生产负荷时的各项费用金额分别按照给定的公式计算出来的，而不能按 100% 负荷下的流动资金乘以负荷百分数求得。流动资金属于长期性（永久性）资金，它的筹措可通过长期负债和项目资本金（权益融资，一般要求不低于 30%）方式解决。流动资金借款部分的利息应计入财务费用。项目计算期末应收回全部流动资金。

【例 6-1】某污水处理厂建设项目第三年开始投产，投产后的年生产成本和费用见表 6-1。各项流动资产的周转天数见表 6-2（不考虑预收及预付账款）。

年生产成本和费用估算表　单位：万元　　　　　　表 6-1

序号	项目　　　年份	投产期		达产期		……
		3	4	5	6	
	生产负荷（%）	50%	80%	100%	100%	
1	电费	60	85	106	106	
2	药剂费	3	5	7	7	
3	职工薪酬	35	35	35	35	
4	修理费	10	20	30	30	
5	年折旧额	190	190	190	190	
6	摊销费	88	88	88	88	
7	财务费用	196	177	158	140	
8	管理费用及其他	28	38	47	47	
9	年总成本	610	638	661	643	
10	年经营成本（9-5-6-7）	136	183	225	225	

应收账款、应付账款、存货及现金的最低周转天数表　单位：天　　　表 6-2

序号	项目	最低周转天数
1	应收账款	60
2	应付账款	60
3	存货	120
4	现金	45

【解】按以上资料，列表（见表 6-3）算出流动资金的需要量和逐年的投入量。

流动资金估算表　单位：万元　　　表 6-3

序号	项目	最低周转天数	周转次数	投产期 3	投产期 4	达产期 5	达产期 6	……	对应表 6-1 的成本费用项目编号
1	流动资产								
1.1	应收账款	60	6	22.7	30.5	37.5	37.5		10
1.2	存货	120	3						
1.2.1	药剂费			1.0	1.7	2.3	2.3		2
1.2.2	在产品			36.0	48.3	59.3	59.3		1＋2＋3＋4
1.2.3	产成品			45.3	61.0	75.0	75.0		10
1.3	现金	45	8	7.9	9.1	10.3	10.3		3＋8
	小计			112.9	150.6	184.4	184.4		
2	流动负债								
2.1	应付账款	60	6	10.5	15.0	18.8	18.8		1＋2
3	流动资金			102.4	135.6	165.6	165.6		
4	流动资金本年增加额			102.4	33.3	30.0	0.0		
5	流动资金借款额			52.7	86.0	115.9	115.9		
6	流动资金借款利息			3.1	5.0	6.8	6.8		年利率 5.85％
7	铺底流动资金（项目资本金）			49.7	49.7	49.7	49.7		为正常年份的 30％

6.2.4　估算、概算、预算、结算（决算）之间的关系

完成一项基本建设项目，往往需耗资几百万、几十万，大的建设项目要耗资几亿、几十亿乃至更多。认真做好建设项目各阶段的工程费用计算，可以提高投资效益，防止在工程项目建设中概算超估算、预算超概算、决算超预算的所谓"三超"现象。算得准，控得住工程费用，是一个系统工程，它具有整体性、全过程、全方位和动态等性质特征。建设工程全过程的费用计算（图 6-1）可包括：前期研究阶段；包括项目建议书（又称立项）估算、可行性研究的估算或概算；设计阶段，包括初步设计总概算、施工图预算；施工阶段，包括招标、投标预算、施工图及施工预算、工程竣工结算（决算）；生产（使用）阶段，包括产品成本预算、设备更新预算等。各个阶段的工作影响工程费用的程度是不同的，从决策到初步设计结束，影响工程费用的程度为 90％～75％；技术设计阶段为 75％～35％；施工图设计阶段为 35％～10％；施工实施阶段通过技术组织措施节约工程造价的可能性只有 5％～10％。因此，建设工程各个阶段的工程，前一阶段比后一阶段更重要，其节约工程费用的潜力也更大。

投资计算的方式很多，有的国家把各设计阶段的投资计算统称估算。在我国和许多国家，把项目建设的整个发展时期的投资计算分为：估算、概算、预算和决算四种，见表 6-4。

表6-4

英、美投资估算类型概况一览表

序号	估算种类、要求的精度及作用						估算所需时间（天）	估算所需的技术条件	相当于我国的设计阶段
	英国	允许误差	作用	美国	允许误差	作用			
1	数量级估算或称"拍脑袋"估算、"比例"估算、"球场"估算	−30%～+30%	设想兴趣粗略筛选	毛估	20%～30%	判断是否进行下一段工作	7	产品大纲、工厂规模、工厂地址和布置（包括车间组成）	投资设想阶段项目规划阶段
2	研究性估算，或称评价估算、初步估算	−20%～+20%	判断下达设计任务书	研究性估算或称初估	15%～20%	设想列入投资计划	10	产品大纲、工厂规模、工厂地址和布置（包括车间组成）设备表及设备价格表	项目建议书阶段
3	预算性估算或称认可估算	−10%～+15%	决心下达设计任务书批准资金	初步估算	10%～15%	据此列入投资计划	14	产品大纲、工厂规模、工厂地址和布置（包括车间组成）设备表及设备价格表、马达功率表、管线及仪表一览表、电器原理单线图	可行性研究阶段
4	控制估算、确切估算	−10%～+10%	控制投资	确切估算	5%～10%	确定投资额	21	产品大纲、工厂规模、工厂地址和布置（包括车间组成）设备表及设备、马达功率表、管线及电气线路系统图、建筑结构一览表、现场施工条件	初步设计阶段
5	详细估算、投标估算、最终估算	−10%～+10%	投标订合同拨款	详细估算	<5%	投标订合同拨款	61	同上，另外应有：详细的施工图和技术说明书	施工图设计阶段

211

估算是指项目决策阶段的投资计算工作，按深度它分概略估算和详细估算。概略估算是根据实际经验、历史资料采用宏观的方法进行估算。这种方法虽然精确度不高，但在项目决策的初始阶段（比如项目建议书阶段）是十分必要的。详细估算（比如可行性研究阶段）是根据管道、厂、站工程综合指标或分项指标以及设计资料进行估算。概算是指项目初步设计或可行性研究阶段的投资计算工作，按概算范围它分总概算、单项工程综合概算及单位工程概算。总概算是详细地确定一个建设项目（如工厂），从筹建到建成投入使用的全部建设费用的文件，它由工程费用（各单项工程的综合概算）、工程建设其他费用及预备费等组成。单项工程综合概算是确定某一个单项工程的工程费用文件，它是按某个完整的工程项目（如工厂的办公楼或生产车间等）来编制。单位工程概算是具体确定单项工程内各个专业（如工厂的办公楼中的建筑工程或安装工程等）设计的工程费用文件。概算是根据各类设计图纸和概算定额或预算定额编制。

预算是指项目施工图设计阶段或项目实施阶段的工程费用计算。一般按单位工程或单项工程编制。根据施工图设计图纸及预算定额编制。

综上所述，估算是由于条件限制（主要是设计图的深度不够），不能编制正式概算而对项目建设投资采取粗算的做法，这是估算与概算在计算方法上的区别。而设计概算是初步设计文件的一个重要组成部分，是工程费用拨款的依据，而估算只是项目筹建阶段上级审批项目建议书、可行性研究报告及项目设计任务书中对项目建设总投资的一个控制指标。概算与预算比较，预算比概算更细。原则上，工程预算应不大于工程概算，工程概算不大于工程估算。

竣工决算是全面反映一个建设项目或单项工程从筹建到竣工投产全过程中各项资金的实际使用情况和设计概（预）算执行的结果。如果说设计总概算是项目建设的计划投资，则竣工结算是施工企业及建设单位完成项目建设的实际投资，实际比计划超过了还是结余了，通过分析可以研究其产生的原因。工程结算是施工企业完成工程任务后，按照合同规定向建设单位进行办理工程价款的结算，根据建筑产品的特点，工程结算的方式可分为工程价款结算、年终结算和竣工结算。

6.3　水工程经济文件及分类

6.3.1　水工程经济文件

在水工程建设领域，随着工程进行阶段的不同和设计深度的不同所进行的工程建设费用的一系列计算过程称为水工程概预算。水工程概预算文件是确定水工程建设项目全部建设费用的经济文件，即水工程经济文件。水工程经济文件包括水工程建设项目从筹建到竣工验收各阶段确定工程造价的各种概预算书。按水工程项目对象分类的工程概预算表现形式可分为水工程建设项目总概预算书、单项工程综合概预算书、单位工程概预算书、其他工程费用概预算书和分项工程概预算书。

1. 水工程建设项目总概预算

水工程建设项目总概预算书是确定一个水工程建设项目从筹建到竣工验收过程的全部费用的文件，总概预算书一般由以下几部分组成。

（1）编制说明；

（2）水工程项目综合概预算书；

（3）主要材料及设备数量清单；

（4）其他工程和费用概预算书；

（5）工程预备费；

（6）技术经济指标。

2. 单项工程综合概预算

单项工程综合概预算书是确定单项工程建设费用的综合性文件，它是由各专业的单位工程概预算书所组成，是水工程建设项目总概预算书的组成部分。单项工程综合概预算书一般由以下几部分组成。

（1）编制说明

编制说明列在综合概预算书前面，一般包括：

1）编制依据：说明设计文件、定额、材料及费用计算依据等；

2）编制方法：对于概算书应说明采用的是概算定额还是概算指标；对于预算书应说明采用的调价系数等、一些调整系数的确定等需要特殊说明的问题。

3）主要材料和设备数量：说明主要建筑安装材料（钢材、木材、水泥、管道）、设备等的规格、数量等。

（2）综合概预算表

水工程建设项目综合概预算表一般包括主体建（构）筑物工程、辅助建（构）筑物工程、室外建筑环境工程以及室外安装工程等几个单位工程概预算表。

3. 单位工程概预算

单位工程概预算书是单项工程综合概预算书的组成部分，是确定某一单项工程内的某个单位工程建设费用的文件。单位工程概预算书是根据设计图纸和概算指标、概算定额，预算定额、间接费率，计划利润率、税金和国家的有关规定等资料编制的。其包括建筑工程概预算和设备及其安装工程概预算两大类，是具体确定单项工程内各个专业工程计算费用的建设费用的文件，如土建工程、给水排水工程、电气工程、采暖、通风、空调及其他专业工程等。

4. 其他工程费用概预算

其他工程费用概预算书是确定建筑工程、设备及其安装工程之外，与整个建设工程有关的费用，如土地征购费、拆迁费、工程勘察设计费、建设单位管理费、科研试验费、试车费等。这些费用均应在建设项目投资中支付，并列入建设项目总概预算书或单项工程综合概预算书中的其他工程费用文件中。它是根据设计文件和国家、各省市、自治区和主管部门规定的取费定额或标准以及相应的计算方法编制的，是以独立的项目列入总概算或综合概算书中的。

5. 分项工程概预算

分项工程概预算书在土建公司，一般是作为单位工作概预算书的组成部分而不单独编制，但在专业施工公司（如机械化施工公司），则要根据其承担的专业施工项目进行编制。

6.3.2　水工程经济分类

水工程建设是一项多环节、多因素、多专业、涉及广泛，内部、外部联系密切，综合性很强的复杂活动。一个建设项目，在立项之前和立项之后，工程的完成一般都要经过立项（可行性研究、计划任务书）、设计、施工、竣工验收、交付使用等阶段，每个阶段都要对工程产品形成所需要的费用进行确定。水工程经济可按按工程项目生命期分类和按工程项目对象两种方法进行分类，具体归纳如图 6-5 所示。

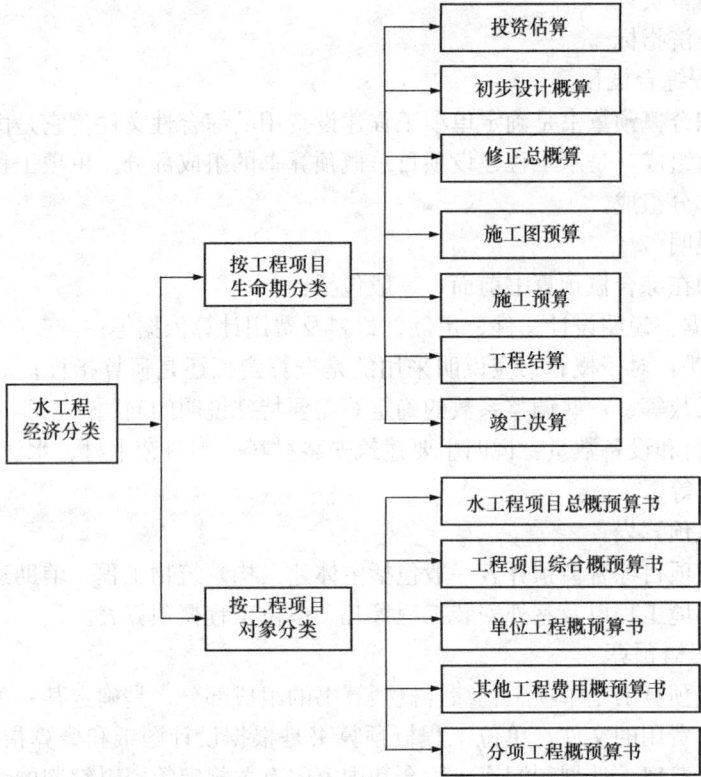

图 6-5　水工程经济分类

思 考 题 与 习 题

1. 简述基本建设与基本建设程序的概念和内容。

2. 简述建设项目可行性研究以及可行性研究报告的内容。

3. 简述建设项目总投资的构成以及资产与投资的关系。

4. 某项目的总成本费用估算见表 6-5。按表 6-2 中所列最低周转天数，用分项详细估算法估算本项目的各年流动资金及流动资金的年增加额。

年生产成本和费用估算表　　　　单位：万元　　　　　　　　表 6-5

序号	年份 项目	投产期		达产期		
		3	4	5	6	……
	生产负荷（%）	50%	80%	100%	100%	
1	电费	80	135	150	150	
2	药剂费	8	12	15	15	

序号	年份 项目	投产期		达产期		
		3	4	5	6	……
3	职工薪酬	50	50	50	50	
4	修理费	10	20	30	30	
5	年折旧额	220	220	220	220	
6	摊销费	90	90	90	90	
7	财务费用	196	177	158	140	
8	管理费用及其他	30	42	50	50	
9	年总成本	684	746	763	745	
10	年经营成本（9－5－6－7）	178	259	295	295	

5. 简述按水工程项目对象分类的水工程经济文件组成。

第7章　水工程建设项目投资估算

7.1　概　述

投资估算是指在项目决策过程中，依据现有的资料和规定的方法，对建设项目总投资数额（包括固定资金和流动资金）进行的估计。投资估算是进行建设项目技术经济评价和投资决策的基础，在项目建议书、可行性研究、方案设计阶段（包括概念方案设计和报批方案设计）应编制投资估算。投资估算总额是指从筹建、施工直至建成投产的全部建设费用，其包括的内容应视项目的性质和范围而定。

7.1.1　投资估算作用

（1）项目前期工作的各阶段文件中投资估算，是研究、分析、计算项目投资经济效益的重要条件，是项目经济评价的基础。

（2）项目建议书阶段的投资估算，是多方案比选，优化设计，合理确定项目投资的基础。是项目主管部门审批项目的依据之一，并对项目的规划、规模起参考作用，从经济上判断项目是否应列入投资计划。

（3）项目可行性研究阶段的投资估算，是方案选择和投资决策的重要依据，是确定项目投资水平的依据，是正确评价建设项目投资合理性、分析投资效益、为项目决策提供依据的基础。当可行性研究报告被批准之后，其投资估算额就作为建设项目投资的最高限额（即：设计任务书的投资控制数）。

（4）项目投资估算对工程设计概算起控制作用，它为设计提供了经济依据和投资限额，设计概算不得突破批准的投资估算额。投资估算一经确定，即成为限额设计的依据，用以对各专业设计造价实施投资切块分配，作为控制和指导设计的尺度或标准。

（5）项目投资估算是进行工程设计招标，优选设计方案的依据；项目资金筹措及制订建设贷款计划的依据，建设单位可根据批准的项目投资估算额，进行资金筹措和向银行申请贷款。

（6）项目投资估算是核算建设项目固定资产投资需要额和编制固定资产投资计划的重要依据。

7.1.2　投资估算原则

投资估算是拟建项目前期工作各阶段，特别是可行性研究阶段的重要内容，是经济效益评价的基础，是项目决策的重要依据。估算质量如何，将决定着项目能否纳入投资建设计划。因此，在编制投资估算时应符合下列原则：

（1）实事求是的原则。从实际出发，深入开展调查研究，掌握第一手资料，不能弄虚作假。

（2）合理利用资源，效益最高的原则。市场经济环境中，利用有限经费，有限的资源，尽可能满足需要。

（3）尽量做到快、准的原则。一般投资估算误差都比较大。通过艰苦细致的工作，加强研究，积累尽量多的资料，尽量做到又快、又准拿出项目的投资估算。

（4）适应高科技发展的原则。从编制投资估算角度出发，在资料收集，信息储存，处理，使用以及编制方法选择和编制过程应逐步实现计算机化、网络化。

7.1.3　投资估算编制依据

投资估算编制依据是指在编制投资估算时所需要的计量规则、资源价格、工程计价、其他费用等有关参数、率值确定的基础资料来源。投资估算的编制依据主要有以下几个方面。

（1）国家、行业和地方政府的有关规定。

（2）上一阶段且经批准的工程勘察与设计文件，图示计量或有关专业提供的主要工程量和主要设备清单；现场情况，如地理位置、地质条件、交通、供水、供电条件等。

（3）行业部门、项目所在地工程造价管理机构或行业协会等编制的投资估算指标、概算指标（定额）、定额价格、取费标准、工程建设其他费用规定（定额）、综合单价、价格指数、技术经济指标以及有关造价文件。

（4）工程所在地、同期的工、料、机的预算价格及市场价格，建筑、工艺及附属设备的市场价格和有关费用；当地历年，历季调价系数及材料差价计算办法等。

（5）政府有关部门、金融机构等部门发布的价格指数、利率、汇率、税率等有关参数。

（6）类似工程的造价、各种技术经济指标和参数以及其他经验参考数据，如材料及设备运杂费率、设备安装费率、各部分投资占总投资比率等。

（7）委托人提供的其他技术经济资料。

7.1.4　投资估算编制程序

投资估算主要包括项目建议书阶段和可行性研究阶段的投资估算。可行性研究阶段的投资估算编制一般包含静态投资部分、动态投资部分与流动资金估算三个部分（图 7-1），主要包括以下步骤：

1. 收集资料及确定估算方法

（1）熟悉工程项目的特点、组成、内容及规模等；

（2）收集有关资料、数据和估算指标等；

（3）选择相应的投资估算方法。

2. 静态投资估算

（1）估算工程项目各单位工程、附属工程的建筑工程费用、安装工程费用、设备及工器具购置费用；

（2）进行工程项目单项工程的投资估算；同时汇总各单项工程费用；

（3）计算工程建设其他费用，含无形资产、其他资产投资费用；

（4）估算工程基本预备费；

（5）计算固定资产投资方向调节税；

（6）估算完成工程项目静态投资部分。

3．动态投资估算

（1）计算价差预备费；

（2）计算建设期利息；

（3）在静态投资的基础上，完成工程项目动态投资部分的估算。

4．流动资金估算

（1）估算流动资金；

（2）估算铺底流动资金。

5．估算建设项目总投资

（1）汇总工程项目投资估算总额；

（2）检查、调整不适当的费用，确定工程项目的投资估算总额；

（3）汇总工程项目主要材料、设备及其需用量。

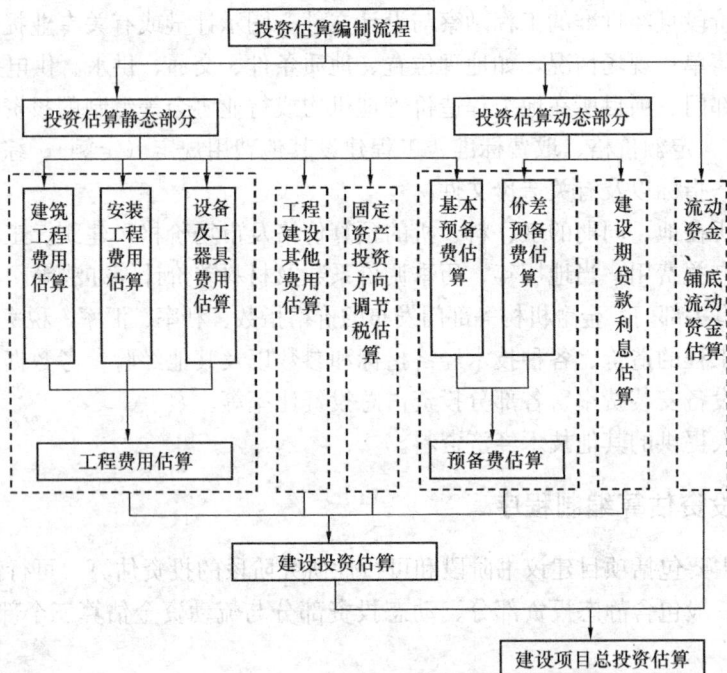

图 7-1　建设项目可行性研究阶段投资估算编制流程

7.2　估算方法与指标

7.2.1　投资估算方法

在项目规划和建议书阶段，投资估算的精度较低，可采取简单的匡算法，如：单位生产能力投资估算法、生产能力指数法、比例估算法、系数估算法等，在条件允许时，也可采用指标估算法。

在可行性研究阶段，投资估算精确度要求高，需采用相对详细的投资估算方法，即：

指标估算法。

建筑工程投资估算一般采用单位建筑工程投资估算法、单位实物工程量投资估算法、概算指标投资估算法；设备及工器具购置费估算常常采用询价法获得；安装工程费可采用设备原价×安装费率、设备吨位×每吨安装费、安装工程实物量×安装费用指标来估算。

1. 单位生产能力投资估算法

单位生产能力投资估算法，是指根据同类项目单位生产能力所耗费的固定资产投资额来估算拟建项目固定资产投资额的一种方法。该方法将同类项目的固定资产投资额与其生产能力的关系简单地视为线性关系，与实际情况的差距较大。运用该方法时，应当注意拟建项目与同类项目的可比性，尽量减少误差。计算公式为：

$$C_2 = Q_2 \left(\frac{C_1}{Q_1}\right) p \tag{7-1}$$

式中　C_1——已建类似项目或装置的实际投资额；

　　　Q_1——已建类似项目或装置的生产规模；

　　　C_2——拟建项目或装置的实际投资额；

　　　Q_2——拟建类似项目或装置的生产规模；

　　　p——物价换算系数。

2. 指数估算法

指数估算法，又叫生产能力指数法，是用已建成的、性质类似的建设项目或生产装置的投资额和生产能力及拟建项目或生产装置的生产能力估算项目的投资额。计算公式为：

$$C_2 = C_1 \left(\frac{A_2}{A_1}\right) n \cdot f \tag{7-2}$$

式中　C_1——已建类似项目或装置的实际投资额；

　　　C_2——拟建项目或装置的所需投资额；

　　　A_2——拟建项目或装置的生产能力或主导参数；

　　　A_1——已建类似项目或装置的生产能力或主导参数；

　　　f——为不同时期、不同地点的定额、单价、费用变更等的综合调整系数；

　　　n——生产能力指数，$0 \leqslant n \leqslant 1$。

若 $\frac{A_2}{A_1} = 0.5 \sim 2$，则指数 n 的取值近似为 1；若 $\frac{A_2}{A_1} \leqslant 0.5$，且拟建项目的扩大仅靠增大设备规模来达到时，则指数 n 取值约为 $0.6 \sim 0.7$；若是靠增加相同规格设备的数量来达到时，则指数 n 取 $0.8 \sim 0.9$ 之间。指数 n 的确定也可通过调查收集诸多类似项目的 C 和 A 值，采用算术平均法计算 n 值。

【例 7-1】某拟建项目的生产规模为 50 万 m^3/d，并调查收集了类似项目的投资额 C 和生产能力 A，见表 7-1，综合调整系数为 1.0，试估算该拟建项目的投资额。

求解指数计算表　　　　　　　　　　　　　　　　　　　　表 7-1

序号	规模 A（万 m^3/d）	投资 C（万元）	$Y_m = \frac{Cm+1}{Cm}$	$Z_m = \frac{Am+1}{Am}$	$n_m = \frac{\lg Y_m}{\lg Z_m}$
1	3	6000	1.90	2.00	0.926
2	6	11400	1.62	1.67	0.941

序号	规模 A（万 m^3/d）	投资 C（万元）	$Y_m=\dfrac{Cm+1}{Cm}$	$Z_m=\dfrac{Am+1}{Am}$	$n_m=\dfrac{l_g Y_m}{l_g Z_m}$
3	10	18500	2.30	2.50	0.909
4	25	42500	1.51	1.60	0.877
5	40	64000	1.63	1.63	1.000
6	65	104000	1.24	1.32	0.775
7	86	129000	1.01	1.05	0.204
8	90	130500	—	—	—

解：（1）根据收集的资料，计算已获得资料各自的生产能力指数 n_m，见表 7-1。

（2）采用算数平均法计算该项目的指数 n：

$$n=\frac{1}{m}\sum_{m=1}^{m=7}n_m=\frac{1}{7}\times(0.926+0.941+0.909+0.877+1.000+0.775+0.204)=0.805$$

（3）采用 $C_1=64000$ 万元，$A_1=40$ 万 m^3/d，得：

$$C'_2=C_1\left(\frac{A_2}{A_1}\right)^n\cdot f=6400\times\left(\frac{50}{40}\right)^{0.805}\times 1.0=76594\text{ 万元}$$

（4）采用 $C_1=104000$ 万元，$A_1=65$ 万 m^3/d，得：

$$C''_2=C_1\left(\frac{A_2}{A_1}\right)^n\cdot f=104000\times\left(\frac{50}{65}\right)^{0.805}\times 1.0=84199\text{ 万元}$$

（5）因此，拟建项目的投资额：$C_2=(C'_2+C''_2)/2$

$$=(76594+84199)/2$$

$$=80397\text{ 万元}。$$

采用这种方法比较简单、速度快；但要求类似工程的资料可靠，条件基本相同，否则误差就会增大。适合于项目建议书阶段。

3. 百分比估算法（投资费用分配法）

这是根据不同类型、不同投资规模和建设条件的项目，确定各种费用占总投资的百分比用以估算新建同类型项目建设费用的方法。通过若干已建成的项目有关的统计资料进行分析，确定各项费用占总投资的百分比，当已知设备费用之后，其他各项费用则可根据相应的百分比求出。这种方法适用于设备投资占比例较大的项目。

（1）以拟建项目或装置中建筑、安装等费用占设备费的百分比计算投资额

已知：1）拟建项目或装置的设备清单按当时当地价格计算的设备费（包括运杂费）的总和 E；

2）根据已建成的同类项目或装置的建筑、安装及其他工程费用占设备费的百分比 P_i；

3）由于时间因素引起的定额、价格、费用标准等变化的综合调整系数 f_i；

4）拟建项目或装置的工程建设其他费用等 I_i。

计算拟建项目或装置的投资额：

$$C=E(1+\sum f_i\cdot P_i)+\sum I_i \tag{7-3}$$

（2）以拟建项目或装置中各专业工程等费用占工艺设备费的百分比计算投资额

已知：1）拟建项目或装置中最主要、投资比例大、与生产能力直接相关的工艺设备

清单按当时当地价格计算的设备费（包括运杂费、安装费）的总和 E；

2）根据已建成的同类项目或装置的各专业工程（总图、土建、暖通、给水排水、管道、电气及电信、自控及其他工程费用等）占工艺设备费的百分比 P'_i；

3）由于时间因素引起的定额、价格、费用标准等变化的综合调整系数 f'_i；

4）拟建项目或装置的工程建设其他费用等 I_i。

计算拟建项目或装置的投资额：

$$C = E(1 + \sum f'_i \cdot P'_i) + \sum I_i \tag{7-4}$$

4. 朗格系数法

它是以设备费用为基础，乘以适当系数来推算拟建项目费用。其公式为：

$$D = K_L \cdot C = (1 + \sum K_i) \cdot K_C \cdot C \tag{7-5}$$

式中　D——拟建项目总建设费用；

C——拟建项目主要设备费用；

K_L——总建设费用与设备费用之比，即：朗格系数。

$$K_L = (1 + \sum K_i) \cdot K_C$$

K_i——管线、仪表、建筑物、构筑物等项费用的估算系数；

K_C——工程其他费、合同费、应急费等间接费在内的总估算系数。

这种方法比较简单，但没有考虑设备规格、材质的差异，所以精度不高。

【例7-2】某项目的 A 车间，各专业工程的估算系数是：

管线工程：　　$K_1 = 0.30$；　　　仪表工程：$K_2 = 0.20$；

建筑工程：　　$K_3 = 1.20$；　　　构筑物工程：$K_4 = 1.85$；

起重运输设备：$K_5 = 0.15$；　　　采暖通风：　$K_6 = 0.10$；

供电、照明：　$K_7 = 0.20$；　　　其他：　　　$K_8 = 0.05$；

若该车间的主要设备（工艺操作设备）为 100 万元，工程其他费用及预备费的估算系数为 1.45，试估算该车间全部建成后的费用是多少？

解：$D = (1 + \sum K_i) K_C \cdot C$

$\sum K_i = (0.30 + 0.20 + 1.20 + 1.85 + 0.15 + 0.10 + 0.20 + 0.05) = 4.05$

得：$D = (1 + 4.05) \times 1.45 \times 100 = 732.25$ 万元。

5. 指标估算法

对于房屋、建筑物、构筑物等投资的估算，经常采用指标估算法。即根据各种具体的投资估算指标，进行单项工程、单位工程、分部工程和分项工程投资的估算。投资估算指标的形式较多，比如管道、厂站综合指标、单项工程指标、单位工程指标、分项指标等。根据这些投资估算指标，乘以所需的面积、体积、容量等，就可以求出相应单项工程、单位工程、分部工程和分项工程的投资或土建工程、安装工程、设备购置的投资。在此基础上，可汇总成工程费用，设备、器具购置费用，安装工程费用。另外再估算工程建设其他费用及预备费等，即求得建设项目总投资。

采用这种方法时，一方面要注意，若套用的指标与具体工程之间的标准或条件有差异时，应加以必要的局部换算或调整；另一方面要注意使用的指标应密切结合每个单位工程、分项工程的特点，能正确反映其设计参数，切勿盲目地单纯套用指标。

6. 资金周转率法

这是一种在国外普遍使用的方法，它是从资金周转的定义出发推算出建设费用的一种方法。这种方法精度比较低，往往用于宏观估价，其计算公式是：

$$C = \frac{Q \times a}{t_r} \tag{7-6}$$

式中　　C——拟建项目的投资；

　　　　Q——产品的年产量；

　　　　a——产品的单价；

　　　　t_r——资金周转率。

在国外，不同性质的工厂或生产不同产品的车间，都有相应的资金周转率，工厂的产量和市场销售价格也都已知，故能较方便地计算出项目建设费用。

7.2.2　水工程投资估算指标

根据《市政工程投资估算指标》HGZ47—101~110—2007，水工程投资估算指标按范围包括给水工程投资估算指标、排水工程投资估算指标、防洪堤防工程投资估算指标。按内容有综合指标和分项指标。它们都适用于新建、改建和扩建工程，不适用于技术改造、加固工程以及特殊要求的工程。

1. 综合指标

综合指标总造价包括建筑安装工程费、设备器具购置费、工程建设其他费用、基本预备费；还包括主要材料用量、厂、站工程的占地数量、设备功率。水工程项目综合指标见附录3。指标中的水量规模与造价指标呈反比例，造价指标可根据设计水量按插入法取定。指标上限适用于建设条件差、水环境条件差、地质条件较差、工艺标准和结构标准较高、自控程度较高、有独立的附属建筑物等情况，必要时应按规定作相应的调整。

建筑安装工程费由直接费和综合费用组成。直接费由人工费、材料费、机械费组成。将《建筑安装工程费用项目组成》（建标〔2013〕44号）中的措施费（环境保护、文明施工、安全施工、临时设施、夜间施工的内容）按比例分别摊入人工费、材料费和机械费。二次搬运、大型机械设备进出场及安装拆除、混凝土和钢筋混凝土模板及支架、脚手架编入直接工程费。综合费用由间接费、利润和税金组成。

设备购置费依据设计文件规定，其价格由设备原价＋设备运杂费组成，设备运杂费指除设备原价之外的设备采购、运输、包装及仓库保管等方面支出费用的总和。

工程建设其他费用包括：建设管理费、可行性研究费、研究试验费、勘察设计费、环境影响评价、场地准备及临时设施费、工程保险费、联合试运转费、生产设备及开办费。

预备费包括基本预备费和价差预备费。基本预备费是指在投资估算阶段不可预见的工程费用。

设备指标是按主要设备的功率计算（不包括备用设备），如各种水泵、空气压缩机、鼓风机、机械反应及搅拌设备、吸泥设备、刮泥设备其他水处理设备。次要设备（如起重机设备等）及照明功率都未计算在内。

占地指标是按生产所必需的各种建筑物、构筑物的土地面积计算，不包括预留远期发展和卫生防护地带用地。

综合指标未考虑湿陷性黄土地区、地震设防、永久性冻土地区和地质情况十分复杂等地区的特殊要求；厂、站设备均按国产设备考虑，未考虑进口设备因素。

指标不包括土地使用费（含拆迁、补偿费）、施工机构迁移费、涨价预备费、建设期贷款利息和固定资产投资方向调节税。

2. 分项指标

分项指标包括建筑安装工程费、设备工器具购置费。

利用分项指标计算给水、排水管渠的建筑安装工程费应运用管渠长度指标（元/100m）；利用分项指标计算构筑物或建筑物的建设安装工程费用应运用面积、体积、过滤面积、容积指标，而水量指标只作为复核综合指标时的参考。

使用分项指标时，应按拟建项目的单项构筑物、建筑物的规模、工艺标准和结构特征，选择有一定代表性的分项指标；当拟建项目的单项构筑物、建筑物与指标中的单项构筑物、建筑物，在规模、工艺标准和结构特征等自然条件和设计标准相差较大时，应按工程实际情况进行调整。

3. 指标的编制期价格、费率标准

（1）价格标准

1）人工单价：人工工资综合单价按北京地区 2004 年 31.03 元/工日；

给水排水管渠工程综合指标中的人工日以土建计费；给水排水厂站和构筑物综合指标中的人工日以土建占 3/4 计费，安装占 1/4 计费。

2）材料价格：按北京地区 2004 年度价格，具体数值参考有关手册。

3）机械使用费：按北京地区 2004 年度价格，具体数值参考有关手册。

（2）费率取定

1）措施费：将措施费分别摊入人工费、材料费和机械费。给水工程和排水工程的费率均取 6%。

计费基数：人工费＋材料费＋机械费。

分摊比例：其中人工费 8%，材料费 87%，机械费 5%，分别按比例计算。

2）综合费用：给水工程和排水工程的费率均取 21.3%。

计费基数：估算指标直接费。

3）工程建设其他费用费率。工程建设其他费用费率按 10%～15%。具体数值由各册根据专业以及国家规定得收费标准测算确定，并在册说明中说明。

计费基数：建筑安装工程费＋设备购置费。

4）基本预备费费率按 8%确定。

计费基数：建筑安装工程费＋设备购置费＋工程建设其他费用。

综合指标计算程序见表 7-2，分项指标计算程序见表 7-3。

综合指标计算程序　　　　　　　　　　　　　　　　表 7-2

序号	项目	取费基数及计算式
	指标基价	一＋二＋三＋四
一	建筑安装工程费	4＋5
1	人工费小计	—

序号	项目	取费基数及计算式
	指标基价	一＋二＋三＋四
2	材料费小计	—
3	机械费小计	—
4	直接费小计	1＋2＋3
5	综合费用	4×综合费用费率
二	设备购置费	原价＋设备运杂费
三	工程建设其他费用	（一＋二）×工程建设其他费用费率
四	基本预备费	（一＋二＋三）×8%

分项指标计算程序　　　　　　　　　　　　表 7-3

序号	项目	取费基数及计算式
	指标基价	一＋二
一	建筑安装工程费	（四）＋（五）
1	人工费	—
2	措施费分摊	（1＋3＋5）×措施费费率×8%
（一）	人工费小计	1＋2
3	材料费	—
4	措施费分摊	（1＋3＋5）×措施费费率×87%
（二）	材料费小计	3＋4
5	机械费	—
6	措施费分摊	（1＋3＋5）×措施费费率×5%
（三）	机械费小计	5＋6
（四）	直接费小计	（一）＋（二）＋（三）
（五）	综合费用	（四）×综合费用费率
二	设备购置费	原价＋设备运杂费

4. 指标的调整

本指标中的人工、材料、机械费的消耗量原则上不作调。使用本指标时可按指标消耗量及工程所在地当时当地市场价格并按照规定的计算程序和方法调整指标，费率可参照指标确定，也可按各级建设行政主管部门发布的费率调整。

具体调整办法如下：

（1）建筑安装工程费的调整

1）人工费：以指标人工工日数乘以当时、当地造价管理部门发布的人工单价确定。

2）材料费：以指标主要材料消耗量乘以当时、当地造价管理部门发布的相应材料价格确定。

$$其他材料费＝指标其他材料费×\frac{调整后的主要材料费}{指标（材料费小计－其他材料费－材料费中措施费分摊）}$$

$$(7-7)$$

3）机械费：列出主要机械台班消耗量的调整方式：以指标主要机械台班消耗量乘以当时当地造价管理部门发布的相应机械台班价格确定。

$$其他机械费 = 指标其他机械费 \times \frac{调整后的主要机械费}{指标（机械费小计 - 其他机械费 - 机械费中措施费分摊）}$$

$$(7-8)$$

未列出主要机械台班消耗量的调整方式：

$$机械费 = 指标机械费 \times \frac{调整后的（人工费 + 材料费）}{指标（人工费 + 材料费）} \qquad (7-9)$$

4）直接费：调整后的直接费为调整后的人工费、材料费、机械费之和。

5）综合费用：

$$综合费用 = 调整后的直接费 \times 当时当地的综合费率 \qquad (7-10)$$

6）建筑安装工程费：

$$建筑安装工程费 = 调整后的（直接费 + 综合费用） \qquad (7-11)$$

（2）设备工器具购置费的调整

指标中列有设备工器具购置费的，按主要设备清单，采用当时、当地的设备价格或上涨幅度进行调整。

（3）工程建设其他费用的调整

工程建设其他费用的调整。工程建设其他费用的调整，按国家规定的不同工程类别的工程建设其他费用费率计算。

$$工程建设其他费用 = 调整后的（建筑安装工程费 + 设备购置费）$$
$$\times 国家规定的工程建设其他费用费率 \qquad (7-12)$$

（4）基本预备费的调整

$$基本预备费 = 调整后的[建筑安装工程费 + 设备工器具购置费 + 工程建设其他费用]$$
$$\times 基本预备费费率 \qquad (7-13)$$

（5）指标总造价的调整

$$指标基价 = 调整后的（建筑安装工程费 + 设备购置费 + 工程建设其他费用 + 基本预备费）$$

$$(7-14)$$

（6）建设项目总投资估算

编制建设项目投资估算，应按上述办法调整。指标中未列费用可根据有关规定调整。

7.2.3　给水厂和污水处理厂附属建筑面积

1. 给水厂附属建筑面积

（1）一般规定：

1）给水厂的附属建筑应根据总体布局，结合厂址环境、地形、气象和地质等条件进行布置，布置方案应达到经济合理、安全适用、方便施工和管理等要求。

2）附属建筑面积系指使用面积。

3）给水厂生产管理用房、行政办公用房、化验室和宿舍等组成的综合楼，其建筑系数可按 55%～65%选用，其他附属建筑的建筑系数应符合表 7-4 规定。

给水厂其他附属建筑的建筑系数　　　　表 7-4

建筑物名称	建筑系数（%）
仓库、机修间	80～90
食堂（包括厨房）	70～80
浴室、锅炉房	75～85
传达室	75～85

（2）生产管理用房包括计划室、技术室、技术资料室、劳动工资室、财务室、会议室、活动室、调度室、医务室和电话总机室等，其建筑面积应符合现行的《城市给水工程项目建设标准》，可参考表 7-5 的规定。

生产管理用房面积　　　　表 7-5

类别 给水厂规模（万 m³/d）	地表水水厂（m²）	地下水水厂（m²）
0.5～2	100～150	80～120
2～5	150～210	120～150
5～10	210～300	150～180
10～20	300～350	180～250
20～50	350～400	250～300

注：本表已包括行政办公用房的面积。

（3）行政办公用房包括办公室、打字室、资料室和接待室等。它宜与生产管理用房等联建。每一编制定员的行政办公用房平均面积为 $5.8～6.5m^2$。

（4）化验室面积应按常规水质化验项目确定。根据给水厂规模，一般由理化分析室、毒物检验室、生物检验室（包括无菌室）、加热室、天平室、仪器室、药品贮藏室（包括毒品室）、办公室和更衣间等组成，其面积应符合现行的《城市给水工程项目建设标准》，可参考表 7-6 的规定。对设有原子吸收、气相色谱分析仪等大型仪器设备的化验室，其面积可酌情增加。

（5）给水厂机修间分为中修、小修两类，中修以维修部件为主，小修以维修零件为主，其类型的选用应考虑当地自来水公司的机修力量和协作条件确定。独立设置的泵站可按小修确定。其面积和定员应符合现行的《城市给水工程项目建设标准》，可参考表 7-7 的规定。

1）机修间辅助面积指工具键、备品库、男女更衣室、卫生间、休息室和办公室的总面积。给水厂规模小于 10 万 m³/d 时可不设休息室。

2）机修间外设置冷工作棚时，其面积可按车间面积的 20%～40% 计算。

化验室面积及定员　　　　表 7-6

类别 给水厂规模（万 m³/d）	地表水水厂		地下水水厂	
	面积（m²）	定员（人）	面积（m²）	定员（人）
0.5～2	60～90	2～4	30～60	1～3
2～5	90～110	4～5	60～80	3～4
5～10	110～160	5～6	80～100	4～5
10～20	160～180	6～8	100～120	5～6
20～50	180～200	8～10	120～150	6～8

注：本表面积指给水厂一级化验室用房，不包括车间及班组化验用房。

机修间面积及定员　　　　　　　　表 7-7

项目\规模（万 m³/d）	小 修						中 修					
	车间面积（m²）		辅助面积（m²）		定员（人）		车间面积（m²）		辅助面积（m²）		定员（人）	
	地表水水厂	地下水水厂	地表水水厂	地下水水厂	地表水水厂	地下水水厂	地表水水厂	地下水水厂	地表水水厂	地下水水厂	地表水水厂	地下水水厂
0.5~2	50~70	40~60	25~35	20~30	2~5	2~5	70~80	60~70	25~35	20~30	4~6	3~6
2~5	70~100	60~90	35~45	30~40	5~7	5~6	80~110	70~100	35~45	30~40	6~8	6~7
5~10	100~120	90~100	45~60	40~50	7~9	6~7	110~130	100~120	45~60	40~50	8~10	7~8
10~20	120~150	100~130	60~70	50~60	9~10	7~8	130~160	120~140	60~70	50~60	10~11	8~10
20~50	150~190	130~160	70~90	60~80	10~12	8~10	160~200	140~180	70~90	60~70	11~13	10~12

3）当地无水表修理力量，且规模在 10 万 m³/d 以下的给水厂，宜设置水表修理间，其面积和定员应符合现行的《城市给水工程项目建设标准》，可参考表 7-8 的规定。

水表修理间面积及定员　　　　　　　　表 7-8

给水厂规模（万 m³/d）	面积（m²）	定员（人）
0.5~2	20~30	2
2~5	30~40	2~3
5~10	40~50	3~4

注：地表水水厂与地下水水厂相同。

（6）电修间面积及定员应符合现行的《城市给水工程项目建设标准》，可参表 7-9 规定。

电修间面积及定员　　　　　　　　表 7-9

给水厂规模（万 m³/d）\类别	地表水水厂		地下水水厂	
	面积（m²）	定员（人）	面积（m²）	定员（人）
0.5~2	20~25	2~3	20~30	2~4
2~5	25~30	3~4	30~40	4~5
5~10	30~40	4~6	40~50	5~7
10~20	40~50	4~6	50~60	7~10
20~50	50~60	6~7	60~70	10~12

注：本表未考虑控制系统仪表和设备的检修。

（7）泥木工间包括木工、泥工和油漆工等的工作场所和工具堆放等场地，其面积和定员应符合表 7-10 的规定。

泥木工间面积及定员　　　　　　　　　　　表 7-10

给水厂规模（万 m³/d）	地表水水厂		地下水水厂	
类别	面积（m²）	定员（人）	面积（m²）	定员（人）
2～5	20～35	1～2	20～25	1～2
5～10	35～45	2～3	25～30	1～2
10～20	45～60	3～4	30～40	2～3
20～50	60～80	4～8	40～60	3～5

（8）车库一般由停车间、检修坑、工具间和休息室等组成。其面积应根据车辆的配备确定。

（9）仓库可集中或分散设置，其总面积应符合现行的《城市给水工程项目建设标准》，可参考表 7-11 的规定。

仓库面积　　　　　　　　　　　表 7-11

给水厂规模（万 m³/d）	地表水水厂（m²）	地下水水厂（m²）
0.5～2	50～100	40～80
2～5	100～150	80～100
5～10	150～200	100～150
10～20	200～250	150～200
20～50	250～300	200～250

注：1. 净水和消毒剂的贮存不属本仓库范围。药剂仓库面积按工程设计具体规定计算。

　　2. 10 万 m³/d 以上给水厂仓库，表中已计入仓库管理人员的办公面积。

（10）给水厂食堂包括餐厅和厨房（备餐、烧火、操作、贮藏、冷藏、烘烤、办公和更衣用房等），其总面积定额应符合现行的《城市给水工程项目建设标准》，可参考表 7-12 的规定。

食堂就餐人员面积定额　　　　　　　　　　表 7-12

给水厂规模（万 m³/d）	面积定额（m²/人）
0.5～2	2.6～2.4
2～5	2.4～2.2
5～10	2.2～2.0
10～20	2.0～1.9
20～50	1.9～1.8

注：地表水水厂和地下水水厂相同。

1）就餐人员宜按最大班人数计（即当班的生产人员加上日班的生产辅助人员和管理人员）。

2）食堂外应有堆放煤和炉渣的场地，寒冷地区宜设菜窖。

（11）浴室与锅炉房：

1）男女浴室的总面积（包括淋浴间、盥洗间及更衣间厕所等）应符合现行的《城市给水工程项目建设标准》，可参考表 7-13 的规定。

2）锅炉房面积应根据需要确定，并应在锅炉房外设堆放煤和渣料的场地。

（12）给水厂应设管配件堆棚，其面积应符合现行的《城市给水工程项目建设标准》，可参考表 7-14 的规定。

（13）绿化用房面积应根据绿化工定员和面积定额确定。

1）当绿化面积≤7000m² 时，绿化工定员为 2 人；绿化面积每增加 7000～10000m²，增配 1 人。

2）绿化用房面积定额，可按 5～10m²/人计算。

浴室面积

表 7-13

给水厂规模（万 m³/d）	地表水水厂（m²）	地下水水厂（m²）
0.5～2	20～40	15～25
2～5	40～50	25～35
5～10	50～60	35～45
10～20	60～70	45～55
20～50	70～80	55～60

管件堆棚面积

表 7-14

给水厂规模（万 m³/d）	面积（m²）
0.5～2	30～50
2～5	50～80
5～10	80～100
10～20	100～200
20～50	200～250

注：地表水水厂和地下水水厂相同。

（14）传达室面积应符合现行的《城市给水工程项目建设标准》，可参考表 7-15 的规定。

传达室面积

表 7-15

给水厂规模（万 m³/d）	面积（m²）
0.5～2	15～20
2～5	15～20
5～10	20～25
10～20	25～35
20～50	25～35

（15）宿舍包括值班宿舍和单身宿舍。

1）值班宿舍是中、夜班工人临时休息用房，其面积可按 4m²/人计算。宿舍人数宜按值班工人总数的 45%～55%计算。

2）单身宿舍是指常住在厂内的单身男女职工用房，其面积可按 5m²/人计算。宿舍人数宜按给水厂定员人数的 35%～45%计算。

（16）给水厂应设置露天操作工的休息室，其面积可按 $5m^2$/人计算，总面积应不小于 $25m^2$。

（17）厂内可设自行车车棚。车棚面积可按 $0.8m^2$/辆计算，存放车辆数可按定员人数的 $30\%\sim60\%$ 采用。

2. 污水处理厂附属建筑面积

（1）一般规定：

1）附属建筑面积系指使用面积。

2）污水处理厂生产管理用房、行政办公用房、化验室和宿舍等组成的综合楼，其建筑系数可按 $55\%\sim65\%$ 选用。

（2）生产管理用房：

1）二级污水处理厂生产管理用房包括计划室、技术室、调度室、劳动工资室、财会室、技术资料室、会议室、活动室、医务室和电话总机室等，其建筑面积应符合表 7-16 的规定。

2）一级污水处理厂生产管理用房面积应符合现行的《城市污水处理工程项目建设标准》，可参考表 7-16 规定。

生产管理用房面积 表 7-16

污水处理厂规模（万 m^3/d）	生产管理用房面积（m^2）
0.5～2	80～170
2～5	170～220
5～10	220～300
10～50	300～480

（3）行政办公用房包括办公室、打字室、资料室和接待室等。它宜与生产管理用房等联建，并与污水处理厂厂区环境相协调。每一编制定员的行政办公用房平均面积为 5.8～$6.5m^2$。

（4）化验室一般由水分析室、泥分析室、BOD 分析室、气体分析室、生物室、天平室、仪器室、药品贮藏室、办公室和更衣间等组成。其面积和定员应根据污水处理厂规模和污水处理级别等因素确定，宜按现行的《城市污水处理工程项目建设标准》，可参考表 7-17 规定。

化验室面积及定员 表 7-17

污水处理厂规模（万 m^3/d）	面积（m^2）		定员（人）
	一级厂	二级厂	二级厂
0.5～2	70～100	85～140	2～3
2～5	100～120	140～200	3～5
5～10	120～180	200～280	5～7
10～50	180～250	280～380	7～15

注：一级厂定员可取表中的下限值。

（5）机修间面积和定员，应根据污水处理厂规模和污水处理级别等因素确定，宜按现行的《城市污水处理工程项目建设标准》，可参考表 7-18 规定。

机修间面积及定员　　　　　　　　　表 7-18

污水处理厂规模（万 m³/d）		0.5～2	2～5	5～10	10～50
一级厂	车间面积（m²）	50～70	70～90	90～120	120～150
	辅助面积（m²）	30～40	30～40	40～60	60～70
	定员（人）	3～4	4～6	6～8	8～10
二级厂	车间面积（m²）	60～90	90～120	120～150	150～180
	辅助面积（m²）	30～40	40～60	60～70	70～80
	定员（人）	4～6	6～8	8～12	12～18

注：1. 辅助面积系指工具件、备品库、男女更衣室、卫生间和办公室的总面积。规模小于 5 万 m³/d 时，可不设办公室。

　　2. 机修间应设置冷工作棚，其面积可按车间面积的 30%～50% 计算。

　　3. 小修的机修间面积，可按表中的下限值酌减。

（6）电修间面积和定员，应按现行的《城市污水处理工程项目建设标准》，可参考表 7-19 规定。

（7）泥木工间包括木工、泥工和油漆工等的工作场所和工具堆放等场地，其面积和定员应符合现行的《城市污水处理工程项目建设标准》，可参考表 7-20 规定。

（8）车库一般由停车间、检修坑、工具间和休息室等组成。其面积应根据车辆的配备确定。

电修间面积及定员　　　　　　　　　表 7-19

污水处理厂规模（万 m³/d）	一级厂		二级厂	
	面积（m²）	定员（人）	面积（m²）	定员（人）
0.5～2	15	2	20～30	2～3
2～5	15	2～3	30～40	3～5
5～10	20	3～5	40～50	5～8
10～50	20	5～8	50～70	8～14

注：本表未考虑控制系统的仪表和设备检修，宜设置仪表维修间。

泥木工间面积及定员　　　　　　　　　表 7-20

污水处理厂规模（万 m³/d）	一级厂		二级厂	
	面积（m²）	定员（人）	面积（m²）	定员（人）
5～10	30～40	2～3	40～50	3～5
10～50	40～70	3～5	50～100	5～8

（9）仓库可集中或分散设置，其总面积应符合现行的《城市污水处理工程项目建设标准》，可参考表 7-21 规定。

仓库面积　　　　　　　　　表 7-21

污水处理厂规模（万 m³/d）	二级厂仓库面积（m²）
0.5～2	60～100
2～5	100～150
5～10	150～200
10～50	200～400

注：一级厂的仓库面积，可按表中下限采用。

（10）污水处理厂的食堂包括餐厅和厨房（备餐、烧火、操作、贮藏、冷藏、烘烤、办公和更衣用房等），其总面积定额应符合现行的《城市污水处理工程项目建设标准》，可参考表 7-22 规定。

食堂就餐人员面积定额 表 7-22

污水处理厂规模（万 m³/d）	面积定额（m²/人）
0.5~2	2.6~2.4
2~5	2.4~2.2
5~10	2.2~2.0
10~50	2.0~1.8

注：1. 就餐人员宜按最大班人数计（即当班的生产人员加上日班的生产辅助人员和管理人员）。

2. 食堂外应有堆放煤和炉渣的场地，寒冷地区宜设菜窖。

3. 如食堂兼作会场时，餐厅面积可适当增加。

（11）浴室与锅炉房：

1）男女浴室的总面积（包括淋浴间、盥洗间及更衣间厕所等）应符合现行的《城市污水处理工程项目建设标准》，可参考表 7-23 规定。

2）锅炉房面积应根据需要确定，并应在锅炉房外设堆放煤和渣料的场地。

（12）污水处理厂应设管配件堆棚，其面积应符合现行的《城市污水处理工程项目建设标准》，可参考表 7-24 规定。

（13）绿化用房面积应根据绿化工定员和面积定额确定。

1）当绿化面积≤7000m² 时，绿化工定员为 2 人；绿化面积每增加 7000~10000m²，增配 1 人。

2）绿化用房面积定额，可按 5~10m²/人计算。

3）暖房面积可根据实际需要确定。

4）绿化面积，新建厂或扩建厂不宜少于厂区面积的 30%，现有厂不宜少于厂区面积的 20%。

浴室面积 表 7-23

污水处理厂规模（万 m³/d）	二级厂浴室面积（m²）
0.5~2	25~50
2~5	50~120
5~10	120~140
10~50	140~150

注：一级厂的浴室面积，可按表中下限采用。

管配件堆棚面积 表 7-24

污水处理厂规模（万 m³/d）	面积（m²）
0.5~2	30~50
2~5	50~80
5~10	80~100
10~50	100~250

（14）传达室可根据需要分为 1～3 间（收发和休息等），其面积应按表现行的《城市污水处理工程项目建设标准》，可参考表 7-25 规定。

传达室面积　　　　　　　　　　　　　　　　　　　　　　表 7-25

污水处理厂规模（万 m³/d）	面积（m²）
0.5～2	15～20
2～5	15～20
5～10	20～50
10～50	25～35

（15）宿舍包括值班宿舍和单身宿舍。

1）值班宿舍是中、夜班工人临时休息用房，其面积可按 4m²/人计算。宿舍人数宜按值班工人总数的 45%～55%计算。

2）单身宿舍是指常住在厂内的单身男女职工用房，其面积可按 5m²/人计算。宿舍人数宜按给水厂定员人数的 35%～45%计算。

（16）污水处理厂应设置露天操作工的休息室，其面积可按 5m²/人计算，总面积应不小于 25m²。

（17）厂内可设自行车车棚。车棚面积可按 0.8m²/辆计算，存放车辆数可按定员人数的 30%～60%采用。

7.3 估算的编制方法与步骤

7.3.1 项目建议书的投资估算

项目建议书（又称立项申请书）是项目单位就新建、扩建事项向相关项目管理部门申报的书面申请文件，是项目建设筹建单位或项目法人，根据国民经济的发展、国家和地方中长期规划、产业政策、生产力布局、国内外市场、所在地的内外部条件等，提出的某一具体项目的建议文件，是对拟建项目提出的框架性的总体设想。

由于项目早期条件还不够成熟（仅有规划意见书），对项目的具体建设方案还不明晰，相关专业咨询意见尚未完善。因此，项目建议书主要论证项目建设的必要性，建设方案和投资估算也比较粗，投资误差为±30%左右。投资估算根据掌握数据的情况，对固定资产、无形资产以及其他资产进行详细估算，也可以按单位生产能力或类似企业情况进行估算或匡算。投资估算中应包括建设期利息、投资方向调节税和考虑一定时期内的涨价影响因素（即涨价预备金），流动资金可参考同类企业条件及利率，说明偿还方式、测算偿还能力。对于技术引进和设备进口项目应估算项目的外汇总用汇额以及其用途，外汇的资金来源与偿还方式，以及国内费用的估算和来源。

1. 项目建议书研究内容

项目建议书研究内容包括进行市场调研、对项目建设的必要性和可行性进行研究、对项目产品的市场、项目建设内容、生产技术和设备及重要技术经济指标等分析，并对主要原材料的需求量、投资估算、投资方式、资金来源、经济效益等进行初步估算。

（1）水工程项目提出的必要性和依据

1）说明项目提出的背景、拟建地点，提出与项目有关的长远规划或行业、地区规划资料，说明项目建设的必要性。

2）对改扩建项目要说明现有企业概况。

3）引进技术和进口设备项目，还要说明国内外技术差距和概况及进口的理由。

（2）产品方案，拟建规模和建设地点的初步设想

1）市场预测。包括生产能力，销售情况分析和预测，销售区域和销售价格的初步分析等。

2）确定一次建成规模和分期建设的设想（改扩建项目还需说明原有生产情况及条件），以及对拟建规模经济合理性的评价。

3）产品方案设想。包括主要产品和副产品规格、质量标准等。

4）建设地点论证。分析拟建设地点的自然条件和社会条件，建设地点是否符合地区布局的要求。

（3）资源情况、建设条件、协作关系和引进国别、厂商等的初步分析

1）拟利用的资源供应的可能性和可靠性。

2）主要协作条件情况，项目拟建地点、水电及其他公用设施、地方材料的供应分析。

3）主要生产技术与工艺，如拟引进国外技术，要说明引进的国别以及与国内技术的差距、技术来源、技术鉴定及转让等概况。

4）主要专用设备来源，如拟采用国外设备，要说明引进理由以及拟引进国外厂商的概况。

（4）投资估算和资金筹措设想

投资估算根据掌握数据的情况，可进行详细估算，也可以按单位生产能力或类似企业情况进行估算。投资估算中应包括建设期利息、投资方向调节税，并考虑一定时期内的涨价因素的影响，流动资金可参照同类型企业的情况进行估算。

资金筹措计划中应说明资金来源，利用贷款需附贷款意向书，分析贷款条件及利率，说明偿还方式、测算偿还能力。

（5）项目的进度安排

1）建设前期工作的安排，包括涉外项目的询价、考察、谈判、设计等计划。

2）项目建设需要的时间。

（6）经济效果和社会效益的初步估计，包括初步的财务评价和国民经济评价

1）计算项目全部投资内部收益率、贷款偿还期等指标及其他必要指标，进行盈利能力、清偿能力的初步分析。

2）项目的社会效益和社会影响的初步分析。

上述内容适用于不涉及利用外资的项目，特别是既不涉及利用外资、也不涉及技术引进和设备进口的一般项目。

2. 项目建议书与可行性研究报告的区别

（1）含义不同

项目建议书，又称立项申请书，是项目单位就新建、扩建事项向有关项目管理部门申报的书面申请的书面材料。项目建议书的主要作用是决策者可以通过项目建议书中的内容

进行综合评估后，做出对项目批准与否的决定。

可行性研究报告同样是在投资决策之前，是对拟建项目进行全面技术经济分析的科学论证，是对拟建项目有关的自然、社会、经济、技术等进行调研、分析比较以及预测建成后的社会经济效益，在此基础上，综合论证项目建设的必要性、财务的盈利性、经济上的合理性、技术上的先进性和适应性，以及建设条件的可能性和可行性，从而为投资决策提供科学依据的书面材料。

（2）研究的内容不同

项目建议书是初步选择项目，其决定是否需要进行下一步工作，主要考察建议的必要性和可行性。可行性研究则需进行全面深入的技术经济分析论证，作多方案比较，推荐最佳方案，或者否定该项目并提出充分理由，为最终决策提供可靠依据。

（3）基础资料依据不同

项目建议书是依据国家的长远规划和行业、地区规划以及产业政策，拟建项目的有关的自然资源条件和生产布局状况，以及项目主管部门的相关批文。可行性研究报告除把已批准的项目建议书作为研究依据外，还需把与项目有关的详细设计资料和其他数据资料作为编制依据。

（4）内容繁简和深度不同

两个阶段的基本内容大体相似，但项目建议书要求略简单，属于定性性质。可行性研究报告则是正在这个基础上进行充实补充，使其更完善，具有更多的定量论证。

（5）投资估算的精度要求不同

项目建议书的投资估算一般根据国内外类似已建工程进行测算或对比推算，误差准许控制在±30％以内，可行性研究报告必须对项目所需的各项费用进行比较详尽精确的计点，误差要求控制在±10％以内。

3. 项目建议书投资估算

（1）投资估算费用的组成

项目建议书投资估算的组成如图 7-2 所示。

（2）计算方法及程序

1）指标估算法

投资估算指标分为建设工程项目综合指标、单项工程指标和单位工程指标三种。投资估算指标，是在编制项目建议书可行性研究报告和编制设计任务书阶段进行投资估算、计算投资需要量时使用的一种定额。它具有较强的综合性、概括性，往往以独立的单项工程或完整的工程项目为计算对象。它的概略程度与可行性研究阶段相适应。它的主要作用是为项目决策和投资控制提供依据，是一种扩大的技术经济指标。投资估算指标虽然往往根据历史的预、决算资料和价格变动等资料编制，但其编制基础仍离不开预算定额、概算定额。

2）计算程序

① 列出估算项目表。按估算指标列出工程项目的"项"、"目"及"节"。

② 确定消耗量。按估算指标定额确定人工、材料及施工机械的消耗量。

③ 确定单价、费率。按估算指标定额确定人工、材料单价，应注意人工、材料单价因地区、年份的不同，在估算指标定额的基础上进行调价，以获得当地、当时的合理

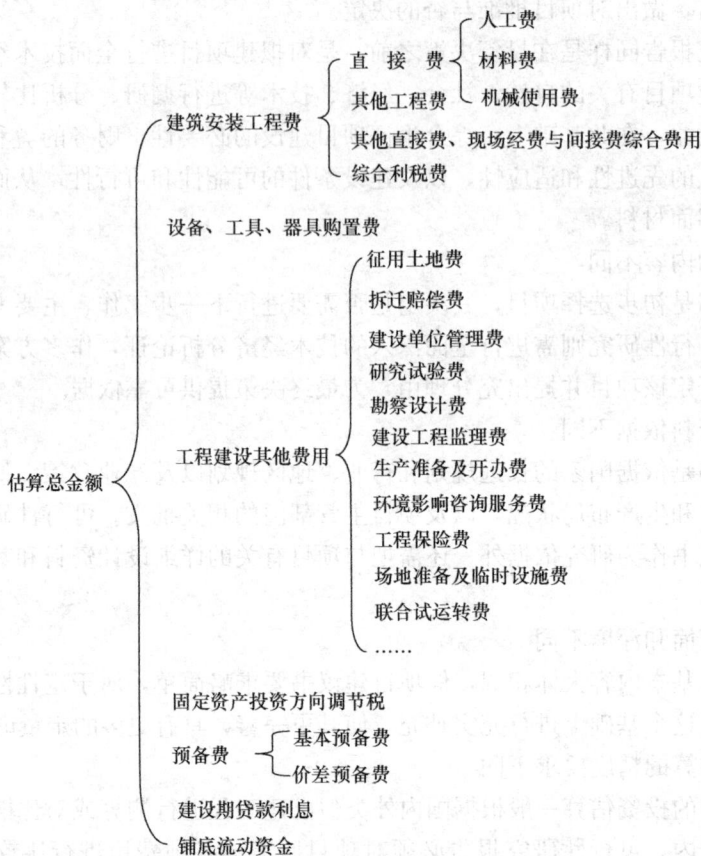

图 7-2 项目建议书投资估算的组成图

单价。

④ 计算估算费用。建筑安装工程费应根据估算指标的要求分别计算；设备、工具、器具购置费按有关规定计算；工程建设其他费用是一项政策性极强的计算，应按有关文件要求进行计算；其他费用的计算可参考可行性行研究报告。

（3）投资估算文件

建议书的投资估算文件有以下几部分组成：

1）项目建议书投资估算文件的封面、扉页目录；

2）估算编制说明：

① 项目的工程概况，编制范围；

② 项目建议书的依据资料及有关文号；

③ 采用的估算指标、费用标准及人工、材料单价的依据或来源，补充指标及编制依据的详细说明；

④ 与估算有关的委托书，协议书、会谈纪要的主要内容；

⑤ 总估算金额，人工、钢材、水泥、木料、沥青的总需要量情况，各建设方案的经济比较以及编制中存在的问题；

⑥ 其他与估算有关但不能在表格中反映的事项。

3）计算表格：

项目建议书投资估算应按统一的估算表格计算。

① 将各单项工程、单位工程费用汇总填入"项目建议书总估算汇总表"（表7-26）；

② 建筑安装工程费，设备、工具、器具购置费，工程建设其他费用汇总到"项目建议书总估算表"（表7-27），并在该表格内计算预备费、建设期贷款利息、铺底流动资金及特殊要求的费用，计算技术经济指标、费用比例（即各部分费用和各项费用占估算总金额的百分比，一般不计算各目、各节费用占估算总金额的百分比）；

③ 通过"项目建议书工程估算表"（表7-30）将人工、主要材料数量汇总于"项目建议书人工、主要材料数量汇总表"（表7-28）中；

④ "项目建议书设备、工具、器具购置费与工程建设其他费用计算表"（表7-29）用于计算设备、工具、器具购置费和工程建设其他费用；

⑤ "项目建议书工程估算表"（表7-30）用于计算建筑安装工程费。需要注意的是，估算指标中以人民币绝对值元表示的消耗量，如其他材料费、机械使用费，在投资中占有一定的比例，编制投资估算时应按年价格上涨率予以调整；

⑥ "项目建议书人工及主要材料价格计算表"（表7-31）。人工、主要材料单价应采用预算单价，可依据当地补充规定和市场调查得来，也可按《概算预算编制办法》和《估算指标》计算指标材料综合价格。

项目建议书总估算汇总表　　　　　　　　　　　　表 7-26

建设项目名称：　　　　　　　　　　　　　　　　第　　页共　　页　　01表

项次	工程或费用名称	单位	总数量	估算金额（万元）				技术经济指标	各项费用比重（%）
							总计		

编制：　　　　　　　　　　　　　　　　　　　　　　　复核：

项目建议书总估算表　　　　　　　　　　　　表 7-27

建设项目名称：

编制范围：　　　　　　　　　　　　　　　　第　　页共　　页　　02表

项	目	节	工程或费用名称	单位	数量	估算金额（万元）	技术经济指标	各项费用比例（%）	备注

编制：　　　　　　　　　　　　　　　　　　　　　　　复核：

项目建议书人工、主要材料数量汇总表　　　　　　　　　　　**表 7-28**

建设项目名称：　　　　　　　　　　　　　　　　　第　　页共　　页　　03表

序号	材料规格名称	单位	总数量	分项统计							
				项 A	项 B	项 C	项 D	项 E	项 F	项 G	……	……

编制：　　　　　　　　　　　　　　　　　　　　　　　　　　　　复核：

项目建议书设备、工具、器具购置费与工程建设其他费用计算表　　**表 7-29**

建设项目名称：

编制范围：　　　　　　　　　　　　　　　　　　第　　页共　　页　　04表

序号	费用名称	说明及计算式	金额（元）	备注

编制：　　　　　　　　　　　　　　　　　　　　　　　　　　　　复核：

项目建议书工程估算表　　　　　　　　　　　　　　　　**表 7-30**

建设项目名称：

编制范围：　　　　　　　　　　　　　　　　　　第　　页共　　页　　05表

序号	工程名称									合计	
	工程细目名称										
	指标单位										
	工程量										
	估算指标表号										
	工、料、机名称	单位	单价（元）	指标	数量	金额（元）	指标	数量	金额（元）	指标	数量	金额（元）	数量	金额（元）
1	人工	工日												
2	原木	m³												
3	锯材	m³												
	……													
	其他材料费	元												
	机械使用费	元												
	指标基价	元												
	直接费	元												
	其他工程费	元												
	综合费用	元												
	直接工程费与间接费合计	元												

编制：　　　　　　　　　　　　　　　　　　　　　　　　　　　　复核：

注：综合费用为其他直接费、现场经费与间接费之和。

项目建议书人工及主要材料价格计算表					表 7-31

建设项目名称：

编制范围：　　　　　　　　　　　　　　　　　　　　　第　　页共　　页　　06表

人工工资（元/工日）				
序号	材料名称及规格	单位	预算价格（元）	计算依据

编制：　　　　　　　　　　　　　　　　　　　　　　　　　复核：

注：材料预算价格指材料运至工地的价格。

7.3.2　可行性研究报告的投资估算

1. 投资估算文件的组成

建设项目可行性研究报告中的投资估算，应对总投资起控制作用，不得任意突破。因此，在投资估算编制过程中，必须严格执行国家的方针、政策和有关法规制度，在调查研究的基础上，如实反映工程项目建设规模、标准、工期、建设条件和所需投资，既不能高估冒算，也不能故意压低、留有缺口。

根据国家有关规定，投资估算文件的组成应包括如下内容：

（1）估算编制说明

估算编制说明中应含工程简要概况和编制依据。

1）工程简要概况：主要包括项目的建设规模和建设范围，明确建设项目总投资估算中所包括的和不包括的工程项目和费用；如有几个单位共同编制时，则应说明分工编制的情况。

2）编制依据：主要指与建设项目总投资估算有关的依据，应包括国家和主管部门发布的有关法律、法规、规章、规程等；部门或地区发布的投资估算指标及建筑、安装工程综合定额或指标；工程所在地区建设行政主管部门发布的人工、设备、材料价格、造价指数等；国外初步询价资料及所采用的外汇汇率；其他直接费、间接费、利润、税金等各项费用的费率以及工程建设其他费用内容及费率标准。

3）征地拆迁、供电供水、考察咨询等项费用的计算。

4）其他有关问题的说明，如估算编制中存在的问题及其需要说明的问题。

（2）建设项目总投资估算及使用外汇额度

1）总投资估算：总投资估算应按表 7-32 和表 7-33 的格式编制。

2）工程建设项目分有远期和近期时，应分别按子项编制远、近期的工程投资总估算。

3）按要求编制使用外汇额度表。

（3）主要技术经济指标

主要技术经济指标应包括投资、用地、主要材料用量、劳动定员和经营成本费用等指标。当设计规模有远、近期不同的考虑时，或土建与安装的规模不同时，应分别计算后再行综合。以下为建设期的主要技术经济指标，生产经营期的技术经济指标见财务分析章节。

1）单位生产能力（设计规模）指标：

① 给水、排水工程综合经济指标［元/（m³·d）］＝工程总投资/设计供水量　　（7-15）

可行性研究报告总估算表　　　　　　　　　　　　表 7-32

建设项目名称：　　　　　　　　　　　　　　　　　　第　页　共　页　01表

序号	工程或费用名称	估算金额（万元）					技术经济指标			备注
		建筑工程	安装工程	设备及工器具购置	其他费用	合计	单位	数量	单位价值（元）	
1	2	3	4	5	6	7	8	9	10	11

编制：　　　　　　　　　校核：　　　　　　　　　审核：

可行性研究报告工程建设其他费用计算表　　　　　　表 7-33

建设项目名称：　　　　　　　　　　　　　　　　　　第　页　共　页　02表

序号	费用名称	说明及计算式	金额（元）	备注

编制：　　　　　　　　　校核：　　　　　　　　　审核：

② 取水、净水厂、污水处理厂工程经济指标[元/(m³·d)]=工程投资/设计水量

$$(7-16)$$

③ 输水工程经济指标：

管道工程按单位长度或按单位长度设计流量为计量单位[元/m 或元/(m³·d·km)]；

渠道工程按单位长度或按单位长度过水流量为计量单位[元/100m 或元/(m³·s·km)]。

2) 单位工程造价指标：

① 单项处理构筑物 [元/(m³·d)] =单项构筑物工程造价/日处理水量　　　(7-17)

或单项处理构筑物（元/m³）=单项构筑物工程造价/有效容积

② 厂、站造价指标 [元/(m³·d)、元/(L·s)] =厂、站工程造价/设计水量

③ 配水管网 [元/100m 或元/km] =配水管网工程造价/设计长度；

排水管道 [元/100m、元/(m³·km) 或元/(ha·km)] =排水管道工程造价/设计长度或泄水面积、单位长度。

$$(7-18)$$

④ 辅助性建筑工程（元/m²、元/m³）=辅助性建筑工程造价/设计面积或体积(7-19)

⑤ 变电所（元/kVA）=变电所工程造价/设计电容量　　　　　　　　　(7-20)

⑥输电线路（元/km）=输电线路工程造价/设计长度　　　　　　　　　(7-21)

⑦锅炉房 [元/(t·h)] =锅炉房造价/设计蒸发量　　　　　　　　　　　(7-22)

3) 水处理能耗（kWh/m³）=水处理总电耗/设计水量　　　　　　　　　(7-23)

4) 建设工期指标：以年、季、月为单位。

5) 劳动消耗量指标：如基建劳动日、建设项目投产后的设计定员。

6) 主要材料消耗指标：

① 不同口径、材质的金属或非金属管道以总质量 "t" 计；

② 不同规格钢材、不同强度等级水泥以总质量 "t" 计；

③ 木材以 "m³" 计。

7) 主要机电设备指标：以 "kW"、"t" 计；

8) 占用土地：总占地以"m²"计、单位处理水量占地指标以"m²/(m³·d)"计

（4）投资分析

1) 工程投资比例分析：

① 各项枢纽工程的工程费用占第一部分费用（单项工程费用总计）的比例；

② 工程费用、工程建设其他费用、预备费用等，各占固定资产投资的比例；

③ 建筑工程费、安装工程费、设备购置费、其他费用各占建设项目总投资的比例。

2) 影响工程投资的主要因素分析；

3) 工程项目造价分析：用前述的综合指标与工程项目造价指标比较，说明工程项目造价指标高与低级其原因。

（5）钢材、水泥（或商品混凝土）、木材总需要量

应列表说明建设项目的钢材、水泥、木材总需要量；道路工程还应计算沥青及其沥青制品等的需用量。

（6）主要引进设备的内容、数量和费用

应列表说明建设项目中主要引进设备的内容、数量和费用。

（7）资金筹措、资金总额组成及年度用款安排

1）说明资金筹措方式；

2）建设项目所需资金总额以及资金来源组成；

3）借入资金的条件：借贷利率、偿还期、宽限期、贷款币种和汇率、借贷款的其他费用（管理费、代理费、承诺费等）、贷款偿付方式；

4）列表说明建设项目的年度用款计划安排。

2. 投资估算的编制方法

（1）工程费用估算

工程费用又称第一部分费用，由建筑工程费、安装工程费、设备购置费三部分组成。

建筑工程费包括各种房屋和构筑物的建筑工程；各种室外管道铺设工程；总图竖向布置、大型土石方工程等。

安装工程费包括各种机电设备、专用设备、仪器仪表等设备的安装及配线；工艺、供热、供水等各种管道、配件和闸门以及供电外线安装工程。

设备购置费包括需要安装和不需要安装的全部设备购置费、备品备件购置费。

建筑工程费、安装工程费由直接费、间接费、利润和税金组成。

1）建筑工程费用

建筑工程费用估算可根据单项工程的性质采用以下方法进行编制：

① 主要构筑物或单项工程

A. 套用估算指标或类似工程造价指标进行编制：按照建设项目所确定的主要构筑物或单项工程的设计规模、工艺参数、建设标准和主要尺寸套用相适应的构筑物估算指标或类似工程的造价指标和经济分析资料。应用估算指标或类似工程造价指标编制估算时，应结合工程的具体条件、考虑时间、地点、材料价格等可变因素，做出必要的调整。

a. 将其人工和材料价格以及费用水平调整为工程所在地编制估算年份的市场价格和现行的费率标准。

b. 当设计构筑物或单项工程的规模（能力或建筑体积或有效容积）与套用指标的规模有较大差异时，应根据规模经济效应（即工程建设费用单位造价指标与工程规模的负相关关系）调整造价指标。

c. 根据工程建设的特点和水文地质条件，调整地基处理和施工措施费用。

d. 设计构筑物或单项工程与所套用指标项目的主要结构特征或结构断面尺寸有较大差别时，应调整相应的工程量及其费用。

B. 套用概算定额或综合预算定额进行编制：当设计的构筑物或单项工程项目缺乏合适的估算指标或同类工程造价指标可资套用时，则应根据设计草图计算主要工程数量套用概算定额和综合预算定额。次要工程项目的费用可根据已往的统计分析资料按主要工程项目费用的百分比估列，但次要工程项目费用一般不应超过主要工程项目费用的20%。

② 室外管道铺设

室外管道铺设工程估算的编制，应首先采用当地的管道铺设概（估）算指标或综合定额，当地无此类定额或指标时，则可采用《市政工程投资估算指标》内相应的管道铺设指标，但应根据工程所在地的水文地质和施工机具设备条件，对沟槽支撑、排水、管道基础等费用项目作必要的调整，并考虑增列临时便道、建成区的路面修复、土方暂存等项

费用。

③ 辅助性构筑物或非主要的单项工程

辅助性构筑物或非主要的单项工程是指对整个工程造价影响较小的单项工程。可参照估算指标或类似工程单位建筑体积或有效容积的造价指标进行编制。

④ 辅助生产项目和生活设施的房屋建筑

辅助生产项目和生活设施的房屋建筑，可根据工程所在地同类型或相近建设标准的房屋建设的"平方米造价指标"进行编制。

2）安装工程费用

安装工程费用估算可根据各单项工程的不同情况采用以下方法进行编制：

① 套用估算指标或类似工程造价指标进行编制：单项构筑物的管配件安装工程可根据构筑物的设计规模和工艺形式套用相适应的估算指标或类似工程技术经济指标，调整人工和材料价格以及费率标准。

构筑物的管配件安装工程费用主要与设计规模（生产能力）和工艺形式有关，因此当设计规模与套用估算指标子目或类似工程项目的规模有差异时，应首先采用相同工艺形式的单位生产能力造价指标进行估算。

② 套用概算定额或综合预算定额进行编制：当单项构筑物或建筑物的安装工程缺乏合适的估算指标或类似工程技术经济指标可资套用时，可采用计算主要工程量，按概算定额或综合预算定额进行编制。

工艺设备和机械设备的安装可按每吨设备或每台设备估算；工艺管道按不同材质分别以每 100 米或每吨估算；管件按不同材质以每吨估算。

③ 按主要设备和主要材料费用的百分比进行估算：工艺设备、机械设备、工艺管道、变配电设备、动力配电和自控仪表的安装费用也可按不同工程性质以主要设备和主要材料费用的百分比进行估算。安装费用占主要设备和材料费用的百分比可根据有关指标或同类工程的测算资料取定。

3）设备购置费用

鉴于估算指标中考虑的设备与设计实际选用的设备类型、规格、台数等有很大的差异，因此不能直接套用指标。一般地，设备购置费用估算应按设计方案所确定的主要设备内容逐项计算。

设备购置费的估算可由以下费用项目组成：

① 主要设备费用：应按主要设备项目逐项计算。

$$Q = C \cdot (1 + p)^n \tag{7-24}$$

式中　Q——某设备折算成现行（$n = 0$ 年）的出厂价格（含设备的包装费）；

　　　C——某设备第 n 年前的出厂价格（含设备的包装费）；

　　　p——某设备出厂期间平均调价系数；

　　　n——某设备出厂到现在的年数。

② 备品备件购置费：备品备件购置费可按主要设备价值的 1% 估算。若设备原价内如已包括备品备件时，则不应再重复计列。

③ 次要设备费用：次要设备费可按占主要设备总价的百分比计算，其比例可参照主管部门颁发的综合定额、扩大指标或类似工程造价分析资料取定，一般应掌握在 10%

以内。

④ 成套设备服务费：设备由设备成套公司承包供应时，可计列此项费用，按设备总价（包括主要设备、次要设备和备品备件费用）的1％估算。

⑤ 设备运杂费：以设备总价为计算基础，列入设备购置费。其运杂费费率见表7-34。

设备运杂费费率

表 7-34

序号	工程所在地区	费率（％）
1	辽宁、吉林、河北、北京、天津、山西、上海、江苏、浙江、山东、安徽	6～7
2	河南、陕西、湖北、湖南、江西、黑龙江、广东、四川、重庆、福建	7～8
3	内蒙古、甘肃、宁夏、广西、海南	8～10
4	贵州、云南、青海、新疆	10～11

注：西藏边远地区和厂址距离铁路或水运码头超过50km时，可适当提高运杂费费率。

⑥ 超限设备运输措施费：按预计情况计入运杂费用内。

（2）工程建设其他费用估算

工程建设其他费用系指工程费用以外的建设项目必须支出的固定资产其他费用、无形资产和其他资产费用，又称第二部分费用。其项目及内容应结合工程项目的实际予以确定。工程建设其他费用的取费标准可按以下次序取定：

① 国家发改委、住房城乡建设部制定颁发的有关其他费用的取费标准；

② 建设项目主管部委制定颁发的有关其他费用的取费标准；

③ 工程所在地的省、自治区、直辖市人民政府或主管部门制定的有关费用定额；

④ 当主管部委和工程所在地人民政府或主管部门均无明确规定时，则可参照其他部委或邻近省市规定的取费标准计算。

1）建设用地费

建设用地费是指建设项目为取得土地使用权而发生的有关费用，主要包括：

① 土地征用及迁移补偿费。经营性建设项目通过出让方式购置的土地使用权（或建设项目通过划拨方式取得无限期的土地使用权）而支付的土地补偿费、安置补偿费、地上附着物和青苗补偿费、余物迁建补偿费、土地登记管理费等；行政事业单位的建设项目通过出让方式取得土地使用权而支付的出让金；建设单位在建设过程中发生的土地复垦费用和土地损失补偿费用；建设期间临时占地补偿费。

② 征用耕地按规定一次性缴纳的耕地占用税；征用城镇土地在建设期间按规定每年缴纳的城镇土地使用税；征用城市郊区菜地按规定缴纳的新菜地开发建设基金。

③ 建设单位租用建设项目土地使用权而支付的租地费用。

④ 管线搬迁及补偿费。指建设项目实施过程中发生的供水、排水、燃气、供热、通信、电力和电缆等市政管线的搬迁及补偿费用。

建设用地费是根据主管单位批准的建设用地、临时用地面积以及青苗补偿、被征用土地上的房屋、水井、树木等附着物的数量，按项目所在省、自治区、直辖市人民政府制订颁发的各项补偿费、安置补助费等标准计算。

2）建设管理费

建设管理费是指建设单位从项目筹建开始直至办理竣工决算为止发生的项目建设管理费用。

① 建设单位管理费：指建设单位从项目开工之日起至办理竣工财务决算之日止发生的管理性的开支。包括：不在原单位发工资的工作人员工资、基本养老保险费、基本医疗保险费、失业保险费、办公费、差旅交通费、劳动保护费、工具用具使用费、固定资产使用费、零星购置费、招募生产工人费、技术图书资料费、印花税、业务招待费、施工现场津贴、竣工验收费和其他管理性开支。业务招待费不得超过建设单位管理费总额的 5%。不包括应计入设备、材料预算价格的建设单位采购及保管设备、材料所需的费用。

建设单位管理费是以项目审批部门批准的项目总投资（经批准的动态投资，不含项目建设管理费）扣除土地征用、迁移补偿等为取得或租用土地使用权而发生的费用为基数分档，按照工程项目的不同规模分别确定的建设单位管理费率（见表 7-35）计算。

项目建设管理费总额控制数费率表　　　　　　　　　　　　　　　　　　表 7-35

序号	工程总概算（万元）	费率	算例（万元）	
			工程总概算	项目建设管理费
1	1000 以下	2.0%	1000	1000×2.0%=20
2	1001～5000	1.5%	5000	20+(5000−1000)×1.5%=80
3	5001～10000	1.2%	10000	80+(10000−5000)×1.2%=140
4	10001～50000	1.0%	50000	140+(50000−10000)×1%=540
5	50001～100000	0.8%	100000	540+(100000−50000)×0.8%=940
6	10000 以上	0.4%	200000	940+(200000−100000)×0.4%=1340

注：1. 摘自《基本建设项目建设成本管理规定》（财建［2016］504 号）；

　　2. 若为改造或扩建项目，建设单位管理费标准可适当降低。

② 建设工程监理费：指委托工程监理单位对工程实施监理工作所需的费用。包括：施工监理和勘察、设计、保修等阶段的监理。

根据委托监理业务的范围、深度和工程的性质、规模、难易程度以及工作条件等情况，按照下列方法之一计收。

A. 投资额法。市政工程施工监理费按建设项目工程概算投资额（由建筑安装工程费、设备购置费和联合试运转费组成）分档定额计费方式，直线内插法计算收费，见表 7-36。计费额大于 1000000 万元的，以计费额乘以 1.039% 的收费率计算收费基价。其他未包含内容的收费由双方协商议定。同时应考虑专业调整系数（建筑、人防、市政工程为 1.0）、工程复杂程度调整系数（Ⅰ级 0.85，Ⅱ级 1.0，Ⅲ级 1.15）和附加调整系数（不低于 2000m 海拔地区、改扩建和技术改造建设工程的施工监理）。

B. 工作日法。项目勘察、设计、设备监造、保修等其他阶段相关服务收费按照参与建设工程监理与相关服务人员人工日费用标准计算，见表 7-37。

施工监理服务收费基价表　　　　　　　　　　表 7-36

序号	计费额 (万元)	收费基价 (万元)	序号	计费额 (万元)	收费基价 (万元)
1	500	16.5	9	60000	991.4
2	1000	30.1	10	80000	1255.8
3	3000	78.1	11	100000	1507.0
4	5000	120.8	12	200000	2712.5
5	8000	181.0	13	400000	4882.6
6	10000	218.6	14	600000	6835.6
7	20000	393.4	15	800000	8658.4
8	40000	708.2	16	1000000	10390.1

注：摘自《建设工程监理与相关服务收费管理规定》(发改价格 [2007] 670 号)。

建设工程监理与相关服务人员人工日费用标准　　　　　　　表 7-37

建设工程监理与相关服务人员职级	工日费用标准 (元)
一、高级专家	1000～1200
二、高级专业技术职称的监理与相关服务人员	800～1000
三、中级专业技术职称的监理与相关服务人员	600～800
四、初级及以下专业技术职称监理与相关服务人员	300～600

注：摘自《建设工程监理与相关服务收费管理规定》(发改价格 [2007] 670 号)。

③ 工程质量监督费：指依据国家强制性标准、规范、规程及设计文件，对建设工程的地基基础、主体结构和其他涉及结构安全的关键部位进行现场监督抽查。按国家或主管部门发布的现行工程质量监督费有关规定估列。目前按 0% 计取。

3）研究试验费

研究试验费是指为本建设项目提供或验证设计数据、资料进行必要的研究试验支出，按照设计规定在施工过程中必须进行实验所需的费用，以及支付科技成果、先进技术的一次性技术转让费。但不包括：应由科技三项费用（即新产品试制费、中间试验费和重要科学研究补偿费）开支的项目；应由建筑安装费中列支的施工企业对建筑材料、构件和建筑物进行一般鉴定、检查所发生的费用及技术革新的研究试验费。

研究试验费应按照设计提出的研究试验项目内容编制估算。

4）生产准备费及开办费

指建设项目为保证正常生产（或营业、使用）而发生的人员培训费、提前进厂费以及投产使用初期必备的生产办公生活家具用具及工器具等的购置费用。

① 生产准备费

生产准备费包括生产职工培训及提前进厂费，是指新建企业或新增生产能力的扩建企业在交工验收前自行培训或委托培训技术人员、工人和管理人员所支出的费用；生产单位为参加施工、设备安装、调试等以及熟悉工艺流程、机器性能等需要提前进厂人员所支出的费用。

费用内容包括：培训人员和提前进厂人员的工资、工资附加费、差旅费、实习费和劳动保护费等。

根据培训人数（按设计定员的 60%），按 6 个月培训期计算。为简化计算，培训费按每人每月平均工资、工资附加费标准计算；提前进厂费，按提前进厂人数每人每月平均工资、工资附加费标准计算，若工程不发生提前进厂费的不得计算此项费用。

② 办公和生活家具购置费

办公和生产家具购置费指为保证新建、改建、扩建项目初期正常生产、使用和管理所必需购置的办公和生活家具、用具的费用。改建、扩建项目所需购置的办公和生活用具购置费，应低于新建项目的费用。购置范围包括：办公室、会议室、资料档案室、阅览室、食堂、浴室和单身宿舍等的家具用具。应本着勤俭节约的精神，严格控制购置范围。办公和生产家具购置费可按照设计定员人数，每人按 1000～2000 元计算。

③ 工器具及生产家具购置费

工器具及生产家具购置费指保证新建项目初期正常生产所必须购置的第一套不够固定资产标准的设备、仪器、工卡模具、器具等的费用，不包括其备品备件的购置费。该费用应计入第一部分费用内。可按设备购置费总额的 1%～2% 估算。

5）勘察设计费

勘察设计费指建设项目进行勘察设计工作所发生的费用，由前期工作费、工程设计费、工程勘察费和施工图预算编制费四部分组成。

① 建设项目前期工作咨询费：指建设项目前期工作的咨询收费。包括：建设项目专题研究、编制和评估项目建议书、编制和评估可行性研究报告，以及其他与建设项目前期工作有关的咨询服务收费。

应按国家有关部门发布的收费标准计算。

② 工程设计费：包括委托设计单位进行设计时按规定应支付的设计费和在规定范围内由建设单位自行设计所需的费用，包括：编制初步设计文件、施工图设计文件、非标准设备设计文件等服务所收取的费用。以第一部分工程费用与联合试运转费用之和的投资额为基础，按照工程项目的不同规模分别确定的设计费率计算。其费率应按国家有关部门发布的收费标准计算。

③ 工程勘察费：建设项目进行勘察按规定所应支付的费用，包括：测绘、勘探、取样、试验、测试、检测、监测等勘察作业，以及编制工程勘察文件和岩土工程设计文件等工作。可按第一部分工程费用的 0.8%～1.1% 计列。

④ 施工图预算编制费：委托设计单位编制施工图预算所应支付的费用。可按设计费的 10% 计算。

⑤ 竣工图编制费：指建设工程竣工图绘制所需的费用。可按设计费的 8% 计算。

6）环境影响咨询服务费

环境影响咨询服务包括编制环境影响报告表、环境影响报告书（含大纲）和评估环境影响报告表、环境影响报告书（含大纲）。

环境影响咨询收费以估算投资额为计费基数，根据建设项目不同的性质和内容，采取按估算投资额分档定额方式计费，见表7-38。

建设项目环境影响咨询收费标准（万元）　　　　　表 7-38

咨询服务项目 ＼ 估算投资额（亿元）	0.3以下	0.3～2	2～10	10～50	50～100	100以上
编制环境影响报告书（含大纲）	5～6	6～15	18～35	35～75	75～110	110
编制环境影响报告表	1～2	2～4	4～7	7以上		
评估环境影响报告书（含大纲）	0.8～1.5	1.5～3	3～7	7～9	9～13	13以上
评估环境影响报告表	0.5～0.8	0.8～1.5	1.5～2	2以上		

注：1. 表中数字下限为不含，上限为包含；
　　2. 估算投资额为项目建议书或可行性研究报告中的估算投资额；
　　3. 咨询服务项目收费标准根据估算投资额在对应区间内用插入法计算；
　　4. 以本表收费标准为基础，按建设项目行业特点和所在区域的环境敏感程度，乘以调整系数，确定咨询服务收费基准价。市政行业调整系数为1，环境敏感程度调整系数为：敏感项目为1.2、一般敏感项目为0.8；
　　5. 评估环境影响报告书（含大纲）的费用不含专家参加审查会议的差旅费，环境影响评价大纲的技术评估费用占环境影响报告书评估费用40%；
　　6. 本表所列编制环境影响报告表收费标准为不设评价专题的基准价，每增加一个专题加收50%；
　　7. 本表中费用不包括遥感、遥测、风洞试验、污染气象观测、示踪试验、地探、物探、卫星图片解读、需要动用船、飞机等特殊监测等费用；
　　8. 本表摘自《建设项目环境影响咨询收费标准》（计价格［2002］125号）。

7）工程保险费

工程保险费是指建设项目在建设期间根据需要，对建筑工程、安装工程及机器设备和人身安全进行投保而发生的保险费。包括：建筑安装工程一切险、人身意外伤害险和引进设备财产保险等费用，不含已列入建安工程施工企业的保险费。其费用应按保险公司的有关规定计列，可按第一部分工程费用的0.3%～0.6%估列。

8）劳动安全卫生评审费

为预测和分析建设项目存在的职业危险、危害因素的种类和危险危害程度，并提出先进、科学、合理可行的劳动安全卫生技术和管理对策的所需费用。可按第一部分工程费用的0.1%～0.5%计列。

9）场地准备及临时设施费

场地准备费是指建设项目为达到工程开工条件所发生的场地平整和对建设场地余留的有碍于施工建设的设施进行拆除清理的费用。

临时设施费是指为满足施工建设需要而供到场地界区的、未列入工程费用的临时水、电、路、信、气等其他工程费用和建设单位的现场临时建（构）筑物的搭设、维修、拆除、摊销或建设期间租赁费用，以及施工期间专用公路养护费、维修费。

场地准备及临时设施费一般可按第一部分工程费用的0.5%～2.0%计列。该费用不包括已列入建筑安装工程费用中的施工单位临时设施费用。

10）联合试运转费

联合试运转费是指新建项目或新增加生产能力的工程，在竣工验收前，按照设计文件所规定的工程质量标准和技术要求，进行整个生产线或装置的负荷联合试运转或局部联动试车所发生的费用。不包括应由设备安装费用开支的试车调试费用，以及在试运转中暴露出来的因施工原因或设备缺陷等发生的处理费用。当试运转有收入时，则计列收入与支出相抵后的亏损部分，不发生试运转费的工程或试运转收入和支出相抵的工程，不列此项费用。

联合试运转费用中包括：试运转所需的原料、燃料、油料和动力的消耗费用，机械使用费用，低值易耗品及其他物品的费用和施工单位参加联合试运转人员的工资以及专家指导费等。试运转收入包括试运转产品销售和其他收入。

联合试运转费用在给水排水工程项目中，按第一部分工程费用内设备购置费总值的1%计算。

11）专利及专有技术费

专利及专有技术费是指建设项目使用国内外专利和专有技术支付的费用。包括：国外技术及技术资料费、引进有效专利、专有技术使用费和技术保密费；国内有效专利和专有技术使用费；商标权、商誉和特许经营权费等。

按专利及专有技术使用许可协议及使用合同所签署金额计列。

12）招标代理服务费

招标代理服务费指招标代理机构接受招标人委托，从事招标业务所需的费用。包括：编制招标文件（包括编制资格预审文件和标底），审查投标人资格，组织投标人踏勘现场并答疑，组织开标、评标、定标以及提供招标前期咨询、协调合同的签订等业务。

按国家或主管部门发布的现行招标代理服务费标准计列。

13）施工图审查费

施工图审查费指施工图审查机构受建设单位委托，根据国家法律、法规、技术标准与规范，对施工图进行审查所需的费用。包括：对施工图进行结构安全和强制性标准、规范执行情况进行独立审查。

按国家或主管部门发布的现行施工图审查费有关规定估列。

14）市政公用设施费

市政公用设施费指使用市政公用设施的建设项目，按照项目所在地省一级人民政府有关规定建设或缴纳的市政公用设施建设配套费用，可能发生的公用供水、供气、供热设施建设的贴补费用、供电多回路高可靠性供电费用以及绿化工程补偿费用。

按工程所在地人民政府规定标准计列，不发生或按规定免征项目不计取。

15）特殊设备安全监督检验费

特殊设备安全监督检验费指在施工现场组装的锅炉及压力容器、压力管道、消防设备、燃气设备、电梯等特殊设备和设施，由安全监察部门按照有关安全监察条例和实施细则以及设计技术要求进行安全检验，应由建设项目支付的、向安全监察部门缴纳的费用。

按照建设项目所在省（市、自治区）安全监察部门的规定标准计算。无具体规定的，在编制投资估算时可按受检设备现场安装费的比例估算。

16）引进技术和进口设备项目的其他费用

引进技术和进口设备项目的其他费用的内容和编制方法见"国外贷款、引进技术及进口设备项目投资估算"。

（3）预备费计算

预备费包括基本预备费和涨价预备费两部分。

1）基本预备费

基本预备费是指在进行可行性研究投资估算中难以预料的工程和费用，其中包括实行按施工图预算加系数包干的预算包干费。其用途为：在进行初步设计、技术设计、施工图设计和施工过程中，在批准的建设投资范围内所增加的工程和费用；由于一般自然灾害所造成的损失和预防自然灾害所采取的措施费用；在上级主管部门组织竣工验收时，验收委员会（或小组）为鉴定工程质量，必须开挖和修复隐蔽工程的费用。

$$基本预备费 = （工程费用 + 工程建设其他费用）\times （8\% \sim 10\%） \tag{7-25}$$

预备费率的取值应按工程具体情况在规定的幅度内确定。

2）涨价预备费

涨价预备费是指项目筹建和建设期间由于价格可能发生上涨而预留的费用。

计算方法：以编制项目可行性研究报告的年份为基期，估算到项目建成年份为止的设备、材料等价格上涨系数，以第一部分工程费用总值为基数，按建设期分年度用款计划进行涨价预备费估算。其计算公式如下：

$$P_f = \sum_{t=1}^{n} I_t [(1+f)^{t-1} - 1] \tag{7-26}$$

式中　P_f——计算期涨价预备费；

　　I_t——计算期第 t 年的建筑安装工程费用和设备及工器具的购置费用；

　　f——物价上涨系数；

　　n——计算期年数，以编制可行性研究报告的年份为基数，计算至项目建成的年份；

　　t——计算期第 t 年（以编制可行性研究报告的年份为计算期第一年）。

（4）固定资产投资方向调节税计算

固定资产投资方向调节税应按国家有关规定计算。现已暂停征收。

（5）建设期利息计算

建设期利息是指筹措债务资金时，在建设期内发生的，并按规定允许在投产后计入固定资产原值的利息，即资本化利息。建设期利息包括银行借款和其他债务资金的利息以及其他融资费用。建设期借款利息应根据资金来源、建设期年限和借款利率分别计算。

应根据资金来源、建设期年限和借款利率分别计算。同时，借款的其他费用（管理费、代理费、承诺费等）按借贷条件如实计算。

（6）铺底流动资金计算

铺底流动资金又称自有流动资金，按流动资金总额的 30% 列入总投资计划中。

（7）建设项目总投资计算

1）静态总投资

静态总投资 = 工程费用 + 工程建设其他费用 + 基本预备费 + 固定资产投资方向调节税 + 铺底流动资金 $\tag{7-27}$

2）动态总投资

$$动态总投资 = 静态总投资 + 涨价预备费 + 建设期利息 \tag{7-28}$$

（8）引进技术及进口设备项目投资估算

引进技术和进口设备项目投资估算的编制，一般应以与外商签订的合同或报价的价款为依据。引进技术和进口设备项目外币部分根据合同或报价所规定的币种和金额，按合同签订日期国家外汇管理局公布的牌价（卖出价）计算。若有多项独立合同时，以主合同签订日期公布的牌价（卖出价）为准；若无合同，则按估算编制日期国家外汇管理局公布的牌价（卖出价）计算。国内配套工程费用按国内同类工程项目考虑。

1）项目费用组成

引进技术及进口设备的项目费用分为国外部分和国内部分。

① 国外部分费用

A. 列入第一部分工程费用的项目：

硬件费：含设备、备品备件、材料、专用工具、化学品等，以外币折合成人民币。

从属费用：指国外运费、运输保险费，以外币折合成人民币。

B. 列入第二部分工程建设其他费用的项目：

软件费：指国外设计、技术资料、专利、技术秘密和技术服务等费用，以外币折合成人民币。

其他费用：指外国工程技术人员来华工资和生活费、出国人员费用，以外币折合成人民币。

② 国内部分费用

A. 列入第一部分工程费用的项目：

从属费用：指进口关税、增值税、银行财务费、外贸手续费、引进设备材料国内检验费、工程保险费、海关监管手续费，为便于核调，单独列项，随货价和性质对应列入设备购置费、安装工程费和其他费用栏。

国内运杂费：指引进设备和材料从到达港口岸、交货铁路车站等到建设现场仓库或堆场的运杂费及保管费等费用，列入设备购置费、安装工程费栏。

国内安装费：指引进的设备、材料由国内进行施工而发生的费用，列入安装工程费栏。

B. 列入第二部分工程建设其他费用的项目：

其他费用：包括外国工程技术人员来华费用、出国人员费、银行担保费、图纸资料翻译复制费、调剂外汇额度差价费等。

2）引进设备、材料货价计算

引进设备、材料和软件的货价按人民币计算，以外币金额乘以银行牌价（卖价）折算。

$$引进设备、材料和软件的货价 = 到岸价（CIF）$$
$$= 离岸价（FOB） + 国外运输费 + 运输保险费 \quad (7\text{-}29)$$

3）从属费用估算

① 国外运输费：

硬件海运费可按海运费费率6%估算，陆运费按国家有关部门的规定计算。软件不计国外运输费。

② 运输保险费：

软件不计算运输保险费，硬件按下列公式估算：

$$运输保险费＝离岸价（FOB）\times 运保费定额（1.062）\times 保险费费率\qquad (7-30)$$

式中保险费费率按中国人民保险公司有关规定计算。

③ 外贸手续费：

外贸手续费按货价的 1.5% 估算。

④ 银行财务费

银行财务费按货价的 0.5% 计算。

⑤ 进口关税

进口关税按到岸价（CIF）乘以关税税率计算，其关税税率按《海关税则规定》执行。

⑥ 增值税

增值税按下式计算：

$$增值税＝（到岸价＋关税税额）\times 增值税税率\qquad (7-31)$$

式中增值税税率按《中华人民共和国增值税条例》和《海关税则规定》执行。

上述各计算公式中所列税率、费率，应按国家有关部门公布的最新税率、费率调整。单独引进软件时，不计算关税，只计增值税。

⑦ 国内运杂费计算

国内运杂费以硬件费（设备原价）为基数，分地区按表 7-39 规定的国内运杂费费率计算。

引进设备及材料的国内货价运杂费率

表 7-39

序号	工程所在地区	费率（%）
1	上海、天津、青岛、秦皇岛、温州、烟台、大连、连云港、南通、宁波、广州、湛江、北海、厦门	1.5
2	北京、河北、吉林、辽宁、山东、江苏、浙江、广东、海南、福建	2.0
3	山西、广西、陕西、江西、河南、湖南、湖北、安徽、黑龙江	2.5
4	四川、重庆、云南、贵州、宁夏、内蒙古、甘肃	3.0
5	青海、新疆、西藏	4.0

⑧ 引进设备材料国内检验费（含商检费）

引进设备材料国内检验费（含商检费）是根据《中华人民共和国进出口商品检验条例》规定检验的项目所发生的费用，可按下式计算：

$$设备材料检验费＝设备材料到岸价\times（0.5\%\sim 1\%）\qquad (7-32)$$

⑨ 引进项目工程保险费

引进项目工程保险费。在工程建成投产前，建设单位向保险公司投保建筑工程险、安装工程险、财产险和机器损坏险等应缴付的保险费，其费率按国家有关规定进行计算。

凡需赔偿外汇的保险业务，需计算保险费的外币金额，并按人民币外汇牌价（卖出价）折成人民币。

4）引进项目国内安装费估算

引进项目国内安装费可按引进项目硬件费的 3.5%～5.0%估算（该指标是按 1 美元＝8.3 人民币测算的，如汇率上调，估算指标可适当下调），当引进项目大件、超大件的设备比较多、安装要求较高时，安装费估算指标可取上限。

5）引进项目其他费用估算

该部分费用由设计或建设单位提出，经审批后列入第二部分工程建设其他费用中。

① 引进项目图纸资料翻译复制费、备品备件测绘费。

根据引进项目的具体情况计列或按引进设备（材料）离岸价的比例估列；引进项目发生备品备件测绘费时按具体情况估列。

② 出国人员费用

出国人员费用包括设计联络，出国考察、联合设计、设备材料采购、设备材料检验和培训等所发生的旅费、生活费等。依据合同或协议规定的出国人次、期限以及相应的费用标准计算。

A. 旅费：按中国民航公布的票价计算。

B. 生活费：按财政部、外交部规定的现行标准计算。将生活费的外币金额按人民币外汇牌价卖出价折算成人民币。

③ 来华人员费用

来华人员费用主要包括来华工程技术人员的现场办公费用、往返现场交通费用、接待费用等。依据引进合同或协议有关条款及来华技术人员派遣计划进行计算。来华人员接待费用可按每人次费用指标计算。引进合同价款中已包括的费用内容不得重复计算。

④ 银行担保费

银行担保费是指引进项目中由国内外金融机构出面提供担保风险和责任所发生的费用。一般按承担保险金额的 5‰计取。

⑤ 调剂外汇额度差

调剂外汇额度差是指引进项目利用调剂外汇所发生的费用。按国家外汇管理局调剂中心或工程所在地规定进行计算。

6）世界银行贷款项目涨价预备费计算

世界银行贷款项目涨价预备费可按国外惯用的年中计算的假定，即项目费用发生在每年的年中、假定年物价上涨率的一半来计算每年的价格上涨预备费，其计算公式为：

$$P_f = \sum_{t=1}^{n} BC_t \left[(1+f)^{t-1} + \frac{f}{2} - 1 \right] \tag{7-33}$$

式中　P_f——计算期涨价预备费；

BC_t——计算期第 t 年的建设费用，包括总估算的第一部分和第二部分费用以及基本预备费之和；

f——物价上涨系数，各年的物价上涨系数不同时，应逐年分别计算；

n——计算期年数，以编制可行性研究报告的年份为基期，计算至项目建成的年份；

t——计算期第 t 年（以编制可行性研究报告的年份为计算期第一年）。

7.4　工　程　量　计　算

7.4.1　计算原则

工程量是以物理计量单位或自然计量单位所表示的各分项工程的各类物体（建筑、土方、石方、砌筑、混凝土及钢筋混凝土、各类结构构件等）的数量。由于各种工程的形体不同，计量单位可根据它们的形体规律性来规定不同的计量单位。

凡物体的截面有一定的形状和大小（如管道等），但有不同的长宽时，应当以长度单位（延长米、m）为计量单位。当物体有一定的厚度，而长和宽不固定时（如楼地面、油漆面等），应当以面积单位（平方米、m²）为计量单位。如果物体的三个度量（长、宽、高）都不固定时（如土方、砖、混凝土等），应当以体积单位（立方米、m³）为计量单位。有的工程虽然体积相同，但质量差异很大（如钢结构等），应当以质量单位（t）为计量单位。无法以物理单位计量的则以物体的自然计量单位，如套、件、组、个、副等计算。

计算工程量是编制估算、概算、预算及决算（结算）的重要环节。工程量计算准确与否直接影响工程造价的高低。因此，只要抓住了工程量计算这一基础工程，在编制种类工程造价书时的其他一系列计算工作都会迎刃而解了。

在计算工程量时，应注意下述计算原则：

1）熟悉定额的使用，按照国家或地方的种类定额规定的计算规则进行。

2）工程量单位应与所采用定额或指标的单位一致。

3）尽量避免漏项、错项以及数字上的错误。

4）尽量按顺序和规程进行计算，减少重复劳动，缩短操作时间，避免重算或漏算。

5）工程量填列时，其定额或指标编号、项目名称及计量单位，均应与定额或指标中的项目相符合。

7.4.2　土建工程量计算

土建工程量的计算应根据有关规范、规定或按定额说明进行计算。常用水工程项目土建工程量计算规则的要点如下。

1. 建筑面积计算

（1）单层建筑物不论其高度如何，均按一层计算建筑面积。其建筑面积按建筑物外墙勒脚以上的结构的外围水平面积计算。单层建筑物内设有部分楼层者，首层建筑面积已包括在单层建筑物内，二层及二层以上应计算建筑面积。高低联跨的单层建筑物，需分别计算建筑面积时，应以结构外边线为界分别计算。

（2）多层建筑物建筑面积，按各层建筑面积之和计算，其首层建筑面积按外墙勒脚以上结构的外围水平面积计算建筑面积。

（3）同一建筑物如结构、层数不同时应分别计算建筑面积。建筑物内设备管道层、贮藏室其层高超过 2.2m 时，应计算建筑面积。

（4）建于坡地的建筑物利用吊脚空间设置架空层和深基础地下架空层设计加以利用时，其层高超过 2.2m，按围护结构外围水平面积计算建筑面积。

（5）有柱的雨篷、车棚、货棚、站台等，按柱外围水平面积计算建筑面积；独立柱的雨篷、单排柱的车棚、货棚、站台等，按围护结构外转水平面积计算建筑面积。

2. 土石方工程量计算

（1）土石方工程量计算一般规则：

1）土方体积，均以挖掘前的天然密实体积为准计算。如遇有必须以天然密实体积折算时，按表 7-40 所列数值换算。

土方体积折算表　　　　　　　表 7-40

虚方体积	天然密实度体积	夯实后体积	松填体积
1.00	0.77	0.67	0.83
1.20	0.93	0.81	1.00
1.30	1.00	0.87	1.08
1.49	1.15	1.00	1.24

2）挖土一律以设计室外地坪标高为准计算。

（2）平整场地及碾压工程量，按下列规定计算：

1）人工平整场地是指建筑场地挖、填土方厚度在 ±30cm 以内及找平。挖、填土方厚度超过 ±30cm 以外时，按场地土方平衡竖向布置图另行计算。

2）平整场地工程量按建筑物外墙外边线每边各加 2m，以平方米计算。

3）建筑场地原土碾压以平方米计算，填土碾压按图示填土厚度以立方米计算。

（3）挖掘沟槽、基坑土方工程量，按下列规定计算：

1）凡图示沟槽底宽在 3m 以内，且沟槽长大于槽宽三倍以上的，为沟槽。凡图示基坑底面积在 20m² 以内的为基坑。凡图示沟槽底宽 3m 以外，坑底面积 20m² 以外，平整场地挖土方厚度在 30cm 以外，均按土方计算。

2）计算挖沟槽、基坑、土方工程量需放坡时，放坡系数按表 7-41 规定计算。

放坡系数表　　　　　　　表 7-41

土壤类别	放坡起点（m）	人工挖土	机械挖土	
			在槽、坑内作业	在槽、坑上作业
一、二类土	1.20	1：0.5	1：0.33	1：0.75
三类土	1.50	1：0.33	1：0.25	1：0.67
四类土	2.0	1：0.25	1：0.10	1：0.33

注：1. 沟槽、基坑中土壤类别不同时，按分别按其放坡起点、放坡系数、依不同土壤厚度加权平均计算。

　　2. 计算放坡时，在交接处的重复工程量不予扣除，原槽、坑作基础垫层时，放坡自垫层上表面开始计算。

3）挖沟槽、基坑需支挡土板时，其宽度按图示沟槽、基坑底宽，单面加 10cm，双面加 20cm 计算，挡土板面积，按槽、坑垂直支撑面积计算，支挡土板后，不得再计算放坡。

4）挖管道沟槽按图示中心线长度计算，沟底宽度，设计有规定的，按设计规定尺寸计算，设计无规定的，可按表 7-42 规定宽度计算。

管道地沟沟底宽度计算表（单位：m）　　表 7-42

管径 （mm）	铸铁管、钢管、 石棉水泥管	混凝土、钢筋混凝土、 预应力混凝土管	陶土管
50～70	0.60	0.80	0.70
100～200	0.70	0.90	0.80
250～350	0.70	1.00	0.90
400～450	1.00	1.30	1.10
500～600	1.30	1.50	1.40
700～800	1.60	1.80	
900～1000	1.80	2.00	
1100～1200	2.00	2.30	
1300～1400	2.20	2.60	

注：1. 按上表计算沟土方工程量时，各种井类及管道（不含铸铁给水排水管）接口等处需加宽增加的土方量不另行计算，底面积大于 20m² 的井类，其增加工程量并入管沟土方内计算。

2. 铺设铸铁给水排水管道时其接口等处土方增加量，可按铸铁给水排水管道地沟土方总量的 2.5% 计算。

（4）岩石开凿及爆破工程量，区别石质按下列规定计算：

1）人工凿岩石，按图示尺寸以立方米计算。

2）爆破岩石按图示尺寸以立方米计算，其沟槽、基坑的深度、宽度允许超挖量为：次坚石：200mm；特坚石：150mm。超挖部分岩石并入岩石挖方量之内计算。

（5）回填土区分夯填、松填按图示填体积并依下列规定，以立方米计算：

1）沟槽、基坑回填体积以挖方体积减去设计室外地坪以下埋设砌筑物（包括：基础垫层、基础等）体积计算。

2）管道沟槽回填，以挖方体积减去管径所占体积计算。管径在 500mm 以下的不扣除管道所占体积；管径超过 500mm 以上时按表 7-43 规定扣除管道所占体积计算。

管道扣除土方体积表　　表 7-43

管道名称	管道直径（mm）					
	501～600	601～800	801～1000	1101～1200	1201～1400	1401～1600
钢管	0.21	0.44	0.71			
铸铁管	0.24	0.49	0.77			
混凝土管	0.33	0.60	0.92	1.15	1.35	01.55

3）余土或取土工程量，可按下式计算：

$$余土外运体积＝挖土总体积－回填土总体积 \tag{7-34}$$

式中计算结果为正值时为余土外运体积，负值时为须取土体积。

（6）土方运距，按下列规定计算：

1）推土机推土运距：按挖方区重心至回填区重心之间的直线距离计算。

2）铲运机运土运距：按挖方区重心至卸土区重心加转向距离 45m 计算。

3）自卸汽车运土运距：按挖方区重心至填土区（或堆放地点）重心的最短距离计算。

（7）井点降水，按下列规定计算：

1）轻型井点、喷射井点、大口径井点、电渗井点、水平井点，按不同井管深度的井管安装、拆除，以根为单位计算；使用按套、天计算。

井点套组成：轻型井点：50 根为一套；喷射井点：30 根为一套；大口径井点：45 根为一套；电渗井点阳极：30 根为套一套；水平井点：10 根为一套。

2）井管间距应根据地质条件和施工降水要求，依施工组织设计确定，施工组织设计没规定时，可按轻型井点管距 0.8～1.6m，喷射井点管距 2～3m。

3）使用天应以每昼夜 24 小时为一天，使用天数应按施工组织设计规定的使用天数计算。

3. 桩基础工程量计算

（1）计算打桩（灌注桩）工程量前应确定下列事项：

1）确定土质级别：依工程地质资料中的土层构造，土壤物理、化学性质及每米沉桩时间鉴别适用定额土质级别。

2）确定施工方法、工艺流程，采用机型，桩、土壤泥浆运距。

（2）打预制钢筋混凝土桩的体积，按设计桩长（包括桩尖、不扣除桩尖虚体积）乘以桩截面面积计算。管桩的空心体积应扣除。如管桩的空心部分按设计要求灌注混凝土或其他填充材料时，应另行计算。

（3）打拔钢板桩按钢板桩质量以吨计算。

（4）打孔灌注桩：

1）混凝土桩、砂桩、碎石桩的体积，按设计规定的桩长（包括桩尖、不扣除桩尖虚体积）乘以钢管管箍外径截面面积计算。扩大桩的体积按单桩体积乘以次数计算。

2）打孔后先埋入预制混凝土桩尖，再灌注混凝土者，桩尖按钢筋混凝土工程量计算规定计算体积，灌注桩按设计长度（自桩尖顶面至桩顶面高度）乘以钢管管箍外径截面面积计算。

（5）钻孔灌注桩，按设计桩长（包括桩尖、不扣除桩尖虚体积）增加 0.25m 乘以设计断面面积计算。

（6）灌注混凝土桩的钢筋笼制作依设计规定，按钢筋混凝土章节相应项目以吨计算。

（7）泥浆运输工程量按钻孔体积以立方米计算。

4. 砌筑工程量计算

（1）砌筑工程量一般规则：

1）计算墙体时，应扣除门窗洞口、过人洞、空圈、嵌入墙身的钢筋混凝土柱、梁（包括过梁、圈梁、挑梁）、砖平拱碹，平砌砖过梁和散热器壁龛及内墙板头的体积，不扣除梁头、外墙板头、檩头、垫木、木楞头、沿椽木、木砖、门窗走头、砖墙内的加固钢筋、木筋、铁件、钢管及每个面积在 0.3m³ 以下的孔洞等所占的体积，突出墙面的窗台虎头砖、压顶线、山墙泛水、烟囱根、门窗套及三皮砖以内的腰线和挑檐等体积亦不增加。

2）砖垛、三皮砖以上的腰线和挑檐等体积，并入墙身体体积内计算。

3）女儿墙高度，自外墙顶面至图示女儿墙顶面高度，分别不同墙厚并入外墙计算。

（2）基础与墙身（柱身）的划分：

1）基础与墙（柱）身使用同一种材料时，以设计室内地面为界（有地下室者，以地下室室内设计地面为界），以下为基础，以上为墙（柱）身。

2）基础与墙身使用不同材料时，位于设计室内地面±300mm 以内时，以不同材料为分界线，超过±300mm 时，以设计室内地面为分界线。

3）砖、石围墙，以设计室外地坪为界线，以下为基础，以上为墙身。

（3）基础长度：外墙墙基按外墙中心线长度计算；内墙墙基按内墙基净长计算。

（4）墙的长度：外墙长度按外墙中心线长度计算，内墙长度按内墙净长线计算。

（5）墙身高度按下列规定计算：

1）外墙墙身高度：斜（坡）屋面无檐口顶棚着算至屋面板底；有屋架，且室内外均有顶棚，算至屋架下弦底面另加 200mm；无顶棚者算至屋架下弦底加 300mm；出檐宽度超过 600mm 时，应按实砌高度计算；平屋面算至钢筋混凝土板底。

2）内墙墙身高度：位于屋架下弦者，其高度算至屋架底，无屋架者算至顶棚底另加 100mm；有钢筋混凝土楼板隔层算至板底；有框架梁时算至梁底面。

3）内、外山墙，墙身高度：按其平均高度计算。

（6）框架间砌体，分别内外墙以框架间的净空面积乘以墙厚计算，框架外表镶贴砖部分亦并入框架间砌体工程量内计算。多孔砖、空心砖按图示厚度以立方米计算，不扣除其孔、空心部分体积。

（7）其他砖砌体：

1）厕所蹲台、水槽腿、灯箱、垃圾箱、台阶挡墙或梯带、花台、花池、地垄墙及支撑地楞的砖墩，房上烟囱、屋面架空隔热层砖墩及毛石墙的门窗立边、窗台虎头砖等实砌体积，以立方米计算，套用零星砌体定额项目。

2）检查井及化粪池不分壁厚均以立方米计算，洞口上的砖平拱碹等并入砌体体积内计算。

3）砖砌地沟不分墙基、墙身合并以立方米计算。石砌地沟按其中心线长度以延长米计算。

5. 混凝土及钢筋混凝土工程量计算

（1）现浇混凝土及钢筋混凝土模板工程量，按以下规定计算：

1）现浇混凝土及钢筋混凝土模板工程量，除另有规定者外，均应区别模板的不同材质，按混凝土与模板接触的面积，以平方米计算。现浇钢筋混凝土墙、板上单孔面积在 0.3m² 以外时，应予扣除，洞侧壁模板面积并入墙、板模板工程量之内计算。

2）现浇钢筋混凝土柱、梁、板、墙的支模高度（即室外地坪至板底或板面至板底之间的高度）以 3.6m 以内为准，超过 3.6m 以上部分，另按超过部分计算增加支撑工程量。

3）现浇混凝土小型池槽按构件外围体积计算，池槽内、外侧及底部的模板不应另计算。

（2）预制钢筋混凝土构件模板工程量，除另有规定者外均按混凝土实体体积以立方米计算。小型池槽按外形体积以立方米计算。

（3）构筑物钢筋混凝土模板工程量，除另有规定者外，区别现浇、预制和构件类别，分别按（1）、（2）条的有关规定计算。大型池槽等分别按基础、墙、板、梁、柱等有关规定计算并套相应定额项目。液压滑升钢模板施工的烟筒、水塔塔身、贮仓等，均按混凝土体积，以立方米计算。预制倒圆锥形水塔罐壳模板按混凝土体积，以立方米计算。预制倒圆锥形水塔罐壳组装、提升、就位，按不同容积以座计算。

（4）钢筋工程量，按以下规定计算：

1）钢筋工程，应区别现浇、预制构件、不同钢种和规格，分别按设计长度乘以单位质量，以吨计算。

2）计算钢筋工程量时，设计已规定钢筋搭接长度的，按规定搭接长度计算；设计未规定搭接长度的，已包括在钢筋的损耗率之内，不另计算搭接长度。钢筋电渣压力焊接、套筒挤压等接头，以个计算。钢筋混凝土构件预埋铁件工程量，按设计图示尺寸，以吨计算。

（5）现浇混凝土工程量除另有规定者外，均按图示尺寸实体体积以立方米计算。不扣除构件内钢筋，预埋铁件及墙、板中 $0.3m^2$ 内的孔洞所占体积。

（6）预制混凝土工程量按图示尺寸实体体积以立方米计算，不扣除构件内钢筋，铁件及小于 300mm×300mm 以内孔洞面积。

（7）固定预埋螺栓、铁件的支架，固定双层钢筋的铁马凳、垫铁件，按审定的施工组织设计规定计算，套相应定额项目。

（8）构筑物钢筋混凝土工程量除另有规定者外，均按图示尺寸扣除门窗洞口及 $0.3m^2$ 以外孔洞所占体积以实体体积计算，套相应定额项目。

6. 脚手架工程量计算

（1）脚手架工程量计算一般规则：

1）建筑物外墙脚手架，凡设计室外地坪到檐口（或女儿墙上表面）的砌筑高度在 15m 以下的按单排脚手架计算；砌筑高度在 15m 以上的或砌筑高度虽不足 15m，但外墙门窗及装饰面超过外墙表面积 60% 以上时，均按双排脚手架计算。采用竹制脚手架时，按双排计算。

2）建筑物内墙脚手架，凡设计室内地坪至顶板下表面（或山墙高度有 1/2 处）的砌筑高度在 3.6m 以下的，按里脚手架计算；砌筑高度超过 3.6m 以上时，按单排脚手架计算。

3）石砌墙体，凡砌筑高度超过 1.0m 以上时，按外脚手架计算。

4）计算内、外墙脚手架时，均不扣除门、窗洞口、空圈洞口等所占的面积。

5）现浇钢筋混凝土框架柱、梁按双排脚手架计算。

6）贮水（油）池，大型设备基础，凡距地坪高度超过 1.2m 以上的，均按双排脚手架计算。

7）整体满堂钢筋混凝土基础，凡其宽度超过 3m 以上时，按其底板面积计算满堂脚手架。

（2）砌筑脚手架工程量计算：

1）外脚手架按外墙外边线长度，乘以外墙砌筑高度以平方米计算，突出墙外宽度在 24cm 以内的墙垛，附墙烟囱等不计算脚手架；宽度超过 24cm 以外时按图示尺寸展开计算，并入外脚手架工程量之内。

2）里脚手架按墙面垂直投影面积计算。

3）独立柱按图示柱结构外围周长另加 3.6m，乘以砌筑高度以平方米计算，套用相应外脚手架定额。

（3）现浇钢筋混凝土框架脚手架工程量计算：

1）现浇钢筋混凝土柱，按柱图示周长尺寸另加 3.6m，乘以柱高以平方米计算，套用相应外脚手架定额。

2）现浇钢筋混凝土梁、墙，按设计室外地坪或楼板上表面到楼底之间的高度，乘以梁、墙净长以平方米计算，套用相应双排外脚手架定额。

（4）其他脚手架工程量计算：

1）水平防护架，按实际铺板的水平投影面积，以平方米计算。垂直防护架，按延自然地坪至最上一层横杆之间的搭设高度，乘以实际搭设长度，以平方米计算。架空运输脚手架，按搭设长度以延长米计算。

2）烟囱、水塔脚手架，按不同搭设高度，以座计算。贮水（油）池脚手架，按外壁周长乘以地坪至池壁顶面之间高度，以平方米计算。大型设备基础脚手架，按其外形周长乘以地坪外形顶面边线之间高度，以平方米计算。

（5）安全网工程量计算：

1）立挂式安全网按架网部分的实挂长度乘以实挂高度计算。

2）挑出式安全网按挑出的水平投影面积计算。

7. 构件运输及安装工程量计算

（1）预制混凝土构件运输及安装均按构件图示尺寸，以实体积计算；钢构件按构件设计图示尺寸以吨计算，所需螺栓、电焊条等质量不另计算。木门窗以外框面积以平方米计算。

（2）预制混凝土构件运输及安装损耗率，按表 7-44 规定计算后并入构件工程量内。其中预制混凝土屋架、桁架、托架及长度在 9m 以上的梁、板、柱不计算损耗率。

预制钢筋混凝土构件制作、运输、安装损耗率表　　　　　　　　　表 7-44

名称	制作废品率	运输堆放损耗	安装（打桩）损耗
各类预制构件	0.2%	0.8%	0.5%
预制钢筋混凝土桩	0.1%	0.4%	1.5%

（3）构件运输：

1）预制混凝土构件运输的最大运输距离取 50km 以内；钢构件和木门窗的最大运输距离 20km 以内；超过时另行补充。

2）加气混凝土板（块）、硅酸盐块运输每立方米折合钢筋混凝土构件体积 0.4m^3 按一类构件运输计算。

（4）预制混凝土构件安装：

1）焊接形成的预制钢筋混凝土框架结构，其柱安装按框架柱计算，梁安装按框架梁计算；节点浇筑成形的框架，按连体框架梁、柱计算。

2）预制钢筋混凝土工字形柱、矩形柱、空腹柱、双肢柱、空心柱、管道支架等安装，均按柱安装计算。

（5）钢构件安装

1）钢构件安装按图示构件钢材质量以吨计算。

2）依附于钢柱上的牛腿及悬臂梁等，并入柱身主材质量计算。

3）金属结构中所用钢板，设计为多边形者，按矩形计算，矩形的边长以设计尺寸互相垂直的最大尺寸为准。

8. 门窗及木结构工程量计算

(1) 各类门、窗制作、安装工程量均按门、窗洞口面积计算。

(2) 铝合金门窗制作、安装，铝合金、不锈钢门窗、彩板组角钢门窗、塑料门窗、钢门窗安装，均按设计门窗洞口面积计算。

(3) 卷闸门安装按洞口高度增加 600mm 乘以门实际宽度以平方米计算。电动装置安装以套计算，小门安装以个计算。

(4) 木屋架的制作安装工程量，按以下规定计算：

1) 木屋架制作安装均按设计断面，分圆、方木，按竣工木料以立方米计算，其后备长度及配制损耗均不另计算。

2) 屋架的制作安装应区别不同跨度，其跨度应以屋架上下弦杆的中心线交点之间的长度为准。带气楼的屋架并入所依附屋架的体积内计算。

9. 楼地面工程量计算

(1) 地面垫层按室内主墙间净空面积乘以设计厚度以立方米计算。应扣除凸出地面的构筑物、设计基础、室内铁道、地沟等所占体积，不扣除柱、垛、间壁墙、附墙烟囱及面积在 0.3m^2 以内的孔洞所占体积。

(2) 整体面层、找平层均按主墙间净空面积以平方米计算。应扣除凸出地面构筑物、设计基础、室内管道、地沟等所占面积，不扣除柱、垛、间壁墙、附墙烟囱及面积在 0.3m^2 以内的孔洞所占面积，但门洞、空圈、暖气包槽、壁龛的开口部分亦不增加。

(3) 块料面层，按图示尺寸实铺面积以平方米计算，门洞、空圈、暖气包和壁龛的开口部分的工程量并入相应的面层内计算。

(4) 其他：

1) 散水、防滑坡道按图示尺寸以平方米计算。栏杆、扶手包括弯头长度按延长米计算。防滑条按楼梯踏步两端距离减 300mm 以延长计算。

2) 明沟按图示尺寸以延长米计算。

10. 屋面及防水工程量计算

(1) 瓦屋面，金属压型板均按水平投影面积乘以屋面坡度系数，以平方米计算。不扣除房上烟囱、风帽底座、风道、屋面小气窗、斜沟等所占面积，屋面小气窗的出檐部分亦不增加。

(2) 卷材屋面按图示尺寸的水平投影面积乘以规定的坡度系数以平方米计算。但不扣除房上烟囱、风帽底座、风道、屋面小气窗和斜沟所占的面积。其附加层、接缝、收头、冷底子等人工材料均已计入定额内，不另计算。

(3) 涂膜屋面的工程量计算同卷材屋面。涂膜屋面的油膏嵌缝、玻璃布盖缝、屋面分格缝，以延长米计算。

(4) 屋面排水工程量按以下规定计算：

1) 薄钢板排水按图示尺寸以展开面积计算。咬口和搭接等已计入定额项目中，不另计算。

2) 铸铁、玻璃钢水落管区别不同直径按图示尺寸以延长米计算，雨水口、水斗、弯头、短管以个计算。

（5）防水工程量按以下规定计算：

1）建筑物地面防水、防潮层，按主墙间净空面积计算，扣除凸出地面的构筑物。设备基础等所占的面积，不扣除柱、垛、间壁墙、烟囱及 $0.3m^2$ 以内孔洞所占面积。与墙面连接处高度在 500mm 以内者按展开面积计算，并入平面工程量内，超过 500mm 时，按立面防水层计算。

2）构筑物及建筑物地下室防水层，按实铺面积计算，但不扣除 $0.3m^2$ 以内的孔洞面积。平面与立面交接处的防水层，其上卷高度超过 500mm 时，按立面防水层计算。

3）建筑物墙基防水、防潮层，外墙长度按中心线，内墙按净长乘以宽度以平方米计算。

11. 防腐、保温、隔热工程量计算

（1）防腐工程项目应区分不同防腐材料种类及其厚度，按设计实铺面积以平方米计算。应扣除凸出地面的构筑物、设备基础等所占的面积，砖垛等突出墙面部分按展开面积计算并入墙面防腐工程量之内。平面砌筑双层耐酸块料时，按单层面积乘以系数 2 计算。

（2）保温隔热层应区别不同保温隔热材料，除另有规定者外，均按设计实铺厚度以立方米计算。厚度按隔热材料（不包括胶结材料）净厚度计算。

12. 装饰工程量计算

（1）内墙抹灰面积，应扣除门窗洞口和空圈所占的面积，不扣除踢脚板、挂镜线，$0.3m^3$ 以内的孔洞和墙与构件交接处的面积，洞口侧壁和顶面亦不增加。墙垛和附墙烟囱侧壁面积与内墙抹灰工程量合并计算。

（2）外墙抹灰面积，按外墙面的垂直投影面积以平方米计算。应扣除门窗洞口，外墙裙和大于 $0.3m^2$ 孔洞所占面积，洞口侧壁面积不另增加。附墙垛、梁、柱侧面抹灰面积并入外墙面抹灰工程量内计算。拦板、栏杆、窗台线、门窗套、扶手、压顶、挑檐、遮阳板、突出墙外的腰线等，另按相应规定计算。

（3）外墙各种装饰抹灰均图示尺寸以实抹面积计算。应扣除门窗洞口空圈的面积，其侧壁面积不另增加。挑檐、天沟、腰线、栏杆、栏板、门窗套、窗台线、压顶等均按图示尺寸展开面积以平方米计算，并入相应的外墙面积内。

（4）墙面贴块料面层均按图示尺寸以实贴面积计算。墙裙以高度在 1500mm 以内为准，超过 1500mm 时按墙面计算，高度低于 300mm 以内时，按踢脚板计算。

（5）顶棚装饰面积，按主墙间实铺面积以平方米计算，不扣除间壁墙、检查口、附墙烟囱、附墙垛和管道所占面积，应扣除独立柱及顶棚相连的窗帘盒所占的面积。

（6）楼地面、顶棚面、墙、柱、梁面的喷（刷）涂料、抹灰面、油漆及裱糊工程，均按楼地面、顶棚面、墙、柱、梁面装饰工程相应的工程量计算规则规定计算。

13. 金属结构制作工程量计算

（1）金属结构制作按图示钢材尺寸以吨计算，不扣除孔眼、切边的质量，焊条、铆钉、螺栓等质量，已包括在定额内不另计算。在计算不规则或多边形钢板质量时均以其最大对角线乘最大宽度的矩形面积计算。

（2）实腹柱、吊车梁、H 型钢按图示尺寸计算，其中腹板及翼板宽度按每边增加 25mm 计算。

（3）制动梁的制作工程量包括制动梁、制动桁架、制动板质量；墙架的制作工程量包括墙架柱、墙架梁及连接柱杆质量；钢柱制作工程量包括依附于柱上的牛腿及悬梁质量。

（4）轨道制作工程量，只计算轨道本身质量，不包括轨道垫板、压板、斜垫、夹板及联接角钢等质量。

（5）钢漏斗制作工程量，矩形按图示分片，圆形按图示展开尺寸，并依钢板宽度分段计算，每段均以其上口长度（圆形以分段展开上口长度）与钢板宽度，按矩形计算，依附漏斗的型钢并入漏斗质量内计算。

7.4.3　构筑物工程量计算

1. 水塔

（1）基础

钢筋混凝土水塔基础包括基础底板和筒座，以图示实体积计算。

混凝土及钢筋混凝土水塔基础，以图示实体积计算。筒身与基础划分：砖水塔混凝土基础以混凝土与砖砌体交接处为分界线；钢筋混凝土水塔基础与筒身、塔身，以筒座上表面或基础底板上表面为分界线；柱式水塔基础与塔身，以柱脚与基础底板或梁交接处分为界线。水塔柱与基础底板相连的梁，并入基础体积内计算。

（2）筒身

1）砖水塔筒身砌体，按图示中心线长度乘以砌体厚度及筒高，以立方米计算，扣除门窗洞口或混凝土构件所占体积。筒身与槽底的分界，以与槽底相连的圈梁底为界。圈梁底以上为槽底，以下为筒身。

2）钢筋混凝土筒式塔身，以图示实体积计算。扣除门窗洞所占体积，依附于筒身的过梁、雨篷、挑檐等并入筒壁体积内计算；柱式塔身，不分柱、梁和直柱、斜柱，均以实体积合并计算。

（3）塔顶及槽底

1）钢筋混凝土塔顶及槽底，按图示尺寸以实体积合并计算。塔顶包括顶板和圈梁；槽底包括底板、挑出斜壁和圈梁。

2）塔壁、塔顶如铺填保温材料时，另按图示规定计算。

（4）水槽内外壁：水槽内外壁，按图示尺寸以实体积计算

1）与塔顶、槽底（或斜壁）相连系的圈梁之间的直壁，为水槽内外壁。保温水槽外保护壁为外壁；直接承受水侧压力之水槽壁为内壁。非保温水塔之水槽壁按内壁计算。

2）水槽内外壁，均按图示尺寸以实体积计算，扣除门窗孔洞所占体积。依附于外壁的柱、梁等，均并入外壁体积中计算。

3）砖水槽不分内外壁及壁厚，图示实体积计算。

（5）水塔脚手架：水塔脚手架，区别不同塔高以座计算。水塔高度系指设计室外地坪至塔顶的全高。

2. 贮水（油）池

混凝土、钢筋混凝土贮水（油）池池底、壁、盖等，均以图示实体积计算。

具体划分如下：

（1）平底池的池底体积，应包括池壁下部的扩大部分。池底如带有斜坡时，斜坡部按坡度计算。

（2）锥形底应算至壁基梁底面。无壁基梁时，算至锥形底坡的上口。

（3）壁基梁系指池壁与坡底或锥底上口相衔接的池壁基础梁。壁基梁的高度为梁底至池壁下部的底面。如与锥形底连接时，应算至梁的底面。

（4）无梁盖柱的柱高，应自池底表面算至池盖的下表面，包括柱座、柱帽的体积。

（5）池壁厚度按平均厚度计算，其高度不包括池壁上下处的扩大部分。无扩大部分时，则自池底上表面算至池盖下表面。

（6）无梁盖应包括与池壁相连的扩大部分的体积；肋形盖应包括主、次梁及盖部分的体积；球形盖应自池壁顶面以上，包括边侧梁的体积在内。

（7）无梁盖池包括柱帽及柱座，可合并计算。

（8）沉淀池水槽，系指池壁上的环形溢水槽及纵横 U 形水槽，但不包括与水槽相连接的矩形梁。矩形梁可按混凝土及钢筋混凝土矩形梁计算。

3. 地沟

（1）钢筋混凝土及混凝土的现浇无肋地沟的底、壁、顶，不论方形（封闭式）槽形（开口式）、阶梯形（变截面式），均以图示实体积计算。

（2）沟壁与底的分界，以底板上表面为界。沟壁与顶的分界，以顶板的下表面为界。变截面沟壁按平均厚度计算；八字角部分的数量并入沟壁体积内计算。

4. 支架

（1）各种钢筋混凝土支架，均以图示实体积计算。框架型支架的柱、梁及支架带操作平台板，可合并计算。

（2）支架基础，应按混凝土及钢筋混凝土相应项目计算。

7.4.4　设备工程量计算

1. 泵安装与拆检

（1）泵安装工程量包括：设备本身与本体联体的附件、管道、润滑冷却装置等的清洗、组装、刮研。深井泵的泵体扬水管及滤水网安装，联轴器或皮带安装。

（2）泵体质量计算按下规定进行：

1）直联式泵按泵本体、电动机以及底座的总质量计算；非直联式泵按泵本体基底座的总质量计算，不包括电动机质量，但包括电动机安装。

2）深井泵按泵本体、电动机、底座及设备扬水管的总质量计算，深井泵橡胶轴承与连接扬水管的螺栓按设备带有考虑。

（3）泵安装中下述内容应另计工程量：

1）泵的支架、底座、联轴器、键和键槽的加工与制作。

2）深井泵扬水管与水平面的垂直度测量。

3）电动机的检查、干燥、配线、调试。

4）试运转时所需的排水附加工程。

（4）泵拆检工程按台及每台净重计算。包括设备本体以及第一个阀门以内的管道等拆卸、清洗、检查、刮研、换油、调间歇、找平、找正、找中心、记录、组装复原。

（5）泵拆检中下述内容应另计工程量：

1）设备本体的整（解）体安装。

2）电动机安装及拆装、检查、调整、试验。

3）设备本体以外的各种管道检查和试验工作。

2. 风机安装与拆检

（1）风机安装工程量按台或单重计算，包括：设备本体与本体联体的附件、管道、润滑冷却装置等清洗、刮研、组装、调试。离心式鼓风机（带增速机）的垫铁研磨。联轴器或皮带以及安全防护罩安装，设备带有的电动机及减振器安装。

（2）直联式风机的单重应按风机本体及电动机和底座的总质量计算。非直联式风机的单重应按风机本体和底座的总质量计算。

（3）风机安装中下述内容应另计工程量：

1）风机的底座、支架及防护罩、减振器的制作、修整。

2）联轴器及键和键槽的加工制作。

3）电动机的抽芯检查、干燥、配线、调试。

（4）风机拆检工程量按台或单重计算。

（5）风机拆检工程量不包括以下内容：

1）风机本体的整（解）体安装。

2）电动机安装及拆装、检查、调整、试验。

3）风机本体以外的各种管道检查和试验工作。

3. 供热锅炉安装

（1）快装锅炉、水管锅炉、煤粉锅炉、链条锅炉成套设备安装以台为单位，以型号或蒸发量计算工程量。

（2）通用锅炉安装按设备的铭牌质量以吨为单位计算工程量。包括各型快装锅炉、散装锅炉的本体。

（3）锅炉本体以外的下列设备构件应另计工程量：

1）快装锅炉上水系统，包括给水泵或注水器的管路系统的设备、管道、阀门、管件，但不包括省煤器安装。

2）成套水管锅炉、煤粉锅炉、链条锅炉的辅助机械。

3）锅炉本体以外的汽、水、油罐路，阀门、管件以及热工艺表。

4）现场加工的构件或成品构件，如锅炉相邻的连接平台、栏杆、围板、煤仓的煤斗，与烟囱连接的烟道、通风道及烟囱等。

4. 其他机械设备安装

（1）干燥、过滤、压滤等机械设备安装，以台为计量单位，以质量吨选用定额子目。

（2）污水处理设备安装，以台为计量单位，应按不同型号、规格选用定额子目。

（3）设备质量应包括本体、附机及其所属的金属构件质量。其工程内容还包括：

1）配合二次灌浆及电机抽芯。

2）随机带来的附属设备、冷却水管、油管等的清洗、安装、找正、调整。

3）随机带来的成品安全罩、防护罩、扶梯、走台等安装。

（4）设备安装不包括下述工程内容：

1）专用垫铁、联轴节、地脚螺栓、走台、扶梯制作工程。

2）润滑油过滤及油箱注油。

7.4.5　管道及管配件工程量计算

1. 管段、配件预制

(1) 直管预制应区别不同管径、壁厚、材质，按设计中心线长度，以米为计量单位。

(2) 预制组装焊接的弯头（斜口）的组装焊接工程量，按图纸数量，以个位计量单位。

(3) 管段沥青绝缘防腐，按不同管径、不同的防腐绝缘等级，以米或平方米为计量单位。

(4) 长距离输送管道工程中的防腐管段（含弯头）运输距离，从管段预制防腐场地至沿管线施工工地指定堆管地点，按不同管径以米为计量单位计算。

(5) 冷弯防腐钢管运输，按不同管径，以米为计量单位计算。

(6) 铸铁管运输（包括装卸），指自贮管场运至工地指定堆放地点，按不同管径分别以米为计量单位计算。

2. 管段、配件安装

(1) 防腐管段安装，按不同管径、壁厚，以米为计量单位计算。

1) 按设计长度扣除线路中各个站（场）和穿（跨）管线长度后的实际长度计算。

2) 线路管道中的阀门和管件所占长度一律不扣除。

3) 管段安装定额中，包括管件安装（管件主材费另计），但不包括阀门安装。

(2) 铸铁管段的敷设，定额以每根 6 米长度为标准制订，不同时可按规定调整。其工程量按不同管径、接口种类分别以米为计量单位计算，不扣除各种阀门、管件所占长度。

(3) 管段穿越工程量计算：

1) 穿越直管段组装焊接，按不同管径和壁厚，以米为计量单位计算。

2) 复壁管穿越直管段组装焊接，按内外管不同管径和壁厚，以米为计量单位计算；内管超长管段按穿越直管段计算。

3) 穿越管段拖管过河，一律按河流宽度和穿越管段质量（t），以次为计量单位计算。但不包括水下管沟开挖、回填及稳管。

(4) 管道跨越工程量计算：

1) 单拱跨管桥组装焊接，按不同管径和壁厚，以米为计量单位计算。其附件制作与安装，以吨为计量单位计算。Ⅱ形跨越管桥组装焊接（包括附件制作与安装），以座为计量单位计算。

2) 中、小型跨越管段吊装，不分管径，按不同跨度（两个支墩间距），以"处"为计量单位计算。

(5) 穿越公路、铁路的土石方开挖按土石方工程规定计算，管道按质管段组装焊接和带钢套管计算穿越部分管道。

思 考 题 与 习 题

1. 某拟建项目的生产规模为 15 万 m³/d，综合调整系数为 1.1，用表 7-1 所给数据估算该项目的投资额。

2. 建设项目投资估算方法有哪些?

3. 简述投资估算的组成及编制方法。

4. 某建设项目分年度建设情况的用款为: 第一年: 3000 万元; 第二年: 5000 万元; 第三年: 2000 万元。考虑物价上涨系数为 2.5%, 试计算该项目的涨价预备费。

5. 某城市拟建设一座规模为 5 万 m^3/d 二级处理污水厂, 该地区的人工、材料价格如下:

人工: 土建 15 元/工日, 安装 22 元/工日; 水泥: 230 元/t, 锯材: 850 元/m^3, 钢材: 2400 元/t, 砂: 33 元/m^3, 碎石: 30 元/m^3, 铸铁管: 3000 元/t, 钢管及配件: 4200 元/t, 钢筋混凝土管: 150 元/t, 闸门: 8000 元/t; 设备调整系数为 1.21; 其他工程费率为 10%; 综合费率为土建工程 35%, 安装工程 20%; 工程建设其他费用率为 12%; 基本预备费费率为 10%; 铺底流动资金估算为 115 万元。试计算该项目的静态总投资。

6. 简述工程量计算原则。

第 8 章　水工程建设项目概预算

8.1　工程造价计价方法

8.1.1　工程造价计价的基本表达式

工程造价计价（valuation of engineering cost）的形式和方法有多种，各不相同，但计价的基本过程和原理是相同的。如果仅从工程费用计算角度分析，工程造价计价的顺序是：分部分项工程单价→单位工程造价→单项工程造价→建设项目总造价。影响工程造价的主要因素有两个，即基本构造要素的单位价格和基本构造要素的实物工程数量，可用下列基本计算式表达：

$$工程造价 = \Sigma(工程实物量 \times 单位价格) \tag{8-1}$$

基本子项的单位价格高，工程造价就高；基本子项的实物工程数量大，工程造价也就大。

在进行工程造价计价时，实物工程量的计量单位是由单位价格的计量单位决定的。如果单位价格计量单位的对象取得较大，得到的工程估算就较粗，反之则工程估算较细较准确。基本子项的工程实物量可以通过工程量计算规则和设计图纸计算而得，它可以直接反映工程项目的规模和内容。

对基本子项的单位价格分析，可以有两种形式：

(1) 直接费单价（unit-price of direct engineering cost）：如果分部分项工程单位价格仅仅考虑人工、材料、机械资源要素的消耗量和价格形成，即单位价格＝Σ（分部分项工程的资源要素消耗量×资源要素的价格），该单位价格是直接费单价。资源要素消耗量的数据经过长期的收集、整理和积累形成了工程建设定额，它是工程计价的重要依据，它与劳动生产率、社会生产力水平、技术和管理水平密切相关。

(2) 综合单价（unit-price of comprehensive engineering cost）：如果在单位价格中还考虑直接费以外的其他一切费用，则构成的是综合单价。

8.1.2　工程造价的计价方法

1. 直接费单价——定额计价方法

直接费单价只包括人工费、材料费和机械台班使用费，它是分部分项工程的不完全价格。我国现行有两种计价方式，一种是单位估价法，它是运用定额单价计算的，即首先计算工程量，然后查定额单价（基价），与相对应的分项工程量相乘，得出各分项工程的人工费、材料费、机械费，再将各分项工程的上述费用相加，得出分部分项工程的直接费；另一种是实物估价法，它首先计算工程量，然后套基础定额，计算人工、材料和机械台班消耗量，将所有分部分项工程资源消耗量进行归类汇总，再根据当时、当地的人工、材料、机械单价，计算并汇总人工费、材料费、机械使用费，得出分部分项工程的直接费。

在直接费基础上计算企业管理费、规费、利润和税金，将直接费与企业管理费、利润、规费和税金等费用相加，即可得出单位工程造价。

2. 综合单价——工程量清单计价方法

综合单价法指分部分项工程量的单价既包括分部分项工程直接费、其他直接费、现场经费、间接费、利润和税金，也包括合同约定的所有工料价格变化风险等一切费用，它是一种完全价格形式。考虑我国的现实情况，综合单价未包括规费、税金，根据《建设工程工程量清单计价规范》GB 50500—2013 的规定，我国目前的综合单价是指完成一个规定计量单位的分部分项工程量清单或措施项目清单所需的人工费、材料费、施工机械使用费和企业管理费与利润，以及一定范围内的风险费用。

工程量清单计价方法是一种国际上通行的计价方式，所采用的就是分部分项工程的完全单价。工程量清单由招标人公开提供，投标人根据自身的实际情况自主确定工程量清单中各分部分项工程的综合单价进行投标价格计算。

8.2 工程定额及定额计价

8.2.1 定额的概念

所谓定额（ration），就是规定额度或限额，又称为标准或尺度，是指在一定时期的生产、技术、管理水平下，完成质量合格的单位产品或服务所需要消耗资源的数量标准，它反映一定时期的社会生产力水平的高低。这个标准由国家权力机关或地方权力机关制定。

建设工程定额（project quota）是诸多定额中的一类，是指在正常的施工条件和合理劳动组织、合理使用材料及机械的条件下，完成单位合格产品所必须消耗资源的数量标准，其中的资源主要包括在建设生产过程中所投入的人工、机械、材料和资金等生产要素。建设工程定额是由国家授权部门和地区统一组织编制、颁发并实施的工程建设标准。它反映了工程建设投入与产出的关系；它一般除了规定的数量标准以外，还规定了具体的工作内容、质量标准和安全要求等；它的研究对象是工程建设范围内的生产消费规律，研究固定资产再生产过程中的生产消费定额；它是建筑安装产品定价的依据，也是投资决策依据。建设工程定额是规范工程建设市场各方主体经济行为、规范以及固定资产投资活动和建筑市场的准绳。建设工程定额是工程建设中各类定额的总称。

我国现行的建设工程定额标准包括《房屋建筑与装饰工程消耗量定额》TY01-31-2015、《通用安装工程消耗量定额》TY02-31-2015、《市政工程消耗量定额》ZYA01-31-2015、《建设工程施工机械台班费用编制规则》《建设工程施工仪器仪表台班费用编制规则》等。

8.2.2 定额的作用、特性及分类

1. 建设工程定额作用

定额是科学管理的产物，是实行科学管理的基础，它在社会主义市场经济中具有以下

的重要地位与作用：

（1）定额是投资决策和价格决策的依据。定额可以对建筑市场行为进行有效的规范，如投资者可以利用定额提供的信息提高项目决策的科学性，优化投资行为，还可以利用定额权衡自己的财务状况、支付能力，预测资金投入和预期回报；并在投标报价时做出正确的价格决策，以获取更多的经济效益。

（2）定额是企业实行科学管理的基础。企业利用定额促使工人节约社会劳动时间和提高劳动生产效率，获取更多利润；计算工程造价，把生产的各类消耗控制在规定的限额内，以降低工程成本。

（3）定额有利于完善建筑市场信息系统。它的可靠性和灵敏性是市场成熟和效率的标志。实行定额管理可对大量建筑市场信息进行加工整理，也可对建筑市场信息进行传递，同时还可对建筑市场信息进行反馈。

2. 建设工程定额的特性

在社会主义市场经济的条件下，定额一般具有以下几方面的特性：

（1）科学性：主要表现为定额的编制是自觉遵循客观规律的要求，通过对施工生产过程进行长期的观察、测定、综合、分析，在广泛搜集资料和总结的基础上，实事求是地运用科学的方法制定出来的。定额的编制技术和方法上吸取了现代管理的成就，具有一整套既严密又科学的确定定额水平和行之有效的方法。

（2）权威性：主要表现在定额是由国家主管机关或它授权的各地管理部门组织编制的，定额一经批准颁发，任何单位都必须严格遵守和贯彻执行。

（3）统一性：主要表现在定额来源于群众，工程建设定额的统一性，主要是由国家对经济发展的有计划的宏观调控职能决定的。为了使国民经济按国家规划发展，就需要借助于一定的标准、参数等，对工程建设进行规划、组织、调节、控制。因此，定额的制定和执行都具有广泛的群众基础，并能为广大群众所接受。

（4）时效性：定额所规定的各种工料消耗量是由一定时期的社会生产力水平确定。为使定额发挥促进生产力的作用，定额的项目和标准也必然要适应生产力不断发展的要求，因此定额就会在一定的时期后重新编制或修订，因此，定额具有一定的时效性。

（5）稳定性：定额的相对稳定性主要表现在定额制定颁发后执行期间，定额都会表现出稳定的状态。保持定额的稳定性是维护定额的法规性和贯彻执行定额所必要的。如果定额处于经常修改变动之中，那么必然造成执行中的困难和混乱，同时也会给定额编制工作带来极大的困难。一个相对稳定的执行时期，通常为 5～10 年左右。

3. 建设工程定额分类

建设工程定额的种类较多，有多种分类方法：按生产要素分类；按建设项目生命期分类；按专业分类；按编制单位与使用范围分类等。

（1）按生产要素分类

物质资料生产所必须具备的三要素是劳动者、劳动手段和劳动对象。劳动者是指从事生产活动的生产工人，劳动手段是指劳动者使用的生产工具和机械设备，劳动对象是指原材料、半成品和构配件。按此三要素进行分类可以分为劳动定额、材料消耗定额和机械台班使用定额。

1）劳动消耗定额

劳动消耗定额又称人工定额。是规定在一定生产技术装备、合理的劳动组织与合理使用材料的条件下，完成质量合格的单位产品所需劳动消耗量标准，或规定单位时间内完成质量合格产品的数量标准。

2）材料消耗定额

材料消耗定额是指在节约与合理使用材料的条件下，完成质量合格的单位产品所需消耗各种建筑材料（包括各种原材料、燃料、成品、半成品、构配件、周转材料的摊销等）的数量标准。

3）机械台班使用定额

机械台班使用定额又称机械台班消耗定额，就是指在合理施工组织与合理使用机械的正常施工条件下，规定施工机械完成质量合格的单位产品所需消耗机械台班的数量标准，或规定施工机械在单位台班时间内应完成质量合格产品的数量标准。

（2）按定额用途分类

1）施工定额

施工定额是以同一性质的施工过程（工序）或专业工种为研究对象，表示在合理的劳动组织或工人小组在正常施工条件下，完成单位合格工程量所消耗的人工、材料、机械台班的数额。施工定额是施工企业（建筑安装企业）组织生产和加强管理在企业内部使用的一种定额，属于企业定额性质，是工程建设定额中分项最细、定额子目最多的一种定额，也是工程建设定额中的基础性定额。

施工定额本身由劳动定额、材料定额、机械使用定额三个相对独立部分构成，是编制工程施工方案、施工预算、施工作业计划、签发施工任务单和工程结算等的依据。

2）预算定额

预算定额是以分项工程为对象编制的定额，表示完成单位分项工程或结构构件所消耗的各种人工、材料、机械台班、基价等标准指标数额。它在施工图设计和施工准备阶段，是编制施工图预算、签订施工合同、实施工程付款的依据；在施工实施阶段，其又是施工企业编制和考核施工组织设计、进行材料调拨和施工机械调度的依据；在工程竣工阶段，是编制施工图决算的依据。同时也是编制概算定额的基础资料。

3）概算定额

概算定额是以扩大的分部分项工程为对象编制的。它是计算和确定其劳动力、材料、机械台班消耗量所使用的定额。它是编制扩大初步设计阶段设计概算、确定建设项目投资额的依据。一般是在预算定额的基础上综合扩大而成的，每一综合分项都包含数项预算定额。

4）概算指标

概算指标是概算定额的扩大与综合。它以单项工程规模为基础，收集大量具体工程的技术经济资料，通过统计分析而编制的不同类型工程的单位规模（平方米、万元投资、构筑物容量等）所消耗的人工、材料、造价及主要分项实物量等参考指标数额。概算指标项目的设定和初步设计的深度相适应。它是设计单位编制工程概算或建设单位编制年度任务计划、施工准备期间编制材料和机械设备供应的依据，也可供国家编制年度建设计划参考。

5）投资估算指标

投资估算指标是在项目建议书和项目可行性研究阶段编制投资估算、计算资金需要量而使用的一种定额。它非常概略，一般以独立的单项工程或整个工程项目为编制对象，编制内容是包括单项工程投资、工程建设其他费用和预备费、建设期贷款利息、流动资金等所有项目费用之和。其概略程度与可行性研究阶段相适应，加快了估价速度。

（3）按专业分类

建设工程消耗量定额按其专业的不同分类如下：

1）建筑工程消耗量定额

建筑工程即指房屋建筑的土建工程。建筑工程消耗量定额是指各地区（或企业）编制确定的完成每一建筑分项工程（即每一土建分项工程）所需人工、材料和机械台班消耗量标准的定额。它是业主或建筑施工企业（承包商）计算建筑工程造价主要的参考依据。

2）装饰工程消耗量定额

装饰工程即指房屋建筑室内外的装饰装修工程。装饰工程消耗量定额是指各地区（或企业）编制确定的完成每一装饰分项工程所需人工、材料和机械台班消耗量标准的定额，它是业主或装饰施工企业（承包商）计算装饰工程造价主要的参考依据。

3）安装工程消耗量定额

安装工程即指房屋建筑室内外各种管线、设备的安装工程。安装工程消耗量定额是指各地区（或企业）编制确定的完成每一安装分项工程所需人工、材料和机械台班消耗量标准的定额。它是业主或安装施工企业（承包商）计算安装工程造价主要的参考依据。

4）市政工程消耗量定额

市政工程即指城市道路、桥梁等公共公用设施的建设工程。市政工程消耗量定额是指各地区（或企业）编制确定的完成每一市政分项工程所需人工、材料和机械台班消耗量标准的定额。它是业主或市政施工企业（承包商）计算市政工程造价主要的参考依据。

5）园林绿化工程消耗量定额

园林绿化工程即指城市园林、房屋环境等的绿化通称，园林绿化工程消耗量定额是指各地区（或企业）编制确定的完成每一园林绿化分项工程所需人工、材料和机械台班消耗量标准的定额。它也是业主或园林绿化施工企业（承包商）计算园林绿化工程造价主要的参考依据。

此外，建设工程定额还可按建设用途和费用定额进行划分，前者包括施工定额、预算定额、概算定额和概算指标等，后者包括间接费用定额、其他工程费用定额等。

（4）按编制单位与适用范围分类

建筑工程定额按编制单位与使用范围可分为全国统一定额、省（市）地区定额、行业专用定额和企业定额。

1）全国统一定额

全国统一定额是指由国家主管部门（住房和城乡建设部）编制，作为各省（市）编制地区定额依据的各种定额。如《房屋建筑与装饰工程消耗量定额》《通用安装工程消耗量定额》《市政工程消耗量定额》等。

2）省（市）地区定额

省（市）地区定额是指由各省（市）地区定额是指由各省、市、自治区建设主管部门制定的各种定额，如《×××省市政工程消耗量定额地区基价》。可以作为该地区建设工程项目标底编制的依据，施工企业在没有自己的企业定额时也可以作为投标计价的依据。

3）行业专用定额

行业专用定额是指由国家所属的主管部委制定而行业专用的各种定额，如《铁路工程消耗量定额》《交通工程消耗量定额》等。

4）企业定额

企业定额是指建筑施工企业根据本企业的施工技术水平和管理水平，以及各地区有关工程造价计算的规定，并供本企业使用的《工程消耗量定额》。

8.2.3　消耗量定额与企业定额

消耗量定额是由建设行政主管部门根据合理的施工组织设计，按照正常施工条件制订的，生产一个规定计量单位工程合格产品所需人工、材料、机械台班的社会平均消耗量标准，适用于市场经济条件下建筑安装工程计价，体现了工程计价"量价分离"的原则。具体可以划分为人工消耗定额、材料消耗定额和机械台班消耗定额。

1. 人工消耗定额

（1）人工消耗定额的概念

人工消耗定额是指在一定的技术装备、合理的劳动组织与合理使用材料的条件下，规定完成质量合格的单位产品所需劳动消耗量的标准，或规定在单位时间内完成质量合格产品的数量标准。

人工消耗定额的研究对象是生产过程中活劳动的消耗量，即劳动者所付出的劳动量。具体来说，它所要考虑的是完成质量合格单位产品的活劳动消耗量，是指产品生产过程的有效劳动，对产品有规定的质量要求，是符合质量规定要求的劳动消耗量。

（2）人工消耗定额的表现形式

人工消耗定额是衡量劳动消耗量的计量尺度。生产单位产品的劳动消耗量可以用劳动时间来表示，同样在单位时间内劳动消耗量也可以用生产的产品数量来表示。因此，人工消耗定额按其表示形式的不同，可分为时间定额和产量定额。

① 时间定额：时间定额又称工时定额，是指在一定的生产技术装备、合理的劳动组织与合理使用材料的条件下，规定完成质量合格的单位产品所需消耗的劳动时间。时间定额一般是以"工日"或"工时"为计量单位。计算公式如下：

$$时间定额 = \frac{消耗的总工日数}{产品数量} \qquad (8\text{-}2)$$

② 产量定额：产量定额又称每工产量。指在一定生产技术装备、合理的劳动组织与合理使用材料的条件下，规定某工种某技术等级的工人（或工人班组）在单位时间内应完成质量合格的产品数量。由于建筑产品的多样性，产量定额一般是以 m、m^2、m^3、kg、t、块、套、组、台等为计量单位。计算公式如下：

$$产量定额 = \frac{产品数量}{消耗的总工日数} \qquad (8\text{-}3)$$

时间定额和产量定额是同一人工消耗定额的不同表现形式，它们都表示同一劳动定额，但各有其用途。时间定额因为计量单位统一，便于进行综合，计算劳动量比较方便；而产量定额具有形象化的特点，目标直观明确，便于班组分配工作任务。

（3）时间定额与产量定额的关系

时间定额与产量定额，它们之间的关系可用下式来表示：

$$时间定额 \times 产量定额 = 1 \tag{8-4}$$

$$时间定额 = \frac{1}{产量定额}　或产量定额 = \frac{1}{时间定额} \tag{8-5}$$

也就是说，当时间定额减少时，产量定额就会增加；反之，当时间定额增加时，产量定额就会减少，然而其增加和减少的比例是不相同的。

（4）人工消耗定额的表示方法

人工消耗定额的表示方法，不同于其他行业的劳动定额，其表示方法有单式表示法、复式表示法及综合与合计表示法。

① 单式表示法　在人工消耗定额表中，单式表示法一般只列出时间定额，或产量定额，即两者不同时列出。

② 复式表示法　在人工消耗定额表中，复式表示法既列出时间定额，又列出产量定额。

③ 综合与合计表示法　在人工消耗定额表中，综合定额与合计定额都表示同一产品的各单项（工序或工种）定额的综合或合计，按工序合计的定额称为综合定额，按工种综合的定额称为合计定额。计算公式如下：

$$综合时间定额 = \Sigma 各单项工序时间定额 \tag{8-6}$$

$$合计时间定额 = \Sigma 各单项工种时间定额 \tag{8-7}$$

$$综合产量定额 = \frac{1}{综合时间定额} \tag{8-8}$$

$$合计产量定额 = \frac{1}{合计时间定额} \tag{8-9}$$

2. 材料消耗定额

（1）材料消耗定额的概念

材料消耗定额指在节约与合理使用材料的条件下，完成质量合格的单位产品所需消耗各种建筑材料（包括各种原材料、燃料、成品、半成品、构配件、周转材料的摊销等）的数量标准。

（2）材料消耗定额量的组成

完成质量合格单位产品所需消耗的材料数量，由材料净用量和材料损耗量两部分组成。即：

$$材料消耗量 = 材料净用量 + 材料损耗量 \tag{8-10}$$

材料净用量指构成产品实体的（即产品本身必须占有的）理论用量。材料损耗量是指完成单位产品过程中各种材料的合理损耗量，它包括各种材料从现场仓库（或堆放地）领出到完成质量合格单位产品过程中的施工操作损耗量、场内运输损耗量和加工制作损耗量（半成品加工）。计入材料消耗定额内的材料损耗量，应当是在正常施工条件下，采用合理施工方法时所需而不可避免的合理损耗量。

在建筑产品施工过程中，某种材料损耗量的多少，常用材料损耗率来表示。建筑材料损耗率表见表 8-1。

表 8-1

序号	材料名称	损耗率（%）
1	室外镀锌及焊接钢管	1.5
2	室内镀锌及焊接钢管	2.0
3	室内承插排铸铁管	7.0
4	室内承插塑料管	2.0
5	铸铁片式散热器	1.0
6	散热器对丝、散热器钩子	5.0
7	水龙头、丝扣阀门、钢管接头零件	1.0
8	洗脸盆、洗涤盆、洗手盆、化验盆、妇女卫生盆	1.0
9	大便器、小便器、瓷高低水箱、倒便器、铜丝	1.0
10	瓷存水弯	0.5
11	小便器冲洗管、清油、沥青油	2.0
12	型钢、焦炭、锯条、油麻、木柴、漂白粉、线麻	5.0
13	带帽螺栓、机油	3.0
14	铅油	2.5
15	青铅	8.0
16	石棉、砂子、水泥	10.0
17	石绵绳、油灰	4.0
18	橡胶石棉板、胶皮板	15.0
19	设备框架、管廊柱子	6.0
20	桁架结构、联合平台、篦式平台、钢板组成工字钢	6.0
21	板式平台、方形漏斗	8.0
22	圆形漏斗	10.0
23	烟道烟囱、型钢圈搬制	7.0
24	卷板平直	4.0

材料损耗率计算公式立如下：

$$材料损耗率 = \frac{材料损耗量}{材料消耗量} \times 100\%$$　　　　　　（8-11）

则材料消耗量的计算公式如下：

$$材料消耗量 = 材料净用量 \times (1 + 材料损耗率)$$　　　　（8-12）

（3）材料消耗定额的制订方法

直接构成工程实体所需的材料消耗称为直接性材料消耗。施工中直接性材料消耗的损耗量可分为两类，一类是完成质量合格产品所需各种材料的合理消耗；另一类则是可以避免的材料损失，而材料消耗定额中不应包括可以避免的材料损失。

直接性材料消耗定额的制定方法有理论计算法、观察法、实验法和统计法等。现分述如下：

① 理论计算法：理论计算法是利用理论计算公式计算出某种建筑产品所需的材料净

用量，然后根据建筑材料损耗率表查找所用材料的损耗率，从而制订材料消耗定额的一种方法。

理论计算法主要用于砌块、板材类等不易产生损耗，容易确定废料的材料消耗定额。如砖、钢材、玻璃、镶贴材料、混凝土块（板）、各种安装管材、电线、镀锌钢板等分管材料、保温材料等。

② 观察法：该方法属于技术测定法的一种方法，是指在施工现场对完成某一建筑产品的材料消耗量进行实际的观察测定。

③ 实验法：该方法指在实验室内通过专门的仪器设备测定材料消耗量的一种方法。这种方法主要是对材料的结构、物理性能和化学成分进行科学测试和分析，通过整理计算制订材料消耗定额的方法。该方法适用于实验测定的混凝土、砂浆、沥青膏、油漆、涂料等的材料消耗定额。

④ 统计法：该方法指以已完工程实际用料的大量统计资料为依据，包括预付工程材料数量、竣工后工程材料剩余数量和完成建筑产品数量等，通过分析计算从而获得材料消耗的各项数据，然后制定出材料消耗定额。

3. 机械台班消耗定额

机械台班消耗定额又称机械使用定额，是指在正常的施工生产条件及合理的劳动组合和合理使用施工机械的条件下，生产单位合格产品所必须消耗的一定品种、规格施工机械的作业时间标准。其中包括准备与结束时间、基本作业时间、辅助作业时间，以及工人必需的休息时间。机械台班定额以台班为单位，工人使用一台机械，工作一个班（8h），称为一个台班。其表达形式有时间定额和产量定额两种。

（1）机械时间定额

机械时间定额是指在正常的施工生产条件下，某种机械生产单位合格产品所必须消耗的台班数量。可按下式计算：

$$机械时间定额 = \frac{1}{机械台班产量定额} \tag{8-13}$$

它既包括机械本身的工作时间，又包括使用该机械工人的工作时间。

（2）机械台班产量定额

机械台班产量定额是指某种机械在合理的施工组织和正常的施工条件下，单位时间内完成合格产品的数量。可按下式计算：

$$机械台班产量定额 = \frac{1}{机械时间定额} \tag{8-14}$$

机械时间定额与机械台班产量定额成反比，互为倒数关系。

（3）操纵机械或配合机械的人工时间定额

规定配合机械完成某一单位合格产品所必须消耗的人工数量的标准，称机械人工时间定额。可按下式计算：

$$人工时间定额 = \frac{小组成员工日数总和}{机械台班产量定额} \tag{8-15}$$

或：

$$机械台班产量定额 = \frac{小组成员工日数总和}{人工时间定额} \tag{8-16}$$

4. 企业定额

《建筑工程施工发包与承包计价管理办法》（中华人民共和国住房和城乡建设部令第16号）第十条规定："投标报价应当依据工程量清单、工程计价有关规定、企业定额和市场价格信息等编制。"所谓企业定额，指建筑安装企业根据企业自身的技术水平和管理水平所确定的完成单位合格产品必需的人工、材料和施工机械台班的消耗量，以及其他生产经营要素消耗的数量标准。

企业定额反映了企业个别的劳动生产率和技术装备水平。每个企业均应拥有反映自己企业能力的企业定额，企业定额的企业水平与企业的技术和管理水平相适应。从一定意义上讲，企业定额是企业的商业秘密，是企业参与市场竞争的核心竞争能力的具体表现。

（1）企业定额的特点

1）企业定额的各项平均消耗量指标要比社会平均水平低，以体现企业定额的先进性；

2）企业定额可以体现本企业在某些方面的技术优势；

3）企业定额可以体现本企业局部或全面管理方面的优势；

4）企业所有的各项单价都是动态的、变化的，具有市场性；

5）企业定额与施工方案能全面接轨。

（2）企业定额的作用

1）企业定额是施工企业进行建设工程投标报价的重要依据

自2003年7月1日起，我国开始实行工程量清单计价，它是一种与市场经济适应、通过市场形成建设工程价格的计价模式，它要求各投标企业必须通过能综合反映企业的施工技术、管理水平、机械设备工艺能力、工人操作能力的企业定额来进行投标报价——这样才能真正体现出个别成本间的差距，实现市场竞争。因此，实现工程量清单计价的关键及核心就在于企业定额的编制和使用。

企业定额反映出企业的生产力水平、管理水平和市场竞争力。按照企业定额计算出的工程费用是企业生产和经营所需的实际成本。在投标过程中，企业首先按本企业的企业定额计算出完成拟建工程的成本，在此基础上考虑预期利润和可能的工程风险费用，制订出建设工程项目的投标报价。由此可见，企业定额是形成企业个别成本的基础，根据企业定额进行的投标报价具有更大的合理性，能有效提升企业投标报价的竞争力。

2）企业定额可提高企业的管理水平和生产力水平

随着我国加入世界贸易组织WTO以及经济全球化的加剧，企业要在激烈的市场竞争中占据有利的地位，就必须降低管理成本。企业定额能直接对企业的技术、经营管理水平及工期、质量、价格等因素进行准确的测算和控制。而且，企业定额作为企业内部生产管理的数据库，能够结合企业自身技术力量和科学的管理方法，使企业的管理水平不断提高。编制企业定额是企业促进其科学管理水平提高的一个重要环节。同时，企业定额是企业生产力的综合反映。企业编制定额是加强企业内部监控、进行成本核算的依据，是有效控制造价的手段。

3）企业定额是业内推广先进技术和鼓励创新的工具

企业定额代表企业先进施工技术水平、施工机具和施工方法。它实际上也是企业推动技术和管理创新的一种重要手段。

4）企业定额可规范建筑市场秩序以及发承包方行为

企业定额的应用，促使企业在市场竞争中按实际消耗水平报价。避免施工企业为在竞标中取胜，无节制的压价，造成企业效率低下、生产亏损，避免业主在招投标中腐败现象发生。

5. 消耗量定额与企业定额的区别与联系

(1) 定额的编制者不同。消耗量定额是由行政主管部门编制的，因此，消耗量定额具有公开性；企业定额是企业自己编制的，因此具有保密性。

(2) 取定的技术、生产和劳动强度条件不同。消耗量定额在编制时，是以社会平均水平的技术、生产和劳动条件为基础。

(3) 定额水平不同。消耗量定额是社会平均水平的定额，企业定额反映的是企业的个别水平。

工程量清单报价时，投标企业如果没有自己的企业定额，可根据企业自身情况参照消耗量定额进行报价。

8.2.4　概算定额与概算指标

1. 概算定额

(1) 概算定额的概念

概算定额也称扩大结构定额，它是以预算定额为基础，根据通用设计或标准图集等资料，计算和确定完成合格的工程项目所需的人工、材料和机械台班的数量标准，是介于预算定额和概算指标之间的一种定额。

(2) 概算定额的作用

1) 概算定额是初步设计阶段编制设计概算和技术设计阶段编制修正概算的依据。

2) 概算定额是编制投资规划，控制基本建设投资的依据。

3) 概算定额是进行设计方案比选的依据。

4) 概算定额是编制主要材料需用量的计算依据。

5) 概算定额是编制概算指标的依据。

(3) 概算定额的组成及内容

概算定额由文字说明、定额项目表和附录组成。说明包括总说明、章说明和节说明。其中：总说明包括概算定额的作用、适用范围、编制依据、适用规定及说明等。章说明包括工程量计算规则及有关说明、特殊问题处理方法的说明等。节说明主要包括定额的工程内容说明。定额项目表包括定额表及附注说明。定额表由定额编号、计量单位、人工、材料、机械台班消耗量组成。附录主要包括主要材料（半成品、成品）损耗率表及其他等。

2. 概算指标

(1) 概算指标的概念

概算指标是指以一个单项建筑工程或一个单位建筑工程为编制对象，规定的完成一定计量单位合格产品所需人工、材料、机械台班消耗数量和资金数量的标准。常以每 $1m^3$ 或 $100m^2$ 建筑面积，每万元投资金额为计量单位。

(2) 概算指标的作用

① 作为编制初步设计概算的主要依据。

② 作为基本建设计划工作的参考。

③ 作为设计机构和建设单位选厂和进行设计方案比较的参考。

④ 作为投资估算指标的编制依据。

（3）概算指标的组成及内容

① 总说明。从总体上说明概算指标的作用、编制依据、适用范围和使用方法等。

② 示意图。说明工程的结构形式，工业建筑项目还需表示出起重机起重能力。

③ 结构特征。说明工程的结构形式、层高、层数、建筑面积等。

④ 经济指标。说明该工程项目每 $100m^2$ 建筑面积构筑物中每座的工程造价指标，及其中土建、水、暖、电气等单位工程的相应造价。

⑤ 构造内容及工程量指标。说明构造内容及相应计量单位的工程量指标及人工、主要材料消耗量指标。

3. 概算指标的应用

概算指标的应用比概算定额具有更大的灵活性。由于它是一种综合性很强的指标，不可能与拟建工程的建筑特征、结构特征、自然条件、施工条件完全一致，因此在选用概算指标时必须十分慎重，选用的指标与设计对象在各个方面应尽量一致或接近，不一致的地方主要进行调整换算，以提高概算的准确性。

概算指标的应用一般有两种情况：第一种情况，如果设计对象的结构特征与概算指标的规定一致时，可直接套用；第二种情况，如果设计对象的结构特征与概算指标的规定局部不一致时，要对概算指标的局部内容调整后再套用。

8.2.5　预算定额

1. 预算定额概述

（1）预算定额的概念及作用

预算定额指完成一定计量单位质量合格的分项工程或结构构件所需消耗的人工、材料和机械台班的数量标准。

预算定额是由国家主管部门或被授权的省、市有关部门组织编制并颁发的一种法令性指标，也是一项重要的经济法规。预算定额中的各项消耗量指标，反映了国家或地方政府对完成单位建筑产品基本构造要素（即每一单位分项工程或结构构件）所规定的人工、材料和机械台班等消耗的数量限额。

预算定额是编制施工图预算、确定建筑安装工程造价的基础，是编制施工组织设计、工程结算和施工单位进行经济活动分析的依据，也是编制概算定额以及合理编制招标标底、投标控制价、投标报价的基础。

（2）预算定额编制的原则和依据

1）预算定额的编制原则

① 社会平均必要劳动量确定定额水平的原则

在社会主义市场经济条件下，确定预算定额的各种消耗量指标，应遵循价值规律的要求，按照产品生产中所消耗的社会平均必要劳动量确定其定额水平。即在正常施工的条件下，以平均的劳动强度、平均的劳动熟练程度、平均的技术装备水平，确定完成每一单位分项工程或结构构件所需要的劳动消耗量，并据此作为确定预算定额水平的主要原则。

② 简明扼要，适用方便的原则

预算定额的内容与形式，既要体现简明扼要、层次清楚、结构严谨、数据准确，还应满足各方面使用的需要，如编制施工图预算、办理工程结算、编制各种计划和进行成本核算等的需要，使其具有多方面的适用性，且使用方便。

2）预算定额的编制依据

① 现行的劳动定额和施工定额。

② 现行的设计规范、施工验收规范、质量评定标准和安全操作规程。

③ 具有代表性的典型工程施工图及有关图集。

④ 新技术、新结构、新材料和先进的施工方法等。

⑤ 相关的科学实验、技术测定的统计、经验资料等。

⑥ 现行的预算定额、材料预算价格及有关文件规定等。

（3）预算定额与施工定额的区别和联系

预算定额不同于施工定额，它不是企业内部使用的定额，不具有企业定额的性质。

预算定额是一种具有广泛用途的计价定额。因此，须按照价值规律的要求，以社会必要劳动时间来确定预算定额的定额水平。即以本地区、现阶段、社会正常生产条件及社会平均劳动熟练程度和劳动程度，来确定预算定额水平。这样的定额水平，才能使大多数施工企业经过努力，能够用产品的价格收入来补偿生产中的消费，并取得合理的利润。

预算定额是以施工定额为基础编制的。施工定额给出的是定额的平均先进水平，所以确定预算定额时，水平相对要降低一些。预算定额考虑的是施工中的一般情况，而施工定额考虑的是施工的特殊情况。预算定额实际考虑的因素比施工定额多，要考虑一个幅度差，幅度差是预算定额与施工定额的重要区别（幅度差，是指在正常施工条件下，定额未包括，而在施工过程中又可能发生而增加的附加额）。

2. 预算定额资源消耗量指标的确定

（1）预算定额计量单位及精度要求

预算定额的计量单位关系到预算工作的繁简和准确性。因此，要依据分部、分项工程的形体不同及其所固有的规律来确定计量单位。一般有以下几种情况：

1）物体的截面有一定的形状和大小而长度不同时，应以长度米（m）为计量单位。如管道、轨道的安装及电线管敷设等。

2）物体有一定的厚度而面积不固定时，以平方米（m^2）为计量单位较为适宜。如风管制作安装、刷油、除锈等工程。

3）当物体的长、宽、高都不固定时，应采用立方米（m^3）为计量单位。如土方开挖，绝热工程。

4）有的分项工程质量、价格的差异较大，则采用吨（t）、千克（kg）为计量单位。如给水排水管道的支架制作安装、风管部件的制作安装、机械设备的安装等。

5）有的则根据成品、半成品和机械设备的不同特征，以个、片、组、套、台、部等为计量单位。如灯具、散热器、风机、大便器等安装工程。

另外，定额计量单位一定要与定额项目的内容相适应，确切地反映各分项工程产品的形态特征与实物数量，并便于使用和计算。定额项目中各种消耗量指标的数值单位及精度的取定：

人工——以"工日"为单位，取两位小数；

机械——以"台班"为单位，取两位小数；

单价——以"元"为单位，取两位小数。

以"t"为单位的消耗量指标，应保留三位小数，第四位小数四舍五入；

以"m³"、"m²"、"m"、"kg"为单位的消耗量指标，应保留三位小数，第四位小数四舍五入；

以"个"、"项"、"组"、"套"等为单位的消耗量指标，应取整数（考虑损耗率的主要材料数量时除外）。

（2）人工消耗量指标的确定

预算定额中，人工消耗量应包括为完成该分项工程定额单位所必需的用工数量，即应包括基本用工和其他用工两部分。人工消耗量一是以现行的全国《统一建筑安装工程劳动定额》为基础进行计算，二是以现场测定进行计算。

1）基本用工

基本用工是指完成某一合格分项工程所必需消耗的技术工种用工。例如，为完成各种墙体工程中的砌砖、调运砂浆、铺砂浆、运砖等所需要的工日数量。基本用工以技术工种相应劳动定额的工时定额计算，按不同工种列出定额工日。其计算式为：

$$基本用工＝\Sigma（某工序工程量×相应工序的时间定额） \tag{8-17}$$

2）其他用工

其他用工是辅助基本用工完成生产任务所耗用的人工。按其工作内容的不同可分为以下三类：

① 辅助用工：是指技术工种劳动定额内不包括但在预算定额内又必须考虑的工时，称为辅助用工，如材料加工、筛砂、洗石、淋灰、机械土方配合用工等。其计算式为：

$$辅助用工＝\Sigma（某工序工程数量×相应工序时间定额） \tag{8-18}$$

② 超运距用工：是指预算定额中规定的材料、半成品的平均水平运距超过劳动定额规定运输距离的用工。其计算式为：

$$超运距用工＝\Sigma（超运距运输材料数量×相应超运距时间定额） \tag{8-19}$$

$$超运距＝预算定额取定运距－劳动定额已包括的运距 \tag{8-20}$$

③ 人工幅度差：主要是指预算定额与劳动定额由于定额水平不同而引起的水平差。另外还包括定额中未包括，但在一般施工作业中又不可避免的且无法计量的用工。如各工种间工序搭接、交叉作业时不可避免的停歇工时消耗，施工机械转移以及水电线路移动造成的间歇工时消耗，质量检查影响操作消耗的工时，以及施工作业中不可避免的其他零星用工等。其计算采用乘系数的方法，即：

$$人工幅度差＝（基本用工＋辅助用工＋超运距用工）×人工幅度差系数 \tag{8-21}$$

人工幅度差系数，一般土建工程为10%，设备安装工程为12%。

由上述得知，建筑工程预算定额各分项工程的人工消耗指标就等于该分项工程的基本用工数量与其他用工数量之和。即

$$人工消耗量＝基本用工数量＋其他用工数量 \tag{8-22}$$

$$其他用工数量＝辅助用工数量＋超运距用工数量＋人工幅度差用工数量 \tag{8-23}$$

（3）材料消耗量指标的确定

预算定额中的材料消耗量指标由材料净用量和材料损耗量构成。其中材料损耗量包括

材料的施工操作损耗、场内运输损耗、加工制作损耗和场内管理损耗。不包括二次搬运和材料规格改装的加工损耗。

1) 主材净用量的确定：预算定额中主材净用量的确定，应结合分项工程的构造做法，按照综合取定的工程量及有关资料进行计算确定。

2) 主材损耗量的确定：预算定额中主材损耗量的确定，是在计算出主材净用量的基础上乘以损耗系数得出的。在已知主材净用量和损耗率的条件下，要计算出主材损耗量就需要找出它们之间的关系系数，这个关系系数称为损耗系数。主材损耗量和损耗率和损耗系数之间关系如下：

$$总消耗量 = 净用量 + 损耗量 \tag{8-24}$$

$$损耗率 = \frac{损耗量}{总消耗量} \times 100\% \tag{8-25}$$

$$损耗量 = 净用量 \times 损耗系数 \tag{8-26}$$

$$损耗系数 = \frac{损耗量}{净用量} \times 100\% \tag{8-27}$$

$$损耗系数 = \frac{损耗率}{1 - 损耗率} \tag{8-28}$$

3) 次要材料消耗量的确定：预算定额中对于用量很少、价值不大的次要材料，估算其用量后，合并成"其他材料费"，以"元"为单位列入预算定额表中。

4) 周转性材料摊销的确定

周转性材料按多次使用、分次摊销的方式计入预算定额。

(4) 机械台班消耗量指标的确定

预算定额中的机械台班消耗量指标，一般按全国《统一建筑安装工程劳动定额》中的机械台班产量，并考虑一定的机械幅度差进行计算。机械幅度差是指合理的施工组织条件下机械的停歇时间。

计算机械台班消耗量指标时，机械幅度差以系数表示。如某省机械台班消耗量定额中，对大型机械的幅度差系数规定为：土石方机械 1.25；吊装机械 1.3；打桩机械 1.33；其他专用机械，如打夯、钢筋加工、木工、水磨石等，幅度差系数为 1.1。

垂直运输的塔吊、卷扬机，以及混凝土搅拌机、砂浆搅拌机是按工人小组配备使用的，应按小组产量计算台班产量，不增加机械幅度差。

3. 预算定额基价的确定

(1) 定额人工费的确定

1) 定额人工费的构成

定额人工费的构成内容如下：

① 生产工人基本工资：生产工人基本工资指发放给建筑安装工人的基本工资。现行的生产工人基本工资执行岗位工资和技能工资制度。根据《全民所有制大中型建筑安装企业的岗位技能工资试行方案》中的规定，其基本工资是按岗位工资、技能工资和年限工资（按职工工作年限确定的工资）计算的。工人岗位工资标准设 8 个岗次，技能工资按初级工、中级工、高级工、技师和高级技师五类工资标准分 33 个档次。计算公式如下：

$$基本工资(G_1) = \frac{生产工人平均月工资}{年平均每月法定工作日} \tag{8-29}$$

式中，年平均每月法定工作日＝（全年日历日数－法定假日数）/12。

② 生产工人工资性补贴：生产工人工资性补贴指按规定标准发放的物价补贴，煤、燃气补贴，交通费补贴，住房补贴，流动施工津贴和地区津贴等。计算公式如下：

$$工资性补贴(G_2) = \frac{\Sigma 年发放标准}{全年日历日 - 法定假日} + \frac{\Sigma 月发放标准}{年平均每月法定工作日} + 每工作日发放标准$$

(8-30)

式中，法定假日是指双休日和法定节日。

③ 生产工人辅助工资：生产工人辅助工资指生产工人年有效施工天数以外非作业天数的工资，包括职工学习、培训期间的工资，调动工作、探亲、休假期间的工资，因天气影响的停工工资，女工哺乳时间的工资，病假在 6 个月以内的工资及产、婚、丧假期的工资。计算公式如下：

$$生产工人辅助工资(G_3) = \frac{全年无效工作日 \times (G_1 + G_2)}{全年日历日 - 法定假日}$$

(8-31)

④ 职工福利费：该费用指按规定计提的职工福利费。计算公式如下：

$$职工福利费 (G_4) = (G_1 + G_2 + G_3) \times 福利费计提比例 （\%）$$

(8-32)

⑤ 生产工人劳动保护费：生产工人劳动保护费指按规定标准发放的劳动保护用品的购置费及修理费、徒工服装补贴、防暑降温费、在有碍身体健康的环境中施工的保健费用等。计算公式如下：

$$生产工人劳动保护费(G_5) = \frac{生产工人年平均支出劳动保护费}{全年日历日 - 法定假日}$$

(8-33)

2) 定额人工费的确定

定额人工费等于上述各项费用之和。计算公式如下：

$$定额人工费(G) = (G_1 + G_2 + G_3 + G_4 + G_5)$$

(8-34)

近年来，国家陆续出台了养老保险、医疗保险、失业保险、住房公积金等社会保障的改革措施，新的人工工资标准会逐步将上述费用纳入人工预算单价中。

(2) 材料预算价格的确定

材料预算价格又称材料单价，是指材料由来源地或交货地点到达工地仓库或施工现场存放地点后的出库价格。材料费占整个建筑工程直接费的比例很大，材料费是根据材料预算价格计算出来的。因此，正确地确定材料预算价格有利于提高预算质量，促进企业加强经济核算和降低工程成本。

工程施工中所用的材料按其消耗的不同性质，可分为实体性消耗材料和周转性消耗材料两类。由于这两类材料消耗性质的不同，其单价的概念和费用构成也不尽相同。以下介绍实体性材料预算价格的确定。

实体性材料的预算价格，是指通过施工单位采购活动到达施工现场时的材料价格。该价格的高低取决于材料从其来源地到达施工现场过程中所发生费用的多少，它包括材料的原价、供销部门手续费、包装费、运输费和采购及保管费等。一般可按下式计算：

材料预算价格 ＝［材料原价＋运杂费×（1＋运输损耗率）×（1＋采购保管费率）］

(8-35)

1) 材料原价的确定

材料原价是指材料的出厂价、交货地价格、市场采购价或批发价；进口材料应以国际市场价格加上关税、手续费及保险费构成材料原价，也可以按国际通用的材料到岸价或者口岸价作为原价。确定原价时，同一种材料因产地或供应单位的不同而有几种原价时，应根据不同来源地的供应数量及不同的单价，计算出加权平均原价。

2）材料运杂费

材料运杂费是指材料由来源地（或交货地）运到工地仓库（或存放地点）的全部过程中所发生的一切费用，材料运输流程示意图如图 8-1 所示。

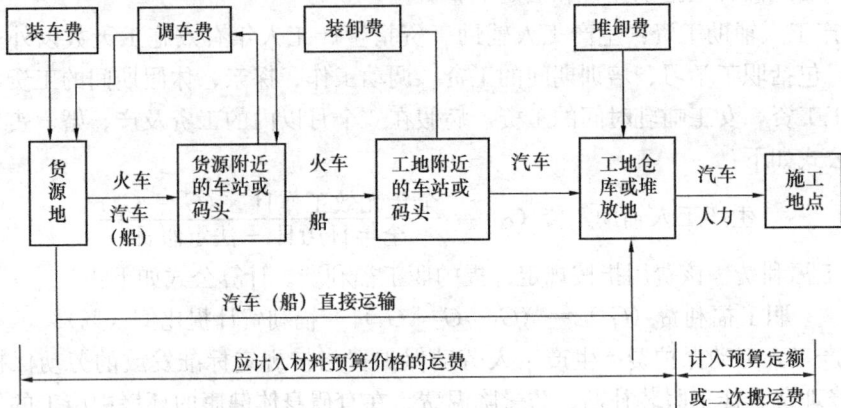

图 8-1 材料运输流程示意图

从图 8-1 中可以看出，材料的运杂费主要包括：

① 调车（驳船）费，是指机车到专用线（船只到专用码头）或非公用地点装货时的调车（驳船）费。

② 装卸费，是指给火车、轮船、汽车上下货物时所发生的费用。

③ 运输费，是指火车、汽车、轮船运输材料的运输费。

④ 附加工作费，是指货物从货源地运至工地仓库期间所发生的材料搬运、分类堆放及整理等费用。

⑤ 途中损耗，是指材料在装卸、运输过程中不可避免的合理损耗。

材料途中损耗＝（原价＋调车费＋装卸费＋运输费）×途中损耗率

3）材料采购及保管费

材料采购及保管费是指材料部门在组织采购、供应和保管材料过程中所发生的各种费用，包括各级材料部门的职工工资、职工福利、劳动保护费、差旅及交通费、办公费等。

建筑材料的种类、规格繁多，采购保管费不可能按每种材料在采购过程中所发生的实际费用计取，只能规定几种费率。目前，由国家经贸委规定的综合采购保管费率为 2.5%（其中采购费率为 1%，保管费率为 1.5%）。由建设单位供应材料到现场仓库，施工单位只收保管费。

采购及保管费 ＝ ［材料原价(或供应价)＋运杂费＋材料运输损耗费］× 采购保管费率

(8-36)

（3）机械台班预算价格的确定

1）施工机械台班单价的概念

施工机械台班单价指一台施工机械在正常运转条件下一个工作台班所需支出和分摊的

各项费用之总和。施工机械台班费的比例，将随着施工机械化水平的提高而增加，相应人工费也随之逐步减少。

2）施工机械台班单价的组成

施工机械台班单价按其规定由七项费用组成，这些费用按其性质不同划分为第一类费用（即需分摊费用），第二类费用（即需支出费用）和其他费用。

① 第一类费用（又称不变费用）

第一类费用指不分施工地点和条件的不同，也不管施工机械是否开动运转都需要支付，并按该机械全年的费用分摊到每一个台班的费用。内容包括折旧费、大修理费、经常修理费、安拆费及场外运输费。

② 第二类费用（又称可变费用）

第二类费用指因施工地点和条件的不同而有较大变化的费用。内容包括机上人员工资、动力燃料赞、养路费及车船使用税、保险费。

3）施工机械台班单价的确定

① 第一类费用的确定

A. 台班折旧费：台班折旧费指施工机械在规定使用期限内收回施工机械原值及贷款利息而分摊到每一台班的费用。计算公式如下：

$$台班折旧费 = \frac{施工机械预算价格 \times (1-残值率) + 贷款利息}{耐用总台班} \tag{8-37}$$

式中，施工机械预算价格是按照施工机械原值、购置附加费、供销部门手续费和一次运杂费之和计算。

施工机械原值可按施工机械生产厂家或经销商的销售价格计算。

供销部门手续费和一次运杂费可按施工机械原值的 5% 计算。

残值率指施工机械报废时回收的残值占施工机械原值的百分比。残值率按目前有关规定执行：即运输机械 2%，掘进机械 5%，特大型机械 3%，中小型机械 4%。

耐用总台班指施工机械从开始投入使用到报废前使用的总台班数。计算公式如下：

耐用总台班 = 修理间隔台班 × 大修理周期

B. 台班大修理费：台班大修理费指施工机械按规定的大修理间隔台班必须进行的大修理，以恢复施工机械正常功能所需的费用。计算公式如下：

$$台班大修理费 = \frac{一次大修理费 \times (大修理周期 - 1)}{耐用总台班} \tag{8-38}$$

C. 台班经常修理费：经常修理费指施工机械除大修理以外的各级保养和临时故障排除所需的费用。包括为保障施工机械正常运转所需替换设备，随机使用工具，附加的摊销和维护费用；机械运转与日常保养所需润滑与擦拭材料费用；以及机械停置期间的正常维护和保养费用等。为简化起见一般可用以下公式计算：

$$台班经常修理费 = 台班大修理费 \times K \tag{8-39}$$

式中，K 值为施工机械台班经常维修系数，K 等于台班经常维修费与台班大修理费的比值。如载重汽车 6t 以内为 5.61，6t 以上为 3.93；自卸汽车 6t 以内为 4.44，6t 以上为 3.34；塔式起重机为 3.94 等。

D. 安拆费及场外运费：安拆费指施工机械在现场进行安装与拆卸所需的人工、材料、机械和试运转费，以及机械辅助设施的折旧、搭设、拆除等费用。

场外运费指施工机械整体或分体，从停放地点运至施工现场或由一个施工地点运至另一个施工地点，运输距离在 25km 以内的施工机械进出场及转移费用。包括施工机械的装卸、运输辅助材料及架线等费用。

安拆费及场外运费根据施工机械的不同，可分为计入台班单价、单独计算和不计算三种类型。

② 第二类费用的确定

A. 机上人员工资。机上人员工资指施工机械操作人员（如司机、司炉等）及其他操作人员的工资、津贴等。

B. 动力燃料费。该费用指施工机械在运转作业中所耗用的固体燃料（煤、木柴）、液体燃料（汽油、柴油）及水、电等费用。计算公式如下：

$$台班动力燃料费 = 台班动力燃料消耗量 × 相应单价 \tag{8-40}$$

C. 养路费及车船使用税。养路费及车船使用税指施工机械按照国家有关规定应缴纳的养路费和车船使用税。计算公式如下：

$$台班养路费 = \frac{核定吨位 × 每月每吨养路费 × 12 个月}{年工作台班} \tag{8-41}$$

$$台班车船使用税 = \frac{每年每吨车船使用税}{年工作台班} \tag{8-42}$$

D. 保险费。该费用指按照有关规定应缴纳的第三者责任险、车主保险费等。

4. 单位估价表

（1）单位估价表的概念

单位估价表，或称地区统一基价表。即全国各省、市、地区主管部门根据全国统一基础定额或企业基础定额中的每个项目所制订的综合工日、材料耗用（或摊销）量、机械台班量等定额数量，乘以本地区所确定的人工单价、材料取定价和机械台班单价等，而制订出的定额各相应项目的基价、人工费、材料费和机械费等以货币形式表现出来的一种价格表，称为单位估价表或本地区的统一基价表。单位估价表是各个分项工程单位预算价格的一种货币形式价值指标。它是现行建筑工程预算定额在某个城市或地区的另一种表现形式，是该城市或地区编制施工图预算的直接基础资料。

（2）单位估价表计价的确定：

$$定额基价 = 人工费 + 材料费 + 机械费 \tag{8-43}$$

$$人工费 = 预算定额人工消耗工日数 × 地区相应人工预算价格 \tag{8-44}$$

$$材料费 = \Sigma(预算定额材料消耗数量 × 地区材料预算价格) \tag{8-45}$$

$$机械费 = \Sigma(预算定额机械消耗数量 × 地区相应机械台班预算价格) \tag{8-46}$$

（3）单位估价表的编制依据

① 现行全国统一基础定额和本地区统一预算定额；

② 现行本地区建筑安装工人工资标准；

③ 现行本地区材料预算价格（包括材料市场价格和材料预算价格）；

④ 现行本地区施工机械台班预算价格;

⑤ 国家与地区有关单位估价表编制方法及其他有关规定及计算手册等资料;

（4）单位估价表与预算定额的关系

从理论上讲,预算定额只规定单位分项工程或结构构件的人工、材料、机械台班消耗的数量标准,不用货币表示。地区单位估价表是将单位分项工程或结构构件的人工、材料、机械台班消耗量在本地区用货币形式表示,一般不列工、料、机消耗的数量标准。但实际上,为了便于进行施工图预算的编制,往往将预算定额和地区单位估价表合并。即在预算定额中不仅列出"三量"指标,同时列出"三费"指标及定额基价,还列出基价所依据的单价并在附录中列出材料预算价格表,使预算定额与地区单位估价表融为一体。定额基价构成及其与定额关系如图 8-2 所示。

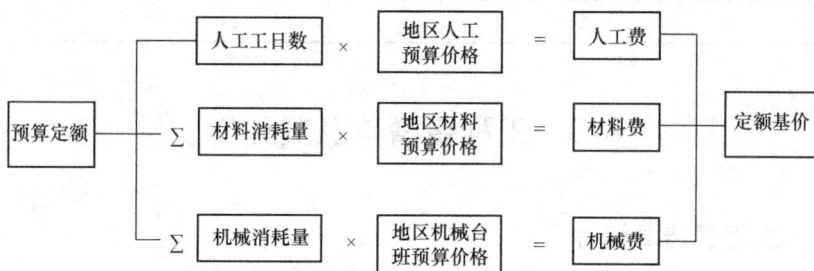

图 8-2 定额基价构成及其与定额关系

8.2.6 水处理工程定额

1. 水处理工程定额概述

我国现行《市政工程消耗量定额》ZYA01—31—2015 标准共分为十一分册,其中第六分册为水处理工程定额分册。其他与水工程定额相关的还包括第一册土石方工程、第二册道路工程以及第五册市政管网工程等。

水处理工程定额分册包括水处理工程构筑物、设备安装、措施项目三个章节,适用于全国城乡范围内新建、改建和扩建的净水工程的取水、净水厂、加压站,以及排水工程的污水处理厂、排水泵站工程和水处理专业设备安装工程等。

2. 水处理工程定额编制依据

水处理工程定额主要编制依据如下:

（1）《全国统一市政工程预算定额》GYD—1999;

（2）《全国市政工程统一劳动定额》LD/T 99.1—2009;

（3）《市政工程工程量计算规范》GB 50857—2013;

（4）相关省、市、行业现行的市政预算定额及基础资料。

3. 水处理工程定额表样示例

水处理工程定额分册的三个章节中共有定额子目 780 个,其中第一章节水处理工程构筑物有 241 个,第二章节设备安装有 473 个,第三章节措施项目有 66 个。这里仅列出第一章节沉井垫木子目样式表,见表 8-2,其工作内容包括人工挖槽弃土,铺砂、洒水、夯实,铺设和抽除垫木,回填砂等,计量单位为 100m。沉井垫木按刃脚中心线以长度计算。

沉井垫木定额子目样式表　　　　　　　　　　　　表 8-2

定额编号				6-1-1
项目				垫木
名称			单位	消耗量
人工	合计工日		工日	34.956
	其中	普工	工日	13.982
		一般技工	工日	20.974
材料	砂子（中粗砂）		m³	90.392
	板枋材		m³	0.966
	电		kW·h	18.320
	水		m³	18.260

8.3　工程量清单及其计价

8.3.1　工程量清单概述

1. 工程量清单及清单计价简介

工程量清单是指建设工程的分部分项工程项目、措施项目、其他项目、规费项目和税金项目的名称和相应数量等内容的明细清单。工程量清单是工程量清单计价的基础，贯穿于建设工程的招投标阶段和施工阶段，是编制招标控制价、投标报价、计算工程类、支付工程款、调整合同价款、办理竣工结算及工程索赔等的依据。

工程量清单计价是一种主要由市场定价的计价模式，即招标人提供工程项目的工程量清单，投标人根据工程量清单自主报价，通过评标竞争确定工程造价的计价方式。具体是指在建设工程投标时，招标人依据工程施工图纸，按照招标文件的要求，按现行的工程量计算规则为投标人提供实物工程量项目和技术措施项目的数量清单，供投标单位逐项填写单价，并计算出总价，再通过评标，最后确定合同价。

工程量清单报价作为一种全新的较为客观合理的计价方式，较定额方式具有很多的优点，它能够在报价中反映出本投标单位的实际能力，从而在招投标工作中体现公平竞争的原则，选择最优秀的承包商，也能详细地反映工程的实物消耗和有关费用，因此易于结合建设项目的具体情况，变以预算定额为基础的静态计价模式为将各种因素考虑在单价内的动态计价模式，从而消除定额计价模式的一些弊端。

在工程招标中采用工程量清单计价是国际上较为通行的做法，为了与国际接轨推广采用工程量清单即实物工程量计价模式势在必行。

2. 工程量清单计价规范简介

为了适应我国建设市场和工程投资体制改革及建设管理体制改革的需要，加快我国建筑工程计价模式与国际接轨的步伐，国家住房和城乡建设部（原建设部）分别于 2003 年和 2008 年颁布实施了《建设工程工程量清单计价规范》的 GB 50500—2003 版本和 GB 50500—2008 版本，两个版本规范实施以来，在各地和有关部门的工程建设中得到了有效推行，积累了宝贵的经验，取得了丰硕的成果。但随着社会的发展和进步，两个版本规范在先后执行中，也反映出专业划分不详细、工程量偏差计算方法不明确以及发承包双方责任不清晰等问题和不足。

为修正上述问题，适应国家宏观调控需要，住房和城乡建设部与国家质量监督检验检疫总局于 2013 年发布施行了新的国家标准《建设工程工程量清单计价规范》GB 50500—2013（以下简称《计价规范》）。该《计价规范》适用于建设工程施工发承包计价活动，共 15 章，具体内容涵盖了从工程招投标开始到工程竣工结算办理完毕的全过程，包括招标工程量清单、招标控制价、投标报价、合同价款约定、工程计量、合同价款调整、合同价款中期支付、竣工结算与支付、合同解除的价款结算与支付、合同价款争议的解决、工程计价资料与档案以及计价表格。

与 GB 50500—2008 规范相比，《计价规范》将原清单规范中的六个专业（建筑、装饰、安装、市政、园林、矿山），重新进行了精细化调整，调整后分为九个专业，分别为房屋建筑与装饰工程、通用安装工程、市政工程、园林绿化工程、仿古建筑工程、矿山工程、构筑物工程、城市轨道交通工程、爆破工程。由此可见清单规范各个专业之间的划分更加清晰、更有针对性。

《计价规范》新增了对招标工程量清单和已标价工程量清单，并做了明确阐释。且对发包人提供的暂供材料、暂估材料及承包人提供的材料等处理方式做了明确说明。对计价风险的说明，由以前的适用性条文修改为强制性条文：采用工程量清单计价的工程，应在招标文件、合同中明确计价中的风险内容及其范围（幅度），不得采用无限风险、所有风险或类似语句规定计价中的风险内容及其范围（幅度）。并且新增了对风险的补充说明：综合单价中应包括招标文件中划分的应由投标人承担的风险范围及其费用，如是工程造价咨询人编制，应提请招标人明确；如是招标人编制，应予明确。新增了对招标控制价复查结果的更正说明：当招标控制价复查结论与原公布的招标控制价误差超过 ±3% 的，应当责成招标人改正。诸多由适用性改为强制性的条文和新增的责任划分说明，都透露出随着计价的改革，清单规范对责任划分原则更加清晰明确，对发承包双方应承担的责任尽可能地明确，以减少后期出现的争议。

原清单规范里对工程量偏差的说明，只是给出了解决方式，但未明确给出调整的比例和计算过程，而《计价规范》给出了明确的计算说明：合同履行期间，若工程变更导致清单项目的工程数量发生变化，且超过工程量偏差超过 15% 时，调整原则为：①工程量增加 15% 以上时，其增加部分的工程量的综合单价应予调低；②当工程量减少 15% 以上时，减少后剩余部分的工程量的综合单价应予调高，并给出了详细的调整公式。且对工程变更引起综合单价的调整明确给出了调整综合单价的计算方式。

8.3.2　工程量清单编制

工程施工招标发包可采用多种方式，但采用工程量清单方式招标发包，工程量清单必须作为招标文件的组成部分，连同招标文件并发（或售）给投标人。其准确性和完整性由招标人负责，投标人依据工程量清单进行投标报价。工程量清单应由具有编制能力的招标人编制，或受其委托具有相应资质工程造价咨询资质人进行编制。

工程量清单由分部分项工程量清单、措施项目清单、其他项目清单、规费项目清单、税金项目清单组成。

1. 编制工程量清单的依据

编制工程量清单的依据如下：

(1)《建设工程工程量清单计价规范》GB 50500—2013 和相关工程的国家计量规范；

(2) 国家或省级、行业建设主管部门颁发的计价依据和办法；

(3) 建设工程设计文件及相关资料；

(4) 与建设工程项目有关的标准、规范、技术资料；

(5) 拟定的招标文件；

(6) 施工现场情况、地勘水文资料、工程特点及常规施工方案；

(7) 其他相关资料。

2. 编制工程量清单的程序

(1) 做好准备工作。熟悉了解工程设计文件、工程地质水文资料、施工现场情况、国家和省市工程量清单方面的法律法规及相关规定等各种资料，做好计算等方面的工作。

(2) 编制分部分项工程量清单。分部分项工程量清单应根据《计价规范》及相关工程现行国家计量规范规定的项目编码、项目名称、项目特征、计量单位和工程量计算规则进行编制。

(3) 编制措施项目清单、其他项目清单、规费项目清单、税金项目清单。

(4) 编写总说明。

3. 分部分项工程量清单的编制

分部分项工程量清单应包括五个要件——项目编码、项目名称、项目特征、计量单位、工程量，这五个要件在分部分项工程量清单的组成中缺一不可。应根据相关工程现行国家计量规范规定的项目编码、项目名称、项目特征、计量单位和工程量计算规则进行编制。分部分项工程量清单编制程序如图 8-3 所示。

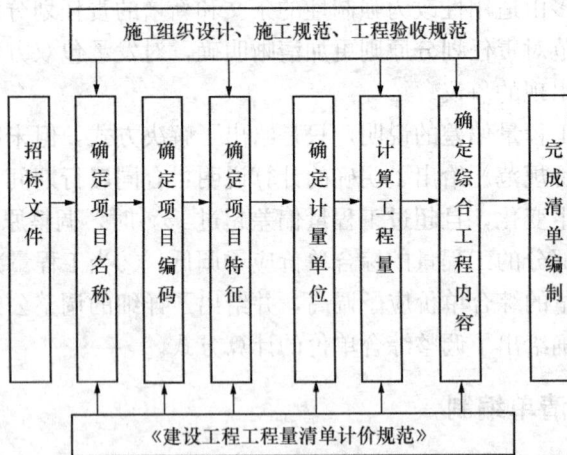

图 8-3　分部分项工程量清单编制程序

(1) 项目名称的确定

分部分项工程量清单的项目名称应按现行规范附录的项目名称结合拟建工程的实际确定。附录中未包括的项目，在编制工程量清单时，编制人应作补充。在编制补充项目时应注意以下三个方面：

　　1）补充项目的编码应按规范的规定确定；

　　2）在工程量清单中应附补充项目的项目名称、项目特征、计量单位、工程量计算规则和工作内容；

　　3）将编制的补充项目报省级或行业工程造价管理机构备案。

（2）项目编码的设置

项目编码是对分部分项工程量清单项目名称规定的数字标识。分部分项工程量清单项目编码，以五级编码设置，采用 12 位阿拉伯数字表示。1 至 9 位应按现行规范附录的规定设置，10 至 12 位应根据拟建工程的工程量清单项目名称设置，同一招标工程的项目编码不得有重码。第一级为工程分类顺序码（分两位：01—房屋建筑与装饰工程；02—仿古建筑工程；03—通用安装工程；04—市政工程；05—园林绿化工程；06—矿山工程；07—构筑物工程；08—城市轨道交通工程；09—爆破工程。以后进入国标的专业工程代码以此类推）；第二级为专业工程顺序码（分两位）；第三级为分部工程顺序码（分两位）；第四级为分项工程项目名称顺序码（分三位）；第五级为工程量清单项目名称顺序码（由工程量清单编制人编制，从 001 开始）。如 031001004001 表示通用安装工程第十章给水排水、采暖、燃气工程第一节给水排水、采暖、燃气管道铜管第 001。

（3）项目特征的描述

项目特征是对体现分部分项工程量清单、措施项目清单价值的特有属性和本质特征的描述。分部分项工程量清单项目特征应按现行规范附录中规定的项目特征，结合拟建工程项目的实际予以描述。工程量清单的项目特征是确定一个清单项目综合单价不可缺少的重要依据，在编制工程量清单时，必须对项目特征进行准确和全面地描述，但有些项目特征用文字往往又难以准确和全面地描述清楚。因此为达到规范、简捷、准确、全面描述项目特征的要求，在描述工程量清单项目特征时应按以下原则进行。

　　1）项目特征描述的内容应按附录中的规定，结合拟建工程的实际，能满足确定综合单价的需要。

　　2）若采用标准图集或施工图纸能够全部或部分满足项目特征描述的要求，项目特征描述可直接采用详见××图集或××图号的方式。对不能满足项目特征描述要求的部分，仍应用文字描述。

清单项目特征主要涉及项目的自身特征（如材质、型号、规格等）、项目的工艺特征及对项目施工方法可能产生影响的特征。投标人的报价受这些特征影响很大，若项目特征描述不清，将导致投标人对招标人的需求理解不全面，达不到正确报价的目的。对清单项目特征不同的项目应分别列项，如基础工程，仅混凝土强度等级不同，足以影响投标人的报价，故应分开列项。

承包人在招标工程量清单中对项目特征的描述，应被认为是准确的和全面的，并且与施工要求相符合。承包人应按照发包人提供的工程量清单，根据其项目特征描述的内容及有关要求实施合同工程，直到其被改变为止。合同履行期间，出现实际施工设计图纸（含设计变更）与招标工程量清单任一项目的特征描述不符，且该变化引起该项目的工程造价增减变化的，应按照实际施工的项目特征重新确定相应工程量清单项目的综合单价，计算调整的合同价款。

（4）计量单位的确定

分部分项工程量清单项目的计量单位应按现行规范附录中规定的计量单位确定。当计量单位有两个或两个以上时，应根据所编工程量清单项目的特征要求，选择最适宜表现该项目特征并方便计量的单位。除各专业另有特殊规定外，均按以下基本单位进行计量：

1）以质量计算的项目——吨或千克（t 或 kg）；

2）以体积计算的项目——立方米（m^3）；

3）以面积计算的项目——平方米（m^2）；

4）以长度计算的项目——米（m）；

5）以自然计量单位计算的项目——个、套、块、组、台……

6）没有具体数量的项目——宗、项……

工程量的有效位数遵守下列规定：

1）以"t"为单位，应保留三位小数，第四位小数四舍五入；

2）以"m^3"、"m^2"、"m"、"kg"为单位，应保留两位小数，第三位小数四舍五入；

3）以"个"、"项"等为单位，应取整数。

（5）工程量计算

分部分项工程量清单项目工程量的计算原则应按现行规范附录中规定的工程量计算规则计算。工程量计算规则是指对清单项目工程量的计算规定。除另有特殊说明外，所有清单项目的工程量以实体工程量为准，且以完成后的净值计算。因此，在计算综合单价时应考虑施工中的各种损耗和需要增加的工程量，或在措施费清单中列入相应的措施费用。采用工程量清单计算规则，工程实体的工程量是唯一的。统一的清单工程量，为投标者提供了一个平等竞争的条件，由企业根据自身的实力填写不同的单价，以方便招标人对不同的报价进行比较。

4. 措施项目清单的编制

措施项目清单是指为完成工程项目施工，发生于该工程施工准备和施工过程中技术、生活、安全、环境保护等方面的项目清单。措施项目清单应根据相关工程现行国家计量规范的规定编制。措施项目清单应根据拟建工程的实际情况列项。由于影响措施项目设置的因素太多，计量规范不可能将施工中可能出现的措施项目一一列出。在编制措施项目清单时，因工程情况不同，出现计价规范及附录中未列的措施项目，可根据工程的具体情况对措施项目清单进行补充。

措施项目中包括不能计算工程量的项目清单和可以计算工程量的项目清单。一般来说，不能计算的工程量的项目清单，其费用的发生和金额的大小与使用时间、施工方法或者两个以上工序相关，与实际完成的实体工程量的多少关系不大，以"项"为计量单位，如大中型施工机械进出场及安拆费、文明施工和安全防护、临时设施等，称为"总价项目"。可以计算工程量的项目清单宜采用分部分项工程量清单的方式编制，如脚手架工程等，更有利于措施费的确定和调整，称为"单价项目"。

措施项目清单的编制需考虑多种因素，除工程本身的因素外，还涉及水文、气象、环境、安全等因素。措施项目清单的编制，需要：①参考拟建工程的施工组织设计，以确定环境保护、文明安全施工、材料的二次搬运等项目；②参阅施工技术方案，以确定夜间施工、大型机具进出场及安拆、脚手架、垂直运输机械、组装平台、大型机具使用等项目。

③参阅相关的施工规范与工程验收规范，可以确定施工技术方案没有表述的，但是为了实现施工规范与工程验收规范要求而必须发生的技术措施。④招标文件中提出的某些必须通过一定的技术措施才能实现的要求。⑤确定设计文件中不足以写进施工方案，但要通过一定的技术措施才能实现的内容。

措施项目清单为可调整清单，投标人对招标文件中所列项目，可根据企业自身特点做适当的变更增减。投标人要对拟建工程可能发生的措施项目和措施费用做通盘考虑。清单一经报出，即被认为是包括了所有应该发生的措施项目的全部费用。如果报出的清单中没有列项，且施工中又必须发生的项目，业主有权认为，其已经综合在分部分项工程量清单的综合单价中。将来措施项目发生时，投标人不得以任何借口提出索赔与调整。

5. 其他项目清单的编制

工程建设标准的高低、工程的复杂程度、工程的工期长短、工程的组成内容、发包人对工程管理要求等都直接影响其他项目清单的具体内容。因此，根据拟建工程的具体情况和参考《计价规范》提供暂列金额、暂估价、计日工、总承包服务费 4 项内容作为列项；不足部分，应根据工程的具体情况进行补充。

（1）暂列金额

暂列金额是招标人在工程量清单中暂定并包括在合同价款中的一笔款项。用于工程合同签订时尚未确定或者不可预见的所需材料、工程设备、服务的采购，施工中可能发生的工程变更、合同约定调整因素出现时的合同价款调整以及发生的索赔、现场签证确认等费用。我国规定对政府投资工程实行概算管理，经项目审批部门批复的设计概算是工程投资控制的刚性指标，即使商业性开发项目也有成本的预先控制问题，否则，无法相对准确地预测投资的收益和科学合理地进行投资控制。但工程建设自身的特性决定了工程的设计需要根据工程进展不断地进行优化和调整，业主需求可能会随着工程建设进展而出现变化，工程建设过程还会存在一些不能预见、不能确定的因素。消化这些因素必然会影响合同价格的调整，暂列金额正是因应这类不可避免的价格调整而设立，以便达到合理确定和有效控制造价的目标。已签约合同价中的暂列金额由发包人掌握使用。不管采用何种合同形式，其理想的标准是一份合同的价格就是其最终的竣工结算价格，或者至少两者应尽可能接近。

（2）暂估价

暂估价是指招标阶段直至签订合同协议时，招标人在招标文件中提供的用于支付必然发生但暂时不能确定价格的材料以及专业工程金额。类似于 FIDIC 合同条款中的 Prime-Cost Items，是在招标阶段预见肯定要发生，只是因为标准不明确或者需要由专业承包人完成，暂时又无法确定具体价格时采用的一种价格形式。暂估价的数量和拟用项目应当结合工程量清单中的"暂估价表"予以补充说明。

暂估价包括材料暂估单价、工程设备暂估单价、专业工程暂估价。为方便合同管理，需要纳入分部分项工程项目清单综合单价中的暂估价应只是材料、工程设备费，以方便投标人组价。暂估价中的材料、工程设备暂估价应根据工程造价信息或参照市场价格估算。专业工程暂估价应是综合暂估价，包括除规费和税金以外的管理费、利润等。专业工程暂估价应分不同专业，按有关计价规定估算。

（3）计日工

计日工是为解决现场零星工作采取的一种计价方式。国际上常见的标准合同条款中，大多数都设立了计日工计价机制。它以完成零星工作所消耗的人工工时、材料数量、机械台班进行计量，并按照计日工表中填报的适用项目的单价进行计价支付。计日工适用的所谓零星工作一般是指合同约定之外的或者因变更而产生的、工程量清单中没有相应项目的额外工作，尤其是那些时间不允许事先商定价格的额外工作。

(4) 总承包服务费

总承包服务费是为了解决招标人在法律、法规允许的条件下进行专业工程分包及自行供应材料、工程设备，并需要总承包人对发包的专业工程提供协调和配合服务，对甲供材料、工程设备提供收、发和保管以及施工现场管理时发生并向总承包人支付的费用。招标人应当预计该项费用并根据投标人的投标报价向投标人支付该项费用。

6. 规费项目清单的编制

规费项目清单应根据《建筑安装工程费用项目组成》（建标 ［2013］ 44 号文）的规定，包括下列内容列项：

(1) 社会保险费：包括养老保险费、失业保险费、医疗保险费、工伤保险费、生育保险费；

(2) 住房公积金；

(3) 工程排污费。

规费作为政府和有关权力部门规定必须缴纳的费用，编制人对《建筑安装工程费用项目组成》未出包括的规费项目，在编制规费项目清单时应根据省级政府或省级有关权力部门的规定列项。

7. 税金项目清单的编制

税金项目清单规费项目清单应根据《建筑安装工程费用项目组成》（建标 ［2013］ 44 号文）的规定，包括下列内容：

(1) 增值税；

(2) 城市维护建设税；

(3) 教育费附加；

(4) 地方教育费附加。

如国家税法发生变化，税务部门依据职权增加了税种，应对税金项目清单进行补充。

8.3.3 工程量清单计价

1. 编制依据

(1)《建设工程工程量清单计价规范》GB 50500—2013

清单计价规范中的项目编码、项目名称、计量单位、计算规则、项目特征、工程内容等，是计算清单工程量和计算计价工程量的依据。清单计价规范中的费用划分是计算综合单价、措施项目费、其他项目费、规费和税金的依据。

(2) 工程招标文件

工程招标文件包括对拟建工程的技术要求、分包要求、材料供货方式的要求等，是确定分部分项工程量清单、措施项目清单、其他项目清单的依据。

(3) 建设工程设计文件及相关资料

建设工程设计文件是计算清单工程量、计价工程量、措施项目清单等的依据。

（4）企业定额，国家或省级、行业建设主管部门颁发的计价定额

该定额是计算计价工程量的工、料、机消耗量后，确定综合单价的依据。

（5）工、料、机市场价

工、料、机市场价是计算综合单价的依据。

（6）工程造价管理机构发布的管理费率、利润率、规费费率、税率等造价信息分别是计算管理费、利润、规费、税金的依据。

2. 编制程序

工程量清单计价应采用综合单价法，其计算程序如下：

（1）计算清单工程量（一般由招标人提供）；

（2）计算计价工程量；

（3）根据计价工程量套用计价定额或有关消耗量定额进行工料分析；

（4）确定工、料、机单价；

（5）分析和计算清单工程量的综合单价；

（6）计算分部分项工程量清单费；

（7）计算措施项目清单费；

（8）计算其他项目清单费；

（9）计算规费和税金；

（10）汇总工程量清单报价。

工程量清单计价编制程序示意图，如图 8-4 所示。

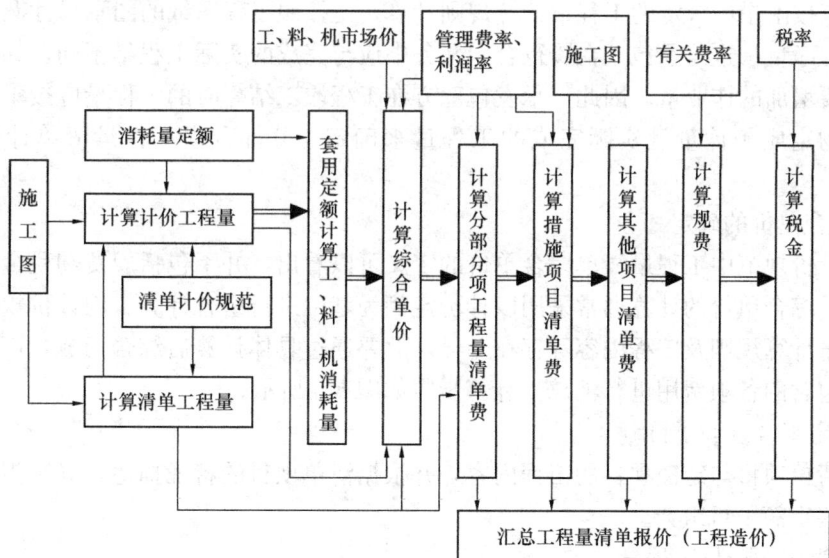

图 8-4 工程量清单计价编制程序示意图

3. 工程量清单计价方法

工程量清单计价法是指建设工程招投标中，招标人按照国家统一的《建设工程工程量清单计价规范》GB 50500—2013，提供工程数量清单，由招标人依据工程量清单计算所需得全

部费用，包括分部分项工程费、措施项目费、其他项目费、规费和税金，自主报价，并按照经评审合理低价中标的工程造价计价模式。《计价规范》规定实行工程量清单计价应采用综合单价法，不论分部分项工程项目、措施项目、其他项目、还是以单价或以总价形式表现的项目，其综合单价是指完成一个规定清单项目所需的人工费、材料和工程设备费、施工机具使用费和企业管理费、利润以及一定范围内的风险费用。综合单价按式（8-47）计算：

$$综合单价＝人工费＋材料费＋施工机具使用费＋企业管理费＋利润$$
$$＋由投标人承担的风险费用＋其他项目清单中的材料暂估价 \qquad (8\text{-}47)$$

利用综合单价法，需分项计算清单项目，再汇总得到工程总造价。

$$分部分项工程费＝\Sigma（分部分项工程量×综合单价） \qquad (8\text{-}48)$$
$$措施项目费＝\Sigma（措施项目工程量×综合单价）＋\Sigma单项措施费 \qquad (8\text{-}49)$$
$$其他项目费＝暂列金额＋暂估价＋计日工＋总承包服务费 \qquad (8\text{-}50)$$
$$单位工程造价＝分部分项工程费＋措施项目费＋其他项目费＋规费＋税金 \qquad (8\text{-}51)$$
$$单项工程报价＝\Sigma单位工程报价 \qquad (8\text{-}52)$$
$$建设项目总报价＝\Sigma单项工程报价 \qquad (8\text{-}53)$$

（1）分部分项工程费计算

计价规范规定分部分项工程项目清单应采用综合单价计价。根据式（8-48）确定分部分项工程量和综合单价是计算分部分项工程费的关键。

1）分部分项工程量的确定

招标工程量清单标明的工程量是投标人投标报价的共同基础，竣工结算的工程量按发、承包双方在合同中约定应予计量且实际完成的工程量确定。分部分项工程量清单中所列工程量应按附录中规定的工程量计算规则计算，是按照工程图纸的图示尺寸及计算规则得到的工程净量。这与承包人在履行合同义务中应与完成的实际工程量不同，如因施工技术措施需要增加的作业量。因此，承发包双方在工程竣工结算时的工程量应按承发包双方在合同中约定应予计量且实际完成的工程量来确定。分部分项工程量清单计价表参见8.5.4 节。

2）综合单价的确定

根据计价规范中工程量清单综合单价的定义可以看出，并不包括规费和税金等不可竞争的费用。综合单价的计算通常采用以计价定额为基础进行组合计算。因计价规范与定额中的工程量计算规则及工程内容等存在差异，故要通过具体计算后综合而成，而不是简单的将其所包含的各项费用进行汇总。计算步骤如图 8-5 所示。

① 确定组合定额子目

比较清单项目与定额项目的工程内容，并根据清单项目的特征描述，确定拟组价清单项目由哪些定额子目组合。

② 计算定额子目工程量

采用工程量清单计价时需要考虑施工方案、施工工法、工程现场条件等因素，应各按照与所采用的定额相对应的工程量计算规则进行计算。

③ 测算工、料、机消耗量

工、料、机消耗量计价规范中没有具体规定，一般可以采用企业定额或者参照建设行政主管部门发布的消耗量定额。

```
┌─────────────────────────┐
│      确定组合定额子目       │
└─────────────────────────┘
            │
┌─────────────────────────┐
│     计算定额子目工程量       │
└─────────────────────────┘
            │
┌─────────────────────────┐
│    测算工、料、机消耗量       │
└─────────────────────────┘
            │
┌─────────────────────────┐
│     确定工、料、机单价        │
└─────────────────────────┘
            │
┌─────────────────────────┐
│ 计算清单项目的人工费、材料费和施工 │
│        机具使用费            │
└─────────────────────────┘
            │
┌─────────────────────────┐
│   计算清单项目的管理费和利润     │
└─────────────────────────┘
            │
┌─────────────────────────┐
│    计算清单项目的综合单价      │
└─────────────────────────┘
```

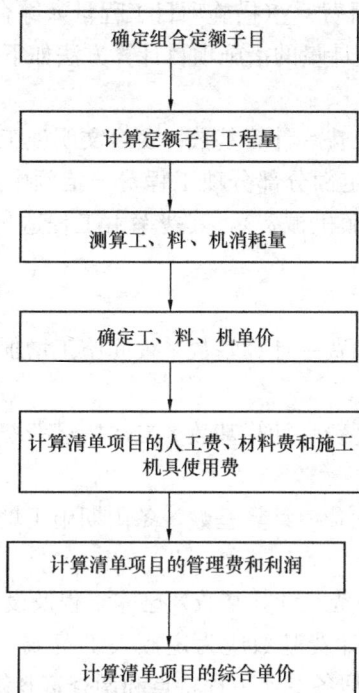

图 8-5　分部分项工程量清单计价综合单价的确定

④ 确定工、料、机单价

根据工程项目的实际情况、市场资源的供求状况及市场价格，确定人工单价、材料价格和施工机械台班单价。

⑤ 计算清单项目人工费、材料费和施工机具使用费

$$人工费 + 材料费 + 施工机具使用费 = \Sigma 计价工程量 \times [\Sigma (人工消耗量 \times 人工单价)$$
$$+ \Sigma (材料消耗量 \times 材料单价) + \Sigma (施工机械台班消耗量 \times 机械台班单价)$$
$$+ (工程使用的仪器仪表摊销费 + 维修费)] \qquad (8-54)$$

⑥ 计算清单项目的管理费和利润

企业管理费和利润通常按照相关的费率乘以计价基础计算。

⑦ 计算清单项目的综合单价

$$综合单价 = (人工费 + 材料费 + 施工机具使用费 + 企业管理费 + 利润) /$$
$$清单工程量 \qquad (8-55)$$

(2) 措施项目费计算

措施项目清单计价应根据拟建工程的施工组织设计及可计量的措施项目，采用综合单价法计价（同分部分项工程综合单价法），并入分部分项工程量清单。不能计算的工程量的措施项目，以"项"为计量单位进行计价包括除规费、税金外的全部费用。措施项目清单中的安全文明施工费应按照国家或省级、行业建设主管部门的规定计价，不得作为竞争性费用。

措施项目费的计算如下：

1) 国家计量规范规定应予计量的措施项目，其计算公式为：

$$措施项目费 = \sum(措施项目工程量 \times 综合单价) \tag{8-56}$$

2）国家计量规范规定不宜计量的措施项目计算方法如下

① 安全文明施工费

$$安全文明施工费 = 计算基数 \times 安全文明施工费费率(\%) \tag{8-57}$$

计算基数应为定额基价（定额分部分项工程费＋定额中可以计量的措施项目费）、定额人工费或（定额人工费＋定额机械费），其费率由工程造价管理机构根据各专业工程的特点综合确定。

② 夜间施工增加费

$$夜间施工增加费 = 计算基数 \times 夜间施工增加费费率(\%) \tag{8-58}$$

③ 二次搬运费

$$二次搬运费 = 计算基数 \times 二次搬运费费率(\%) \tag{8-59}$$

④ 冬雨期施工增加费

$$冬雨期施工增加费 = 计算基数 \times 冬雨期施工增加费费率(\%) \tag{8-60}$$

⑤ 已完工程及设备保护费

$$已完工程及设备保护费 = 计算基数 \times 已完工程及设备保护费费率（\%） \tag{8-61}$$

上述②～⑤项措施项目的计费基数应为定额人工费或（定额人工费＋定额机械费），其费率由工程造价管理机构根据各专业工程特点和调查资料综合分析后确定。

（3）其他项目费

其他项目清单计价应根据工程特点和计价规范相应的条款。暂列金额应根据工程特点，按有关计价规定估算，施工过程中由建设单位掌握使用、扣除合同价款调整后如有余额，归建设单位。发包人在招标工程量清单中给定暂估价的材料、工程设备属于依法必须招标的，中标价格与招标工程量清单中所列的暂估价的差额以及相应的规费、税金等费用，应列入合同价格。发包人在工程量清单中给定暂估价的专业工程不属于依法必须招标的，由发包人、总承包人与分包人按有关计价依据进行计价。计日工由建设单位和施工企业按施工过程中的签证计价。总承包服务费应根据招标工程量清单中列出的内容和提出的要求所发生费用确定，施工企业投标时自主报价，施工过程中按签约合同价执行。

（4）规费与税金

规费和税金应按国家或省级、行业建设主管部门的规定计算，不得作为竞争性费用。计算规费时一般按国家及有关部门规定的计算公式和费率标准进行计算。

（5）风险费用的确定

风险是指工程项目建设过程中承发包双方在招投标活动、合同履约及施工中所面临的涉及工程造价方面的风险。采用工程量清单计价的工程，应在招标文件或合同中明确计价中的风险内容及其范围（幅度），不得采用无限风险、所有风险或类似语句规定计价中的风险内容及其范围（幅度）。若因国家法律、法规、规章和政策变化或省级或行业建设主管部门发布的人工费调整影响合同价款，应由发包人承担。由于承包人使用机械设备、施工技术以及组织管理水平等自身原因造成施工费用增加的应由承包人全部承担。

由于市场物价波动影响合同价款，应由发承包双方合理分摊并在合同中约定。合同中没有约定，发、承包双方发生争议时，按下列规定实施。

1）材料、工程设备的涨幅超过招标时基准价格5%以上由发包人承担。

2）施工机械使用费涨幅超过招标时的基准价格 10％以上由发包人承担。

因不可抗力事件导致的费用，发、承包双方应按以下原则分别承担并调整工程价款。

1）工程本身的损害、因工程损害导致第三方人员伤亡和财产损失以及运至施工场地用于施工的材料和待安装的设备的损害，由发包人承担；

2）发包人、承包人人员伤亡由其所在单位负责，并承担相应费用；

3）承包人的施工机械设备损坏及停工损失，由承包人承担；

4）停工期间，承包人应发包人要求留在施工场地的必要的管理人员及保卫人员的费用由发包人承担；

5）工程所需清理、修复费用，由发包人承担。

4. 工程量清单计价表格

工程计价表宜采用统一格式。各省、自治区、直辖市建设行政主管部门和行业建设主管部门可根据本地区、本行业的实际情况，在《计价规范》中计价表格的基础上补充完善。

工程计价表格由工程计价文件封面、工程计价文件扉页、工程计价总说明、工程计价汇总表、分部分项工程和措施项目计价表、其他项目计价表、规费税金项目计价表、工程计量申请（核准）表及合同价款支付申请（核准表）主要材料、工程设备一览表组成。详见《计价规范》。

5. 招标控制价的编制

（1）招标控制价的概念

招标控制价是指招标人根据国家或省级、行业建设主管部门颁发的有关计价依据和办法，以及拟订的招标文件和招标工程量清单，编制的招标工程的最高限价。有关招标控制价的一般规定：

1）国有资金投资的工程建设项目应实行工程量清单招标，招标人应编制招标控制价。

2）招标控制价应由具有编制能力的招标人或受其委托具有相应资质的工程造价咨询人编制和复核。

3）招标控制价超过批准的概算时，招标人应将其报原概算审批部门审核。

4）招标控制价应在招标时公布，不应上调或下浮，招标人应将招标控制价及有关资料报送工程所在地工程造价管理机构备查。

5）投标人的投标报价高于招标控制价的，其投标应予以拒绝。

（2）计价依据

招标控制价的编制依据如下：

1）《建设工程工程量清单计价规范》GB 50500—2013；

2）国家或省级、行业建设主管部门颁发的计价定额和计价办法；

3）建设工程设计文件及相关资料；

4）拟订的招标文件及招标工程量清单；

5）与建设项目相关的标准、规范、技术资料；

6）施工现场情况、工程特点及常规施工方案；

7）工程造价管理机构发布的工程造价信息；工程造价信息没有发布的，参照市场价；

8）其他的相关资料。

（3）编制内容及方法

采用工程量清单计价时，分部分项工程费、措施项目费、其他项目费、规费和税金构成招标控制价的编制内容。

1）分部分项工程费的编制

分部分项工程费采用综合单价法编制，计算方法见 8.3.2 节。分部分项工程费应根据拟订的招标文件中的分部分项工程量清单项目的特征描述及有关要求计价；综合单价中应包括拟订的招标文件中要求投标人承担的风险费用。拟订的招标文件没有明确的，应提请招标人明确。拟订的招标文件提供了暂估单价的材料和工程设备，按暂估的单价计入综合单价。

2）措施项目费的编制

措施项目费应根据招标文件中的措施项目清单、拟订的施工组织设计及施工规范与工程验收规范等进行确定。具体方法同措施项目清单计价方法。

3）其他项目费的编制

暂列金额应按招标工程量清单中列出的金额填写；暂估价中的材料、工程设备单价应按招标工程量清单中列出的单价计入综合单价；暂估价中的专业工程金额应按招标工程量清单中列出的金额填写；计日工应按招标工程量清单中列出的项目根据工程特点和有关计价依据确定综合单价计算；总承包服务费应根据招标工程量清单列出的内容和要求估算。

4）规费和税金的编制

规费和税金应按国家或省级、行业建设主管部门的规定计算，不得作为竞争性费用。

6. 投标报价的编制

（1）投标报价的概念

投标报价是指投标人投标时报出的工程合同价。投标报价应由投标人或受其委托具有相应资质的工程造价咨询人编制。除《计价规范》强制性规定外，投标人应依据招标文件及其招标工程量清单自主确定报价成本。《中华人民共和国招标投标法》第五十一条规定："有下列情形之一的，评标委员会应当否决其投标……（五）投标报价低于成本或者高于招标文件设定的最高投标限价；"《评标委员会和评标方法暂行规定》（国家计委等七部委第 12 号令）第二十一条规定："在评标过程中，评标委员会发现投标人的报价明显低于其他投标报价或者在设有标底时明显低于标底的，使得其投标报价可能低于其个别成本的，应当要求该投标人做出书面说明并提供相关证明材料。投标人不能合理说明或者不能提供相关证明材料的，由评标委员会认定该投标人以低于成本报价竞标，其应当否决其投标。"根据上述法律、规章的规定，计价规范规定投标人的投标报价不得低于成本。

实行工程量清单招标，招标人在招标文件中提供工程量清单，其目的是使各投标报价中具有共同的竞争平台。因此，投标人在投标报价中填写的工程量清单的项目编码、项目名称、项目特征、计量单位、工程量必须于招标人招标文件中提供的一致。

投标人应以拟建工程的施工方法、技术措施等为基础计算投标报价。

（2）计价依据

投标报价的计价依据有：

1）《建设工程工程量清单计价规范》GB 50500—2013；

2）国家或省级、行业建设主管部门颁发的计价办法；

3）企业定额，国家或省级、行业建设主管部门颁发的计价定额；

4）招标文件、工程量清单及其补充通知、答疑纪要；

5）建设工程设计文件及相关资料；

6）施工现场情况、工程特点及拟订的投标施工组织设计或施工方案；

7）与建设项目相关的标准、规范等技术资料；

8）市场价格信息或工程造价管理机构发布的工程造价信息；

9）其他的相关资料。

（3）编制内容及方法

采取工程量清单计价的投标报价由分部分项工程费、措施项目费、其他项目费、规费和税金组成。在编制投标报价前，须复核清单工程量。由于工程量清单中的各分部分项工程量并不十分准确，如设计深度不够有可能引起较大的误差，且工程量数值影响着分项工程的单价以及施工工法的选择、人力、物力等投入，因此要对工程量进行复核。

1）分部分项工程费报价

分部分项工程费应依据招标文件及其招标工程量清单中分部分项工程量清单项目的特征描述确定综合单价计算。在招投标过程中，若出现招标文件中分部分项工程量清单特征描述与设计图纸不符，投标人应以分部分项工程量清单特征描述为准，确定投标报价的综合单价；若施工中的施工图纸或设计变更与工程量清单项目特征描述不同，发、承包双方应按实际施工的项目特征，依据合同约定重新确定综合单价。且综合单价中应考虑招标文件中要求投标人承担的风险费用。在施工过程中，当出现的风险内容及其范围（幅度）在合同约定的范围内时，工程价款不做调整。招标工程量清单中提供了暂估单价的材料和工程设备，按暂估的单价计入综合单价。

2）措施项目费投标报价

投标人根据工程项目实际情况以及施工组织设计或施工方案，自主确定措施项目费，但其中安全文明施工费应按国家或省级、行业建设主管部门的规定确定。由于各投标人拥有的施工装备、技术水平和采用的施工方法有所差异，招标人提出的措施项目清单是根据一般情况确定的，没有考虑不同投标人的具体情况，因此投标人可根据工程实际情况结合施工组织设计，对招标人所列的措施项目进行增补。措施项目费计价方法同工程量清单计价方法。

3）其他项目费投标报价

其他项目费投标报价时，投标人应遵循以下规定：暂列金额应按招标工程量清单中列出的金额填写；材料、工程设备暂估价应按招标工程量清单中列出的单价计入综合单价；专业工程暂估价应按招标工程量清单中列出的金额填写；计日工应按招标工程量清单中列出的项目和数量，自主确定综合单价并计算计日工总额；总承包服务费应根据招标工程量清单中列出的内容和提出的要求自主确定。

4）规费和税金投标报价

投标人在投标报价时应按照国家或省级、行业建设主管部门的有关规定计算规费和税金。

5）投标报价应注意的问题

招标工程量清单与计价表中列明的所有需要填写的单价和合价的项目，投标人均应填写且只允许有一个报价。未填写单价和合价的项目，视为此项费用已包含在已标价工程量清单中其他项目的单价和合价之中。竣工结算时，此项目不得重新组价予以调整。

投标总价应当与分部分项工程费、措施项目费、其他项目费和规费、税金的合计金额一致。即投标人在投标报价时，不能进行投标总价优惠（或降价、让利），投标人对招标人的任何优惠（或降价、让利）均应反映在相应清单项目的综合单价中。

8.4　水工程设计概算

设计概算是以初步设计为依据，按照规定的程序、方法和依据，对建设项目总投资及其构成进行的概略计算。仅计算单位工程费用的称为单位工程概算，以单位工程概算为基础汇总单项工程工程费用的称为单项工程综合概算，以单项工程综合概算为基础计算建设项目总投资的则称为建设项目总概算，总概算、综合概算、单位工程概算是建设项目设计概算文件的重要组成部分。

我国现行水工程项目设计概算的编制一般以《市政工程消耗量定额》ZYA1-31-2015、地方现行消耗量定额、地方工程费用定额、《市政工程设计概算编制办法》（建标〔2011〕1 号）以及《给水排水设计手册》（第三版）第 10 册技术经济分册为依据。

8.4.1　概算作用和编制依据

1. 设计概算的作用

设计概算是在初步设计或扩大的初步设计阶段，由设计单位以投资估算为目标，预先计算建设项目由筹建至竣工验收、交付使用的全部建设费用的技术经济文件。它是根据可行性研究阶段决定的工程估价、国家或企业经科学论证批准的总投资额度、初步设计图纸、概算定额（或概算指标）、设备预算价格、各项费用定额或取费标准、市场价格信息和建设地点的自然及技术经济条件等资料编制的。它也是国家编制建设项目投资计划、确定和控制建设项目总投资、控制施工图设计和施工图预算、衡量设计方案经济合理性以及考核建设项目投资效果的依据。每个建设项目只有在初步设计和概算文件被批准之后，才能进行施工图设计。

2. 设计概算编制的依据

概算编制依据是指编制项目概算所需的一切基础资料。概算编制依据主要有以下方面：

（1）批准的可行性研究报告；

（2）工程勘察与设计文件或设计工程量；

（3）项目涉及的概算指标或定额，以及工程所在地编制同期的人工、材料、机械台班市场价格，相应工程造价管理机构发布的概算定额（或指标）；

（4）国家、行业和地方政府有关法律、法规或规定，政府有关部门、金融机构等发布的价格指数、利率、汇率、税率，以及工程建设其他费用等；

（5）资金筹措方式；

（6）正常的施工组织设计或拟订的施工组织设计和施工方案；

（7）项目涉及的设备材料供应方式及价格；

（8）项目的管理（含监理）、施工条件；

（9）项目所在地区有关的气候、水文、地质地貌等自然条件；

（10）项目所在地区有关的经济、人文等社会条件；

（11）项目的技术复杂程度以及新技术、专利使用情况等；

（12）有关文件、合同、协议等；

（13）委托单位提供的其他技术经济资料；

（14）其他相关资料。

8.4.2　概算编制办法

1. 概算文件组成

建设项目设计概算文件一般由封面、扉页、概算编制说明、总概算书、综合概算和单位工程概算书组成。常见的组成方式有三级编制和二级编制两种。

三级编制，即总概算、综合概算、单位工程概算形式的设计概算文件，一般由封面、签署页及目录，编制说明，总概算表，工程建设其他费用表，综合概算表，单位工程概算表，概算综合单价分析表以及附件表格等组成。

二级编制，即总概算、单位工程概算形式的设计概算文件，相对三级编制仅缺少综合概算表。

根据建设项目概算文件的组成，相应的概算编制分为建设项目总概算及单项工程综合概算的编制，其他费用、预备费、专项费用概算编制，单位工程概算的编制，以及调整概算的编制四个部分。

2. 建设项目总概算及单项工程综合概算的编制

（1）概算编制说明

概算编制说明需要包括项目概况、主要技术经济指标、资金来源、编制依据、其他需要说明的问题、总说明附表等主要内容。

项目概况部分需简要叙述建设项目的建设地点、设计规模、建设性质（新建、扩建或改建）、工程类别、建设期（年限）、主要工程内容、主要工程量、主要工艺设备及数量等；主要技术经济指标需包含项目概算总投资、主要分项投资、主要单位投资指标等内容；资金来源需按资金来源不同渠道分别说明，发生资产租赁的要说明租赁方式及租金；总说明附表中要包含建筑安装工程工程费用计算程序表、进口设备材料货价和从属费用计算表以及具体建设项目概算要求的其他附表及附件。

（2）总概算表

总概算表是概算总投资的成果文件，由工程费用、工程建设其他费用、预备费及应列入项目概算总投资中的建设期利息、固定资产投资方向调节税、铺底流动资金等几项费用组成。

（3）工程费用

按单项工程综合概算组成编制，采用二级编制的按单位工程概算组成编制。市政民用建设项目一般按主体建（构）筑物、辅助建（构）筑物、配套系统顺序排列；工业建设项目一般按主要工艺生产装置、辅助工艺生产装置、公用工程、总图运输、生产管理服务性工程、生活福利工程、厂外工程顺序排列。

（4）建设项目总概算及单项工程综合概算的编制文件中还应包含其他费用、预备费和应列入项目概算总投资中的建设期利息、铺底流动资金、固定资产投资方向调节税（暂停征收）几项费用。综合概算以单项工程所属的单位工程概算为基础，采用综合概算表进行编制，分别按各单位工程概算汇总成若干个单项工程综合概算。对单一的、具有独立性的单项工程建设项目，按二级编制形式编制，直接编制总概算。

3. 其他费用、预备费、专项费用概算编制

建设项目其他费用包括前期费用、建设用地费、建设管理费、勘察设计费、可行性研究费、环境影响评价费、劳动安全卫生评价费、场地准备及临时设施费、工程保险费、联合试运转费、生产准备及开办费、特殊设备安全监督检验费、市政公用设施建设及绿化补偿费、引进技术和引进设备材料其他费、专利及专有技术使用费、研究试验费等。具体计算方法参见《建设项目设计概算编审规程》附表D中的工程建设其他费用及参考计算方法。

预备费包括基本预备费和价差预备费，基本预备费以总概算中"工程费用"和"其他费用"之和为基数的百分比计算；价差预备费一般按下式计算：

$$P = \sum_{t=1}^{n} I_t \left[(1+f)^m (1+f)^{0.5} (1+f)^{t-1} - 1 \right] \tag{8-62}$$

式中　P——价差预备费；

n——建设期（年）数；

I_t——建设期第 t 年的计划投资；

f——投资价格指数；

t——建设期第 t 年；

m——建设前年数（从编制概算到开工建设年数）。

建设期利息、固定资产投资方向调节税、铺底流动资金等专项费用计算方法如下：

（1）建设期利息：根据不同资金来源及利率分别计算。

$$Q = \sum_{j=1}^{n} (P_{j-1} + A_j/2) i \tag{8-63}$$

式中　Q——建设期利息；

P_{j-1}——建设期第（$j-1$）年末贷款累计金额与利息累计金额之和；

A_j——建设期第 j 年贷款金额；

i——贷款年利率；

n——建设期年数。

（2）铺底流动资金按国家或行业有关规定计算。

（3）固定资产投资方向调节税（暂停征收）。

4. 单位工程概算的编制

单位工程概算是编制单项工程综合概算（或项目总概算）的依据，单位工程概算项目根据单项工程中所属的每个单体按专业分别编制。单位工程概算一般分建筑工程、设备及安装工程两大类，编制方法分别如下：

（1）建筑工程单位工程概算

1）建筑工程概算费用内容及组成参见住房城乡建设部、财政部印发的［2013］44号《建筑安装工程费用项目组成》文件。

2）建筑工程概算采用建筑工程概算表编制，按构成单位工程的主要分部分项工程编制，根据初步设计工程量按工程所在省、直辖市、自治区颁发的概算定额（指标）或行业概算定额（指标），以及工程费用定额计算。

3）以房屋建筑为例，根据初步设计工程量按工程所在省、直辖市、自治区颁发的概算定额（指标）分土石方工程、基础工程、墙壁工程、梁柱工程、楼地面工程、门窗工程、屋面工程、保温防水工程、室外附属工程、装饰工程等项编制概算，编制深度应达到《建设工程工程量清单计价规范》GB 50500—2013深度。

4）对于通用结构建筑可采用"造价指标"编制概算；对于特殊或重要的建筑物、构筑物，必须按构成单位工程的主要分部分项工程编制，必要时结合施工组织设计进行详细计算。

（2）设备及安装工程单位工程概算

设备及安装工程概算费用由设备购置费和安装工程费组成。

1）设备购置费

定型或成套设备设备费＝设备出厂价格＋运输费＋采购保管费

进口设备费用分外币和人民币两种支付方式，外币部分按美元或其他国际主要流通货币计算。非标准设备原价有多种不同的计算方法，如综合单价法、成本计算估价法、系列设备插入估价法、分部组合估价法、定额估价法等。一般采用不同种类设备综合单价法计算，计算公式如下：

$$设备费＝\sum 综合单价(元/t)\times 设备单重(t) \tag{8-64}$$

工具、器具及生产家具购置费一般以设备购置费为计算基数，按照部门或行业规定的工具、器具及生产家具费率计算。

2）安装工程费。安装工程费用内容组成，以及工程费用计算方法见住房城乡建设部、财政部［2013］44号《建筑安装工程费用项目组成》；其中，辅助材料费按概算定额（指标）计算，主要材料费以消耗量按工程所在地概算编制期预算价格（或市场价）计算。

5．调整概算的编制

设计概算批准后，一般不允许调整。由于超出原设计范围的重大变更、超出基本预备费规定范围不可抗拒的重大自然灾害引起的工程变动和费用增加或者超出工程造价调整预备费的国家重大政策性的调整原因需要调整概算时，由建设单位调查分析变更原因，报主管部门审批同意后，由原设计单位核实编制调整概算，并按有关审批程序报批。一个工程只允许调整一次概算，且完成了一定的工程量后方可进行调整。

调整概算编制的深度与要求、文件的组成及表格形式与原设计概算相同，调整概算还应对工程概算调整的原因做详尽分析说明，所调整的内容在调整概算总说明中要逐项与原批准概算对比，并编制调整前后概算对比表，分析主要变更原因。在上报调整概算时，还要提供有关文件和调整依据。

8.4.3 给水工程概算编制办法

给水工程中的单项工程有取水工程、输水管渠、净水厂和配水管网工程。其中取水工程由取水管、取水泵房等单位工程组成，净水厂由沉淀池、滤池、清水池、污泥平衡池和污泥脱水机房等单位工程组成。

1. 取水和净水厂工程概算计算方法

工艺管道中管道管件可按延长米、件数或折算成质量计算；厂区平面布置工程中各单项工程可参考类似工程技术经济指标，阀门井按座计算，管沟按米计算，大门按座计算，围墙按米或面积计算，绿化按面积计算；土石方工程场内、场外运输距离应根据施工组织方案的实际情况计算。

2. 输配水管网工程概算计算方法

土石方工程计算方法同取水和净水厂工程；管桥、倒虹管按设计图纸计算工程量，套用相应概算或预算定额，若设计深度未能达到定额编制深度要求时，可参考类似工程技术经济指标，按座计算；工作井、接收井和顶管按设计图纸计算工程量，套用相应概算或预算定额。若设计深度未能达到定额编制深度要求时，可参考类似工程技术经济指标，工作井、接收井按座计算，顶管按米计算；管道敷设中如果遇到道路、绿化等破坏及修复工程，各类费用可参考类似工程技术经济指标按面积计算。

3. 给水工程概算项目内容

常见给水工程概算项目内容见表8-3，包括2大类11小项，具体可根据工程实际情况对项目进行增减。

给水工程概算项目表　　　　　　　　　　　表 8-3

序　号	项 目 名 称	单　位	备　注
一	输配水管网工程		
1	开槽埋管	m	
2	顶管	m	
3	顶管工作井/接收井	座	
4	倒虹管	处/m	
5	管桥	处/m	
	道路开挖及修复	m²	
	绿化破坏及修复	m²	
二	取水和净水厂工程		
1	单体构筑物		
	下部土建	m³	
	上部土建	m²	
	管配件/工艺管道	m³/d	
	工艺设备	m³/d	
2	建筑物		
	土建	m²	
	管配件/工艺管道	m³/d	
	工艺设备	m³/d	
3	附属建筑物	m²	
4	电气设备	m³/d	
5	仪表设备	m³/d	
6	平面布置		
	道路	m²	
	围墙	m	
	大门	座	
	绿化	m²	
	平面管道	m³/d	
	平面设备	m³/d	
	厂区土石方	m³	

8.4.4 排水工程概算编制办法

排水工程中的单项工程有排水管网工程和污水处理厂工程等。其中排水管网主要分为雨水收集输送管网、污水收集输送管网和排水提升输送泵站。污水处理厂由粗格栅及进水泵房、细格栅、曝气沉砂池、沉淀池、反应池、污泥浓缩池消化池、鼓风机、滤池等单位工程组成。

1. 排水管网工程概算计算方法

管道敷设根据施工组织方案，主要分为开槽埋管、箱涵、渠道、顶管和牵引管等方式排管，按设计图纸及施工组织方案计算工程量，或根据定额规定以延长米计算；土石方工程场内、场外运输距离应根据施工组织方案的实际情况计算；各类检查井、排放口以及管道敷设中造成的道路、绿化等破坏和修复工程均参考类似工程技术经济指标按面积计算；工作井、特殊井、接收井、倒虹管等按设计图纸套用相应概算定额计算工程量。

2. 排水提升泵站和污水处理厂工程概算计算方法

工艺管道中管道管件按延长米、件数或折算成质量计算；厂区平面布置工程可参考类似工程技术经济指标，阀门井按座计算，管沟按米计算，大门按座计算，围墙按米或面积计算，绿化按面积计算；土石方工程场内、场外运输距离计算同排水管网工程。

3. 排水工程概算项目内容

常见排水工程概算项目内容见表8-4，包括3大类20小项，具体可根据工程实际情况对项目进行增减。

排水工程概算项目表 表 8-4

序　　号	项　目　名　称	单　位	备　注
一	排水管网工程		
1	开槽埋管	m	
2	箱涵	m	
3	渠道	m	
4	顶管	m	
5	顶管工作井/接收井	座	
6	倒虹管	处/m	
	道路开挖及修复	m²	
	绿化破坏及修复	m²	
二	排水泵站工程		
1	泵房		
	下部土建	m³	
	上部土建	m²	
	管配件/工艺管道	m³/d	
	工艺设备	m³/d	
2	建筑物		
	土建	m²	

续表

序 号	项 目 名 称	单 位	备 注
	管配件/工艺管道	m³/d	
	工艺设备	m³/d	
3	附属构筑物	m²	
4	电气设备	m³/d	
5	仪表设备	m³/d	
6	除臭通风设备	m³/d	
7	平面布置		
	道路	m²	
	围墙	m	
	大门	座	
	绿化	m²	
	平面管道	m³/d	
	平面设备	m³/d	
三	污水处理厂		
1	单体构筑物		
	下部土建	m³	
	上部土建	m²	
	管配件/工艺管道	m³/d	
	工艺设备	m³/d	
2	建筑物		
	土建	m²	
	管配件/工艺管道	m³/d	
	工艺设备	m³/d	
3	附属构筑物	m²	
4	电气设备	m³/d	
5	仪表设备	m³/d	
6	除臭通风设备	m³/d	
7	平面布置		
	道路	m²	
	围墙	m	
	大门	座	
	绿化	m²	
	平面管道	m³/d	
	平面设备	m³/d	
	厂区土石方	m³	

8.4.5　概算编制示例

本示例以某乡镇供水工程为例，提供了编制说明、总概算、综合概算及成本费用等设计成果文件。

1. 工程概况

本工程为某乡供水工程，工程内容包括水源地及输水管线、配水厂、高位水池及配水管线。工程设计规模为 $1000\mathrm{m}^3/d$，配水管线为 $dn110\sim dn160$ 的 PE100 给水管共计 3230m。

2. 编制依据

（1）工程量计算及定额依据

1）工程初步设计文本及图纸。

2）《××省市政工程消耗量定额地区基价》（2005）。

3）《××省安装工程消耗量定额地区基价》（2013）。

4）《××省建筑工程概算定额地区基价》（2015）。

5）《××省建筑安装工程费用定额》（2013）。

6）《市政工程设计概算编制办法》建标［2011］1 号。

7）《给水排水设计手册》（第三版）第 10 册技术经济分册。

（2）价格依据

1）类似工程经济指标。

2）《××省近期建设工程一类材料指导价格》。

3）部分材料价格参考类似项目及厂家询价。

（3）费用依据

1）工程费用

建筑安装工程造价依据××省最新的市政、建筑及安装工程消耗量定额及合作地区基价进行编制计算，主要材料价格依据最新指导价及厂家报价。

费用程序及费率均按最新的取费标准及当地计价文件进行计取。

设备购置费根据生产厂家提供的设备参考价及有关价格资料综合计算，设备价格包含购置及运杂费。

总图中道路广场、绿化、围墙及大门等造价按类似工程指标进行估算。

建筑物造价参考类似工程造价指标，结合单体本身结构形式及层高等综合估算。

道路挖掘修复费依据当地计价文件进行计取，结合管道敷设路段路况等情况调整计算。

厂外输电线路等造价按类似工程指标进行估算。

2）其他费用

工程建设用地费参考当地标准按 20000 元/亩计算。

项目前期工作费依据当地计价文件计算。

建设单位管理费依据财政部财建［2002］394 号文计算。

建设工程监理费依据国家发改委、住房和城乡建设部发改价格［2007］670 号文计算。

勘察设计费根据国家计委、住房和城乡建设部计价格［2002］10号文发布的《工程勘察设计收费管理规定》计算。

招标代理服务费按国家计委计价格［2002］1980号文计算。

环境影响咨询费按国家计委计价格［2002］125号文计算。

施工图审查费依据当地计价文件计算。

生产准备费、办公生活家居购置费、联合试运转费等均按照住建部建标［2011］1号文关于工程建设其他费的计算方法及指标计取。

3）基本预备费

基本预备费按工程费用与其他费用之和的6%计算。

4）铺底流动资金

铺底流动资金用扩大指标法进行计算，流动资金周转天数为90天，铺底流动资金占流动资金的30%。

3. 资金筹措

项目概算总投资653.69万元，所需资金拟全部申请地区专项资金。

4. 投资概算

项目概算总投资653.69万元，详见表8-5、表8-6。

项目总投资汇总表　　表8-5

序　号	项　目	金额（万元）
	项目总投资（1+2+3+4）	653.69
	建设投资（1+2+3）	648.78
1	工程费用	531.54
1.1	建筑工程	237.32
1.2	设备费用	77.86
1.3	安装工程	216.36
2	其他费用	80.52
3	基本预备费	36.72
4	铺底流动资金	4.91

综合概算表　　表8-6

序号	工程和费用名称	概算价值（万元）					技术经济指标（元）			占投资比例（%）
		建筑工程	设备费用	安装工程	其他	合计	单位	数量	指标	
	工程总投资	237.32	77.86	216.36	122.16	653.69	m³/d	1000.00	6536.94	100.00
	建设投资	237.32	77.86	216.36	117.24	648.78	m³/d	1000.00	6487.82	99.25
（一）	工程费用	237.32	77.86	216.36		531.54	m³/d	1000.00	5315.39	81.31
Ⅰ	水源地及输水管线	19.20	1.88	13.08		34.17	m³/d	1000.00	341.68	
1	深井	8.00				8.00	座	1.00	80000.00	
2	深井泵房	4.87	1.88	1.93		8.68	m²	27.04	1800.00	

续表

序号	工程和费用名称	概 算 价 值 （万元）					技术经济指标（元）			占投资比例（%）
		建筑工程	设备费用	安装工程	其他	合计	单位	数量	指标	
3	原水输水管线			11.15		11.15	m	384.00	290.47	
4	道路挖掘修复费	6.34				6.34	m²	288.00	220.00	
Ⅱ	配水厂	146.90	75.48	43.88		266.27	m³/d	1000.00	2662.66	
1	总图	58.49	0.00	8.82		67.30	m²	2204.00	305.36	
1.1	管线	23.17		7.82		30.98	m²	2204.00	140.58	
1.2	道路广场	12.60				12.60	m²	700.10	180.00	
1.3	绿化	6.70				6.70	m²	837.52	80.00	
1.4	围墙	16.02				16.02	m	182.00	880.00	
1.5	大门			1.00		1.00	座	1.00	10000.00	
2	清水池	26.01	0.50	0.98		27.49	m³	232.47	1118.97	
3	送水泵房	15.79	19.80	2.92		38.51	m³	124.10	1272.05	
4	加氯间	18.65	10.58	1.97		31.19	m²	103.60	1800.00	
5	生产管理楼	27.97				27.97	m²	139.84	2000.00	
6	电气工程		15.10	1.36		16.46				
7	自控仪表		29.50	2.84		32.34				
8	厂外电缆			25.00		25.00	m	1000.00	250.00	
Ⅲ	高位水池及配水管线	71.22	0.50	159.39		231.10	m	3230.00	715.50	
1	高位水池	18.42	0.50	0.98		19.90	m³	126.06	1461.02	
2	主干道配水管线			110.81		110.81	m	2260.00	490.31	
3	次干道配水管线			47.60		47.60	m	970.00	490.68	
4	道路挖掘修复费	52.80				52.80	m²	2400.00	220.00	
（二）	其他费用				80.52	80.52				12.32
1	工程建设用地费				6.61	6.61	亩	3.31	20000.00	
2	项目前期工作费				4.96	4.96				
3	建设单位管理费				9.66	9.66				
4	工程建设监理费				17.57	17.57				
5	生产准备费				4.50	4.50	人	5.00	9000.00	
6	办公生活家具购置费				1.60	1.60	人	8.00	2000.00	
7	联合试运转费1%				0.78	0.78				
8	工程勘察费1.1%				5.85	5.85				
9	工程设计费				22.18	22.18				
10	施工图审查费				1.06	1.06				
11	招标代理服务费				4.02	4.02				
12	环境影响咨询服务费				1.73	1.73				
（三）	基本预备费6%				36.72	36.72				5.62
（四）	铺底流动资金				4.91	4.91				0.75

5. 成本费用

项目概算成本费用 94.79 万元，详见表 8-7。

成本费用计算表 表 8-7

序号	费用名称	单位	数量	单价（元）	年成本费用（万元）
1	药剂费				0.40
1.1	氯酸钠	吨/年	0.38	6000	0.23
1.2	盐酸	吨/年	2.15	800	0.17
2	电费及燃料费				21.22
2.1	电费	万度/年	41.61	0.51	21.22
3	水资源费	万 m³			0.00
4	职工薪酬	人	8.00	30000	24.00
5	修理费	%	2.00		12.89
6	折旧费	%	4.40		28.35
7	摊销费	%	10.00		0.45
8	其他费用	%	8.00		6.98
9	财务费用				0.50
9.1	流动资金贷款利息	%	4.35		0.50
9.2	长期贷款利息	%	4.90		0.00
10	总成本费用（1+2+…+9）	万元			94.79
	其中：1. 固定成本	万元			73.17
	2. 可变成本	万元			21.62
11	经营成本（10-6-7-9）	万元			65.49
12	单位水量总成本	元/m³			2.60
13	单位水量经营成本	元/m³			1.79

8.5　施工图预算

施工图预算是施工图设计阶段根据施工图纸、预算定额或消耗量定额、各项取费标准、建设地区的自然及技术经济条件等资料编制的对工程建设所需造价做出较精确计算的经济文件。

施工图预算是反映单位工程造价的结果，属于施工图设计阶段的工程产品定价文件。

总之，施工图预算是反映和确定建筑安装工程预算造价的技术经济文件，是签订建筑安装工程施工合同、实行工程预算包干、银行拨付工程款、进行竣工结算和竣工决算以及合同管理与索赔的重要依据，是施工企业加强经营管理、搞好企业内部经济核算的重要依据。

8.5.1　施工图预算编制的依据

（1）施工图纸及其说明

施工图纸及其说明是编制施工图预算的主要对象和依据。施工图纸必须经建设、设计、施工单位共同会审确定后，才能作为编制的依据。

（2）预算定额或单位估价表

预算定额或单位估价表是编制预算的基础资料，施工图预算项目的划分、工程量计算等都必须以预算定额为依据。

（3）工程量计算规则

与《通用安装工程消耗量定额》《市政工程消耗量定额》配套执行的"工程量计算规则"是计算工程量、套用定额单价的必备依据。

（4）批准的初步设计及设计概算等有关文件

我国基本建设预算制度决定了经批准的初步设计、设计概算是编制施工图预算的依据。

（5）费用定额及取费标准

费用定额及取费标准是计取各项应取费用的标准。目前各省、市、自治区都制订了费用定额及取费标准，编制施工图预算时，应按工程所在地的规定执行。

（6）地区人工工资、材料及机械台班预算价格

预算定额的工资标准仅限定额编制时的工资水平，在实际编制预算时应结合当时、当地的相应工资单价调整。同样，在一段时间内，材料价格和机械费都可能变动很大，必须按照当地规定调整价差。

（7）企业定额

投标报价的编制要依据企业定额。

（8）施工组织设计或施工方案

施工组织设计或施工方案是确定工程进度计划、施工方法或主要技术组织措施以及施工现场平面布置和其他有关准备工作的文件。编制施工图预算应依据经过批准的施工组织设计或施工方案。

（9）建设单位、施工单位共同拟订的施工合同、协议

建设单位、施工单位共同拟订的施工合同、协议，包括在材料加工订货方面的分工，材料供应方式等的协议。

8.5.2　施工图预算编制的步骤和方法

1. 定额计价模式的步骤和方法

（1）编制前的准备工作

施工图预算是确定工程预算造价的文件，其编制过程是具体确定建筑安装工程预算造价的过程。编制施工图预算，不仅要严格遵守国家计价政策、法规，严格按施工图计量，而且还要考虑施工现场条件和企业自身因素，是一项复杂而细致的工作，具有很强的政策性和技术性。因此，必须事前做好充分准备，方能编制出高水平的施工图预算。

准备工作主要包括两大方面：其一是组织准备；其二是资料的收集和现场情况的

调查。

　　1）组织准备

　　对于一个大的工程项目，其专业门类齐全，不是一两个人能够胜任的。必须组织各专业人员，分工合作，确定切实可行的编制方案，共同完成预算的编制工作。

　　2）资料收集

　　① 施工图的收集：包括文字说明、设计更改通知书和修改图、设计采用的标准图和通用图；

　　② 施工组织设计和施工方案：是确定工程进度、施工方法、施工机械、技术措施、现场平面布置等内容的文件，直接关系到定额的套用；

　　③ 有关定额和规定：包括预算定额、间接费定额、其他一些关于计价的规定（材料调整系数等）；

　　④ 有关工具书（如预算手册等）；

　　⑤ 有关合同（收集施工合同等）。

　　3）施工现场勘验

　　核实施工现场的水文地质资料、自然地面标高、交通运输道路条件、地理环境、已建建筑等情况。凡属建设单位责任范围内的应解决而未解决的问题，应确定责任和期限，若由建设单位委托施工企业完成，则应及时办理签证，并依此收费。

　　通过收集资料和对现场情况的了解，结合施工组织设计，预算人员能够确切掌握工程施工条件、该工程可能采用的施工方法等，为正确地分层、分段计算工程量及正确选用定额提供必备的基础资料。

　　（2）熟悉图纸和定额

　　施工图是编制施工图预算的根本依据，必须充分熟悉施工图，方能编制好预算。整套施工图应以设计组成为依据，包括采用的大样图、标准图以及设计更改通知（或类似文件），都是图样的组成部分，不可遗漏。不但要弄清施工图的内容，而且要对图纸的相关尺寸、设备材料的规格与数量、详图及其他符号是否正确等进行审核，若发现错误应及时纠正。

　　通过阅读施工图，了解工程的性质、系统的组成、设备和材料的规格型号和品种，以及有无新材料、新工艺的采用。理解设计意图，才能正确地计算出工程量，正确地选用定额。

　　预算定额是编制施工图预算的计价标准，对其适用范围、工程量计算规则及定额系数等都要充分地了解，做到心中有数，这样才能使预算编制准确、迅速。

　　（3）计算工程量

　　工程量是指以物理计量单位或自然计量单位所表示的各分项工程或结构构件的实物数量。物理计量单位是指以度量表示的长度、面积、质量等计量单位；自然计量单位是指自然状态下安装成品所表示的台、个、块等计量单位。

　　计算工程量是编制施工图预算过程中的重要步骤，工程量计算正确与否，直接影响施工图预算的编制质量。计算工程量必须注意：计算口径应与预算定额相一致，计算工程量时所列分项工程内容应与定额中项目内容一致；计算单位应与预算定额相一致；计算方法应与定额规定相一致，这样才能符合施工图预算编制的要求。定额计价模式下，工程量计算步骤与方法如下：

1）划分工程项目

工程项目的划分必须和定额规定的项目一致，这样才能正确地套用定额，不能重复列项计算，也不能漏项少算。例如：给水排水工程，管件连接工程量已包括到管道安装工程项目内，就不能在列管道安装项目的同时，再列管件连接项目套工艺管道管件连接定额。有些工程量，在图纸上不能直接表达，往往在施工说明中加以说明，注意不可漏项。如：管道除锈、刷油、绝热、系统调试等项目都是很容易漏项的项目。

2）计算工程量

① 工程量计算规则　必须按规定的工程量计算规则进行计算，该扣除的部分要扣除，不该扣除的部分不能扣除。例如，镀锌给水管道（螺纹连接），工程量计算规定以延长米计算，不扣除管件、阀门长度；通风管道安装制作工程量，定额规定以展开面积计算，不扣除送吸风口、检查孔等所占面积，咬口余量也不增加；计算风管长度时，以图注中心长度为准，不扣除管件长度，但扣除部件所占位置长度等。这些规则在计算工程量时，都应严格遵守。在计算水管工程量时，就不能扣除管件和阀门长度；在计算风管展开面积时，就不能扣除送吸风口和检查孔面积，也不能增加咬口余量的面积；在计算风管长度时，就不能扣除弯头、三通等管件长度，也不能不扣除阀门、送吸风口等部件所占长度。

② 工程量计量单位要与定额一致　例如给水管道安装工程量定额计量单位是 10m，风管制作安装工程量计量单位是 $10m^2$，电线穿管工程量定额计量单位是 100m。

③ 计算工程量应尽量利用工具书，例如，风管展开面积，管道绝热、刷油工程量以及管道绝热保护层工程量的计算，均可利用预算手册查得。

④ 计算工程量必须准确无误，在计算工程量时，必须严格按图样标示尺寸进行，不能加大或缩小；设备规格型号必须与图样完全一致，不准任意更改名称高套定额，数量要按图清点，按序进行，反复校对，避免重复，避免遗漏。例如在给水排水工程中，计算大便器的工程量，可以先在平面图上清点数量，再在系统图上校对，与设备材料表上核实，以确保准确无误。

3）整理工程项目和工程量

按工程项目计算全部工程量以后，要对工程项目和工程量进行整理，即合并同类项和按序排列。给套定额、计算直接费和进行工料分析打下基础。

① 合并同类项

合并同类项即将套用相同定额子目的项目工程量合并在一起，变为一个项目。例如，室内给水管道安装，凡是材质、规格、连接方式相同的，均将其工程量汇总在一起。又如通风管道制作安装，凡是在一个步距，套用同一定额子目的项目，不管规格是否相同都应合并在一起。如某工程有直径为 500mm 和 400mm 两种镀锌薄钢板风管制作安装项目，虽然规格不同，但在一个步距内，都应套用直径 500mm 以内定额子目，所以应将二者工程量相加，合并为一个项目。

② 按序排列

首先按定额分部工程进行归类，然后再按定额编号的顺序（可从小到大，也可从大到小）进行整理，将结果填入工程预算表中。预算表常用几种格式见表 8-8、表 8-9、表8-10。

工 程 预 算 表　　　　　　　　　　　　　　　　　　　表 8-8

工程名称：　　　年　　月　　日　　　　　　　　　　　　　第　页　共　页

定额编号	项目名称	规格型号	单位	数量	金额		其中：工资		备注
					单价（元）	复价（元）	单价（元）	复价（元）	

工 程 预 算 表　　　　　　　　　　　　　　　　　　　表 8-9

工程名称：　　　年　　月　　日　　　　　　　　　　　　　第　页　共　页

定额编号	项目名称	单　位	数　量	合价（元）		人工费（元）		材料费（元）		机械费（元）	
				单价	金额	单价	单价	金额	金额	单价	金额

工 程 预 算 表　　　　　　　　　　　　　　　　　　　表 8-10

工程名称：　　　年　　月　　日　　　　　　　　　　　　　第　页　共　页

定额编号	项目名称	单　位	数　量	主材费（元）		人工费（元）		材料费（元）		机械费（元）	
				单价	金额	单价	单价	金额	金额	单价	金额

　　至于采用何种表格，要视情况而定：不须调整工、料、机价差时，可采用表 8-8 形式；若须调整价差，而且是采用系数调整的，宜用表 8-9 形式；如果只调整主材价差而不调辅材价差时，使用表 8-10 为宜，也可自行设计表格。

　　需要注意的是，由于安装工程涉及的专业工程很多，因此，其工程量计算比较复杂，主要表现在：安装工程的专业性较强，各专业施工图所用的标准都不一样，要完全读懂施工图必须具备一定的专业知识；安装工程涉及机械设备、电气设备、热力设备、工业管道、给水排水、采暖、通风空调等专业工程安装，施工及验收规范、技术操作规程不尽相同，为预算的编制带来了难度；安装工程每个专业的工程量计算规则都不一样。因此在进行工程量的计算时应熟悉各专业安装工程施工图，掌握各专业的工程量计算规则，并不断积累工程量计算的经验，完善工程量的计算方法。定额计价模式下，具体涉及建筑安装工程工程量计算规则见本书定额计价模式下的工程量计算规则内容。

（4）计算各项费用和总价

定额计价模式下计算各项费用和总价是根据各地区颁发的现行的费用定额、计价文件等，计算间接费、利润、税金和其他费用等，并累计得出单位工程含税总造价的过程。其步骤和方法如下：

1）套单价计算定额基价费

套单价，即将定额子项中的基价填于预算表中单价栏内，并将单价乘以工程量得出复价，将结果填入复价栏。

预算表最后一项是"其中工资"，工资即人工费。该栏单价即指基价中的人工费数额，复价即单价人工乘以工程量所得的数值。

逐项填写并计算完毕后，将基价、复价和人工复价加以合计，即得出定额基价费和基价人工费。

2）计算主材费（未计价材料费）

因为许多定额项目基价为不完全价格，即未包括主材费用在内。所以计算定额基价费（基价合计）之后，还应计算出主材费，以便计算工程造价。

3）按费用定额计取其他各项费用

即按当地费用定额的取费规定计取间接费、计划利润、税金及其他费用。

4）计算工程总造价

将分部分项工程费、措施费、计划利润和税金相加即为工程预算造价。

（5）工料分析

工料分析即按分项工程项目，依据定额或单位估价表，计算人工和各种材料的实物耗量，并将主要材料汇总成表。

工料分析的方法，首先从定额项目表中分别将各分项工程消耗的每项材料和人工的定额耗量查出，再分别乘以该工程项目的工程量，得到分项工程工料耗量。最后将各分项工程工、料耗量加以汇总，得出单位工程人工、材料的消耗数量。

用公式表示为：

$$人工 = \Sigma(分项工程量 \times 综合工日消耗定额) \tag{8-65}$$

$$材料 = \Sigma(分项工程量 \times 各种材料定额耗量) \tag{8-66}$$

用同样的方法，也可进行机械台班耗量分析。

（6）计算单位工程经济指标

单位工程经济指标包括单位工程每平方米造价、主要材料消耗指标、劳动量消耗指标等。

（7）编写预算编制说明

编制说明简明扼要地介绍编制依据（定额、价格标准、费用标准、调价系数等）、编制范围等。

（8）校核、复核及审核

工程预算造价书完成后必须进行自校、校核、审核、复制、备案等过程。

工程预算造价书的审查有很多种方法，根据要求不同可以灵活运用，最基本的方法有全面审查法、重点审查法、指标审查法三种。

1）全面审查法　根据施工图纸、合同和定额及有关规定，对工程预算造价书内容逐一审查，不得漏项。

2）重点审查法　是抓住预算中的重点部分进行审查的方法。所谓重点，一是根据工程特点，工程某部分复杂、工程量计算繁杂、定额缺项多、对整个造价有明显影响者；二是工程数量多、单价高，占造价比例大的子目；三是在编制预算造价书过程中易犯错误处或易弄假处。

3）指标审查法就是利用建筑结构、用途、工程规模、建造标准基本相同的工程预算造价及各项技术经济指标，与被审查的工程造价相比较，这些指标和预算造价基本相符，则可认为该预算造价计算基本上是合理的。如果出入较大，应该做进一步分析对比，找出重点，进行审查。

2. 清单计价模式的步骤和方法

工程量清单计价的基本过程可以描述为：在统一的工程量计算规则的基础上，制订工程量清单项目设置规则，根据具体工程的施工图纸计算出各个清单项目的工程量，再根据各种渠道所获得的工程造价信息和经验数据计算得到工程造价。工程量清单计价的基本过程如图 8-6 所示。

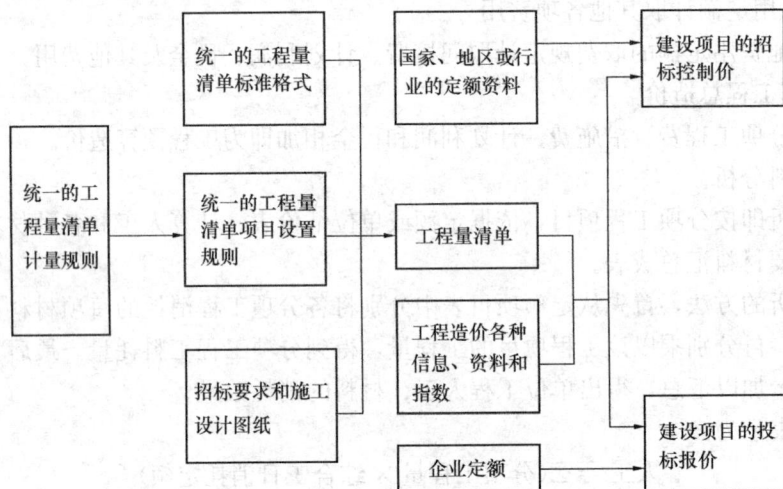

图 8-6　工程量清单计价过程示意图

从工程量清单计价过程的示意图中可以看出，其编制过程可以分为工程量清单格式的编制和利用工程量清单来编制投标报价（招标控制价）两个阶段。

工程量清单计价的具体步骤如下：研究招标文件→熟悉图纸、计算工程量→分部分项工程量清单计价→措施项目清单计价→其他项目费、规费、税金的计算。

（1）研究招标文件，熟悉图纸

1）熟悉工程量清单。工程量清单是计算工程造价最重要的依据，在计价时必须全面了解每一个清单项目的特征描述，熟悉其所包括的工程内容，以便在计价时不漏项，不重复计算。

2）研究招标文件。工程招标文件及合同条件的有关条款和要求，是计算工程造价重要依据。在招标文件及合同条件中对有关承发包工程范围、内容、期限、工程材料、设备采购供应办法等都有具体规定，只有在计价时按规定进行，才能保证计价的有效性。因此，投标单位拿到招标文件后，根据招标文件的要求，要对照图纸，对招标文件提供的工程量清单进行复查或复核，其内容主要有：

① 分专业对施工图进行工程量的数量审查。一般招标文件上要求投标单位核查工程量清单，如果投标单位不审查，则不能发现清单编制中存在的问题，也就不能充分利用招标单位给予投标单位澄清问题的机会，则由此产生的后果由投标单位自行负责。

② 根据图纸说明和选用的技术规范对工程量清单项目进行审查。主要是根据规范和技术要求，审查清单项目是否漏项，例如电气设备中有许多调试工作（母线系统调试、低压供电系统调试等），是否在工程量清单中被漏项。

③ 根据技术要求和招标文件的具体要求，对工程需要增加的内容进行审查。认真研究招标文件是投标单位争取中标的第一要素。表面上看，各招标文件基本相同，但每个项目都有自己的特殊要求，这些要求一定会在招标文件中反映出来，这需要投标人仔细研究。有的工程量清单上要求增加的内容与技术要求和招标文件上的要求不统一，只有通过审查和澄清才能统一起来。

3）熟悉施工图纸、全面系统地阅读图纸，是准确计算工程造价的重要工作。阅读图纸时应注意以下几点：

① 按设计要求，收集图纸选用的标准图、大样图。

② 认真阅读设计说明，掌握安装构件的部位和尺寸，安装施工要求及特点。

③ 了解本专业施工与其他专业施工工序之间的关系。

④ 对图纸中的错、漏以及表示不清楚的地方予以记录，以便在招标答疑会上询问解决。

4）熟悉工程量计算规则。当分部分项工程的综合单价采用定额进行单价分析时，对定额工程量计算规则的熟悉和掌握，是快速、准确地进行单价分析的重要保证。

5）了解施工组织设计。施工组织设计或施工方案是施工单位的技术部门针对具体工程编制的施工作业的指导性文件，其中对施工技术措施、安全措施、施工机械配置，是否增加辅助项目等，都应在工程计价的过程中予以注意。施工组织设计所涉及的图纸以外的费用主要属于措施项目费。

6）熟悉加工订货的有关情况。明确建设、施工单位双方在加工订货方面的分工。对需要进行委托加工订货的设备、材料，应向生产厂或供应商询价，并落实厂家或供应商对产品交货期及产品到工地交货价格的承诺。

7）明确主材和设备的来源情况。主材和设备的型号、规格、质量、材质、品牌等对工程造价影响很大，因此主材和设备的范围及有关内容需要发包人予以明确，必要时注明产地和厂家。大宗材料和设备价格，必须考虑交货期和从交通运输线至工地现场的运输条件。

（2）计算工程量

清单计价的工程量计算主要有三部分内容，一是编制分部分项工程量清单，一般由招标人或招标人委托的咨询公司编制，其具体步骤和方法在本书分部分项工程量清单的编制中已进行了讲述，这里不再赘述；二是核算工程量清单所提供清单项目工程量是否准确；三是计算每一个清单项目所组合的工程项目（子项）的工程量，以便进行单价分析。在计算工程量时，应注意清单计价和定额计价时的计算方法不同。清单计价时，是辅助项目随主项计算，将不同的工程内容组合在一起，计算出清单项目的综合单价；而定额计价时，是按相同的工程内容合并汇总，然后套用定额，计算出该项目的分部分项工程费。

（3）分部分项工程量清单计价

分部分项工程量清单计价分两个步骤：第一步，按招标文件给定的工程量清单项目逐个进行综合单价分析。在分析计算依据采用方面，可采用企业定额，也可采用各地现行的安装工程综合定额。第二步，按分部分项工程量清单计价格式，将每个清单项目的工程数量，分别乘以对应的综合单价计算出各项合价，再将各项合价汇总。

（4）措施项目清单计价

措施项目清单是完成项目施工必须采取的措施所需的工程内容，一般在招标文件中提供。如提供的项目与拟建工程情况不完全相符时，投标人可做增减。费用的计算可参照计价办法中措施项目指引的计算方法进行，也可按施工方案和施工组织设计中相应项目要求进行人工、材料、机械分析计算。

（5）其他项目费、规费、税金的计算

其他项目费中的招标人部分可按估算金额确定，投标人部分的总承包服务费应根据招标人提出的要求，按发生的费用确定。

规费和税金应按国家或地方有关部门规定的项目按一定费（税）率进行计算。

8.5.3　施工图预算书的内容

1. 定额计价模式下施工图预算书的内容

定额计价模式下施工图预算书的具体内容一般包括封面、扉页、目录、编制说明、预算分析表、计费程序表、工程量汇总表、工料分析等内容。

（1）封面

预算书的封面格式根据其用途不同，可以包括不同的项目。通常必须包括工程编号、工程名称、工程造价、编制单位、编制时间等。

对于中介单位，封面通常还须包括招标单位名称。对于施工单位则应包括建设单位名称等。对于投标单位则应包括投标人及其法人代表等信息。

（2）扉页

预算书的扉页格式根据其用途不同，可以包括不同的项目。通常是将除封面上体现的预算相关重要信息以外的工程名称、工程造价、相关单位法人签字、造价工程师签字、单位建筑面积的造价、编制单位、编制人及证号、编制时间等。工程重要信息等补充和集中于扉页，以便快速了解该预算核心内容。

（3）目录

对于内容较多的预算书，将其内容按顺序排列，并给出页码编号，以方便查找。

（4）编制说明

施工图预算编制说明的主要内容有：工程概况、编制依据（如图纸、定额或单位估价表、费用定额、施工组织方案等）、有关设计修改或图样会审记录、遗留项目或暂估项目统计及其原因说明、存在问题及处理办法、其他要说明的问题。施工图预算编制说明示例如下：

1）工程名称及建设所在地和该地工资区类别；

2）根据×设计院×年度×号图纸编制；

3）采用×年度×地×种定额；

4）采用×年度×地×取费标准（或文号）；

5）根据×地×年×号文件调整价差；

6）根据×号合同规定的工程范围编制的预算；

7）定额换算原因、依据、方法；

8）未解决的遗留问题。

（5）预算分析表

表 8-11 是一种常用的预算分析表形式。

预算分析表示例　　　　　　　　　　　　表 8-11

工程名称：　　　　　　　　　　　　　　　　　　　　第　页　共　页

序号	定额编号	名称及说明	单位	数量	单位价值/元						总价值/元						合计
					损耗	主材费	人工费	材料费	机械费	管理费	主材费	人工费	材料费	机械费	管理费	

编制人：　　　　　　　　　　　证号：　　　　　　　　　　　编制日期：

（6）计费程序表

不同时期、不同地区采用的计费程序表可能有所不同，对于不同地区的工程应采用当地造价管理部门公布的计费程序进行计算。建设单位工程招标控制价计价程序、施工企业工程投标报价计价程序、竣工结算计价程序见表 8-12、表 8-13、表 8-14。

建设单位工程招标控制价计价程序　　　　　　表 8-12

工程名称：　　　　　　　　　　　　标段：

序号	内　容	计算方法	金额（元）
1	分部分项工程费	按计价规定计算	
1.1			
1.2			
1.3			
1.4			
1.5			

续表

序号	内 容	计 算 方 法	金额（元）
2	措施项目费	按计价规定计算	
2.1	其中：安全文明施工费	按规定标准计算	
3	其他项目费		
3.1	其中：暂列金额	按计价规定估算	
3.2	其中：专业工程暂估价	按计价规定估算	
3.3	其中：计日工	按计价规定估算	
3.4	其中：总承包服务费	按计价规定估算	
4	规费	按规定标准计算	
5	税金（扣除不列入计税范围的工程设备金额）	（1+2+3+4）×规定税率	

招标控制价合计＝1+2+3+4+5

施工企业工程投标报价计价程序　　　　表 8-13

工程名称：　　　　　　　　　　　标段：

序号	内 容	计 算 方 法	金额（元）
1	分部分项工程费	自主报价	
1.1			
1.2			
1.3			
1.4			
1.5			
2	措施项目费	自主报价	
2.1	其中：安全文明施工费	按规定标准计算	
3	其他项目费		
3.1	其中：暂列金额	按招标文件提供金额计列	
3.2	其中：专业工程暂估价	按招标文件提供金额计列	
3.3	其中：计日工	自主报价	
3.4	其中：总承包服务费	自主报价	
4	规费	按规定标准计算	
5	税金（扣除不列入计税范围的工程设备金额）	（1+2+3+4）×规定税率	

投标报价合计＝1+2+3+4+5

竣工结算计价程序　　　　表 8-14

工程名称：　　　　　　　　　　　标段：

序号	汇 总 内 容	计 算 方 法	金额（元）
1	分部分项工程费	按合同约定计算	
1.1			
1.2			
1.3			

续表

序号	汇 总 内 容	计算方法	金额（元）
1.4			
1.5			
2	措施项目	按合同约定计算	
2.1	其中：安全文明施工费	按规定标准计算	
3	其他项目		
3.1	其中：专业工程结算价	按合同约定计算	
3.2	其中：计日工	按计日工签证计算	
3.3	其中：总承包服务费	按合同约定计算	
3.4	索赔与现场签证	按发承包双方确认数额计算	
4	规费	按规定标准计算	
5	税金（扣除不列入计税范围的工程设备金额）	（1＋2＋3＋4）×规定税率	
竣工结算总价合计＝1＋2＋3＋4＋5			

（7）工程量汇总表

将建筑安装工程中所有工程量分类汇总，内容包括分项工程名称、规格型号、单位、数量。必要时，写出计算式及所在部位等。

（8）工料分析

将人工、材料等进行汇总。

2. 清单计价模式下施工图预算书的内容

清单计价模式下施工图预算书一般体现为投标报价或招标控制价。两种具体格式有细微区别，但内容一般包括封面、扉页、目录、编制说明、招标控制价（投标报价）汇总表、分部分项工程计价表、措施项目计价表、工程量清单综合单价分析表、综合单价调整表、总价措施项目清单与计价表、其他项目清单与计价汇总表、暂列金额明细表、材料（工程设备）暂估单价及调整表、专业工程暂估价表、计日工表、规费与税金项目清单与计价表等内容。其中封面、扉页、目录、编制说明基本与定额计价模式下相同，这里不再赘述，现就其他内容介绍如下。

（1）招标控制价（投标报价）汇总表

根据项目不同，包括工程项目招标控制价（投标报价）汇总表、单项工程招标控制价（投标报价）汇总表、单位工程招标控制价（投标报价）汇总表，用于招标控制价（投标报价）的汇总。工程项目招标控制价（投标报价）汇总表是对单项工程招标控制价（投标报价）的汇总，单项工程招标控制价（投标报价）汇总表是对单位工程招标控制价（投标报价）的汇总。对于单位工程，该表是对包含分部分项工程费、措施项目费、其他项目费（包括暂列金额、专业工程暂估价、计日工、总承包服务费）、规费、税金在内所有费用的汇总。工程项目招标控制价（投标报价）汇总表最后汇总的费用即为招标控制价（投标报价）。具体表格详见《计价规范》附录。

（2）分部分项工程计价表

分部分项工程计价表是将工程量清单中分部分项工程量与分部分项工程综合单价相乘进行分部分项工程进行计价并进行汇总。

分部分项工程费＝∑（工程量清单中分部分项工程量×分部分项工程综合单价）　　（8-67）

计价和汇总的结果即为单位工程分部分项工程费。

（3）工程量清单综合单价分析表

对于投标报价，根据工程量清单中项目内容和特征，依据企业定额将包括人工费、材料费、机械费、管理费和利润在内，并考虑适当风险费用的单位数量分项工程费分别计算并汇总为完成工程量清单规定项目的综合单价，以便计算分部分项工程费。

（4）单价措施项目计价表

单价措施项目计价表适用于以综合单价形式计价的措施项目，其表格形式同分部分项工程计价表。

（5）总价措施项目清单与计价表

总价措施项目计价表适用于以"项"计价的措施费用，一般包括安全文明施工费、夜间施工费、二次搬运费、冬雨期施工费、施工排水施工降水等。

（6）其他项目清单与计价汇总表

其他项目措施项目计价表是计算并汇总包括暂列金额、暂估价、计日工和总承包服务费在内的其他项目措施项目费用的表格。

（7）暂列金额明细表、材料（工程设备）暂估单价及调整表、专业工程暂估价表、计日工表

此部分内容为其他项目费用中的子项，对于投标报价，计日工单价由投标单位自主报价，其他项目均由招标人填写并提供，投标人将上述费用均计入投标总价即可。

（8）规费与税金项目清单与计价表

规费与税金项目清单与计价表是对招投标过程中非竞争项目进行计价和汇总的表格。其中规费包括工程排污费、社会保障费（包括养老保险费、失业保险费、医疗保险费）、住房公积金、危险作业意外伤害保险、工程定额测定费。且均以计算基础按照规定费率计算，其计算基础可为直接费、人工费或人工费＋机械费；税金即为以分部分项工程费＋措施项目费＋其他项目费用＋规费为计算基础，按照规定税率计算的税金。

8.5.4　预算编制示例

本示例以某单位宿舍卫生间给水排水工程为例，采用定额计价和清单计价两种模式对工程造价进行预算。

1. 工程内容

建筑物内卫生间给水排水管道工程。该建筑物共有五层，给水由市政管网直接供水，采用下行上给方式。排水系统采用合流制。每层卫生间内有蹲便器 3 个，小便器 2 个，洗面盆 3 个，污水池 1 个。

图 8-7 为一层给水管道平面图，图 8-8 为二～五层给水管道平面图，图 8-9 为给水管道系统图，图 8-10 为一层排水管道平面图，图 8-11 为二～五层排水管道平面图，图 8-12 为排水管道系统图。

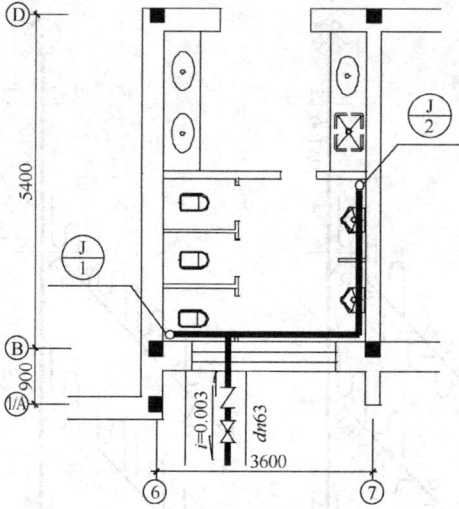

图 8-7　一层给水管道平面图

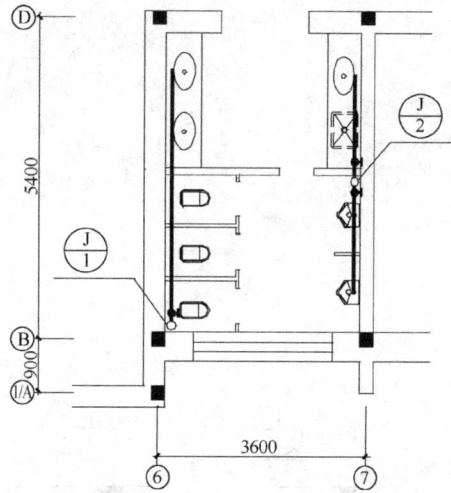

图 8-8　二～五层给水管道平面图

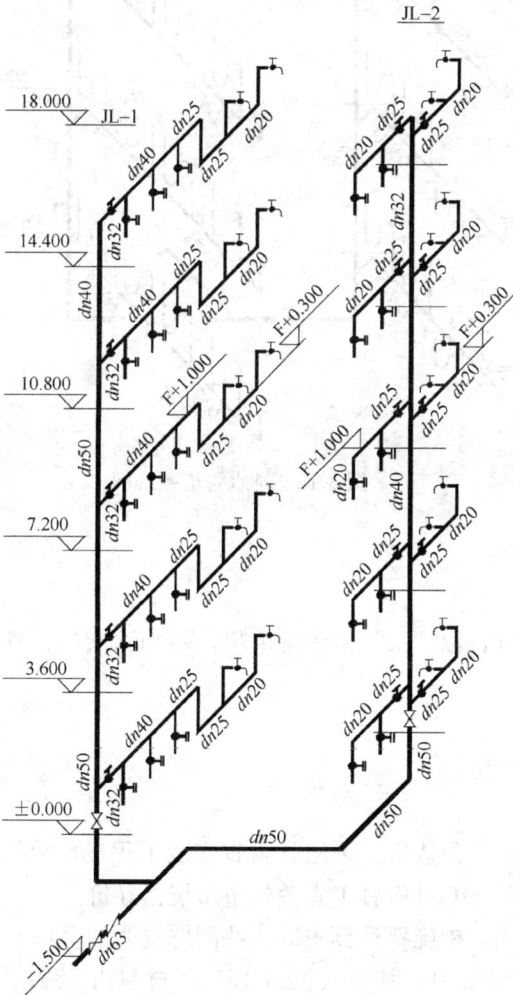

图 8-9　给水管道系统图

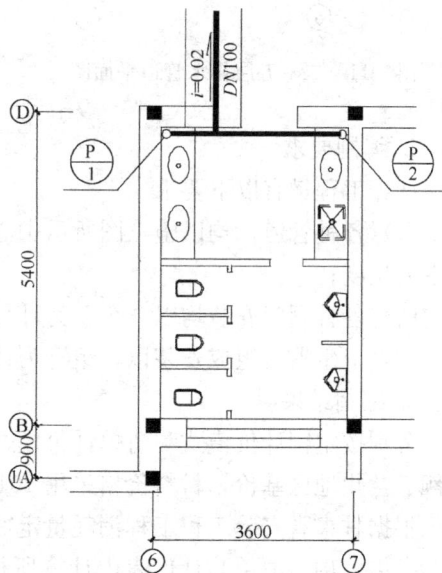

图 8-10　一层排水管道平面图

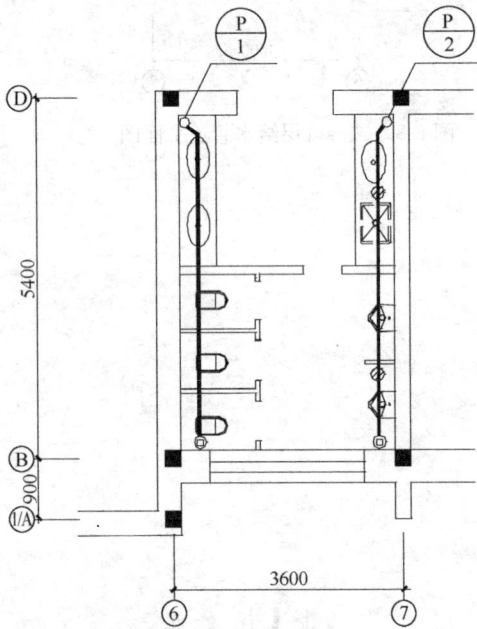

图 8-11　二~五层排水管道平面图

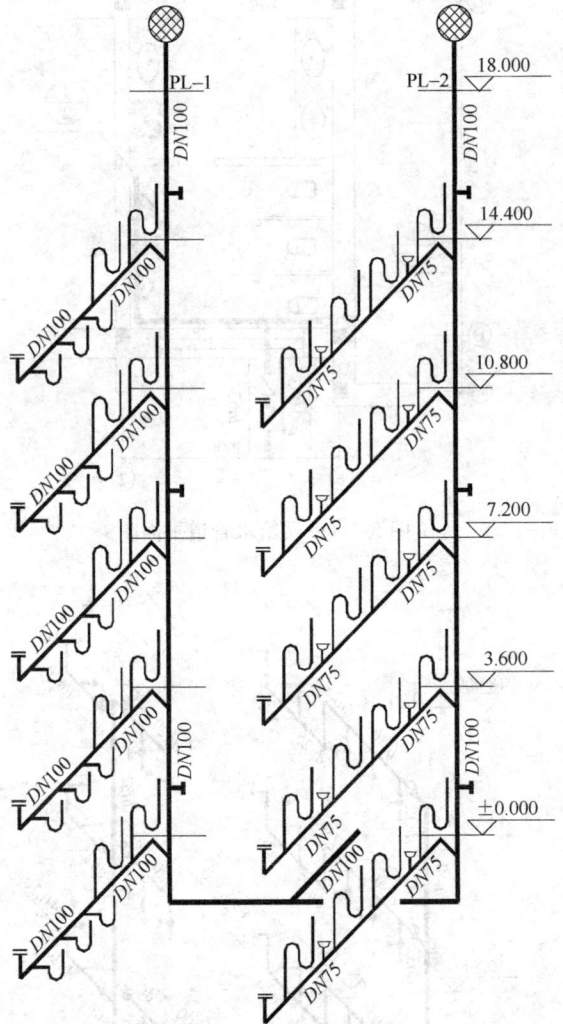

图 8-12　排水管道系统图

2. 编制要求

计算工程量有以下要求。

(1) 各种管道，均以施工图所示中心长度，以"m"为计量单位，不扣除阀门、管件所占的长度；

(2) 各种阀门安装均以"个"为计量单位。

(3) 卫生器具组成安装以"组"为计量单位。

3. 编制结果

分别按定额计价模式和清单计价模式计算工程造价。采用甘肃省安装工程工程消耗量定额、兰州地区基价，材料价格采用 2011 年 5~6 月份甘肃省兰州市市场指导价。

根据甘肃省安装工程工程消耗量定额说明，措施费计算中的一些问题说明如下：

①措施项目清单与计价表中计算所得措施费中，其中人工占 15%，材料占 78%，机械占 7%；限于篇幅，未单独列项；

②措施项目清单与计价表计算式中，"78％×0.24％"是材料的检验试验费；"15％ × 30％"是人工费调整；"15％ ×（39.12％+15.35％）"是管理费和利润；"78％ ×（1＋0.24％）× 0％"是材料费调整。见表 8-22；

③以下各算例计算方法相同，不再说明。

（1）定额计价模式

1）按工程量计算规则计算工程量（见表 8-15）。

2）计算直接费、措施费及工程造价（见表 8-16～表 8-19）。

（2）清单计价模式

1）工程量计算同表 8-12。

2）清单计价计算结果见表 8-20～表 8-23）。

主要工程数量表　　　　　　　　　　　　　　　　　　　表 8-15

序号	分项工程	工程说明及算式	单位	数量
	一、管道敷设			
	给水管 DN50	4.0	m	4.0
	给水管 DN40	3.6×3+2.5×2+3.6+3.2+2.7	m	25.3
	给水管 DN32	2.7×5+3.6+3.6×2	m	24.3
	给水管 DN25	0.9×3×5+3.6	m	17.1
1	给水管 DN20	（0.5+0.7+0.7+0.8+1.0）×5	m	18.5
	给水管 DN15	（0.8+2×0.7+0.8+0.7+1.5+0.5×2）×5	m	31
	闸阀 DN40		个	2
	截止阀 DN32		个	5
	截止阀 DN20	2×5	个	10
	排水管 DN50	0.3×6×5	m	9
2	排水管 DN75	5.0×5	m	25
	排水管 DN100	5.0×5+3.0+4.0	m	32
	二、卫生器具			
1	DN15 水龙头	4×5	组	20
2	坐式大便器	3×5	组	15
3	洗面盆	3×5	组	15
4	小便器	2×5	组	10
5	污水池	1×5	组	5
6	自闭式冲洗阀 DN25	3×5	个	15
7	自闭式冲洗阀 DN15	2×5	个	10
8	P 形存水弯 DN100	3×5	个	15
9	S 形存水弯 DN50	6.0×5	个	30
10	检查口 DN100	3×2	个	6
11	清扫口	2×5	个	10
12	地漏	2×5	个	10

安装工程预算表 表 8-16

工程名称：某单位宿舍卫生间给水排水工程

序号	定额编号	项目名称	单位	工程量	基价	合价	人工		材料		机械		主材	
							单价	合价	单价	合价	单价	合价	单价	合价
1	4-109	PP-R 给水管 dn63	10m	0.4	302.13	120.85	29.08	11.63	271.93	108.77	1.12	0.45	306.82	122.73
2	4-108	PP-R 给水管 dn50	10m	2.53	335.96	849.98	24.61	62.26	310.79	786.3	0.56	1.42	198.29	501.67
3	4-107	PP-R 给水管 dn40	10m	2.43	287.2	697.9	24.61	59.8	262.03	636.73	0.56	1.36	129.74	315.27
4	4-106	PP-R 给水管 dn32	10m	1.71	141.22	241.49	20.14	34.44	120.52	206.09	0.56	0.96	81.19	138.83
5	4-105	PP-R 给水管 dn25	10m	1.85	116.65	215.8	20.14	37.26	95.95	177.51	0.56	1.04	64.16	118.7
6	4-105	PP-R 给水管 DE20	10m	3.1	116.65	361.62	20.14	62.43	95.95	297.45	0.56	1.74	62.02	192.26
7	4-291	闸阀 公称直径 (mm 以内) 40	个	2	10.59	21.18	5.49	10.98	5.1	10.2			33.54	67.08
8	4-290	截止阀 公称直径 (mm 以内) 32	个	5	6.79	33.95	3.3	16.5	3.49	17.45			20.63	103.15
9	4-288	截止阀 公称直径 (mm 以内) 20	个	10	4.09	40.9	2.19	21.9	1.9	19			12.09	120.9
10	4-121	PVC-U 塑料排水管 (粘接) 公称直径 (mm 以内) 50	10m	0.9	88.87	79.98	34.24	30.82	54.2	48.78	0.43	0.39	75.43	67.89
11	4-122	PVC-U 塑料排水管 (粘接) 公称直径 (mm 以内) 75	10m	2.5	152.09	380.23	46.53	116.33	105.13	262.83	0.43	1.08	126.54	316.35

续表

序号	定额编号	项目名称	单位	工程量	基价	合价	人工		材料		机械		主材	
							单价	合价	单价	合价	单价	合价	单价	合价
12	4-123	PVC-U 塑料排水管（粘接）公称直径（mm 以内）100	10m	3.2	218.98	700.74	51.9	166.08	166.65	533.28	0.43	1.38	309.87	991.58
13	4-497	水龙头安装公称直径（mm 以内）15	个	20	0.75	15	0.64	12.8	0.11	2.2			7.04	140.8
14	4-482	坐式大便器安装	套	15	17.58	263.7	15.19	227.85	2.39	35.85			606	9090
15	4-443	洗脸盆安装	组	15	111.44	1671.6	14.58	218.7	96.86	1452.9			247.45	3711.75
16	4-495	立式小便器安装	套	10	57.59	575.9	10.13	101.3	47.46	474.6			451.54	4515.4
17	4-451	污水池	组	5	68.2	341	9.68	48.4	58.52	292.6			80.8	404
18	4-510	清扫口安装	个	10	1.79	17.9	1.67	16.7	0.12	1.2			3.63	36.3
19	4-506	地漏安装	个	10	5.27	52.7	3.58	35.8	1.69	16.9			8.69	86.9
	合 计							1292		5380.6		9.82		21041.6

费率措施费构成汇总表　　　　　　　　　　表 8-17

工程名称：某单位宿舍卫生间给水排水工程

序号	名 称	单位	计算基数	费率（%）	合价	其 中		
						人工费（15%）	材料费（78%）	机械费（7%）
1	环境保护费	项	人工费×费率	2.16	42.64	6.40	33.26	2.98
2	文明施工费	项	人工费×费率	3.5	69.10	10.36	53.89	4.84
3	安全施工费	项	人工费×费率	15.66	309.15	46.37	241.14	21.64
4	临时设施费	项	人工费×费率	13.6	268.48	40.27	209.42	18.79
5	已完工程及设备保护	项	人工费×费率	0.3	5.92	0.89	4.62	0.41
6	夜间施工费	项	人工费×费率	5.25	103.64	15.55	80.84	7.26
7	二次搬运费	项	人工费×费率	1.8	35.53	5.33	27.72	2.49
8	冬雨期施工费	项	人工费×费率	6.95	137.20	20.58	107.02	9.60
9	生产工具用具使用费	项	人工费×费率	4.8	94.76	14.21	73.91	6.63
10	工程定位复测、工程点交、场地清理费	项	人工费×费率	1.5	29.61	4.44	23.10	2.07
	合 计				1096.05	164.41	854.92	76.72

定额措施费汇总表 表8-18

工程名称：某单位宿舍卫生间给水排水工程

序号	编号	名　称	单位	单价	数量	合价	人工		材料		机械	
							单价	合价	单价	合价	单价	合价
1		脚手架				64.6		16.15				48.45
2	BM104	脚手架搭拆、给水排水、采暖、消防及燃气管道器具安装	元	64.6	1	64.6	16.15	16.15	48.45	48.45	48.45	48.45

给水排水安装工程费用计算表 表8-19

工程名称：某单位宿舍卫生间给水排水工程

序号	费用项目名称	费用代号	费率代号	费率（％）	计算式	费用金额
一	直接费	A			A＝B＋C	29640.9
	其中:人工费	A1			A1＝B1＋C1a＋C2a	2163.24
	材料费	A2			A2＝B2＋C1b＋C2b	27391.14
	机械费	A3			A3＝B3＋C1c＋C2c	86.52
（一）	直接工程费	B			B＝B1＋B2＋B3	28469.58
	其中:人工费	B1			预算表人工费×(1＋52.8％)	1974.15
	材料费	B2				26485.61
	材料直接费	B21				26422.2
	检验、试验测定费	B22		0.24		63.41
	机械费	B3				9.82
（二）	措施费	C			C＝C1＋C2	1171.32
	费率措施费	C1	c		C1＝B1×c	1098.07
	其中:人工费	C1a				164.41
	材料费	C1b				856.96
	材料直接费	C1b1				854.91
	检验、试验测定费	C1b2		0.24		2.05
	机械费	C1c				76.7
	定额措施费	C2			C2＝C2a＋C2b＋C2c	73.25
	其中:人工费	C2a			定额措施人工费×(1＋52.8％)	24.68
	材料费	C2b				48.57
	材料直接费	C2b1				48.45
	检验、试验测定费	C2b2		0.24		0.12
	机械费	C2c				
二	间接费	D	d	39.12	D＝A1・d	846.26
三	利润	E	e	15.35	E＝A1・e	332.06
四	人工费调整	F	f	30	F＝A1・f	648.97
	材料价差	G			G＝G1＋G2	451.95
	其中:一类材差	G1			按实物法调差规定计算	

续表

序号	费用项目名称	费用代号	费率代号	费率(%)	计算式	费用金额
	二类材差	G2	g2	1.65	G2＝A2＊g2	451.95
	机械费调整	H	h	0	H＝A3＊h	
五	规费	J			J＝J1＋J2＋J3＋J4＋J5	266.08
	社会保障费	J1	j1	0	J1＝A1＊j1	
	住房公积金	J2	j2	0	J2＝A1＊j2	
	工程排污费	J3	j3	0.28	J3＝A1＊j3	6.06
	危险作业意外伤害保险	J4	j4	0.52	J4＝A1＊j4	11.25
	企业可持续发展基金	J5	j5	11.5	J5＝A1＊j5	248.77
六	税金	M	m	3.48	M＝(A＋D＋E＋F＋G＋H＋J)＊m	1120.08
七	工程造价	N			N＝A＋D＋E＋F＋G＋H＋J＋M	33306.3

工程量清单综合单价分析表

表 8-20

工程名称:某单位宿舍卫生间给水排水工程

项目编码	030801005001			项目名称	PP-R 给水管　管道外径 63mm			计量单位		m

清单综合单价组成明细

定额编号	定额名称	定额单位	数量	单 价			管理费和利润(费率)	合 价			
				人工费	材料费	机械费		人工费	材料费	机械费	管理费和利润
4-109	PP-R 给水管 DE50	10m	0.1	44.43	271.93	1.12	54.47%	4.44	27.26	0.11	2.42
	未计价材料费							—	30.68	—	—
	人工费调整							1.33	—	—	—
	材料费价差										
	机械费调整							—	—	—	—
	小计							5.77	58.01	0.11	2.42
	清单项目综合单价							66.32			

	实物法材料价差	单位	数量	预算价	指导价市场价	暂估价	暂估价材料费	价　差	
材料价差明细								单价	合价
	小计						—		—
	系数法材料价差		计算基数			系数(%)			
			27.26						
	合　计								

续表

项目编码	030801005002			项目名称		PP-R 给水管　管道外径 50mm		计量单位	m

清单综合单价组成明细

定额编号	定额名称	定额单位	数量	单价			管理费和利润（费率）	合价			
				人工费	材料费	机械费		人工费	材料费	机械费	管理费和利润
4-109	PP-R 给水管管道外径 40	10m	0.1	44.43	271.93	1.12	54.47%	4.44	27.26	0.11	2.42
	未计价材料费						—	19.83	—	—	—
	人工费调整							1.33	—	—	—
	材料费价差							—	—	—	—
	机械费调整							—	—	—	—
	小计							5.77	47.14	0.11	2.42
	清单项目综合单价							55.44			

材料价差明细	实物法材料价差	单位	数量	预算价	指导价市场价	暂估价	暂估价材料费	价差	
								单价	合价
	小计						—	—	
	系数法材料价差	计算基数				系数%			
		27.26							
	合计								

项目编码	030801005003			项目名称		PP-R 给水管　管道外径 40mm		计量单位	m

清单综合单价组成明细

定额编号	定额名称	定额单位	数量	单价			管理费和利润（费率）	合价			
				人工费	材料费	机械费		人工费	材料费	机械费	管理费和利润
4-107	PP-R 给水管管道外径 32mm	10m	0.1	37.6	262.03	0.56	54.47%	3.76	26.27	0.06	2.05
	未计价材料费						—	12.97	—	—	—
	人工费调整							1.13	—	—	—
	材料费价差							—	—	—	—
	机械费调整							—	—	—	—
	小计							4.89	39.27	0.06	2.05
	清单项目综合单价							46.26			

材料价差明细	实物法材料价差	单位	数量	预算价	指导价市场价	暂估价	暂估价材料费	价差	
								单价	合价
	小计						—	—	
	系数法材料价差	计算基数				系数(%)			
		26.27							
	合计								

续表

项目编码		030801005004		项目名称		PP-R 给水管 管道外径 32mm		计量单位		m

清单综合单价组成明细

定额编号	定额名称	定额单位	数量	单价			管理费和利润（费率）	合价			
				人工费	材料费	机械费		人工费	材料费	机械费	管理费和利润
4-106	PP-R 给水管 管道外径 25mm	10m	0.1	30.77	120.52	0.56	54.47%	3.08	12.08	0.06	1.68
	未计价材料费							—	8.12	—	—
	人工费调整							0.92	—	—	—
	材料费价差							—	—	—	—
	机械费调整							—	—	—	—
	小计							4.00	20.22	0.06	1.68
	清单项目综合单价							25.95			

材料价差明细	实物法材料价差		单位	数量	预算价	指导价市场价	暂估价	暂估价材料费	价差	
									单价	合价
	小计							—		—
	系数法材料价差		计算基数				系数(%)			
			12.08							
	合计									

项目编码		030801005005		项目名称		PP-R 给水管 管道外径 25mm		计量单位		m

清单综合单价组成明细

定额编号	定额名称	定额单位	数量	单价			管理费和利润（费率）	合价			
				人工费	材料费	机械费		人工费	材料费	机械费	管理费和利润
4-105	PP-R 给水管 管道外径 20mm	10m	0.1	30.77	95.95	0.56	54.47%	3.08	9.62	0.06	1.68
	未计价材料费							—	6.42	—	—
	人工费调整							0.92	—	—	—
	材料费价差							—	—	—	—
	机械费调整							—	—	—	—
	小计							4.00	16.05	0.06	1.68
	清单项目综合单价							21.78			

材料价差明细	实物法材料价差		单位	数量	预算价	指导价市场价	暂估价	暂估价材料费	价差	
									单价	合价
	小计							—		—
	系数法材料价差		计算基数				系数(%)			
			9.62							
	合计									

续表

| 项目编码 | 030801005006 | | | 项目名称 | PP-R 给水管　管道外径 20mm | | | 计量单位 | | m |

清单综合单价组成明细

定额编号	定额名称	定额单位	数量	单价			管理费和利润（费率）	合价			
				人工费	材料费	机械费		人工费	材料费	机械费	管理费和利润
4-105	PP-R 给水管 管道外径 15mm	10m	0.1	30.77	95.95	0.56	54.47%	3.08	9.62	0.06	1.68
	未计价材料费							—	6.2	—	—
	人工费调整							0.92			
	材料费价差							—			—
	机械费调整										
	小计							4.00	15.84	0.06	1.68
	清单项目综合单价							21.57			

材料价差明细	实物法材料价差			单位	数量	预算价	指导价市场价	暂估价	暂估价材料费	价差	
										单价	合价
	小计								—		—
	系数法材料价差			计算基数				系数（%）			
				9.62							
	合计										

| 项目编码 | 030803001001 | | | 项目名称 | 闸阀　公称直径(mm 以内) 40 | | | 计量单位 | | 个 |

清单综合单价组成明细

定额编号	定额名称	定额单位	数量	单价			管理费和利润（费率）	合价			
				人工费	材料费	机械费		人工费	材料费	机械费	管理费和利润
4-291	闸阀 公称直径 (mm 以内) 40	个	1	8.39	5.1		54.47%	8.39	5.11		4.57
	未计价材料费							—	33.54	—	—
	人工费调整							2.52			
	材料费价差							—			—
	机械费调整										
	小计							10.91	38.73		4.57
	清单项目综合单价							54.21			

材料价差明细	实物法材料价差			单位	数量	预算价	指导价市场价	暂估价	暂估价材料费	价差	
										单价	合价
	小计								—		—
	系数法材料价差			计算基数				系数（%）			
				5.11							
	合计										

续表

| 项目编码 | 030803001002 | | | | 项目名称 | | 截止阀 公称直径(mm 以内) 32 | | | 计量单位 | | 个 |

清单综合单价组成明细

定额编号	定额名称	定额单位	数量	单价			管理费和利润(费率)	合价			
				人工费	材料费	机械费		人工费	材料费	机械费	管理费和利润
4-290	截止阀公称直径(mm 以内)32	个	1	5.04	3.49		54.47%	5.04	3.5		2.74
	未计价材料费							—	20.63		
	人工费调整							1.51	—		
	材料费价差							—	—		
	机械费调整							—	—		
	小计							6.55	24.18		2.74
	清单项目综合单价							33.47			

材料价差明细	实物法材料价差		单位	数量	预算价	指导价市场价	暂估价	暂估价材料费	价差	
									单价	合价
	小计							—	—	
	系数法材料价差		计算基数				系数(%)			
			3.5							
	合计									

| 项目编码 | 030803001003 | | | | 项目名称 | | 截止阀 公称直径(mm 以内) 20 | | | 计量单位 | | 个 |

清单综合单价组成明细

定额编号	定额名称	定额单位	数量	单价			管理费和利润(费率)	合价			
				人工费	材料费	机械费		人工费	材料费	机械费	管理费和利润
4-288	截止阀公称直径(mm 以内) 20	个	1	3.35	1.9		54.47%	3.35	1.9		1.82
	未计价材料费							—	12.09		
	人工费调整							1.01	—		
	材料费价差							—	—		
	机械费调整							—	—		
	小计							4.36	14.02		1.82
	清单项目综合单价							20.2			

材料价差明细	实物法材料价差		单位	数量	预算价	指导价市场价	暂估价	暂估价材料费	价差	
									单价	合价
	小计							—	—	
	系数法材料价差		计算基数				系数(%)			
			1.9							
	合计									

续表

项目编码	030801005007			项目名称	PVC-U 塑料排水管(粘接)公称直径(mm 以内) 50				计量单位		m

清单综合单价组成明细

定额编号	定额名称	定额单位	数量	单价			管理费和利润(费率)	合价			
				人工费	材料费	机械费		人工费	材料费	机械费	管理费和利润
4-121	PVC-U 塑料排水管(粘接)公称直径(mm 以内) 50	10m	0.1	52.32	54.2	0.43	54.47%	5.23	5.43	0.04	2.85
	未计价材料费							—	7.54	—	—
	人工费调整							1.57	—	—	—
	材料费价差							—	—	—	—
	机械费调整							—	—	—	—
	小计							6.80	12.99	0.04	2.85
	清单项目综合单价							22.69			

材料价差明细	实物法材料价差		单位	数量	预算价	指导价市场价	暂估价	暂估价材料费	价差	
									单价	合价
	小计							—		—
	系数法材料价差		计算基数				系数(%)			
			5.43							
	合计									

项目编码	030801005008			项目名称	PVC-U 塑料排水管(粘接)公称直径(mm 以内) 75				计量单位		m

清单综合单价组成明细

定额编号	定额名称	定额单位	数量	单价			管理费和利润(费率)	合价			
				人工费	材料费	机械费		人工费	材料费	机械费	管理费和利润
4-122	PVC-U 塑料排水管(粘接)公称直径(mm 以内) 75	10m	0.1	71.1	105.13	0.43	54.47%	7.11	10.54	0.04	3.87
	未计价材料费							—	12.65	—	—
	人工费调整							2.13	—	—	—
	材料费价差							—	—	—	—
	机械费调整							—	—	—	—
	小计							9.24	23.22	0.04	3.87
	清单项目综合单价							36.38			

| 项目编码 | 030801005008 | | | 项目名称 | PVC-U 塑料排水管(粘接)
公称直径(mm 以内) 75 | | | | 计量单位 | m | |

清单综合单价组成明细

定额 编号	定额名称	定额 单位	数量	单 价			管理费 和利润 (费率)	合 价			
				人工费	材料费	机械费		人工费	材料费	机械费	管理费 和利润

材料价差明细	实物法材料价差		单位	数量	预算价	指导价 市场价	暂估价	暂估价 材料费	价差	
									单价	合价
	小计						—			
	系数法材料价差		计算基数				系数(%)			
			10.54							
	合计									

| 项目编码 | 030801005009 | | | 项目名称 | PVC-U 塑料排水管(粘接)
公称直径(mm 以内) 100 | | | | 计量单位 | m | |

清单综合单价组成明细

定额 编号	定额名称	定额 单位	数量	单 价			管理费 和利润 (费率)	合 价			
				人工费	材料费	机械费		人工费	材料费	机械费	管理费 和利润
4-123	PVC-U 塑料 排水管(粘接) 公称直径(mm 以内)100	10m	0.1	79.3	166.65	0.43	54.47%	7.93	16.7	0.04	4.32
	未计价材料费						—		30.99	—	—
	人工费调整						2.38		—		—
	材料费价差						—				
	机械费调整						—				—
	小计						10.31		47.77	0.04	4.32
	清单项目综合单价						62.44				

材料价差明细	实物法材料价差		单位	数量	预算价	指导价 市场价	暂估价	暂估价 材料费	价差	
									单价	合价
	小计						—			
	系数法材料价差		计算基数				系数(%)			
			16.7							
	合计									

续表

项目编码	030804016001			项目名称		水龙头安装 公称直径 （mm 以内）15		计量单位		个

<table>
<tr><td colspan="11" align="center">清单综合单价组成明细</td></tr>
<tr>
<td rowspan="2">定额
编号</td>
<td rowspan="2">定额名称</td>
<td rowspan="2">定额
单位</td>
<td rowspan="2">数量</td>
<td colspan="3">单　价</td>
<td rowspan="2">管理费
和利润
（费率）</td>
<td colspan="4">合　价</td>
</tr>
<tr>
<td>人工费</td><td>材料费</td><td>机械费</td>
<td>人工费</td><td>材料费</td><td>机械费</td><td>管理费
和利润</td>
</tr>
<tr>
<td>4-497</td>
<td>水龙头安装
公称直径
（mm 以内）15</td>
<td>个</td><td>1</td>
<td>0.98</td><td>0.11</td><td></td>
<td>54.47%</td>
<td>0.98</td><td>0.11</td><td></td><td>0.53</td>
</tr>
<tr><td colspan="7" align="center">未计价材料费</td><td>—</td><td>7.04</td><td>—</td><td>—</td></tr>
<tr><td colspan="7" align="center">人工费调整</td><td>0.29</td><td>—</td><td>—</td><td>—</td></tr>
<tr><td colspan="7" align="center">材料费价差</td><td>—</td><td></td><td>—</td><td>—</td></tr>
<tr><td colspan="7" align="center">机械费调整</td><td>—</td><td>—</td><td></td><td>—</td></tr>
<tr><td colspan="7" align="center">小计</td><td>1.27</td><td>7.17</td><td></td><td>0.53</td></tr>
<tr><td colspan="7" align="center">清单项目综合单价</td><td colspan="4" align="center">8.97</td></tr>
</table>

<table>
<tr>
<td rowspan="7">材
料
价
差
明
细</td>
<td rowspan="2">实物法材料价差</td>
<td rowspan="2">单位</td>
<td rowspan="2">数量</td>
<td rowspan="2">预算价</td>
<td rowspan="2">指导价
市场价</td>
<td rowspan="2">暂估价</td>
<td rowspan="2">暂估价
材料费</td>
<td colspan="2">价差</td>
</tr>
<tr><td>单价</td><td>合价</td></tr>
<tr><td></td><td></td><td></td><td></td><td></td><td></td><td></td><td></td><td></td></tr>
<tr><td colspan="7" align="center">小计</td><td>—</td><td></td><td>—</td></tr>
<tr>
<td rowspan="2">系数法材料价差</td>
<td colspan="4" align="center">计算基数</td>
<td colspan="4" align="center">系数（%）</td>
</tr>
<tr><td colspan="4" align="center">0.11</td><td colspan="4"></td></tr>
<tr><td colspan="9" align="center">合计</td></tr>
</table>

项目编码	030804012001			项目名称		坐式大便器		计量单位		套

<table>
<tr><td colspan="11" align="center">清单综合单价组成明细</td></tr>
<tr>
<td rowspan="2">定额
编号</td>
<td rowspan="2">定额名称</td>
<td rowspan="2">定额
单位</td>
<td rowspan="2">数量</td>
<td colspan="3">单　价</td>
<td rowspan="2">管理费
和利润
（费率）</td>
<td colspan="4">合　价</td>
</tr>
<tr>
<td>人工费</td><td>材料费</td><td>机械费</td>
<td>人工费</td><td>材料费</td><td>机械费</td><td>管理费
和利润</td>
</tr>
<tr>
<td>4-482</td>
<td>坐式大便器
安装</td>
<td>套</td><td>1</td>
<td>23.21</td><td>2.39</td><td></td>
<td>54.47%</td>
<td>23.21</td><td>2.4</td><td></td><td>12.64</td>
</tr>
<tr><td colspan="7" align="center">未计价材料费</td><td>—</td><td>606</td><td>—</td><td>—</td></tr>
<tr><td colspan="7" align="center">人工费调整</td><td>6.96</td><td>—</td><td>—</td><td>—</td></tr>
<tr><td colspan="7" align="center">材料费价差</td><td>—</td><td></td><td>—</td><td>—</td></tr>
<tr><td colspan="7" align="center">机械费调整</td><td>—</td><td>—</td><td></td><td>—</td></tr>
<tr><td colspan="7" align="center">小计</td><td>30.17</td><td>609.85</td><td></td><td>12.64</td></tr>
<tr><td colspan="7" align="center">清单项目综合单价</td><td colspan="4" align="center">652.66</td></tr>
</table>

<table>
<tr>
<td rowspan="7">材
料
价
差
明
细</td>
<td rowspan="2">实物法材料价差</td>
<td rowspan="2">单位</td>
<td rowspan="2">数量</td>
<td rowspan="2">预算价</td>
<td rowspan="2">指导价
市场价</td>
<td rowspan="2">暂估价</td>
<td rowspan="2">暂估价
材料费</td>
<td colspan="2">价差</td>
</tr>
<tr><td>单价</td><td>合价</td></tr>
<tr><td></td><td></td><td></td><td></td><td></td><td></td><td></td><td></td><td></td></tr>
<tr><td colspan="7" align="center">小计</td><td>—</td><td></td><td>—</td></tr>
<tr>
<td rowspan="2">系数法材料价差</td>
<td colspan="4" align="center">计算基数</td>
<td colspan="4" align="center">系数（%）</td>
</tr>
<tr><td colspan="4" align="center">2.4</td><td colspan="4"></td></tr>
<tr><td colspan="9" align="center">合计</td></tr>
</table>

续表

项目编码	030804003001			项目名称			洗脸盆			计量单位	组
清单综合单价组成明细											
定额编号	定额名称	定额单位	数量	单价			管理费和利润（费率）	合价			
				人工费	材料费	机械费		人工费	材料费	机械费	管理费和利润
4-443	洗脸盆	组	1	22.28	96.86		54.47%	22.28	97.09		12.14
	未计价材料费							—	247.45	—	—
	人工费调整							6.68	—		
	材料费价差							—	—		
	机械费调整									—	
	小计							28.96	345.14		12.14
	清单项目综合单价							386.24			

材料价差明细	实物法材料价差		单位	数量	预算价	指导价市场价	暂估价	暂估价材料费	价差	
									单价	合价
	小计							—		
	系数法材料价差		计算基数				系数%			
			97.09							
	合计									

项目编码	030804013001			项目名称			小便器			计量单位	套
清单综合单价组成明细											
定额编号	定额名称	定额单位	数量	单价			管理费和利润（费率）	合价			
				人工费	材料费	机械费		人工费	材料费	机械费	管理费和利润
4-495	立式小便器安装	套	1	15.48	47.46		54.47%	15.48	47.57		8.44
	未计价材料费							—	451.54	—	—
	人工费调整							4.64	—		
	材料费价差							—	—		
	机械费调整								—	—	
	小计							20.12	500.2		8.44
	清单项目综合单价							528.76			

材料价差明细	实物法材料价差		单位	数量	预算价	指导价市场价	暂估价	暂估价材料费	价差	
									单价	合价
	小计							—		
	系数法材料价差		计算基数				系数（%）			
			47.57							
	合计									

续表

项目编码	030804005001			项目名称			污水池				计量单位	组

清单综合单价组成明细

定额编号	定额名称	定额单位	数量	单 价			管理费和利润（费率）	合 价			管理费和利润
				人工费	材料费	机械费		人工费	材料费	机械费	
4-451	污水池	组	1	14.79	58.52		54.47%	14.79	58.66		8.06
	未计价材料费							—	80.8	—	—
	人工费调整							4.44	—	—	—
	材料费价差							—	—	—	—
	机械费调整							—	—	—	—
	小计							19.23	139.65		8.06
	清单项目综合单价							166.94			

材料价差明细	实物法材料价差		单位	数量	预算价	指导价市场价	暂估价	暂估价材料费	价差	
									单价	合价
	小计							—	—	—
	系数法材料价差		计算基数				系数（%）			
			58.66							
	合计									

项目编码	030804018001			项目名称			清扫口				计量单位	个

清单综合单价组成明细

定额编号	定额名称	定额单位	数量	单 价			管理费和利润（费率）	合 价			管理费和利润
				人工费	材料费	机械费		人工费	材料费	机械费	
4-510	清扫口安装	个	1	2.55	0.12		54.47%	2.55	0.12		1.39
	未计价材料费							—	3.63		
	人工费调整							0.77			
	材料费价差							—			
	机械费调整										
	小计							3.32	3.76		1.39
	清单项目综合单价							8.47			

材料价差明细	实物法材料价差		单位	数量	预算价	指导价市场价	暂估价	暂估价材料费	价差	
									单价	合价
	小计							—	—	—
	系数法材料价差		计算基数				系数（%）			
			0.12							
	合计									

续表

项目编码	030804017001		项目名称			地漏			计量单位		个

清单综合单价组成明细

定额编号	定额名称	定额单位	数量	单价			管理费和利润（费率）	合价			
				人工费	材料费	机械费		人工费	材料费	机械费	管理费和利润
4-506	地漏安装	个	1	5.47	1.69		54.47%	5.47	1.69		2.98
	未计价材料费							—	8.69	—	—
	人工费调整							1.64	—	—	—
	材料费价差										
	机械费调整										
	小计							7.11	10.4		2.98
	清单项目综合单价							20.49			

材料价差明细	实物法材料价差			单位	数量	预算价	指导价市场价	暂估价	暂估价材料费	价差	
										单价	合价
	小计								—		—
	系数法材料价差			计算基数				系数(%)			
				1.69							
	合计										

分部分项工程量清单与计价表　　　　　　表 8-21

工程名称：某单位宿舍卫生间给水排水工程

序号	项目编码	项目名称	计量单位	工程量	金额（元）		其中人工费（元）	
					综合单价	合价	单价	合价
1	030801005001	PP-R 给水管　管道外径 63mm	m	4	66.32	265.28	4.44	17.75
2	030801005002	PP-R 给水管　管道外径 50mm	m	25.3	55.44	1402.63	4.44	112.29
3	030801005003	PP-R 给水管　管道外径 40mm	m	24.3	46.26	1124.12	3.76	91.41
4	030801005004	PP-R 给水管　管道外径 32mm	m	17.1	25.95	443.75	3.08	52.62
5	030801005005	PP-R 给水管　管道外径 25mm	m	18.5	21.78	402.93	3.08	56.92
6	030801005006	PP-R 给水管　管道外径 20mm	m	31	21.57	668.67	3.08	95.38
7	030803001001	闸阀 公称直径 40mm	个	2	54.21	108.42	8.39	16.78
8	030803001002	截止阀 公称直径 32mm	个	5	33.47	167.35	5.04	25.19
9	030803001003	截止阀 公称直径 20mm	个	10	20.2	202	3.35	33.54
10	030801005007	PVC-U 塑料排水管　公称直径 50mm	m	9	22.69	204.21	5.23	47.08
11	030801005008	PVC-U 塑料排水管　公称直径 75mm	m	25	36.38	909.5	7.11	177.69

续表

序号	项目编码	项目名称	计量单位	工程量	金额（元）		其中人工费（元）	
					综合单价	合　价	单价	合　价
12	030801005009	PVC-U 塑料排水管 公称直径100mm	m	32	62.44	1998.08	7.93	253.78
13	030804016001	水龙头安装 公称直径15mm	个	20	8.97	179.4	0.98	19.54
14	030804012001	坐式大便器	套	15	652.66	9789.9	23.21	348.12
15	030804003001	洗脸盆	组	15	386.24	5793.6	22.28	334.15
16	030804013001	小便器	套	10	528.76	5287.6	15.48	154.77
17	030804005001	污水池	组	5	166.94	834.7	14.79	73.96
18	030804018001	清扫口	个	10	8.47	84.7	2.55	25.54
19	030804017001	地漏	个	10	20.49	204.9	5.47	54.69
		合　计				30071.74	0	1991.43

措施项目清单与计价表　　　　　　　　　　　　　　表 8-22

工程名称：某单位宿舍卫生间给水排水工程水

序号	项目名称	计算基数	费率（%）	计　算　式	金额（元）	其中人工费（元）
1	安全文明施工费				784.83	104.31
1.1	环境保护费	B1	2.16	1991.43×2.16%×[（1+78%×0.24%+15%×30%）+15%×（39.12%+15.35%）+78%×（1+0.24%）×0%]	48.54	6.45
1.2	文明施工费	B1	3.5	1991.43×3.5%×[（1+78%×0.24%+15%×30%）+15%×（39.12%+15.35%）+78%×（1+0.24%）×0%]	78.68	10.46
1.3	安全施工费	B1	15.66	1991.43×15.66%×[（1+78%×0.24%+15%×30%）+15%×（39.12%+15.35%）+78%×（1+0.24%）×0%]	351.95	46.78
1.4	临时设施费	B1	13.6	1991.43×13.6%×[（1+78%×0.24%+15%×30%）+15%×（39.12%+15.35%）+78%×（1+0.24%）×0%]	305.66	40.63
2	夜间施工费	B1	5.25	1991.43×5.25%×[（1+78%×0.24%+15%×30%）+15%×（39.12%+15.35%）+78%×（1+0.24%）×0%]	117.99	15.68
3	二次搬运费	B1	1.8	1991.43×1.8%×[（1+78%×0.24%+15%×30%）+15%×（39.12%+15.35%）+78%×（1+0.24%）×0%]	40.46	5.38

续表

序号	项目名称	计算基数	费率（%）	计 算 式	金额（元）	其中人工费（元）
4	冬雨期施工费	B1	6.95	1991.43×6.95%×[(1+78%×0.24%+15%×30%)+15%×(39.12%+15.35%)+78%×(1+0.24%)×0%]	156.2	20.76
5	生产工具用具使用费	B1	4.8	1991.43×4.8%×[(1+78%×0.24%+15%×30%)+15%×(39.12%+15.35%)+78%×(1+0.24%)×0%]	107.88	14.34
6	工程定位复测、工程点交、场地清理费	B1	1.5	1991.43×1.5%×[(1+78%×0.24%+15%×30%)+15%×(39.12%+15.35%)+78%×(1+0.24%)×0%]	33.71	4.48
7	已完工程及设备保护	B1	0.3	1991.43×0.3%×[(1+78%×0.24%+15%×30%)+15%×(39.12%+15.35%)+78%×(1+0.24%)×0%]	6.75	0.90
	合　计				1247.82	165.85

注：人工费＝B1×费率×15%。

规费、税金项目清单与计价表　　　　　　表 8-23

工程名称：某单位宿舍卫生间给水排水工程

序号	项目名称	计算基数	费率（%）	计算式	金额（元）
1	规费				869.39
1.1	社会保障费	A1	20	(1991.43+165.85+0)×20%	431.46
1.2	住房公积金	A1	8	(1991.43+165.85+0)×8%	172.58
1.3	工程排污费	A1	0.28	(1991.43+165.85+0)×0.28%	6.04
1.4	危险作业意外伤害保险	A1	0.52	(1991.43+165.85+0)×0.52%	11.22
1.5	企业可持续发展基金	A1	11.5	(1991.43+165.85+0)×11.5%	248.09
2	税金		3.41	(30071.74+1247.82+0+869.39)×3.41%	1097.64
	合计				2836.42

思 考 题 与 习 题

1. 工程造价计价方法有哪些？

2. 什么是企业定额？什么是预算定额？二者有何区别与联系？

3. 若安装成合格产品的1000m某塑料管道需要1022.6m该种管材，试计算该管材的损耗率与损耗系数。

4. 要丝接安装 DN20 的管道，每 100m 的时间定额若为 2.5 个工日，请计算每工产量定额是多少？若由 10 名工人组成的班组安装（组织合理的情况下）1600m 该管道，需要多少天完成？

5. 什么是工程量清单及工程量清单计价？

6. 简述三级编制形式下概算文件的组成。

7. 给水工程和排水工程中的单项工程、单位工程的工程内容由哪些部分组成。

8. 工程量清单综合单价是如何计算的？

9. 归纳总结两种计价模式下施工图预算书内容的异同。

第 3 篇
水工程经济分析与评价

第 9 章 水工程的运营费用分析

运营费用指项目建设后，在产品生产、制造期间所应花费用。而水工程项目中的供水工程和排水工程，它们是直接关系到人们生活质量，其运行费用的大小直接影响人们日常开支水平。本章介绍水工程运营费用确定的一般知识。

9.1 运营费用的组成

1. 总成本费用

总成本（总成本费用）是指项目在一定日期内（一般为一年）为生产和销售产品而花费的全部成本和费用。

$$总成本费用 = 生产成本 + 管理费用 + 财务费用 + 销售费用 \quad (9-1)$$

或 总成本费用＝外购原材料、燃料及动力＋职工薪酬＋修理费＋折旧费＋摊销费＋财

$$务费用 + 其他费用 \quad (9-2)$$

2. 经营成本

经营成本是指项目在一定时期内（一般为一年）为生产和销售产品而花的现金。

$$经营成本 = 总成本费用 - 折旧费 - 摊销费 - 财务费用 \quad (9-3)$$

3. 可变成本与固定成本

$$总成本＝固定成本 + 可变成本 \quad (9-4)$$

随产品的产量变化而成比例增减的费用，称为可变成本，如原材料费用。与产量的多少无关的费用，称为固定成本，如折旧费、摊销费、修理费。

$$固定成本＝职工薪酬 + 折旧费 + 摊销费 + 修理费 + 财务费用 + 其他费用 \quad (9-5)$$

$$可变成本＝外购原材料、燃料及动力费 \quad (9-6)$$

4. 运行费用

运行费用是指企业在一定时期内，产品正常生产过程中消费的原材料、燃料、动力、日常的检修维护以及与生产、销售的费用和支付的劳动报酬之和。它不包括折旧、摊销、大修理费以及财务费用。

9.2 运营费用的计算

9.2.1 基本计算参数

1. 固定资产折旧年限和折旧率

1）给水排水工程有关的固定资产折旧年限参见表 9-1。

给水排水工程固定资产折旧年限（摘录）　　　　　　　表 9-1

项目名称	年限（a）	项目名称	年限（a）
机械设备	10～14	其他非生产用设备及器具	18～22
动力设备	11～18	自来水专用设备	15～25
运输设备	6～12	变电配电设备	18～22
自动化、半自动化控制设备	8～12	其他建筑物	15～25
电子计算机	4～10	生产用房	30～40
通用测试仪器及设备	7～12	受腐蚀性生产用房	20～25
工具及其他生产用具	9～14	非生产用房	35～45

2）固定资产净残值（残值－清理费用）按固定资产净值的 3%～5% 计算。

3）固定资产基本折旧率：根据国家规定的固定资产分类折旧年限和水工程土建、安装和设备购置三者的投资比例，结合目前自来水厂和污水处理厂的实际经营资料，分析测定的平均综合基本折旧率参见表 9-2。

给水排水工程固定资产基本折旧率　　　　　　　表 9-2

工程类别	给水工程		排水工程	
设备情况	基本国产	适量进口	基本国产	适量进口
综合基本折旧率（%）	4.4	5.0	4.6	5.2

注：适量进口指重要设备由国外进口，一般设备采用国内产品。

2. 无形资产与其他资产摊销年限

1）无形资产按规定期限分期摊销；没有规定期限的，按不少于 10 年分期摊销。

2）其他资产按照不短于 5 年的期限分期摊销。水工程的其他资产所占建设投资比例甚小，一般可按 5 年分期摊销。

3）为简化计算，从投产之年起，平均按 10 年的期限分期摊销，即年摊销率为 10%。

3. 修理费率

新财会制度已不提存大修理基金，改列修理费（含大修理基金提存及日常检修维护费）。在此，修理费率可参考近年来给水排水行业修理费平均数据计算。参见表 9-3。

年 修 理 费 率　　　　　　　表 9-3

工程类别	给水工程		排水工程	
设备情况	基本国产	适量进口	基本国产	适量进口
年修理费率（%）	2～2.5	2	2～3	2.2

4. 平均利润（毛利）率

测算售水价格时，其平均利润（毛利）率一般按销售收入的 8%～10% 估算。

5. 定额流动资金周转天数

定额流动资金周转天数一般取定为 90 天。

6. 自有流动资金率

自有流动资金率除在建设资金筹措时未作明确规定的项目外，一般按流动资金的 30% 估算。

7. 供水损失率

供水损失率当地缺乏统计资料时，可按我国城市自来水公司近年来的平均损失率 7.5%～10% 计算。

8. 水厂自用水量增加系数

水厂自用水量增加系数一般可按设计水量的 5%～8% 计算。

9.2.2　给水工程制水成本计算

给水工程制水成本是指制水成本的构成项目，计算全年的费用，然后除以全年的制水量，即为单位制水成本，以元/m³ 表示。

构成给水工程制水成本的费用如下：

1. 水资源费或原水费 E_1

$$E_1 = 365 Q k_1 e / k_2 \quad （元/年） \tag{9-7}$$

式中　Q——最高日供水量，m^3/d；

k_1——考虑水厂自用水的水量增加系数，可取 1.05；

k_2——日变化系数；

e——水资源或原水单价，元/m^3。

与净水厂一起管理的长距离原水输水项目的计算中，应考虑管道漏损率。

2. 动力费 E_2

$$E_2 = \alpha \frac{QHd}{\eta k_2} \quad （元/年） \tag{9-8}$$

式中　H——工作全扬程，包括一级泵房、二级泵房及增压泵房的全部扬程，m；

α——用电增加系数，考虑厂内其他用电设备，可取 1.05；

d——电费单价，元/kWh；

η——水泵和电动机的效率，一般采用 70%～80%。

根据电力部门的规定，受电变压器容量小于 315kV·A 时，采用一部制电价；受电变压器容量大于等于 315kV·A 时，采用两部制电价。

一部制电价电费计算公式如下：

$$电费 = 电度电费 \tag{9-9}$$

$$电度电费 = 运行耗电量 \times 综合电费单价 \tag{9-10}$$

两部制电价电费计算公式如下：

$$电费 = 基本电费 + 电度电费 \tag{9-11}$$

$$基本电费 = 用户用电容量(kV·A) \times 基本电价(元/(kV·A·月)) \times 12月 \tag{9-12}$$

式中，用户用电容量按变压器容量或最大需量（kV·A）计算。最大需量指客户在一个电费结算周期内，每单位时间用电平均负荷的最大值。

3. 原材料费 E_3

$$E_3 = \frac{365 Q k_1}{k_2 \times 10^6}(a_1 b_1 + a_2 b_2 + a_3 b_3 + \cdots\cdots) \quad （元/年） \tag{9-13}$$

式中　a_1、a_2、a_3——各种药剂（包括混凝剂、助凝剂、消毒剂等）、净水材料（如活性炭）的平均投加量（mg/L），确定时应考虑药剂的有效成分。

$$a = \frac{a'}{\lambda} \tag{9-14}$$

式中　　a'——药剂的理论需要量，mg/L；

　　　　λ——药剂中有效成分所占比例；

b_1、b_2、b_3——各种药剂的相应单价，元/t。

4. 职工薪酬 E_4

$$E_4 = AN \quad （元／年） \tag{9-15}$$

式中　A——职工每人每年的平均职工薪酬，元/年·人；

　　　N——职工定员，人。

5. 固定资产基本折旧费 E_5

$$E_5 = 固定资产原值 \times 综合基本折旧率 \quad （元／年） \tag{9-16}$$

固定资产原值可按第一部分工程费用、预备费用和建设期借款利息三项费用之和计算。

6. 无形资产和其他资产摊销费 E_6

$$E_6 = 无形资产和其他资产值 \times 年摊销费 \quad （元／年） \tag{9-17}$$

无形资产和其他资产值可按第二部分工程建设其他费用与固定资产投资方向调节税之和计算。

7. 修理费 E_7

$$E_7 = 固定资产原值(不含建设期利息) \times 年修理费率 \quad （元／年） \tag{9-18}$$

8. 其他费用 E_8

包括管理和销售部门的办公费、取暖费、租赁费、保险费、差旅费、研究试验费、会议费、成本中列支的税金（如房产税、车船使用税等），以及其他不属于以上项目的支出等。一般可按上述各项费用总和的一定比率计算。

对于给水排水工程，根据统计分析资料，其比率一般可取 8%～12%，按下式计算：

$$E_8 = (E_1 + E_2 + E_3 + E_4 + E_5 + E_6 + E_7) \times (8\% \sim 12\%) （元／年）$$

$$\tag{9-19}$$

按不同企业的管理水平，其他费用计取比率可根据企业具体情况确定。改扩建项目可适当降低其比率。

9. 财务费用 E_9

为筹集与占用资金而发生的各项费用，包括在生产经营期应归还的长期借款利息、短期借款利息和流动资金借款利息、汇兑净损失以及相关的手续费等。

$$E_9 = 借款资金额 \times 借款年有效利率 \quad （元／年） \tag{9-20}$$

10. 年经营成本 E_C

$$E_C = E_1 + E_2 + E_3 + E_4 + E_7 + E_8 \quad （元／年） \tag{9-21}$$

11. 年总成本 YC

$$YC = E_C + E_5 + E_6 + E_9 = \sum_{j=1}^{9} E_j \quad （元／年） \tag{9-22}$$

其中：可变成本 $YC_a = E_1 + E_2 + E_3（元／年）$ $\tag{9-23}$

固定成本 $YC_b = E_4 + E_5 + E_6 + E_7 + E_8 + E_9 \quad （元／年） \tag{9-24}$

12. 单位制水成本 AC

$$AC = YC/\sum Q \quad （元／m^3） \tag{9-25}$$

式中 $\sum Q$——全年制水量，m^3／年；$\sum Q = 365Q/k_2$

其中：单位制水可变成本 $AC_a = YC_a/\sum Q$ (9-26)

单位制水固定成本 $AC_b = YC_b/\sum Q$ (9-27)

当城市供水项目中包括排泥水处理时，在成本费用计算时应增加排泥水处理和污水处置费用。

9.2.3 污水处理成本计算

污水处理成本的计算，通常还包括污泥处理部分。构成成本计算的费用项目有以下几项。

1. 处理后污水的排放费 E_1

处理后污水排入水体如需支付排放费用的，按有关部门的规定计算：

$$E_1 = 365 Qe \quad （元／年） \tag{9-28}$$

式中 Q——平均日污水量，m^3／d；

e——处理后污水的排放费率，元／m^3。

2. 能源消耗费 E_2

包括电费、水费等在污水处理过程中所消耗的能源费。工业废水处理中，有时还包括蒸汽、煤等能源消耗。耗量不大的能源可略而不计，耗量大的能源应进行计算。其中电费的计算见下式：

$$E_2 = \frac{8760Nd}{k} \quad （元／年） \tag{9-29}$$

式中 N——污水处理厂内的水泵、空压机或鼓风机及其他机电设备的功率总和（不包括备用设备），kW；

k——污水量总变化系数；

d——电费单价，元／（kWh）。

3. 其他计算

药剂费 E_3、职工薪酬 E_4、固定资产基本折旧费 E_5、无形资产和其他资产摊销费 E_6、修理费 E_7、其他费用 E_8、财务费用 E_9 的计算，一般与给水工程制水成本的计算方法相同。

应注意的是药剂费中除了污水处理所需药剂费外，还应包括污泥处理所需的药剂费；

修理费 E_7，一般生活污水可参照类似工程的比率按固定资产总值的 2‰～3‰ 提取，但工业废水由于对设备及构筑物的腐蚀较严重，应按废水性质及维护要求分别提取。

尾水、尾气、污泥处置费用 E_{10}，污水处理厂尾水排放、污泥处置、沼气排放等的接纳系统若需要收取费用时，应按有关部门的规定计取相关费用，是其他费用的计算基数之一。

计算式中处理水量 Q 均应按平均日污水量（m^3／d）计算。

4. 污水、污泥综合利用的收入

如不作为产品，且价值不大时，可不计入污水处理成本中；如作产品，且价值较大时，应作为产品销售，计入污水处理成本作为其他收入栏。

5. 年经营费用和年成本计算

年经营费用和年成本计算同给水工程。

$$\text{全年制水量}(\text{m}^3/\text{年})\ \Sigma Q = 365Q \qquad\qquad (9-30)$$

9.3　给水排水工程收费预测

收费标准对水工程中的给水项目就是售水的单位价格，对排水项目可以理解为排污费收取标准。收费直接影响企业利润和经济评价的各项指标。收费的多少涉及政治、经济、社会和历史因素，在市场经济条件下，正逐步由政府决策转向市场定价，逐步向市场经济规律靠近。在经济评价中通常采用理论收费（建议收费）来进行项目建设财务评价。而建议收费与实际收费存在的差异对财务评价的影响可通过敏感性分析求出。

9.3.1　水价分类与构成

1. 水价分类

常用的水价类型有以下几种：

（1）单一计量水价

单一计量水价（estimated water price）就是按照用水量的大小，按实际用水的立方米数计收水费，每一单位用水量的价格都相同。单一计量水价是我国目前在城市生活用水中普遍实施的水费计收方式，比较简单和容易计算，收费易于管里和推行，但从供水成本考虑，由于单位水量间供水成本的差别，单一计量水价将存在不同用水量用户间的互相补贴问题。

（2）固定收费（包月制或包年制）

固定收费（fixed water price）是指不考虑用水量的变化，每月或每年用户按照用水规模（居民生活用水一般用家庭人口数或住房面积）支付一定的费用。由于价格结构单一，计收较方便。但此类收费最大的问题是用水浪费十分严重，不鼓励节约。目前，在我国的城市居民用水中应用较少。

（3）二部制水价

二部制水价是基本水价（容量水价，base water price）和计量水价（estimated water price）相结合的一种水费计收办法。在某一用水量（即最低消费水量）以下，收费为一固定值，不随用水量的变化而变化；超过这一用水量，将采用按实际用水立方米数计费。两部制水价可以保证供水企业有一固定的收入，但存在可能侵害消费者权益的问题。如某城区目前约有 10 万户居民，1959 年起，一直沿用每户居民月生活用水不足 3 吨，按 3 吨收费的标准。这一做法，近年来受到越来越多市民的质疑，认为自来水公司强行实施最低额定流量，是对消费者合法权益的侵犯。最低消费水量在我国多数地方已基本取消。

（4）基本生活水价

基本生活水价（1ifeline water price）是为了保证低收入者的基本生活用水而设置的，一般第一级别的水价设置在低收入者的支付能力范围内，同时提供低收入者最低的生活用水量。此类水价不能在非生活用水中应用。

（5）阶梯水价

阶梯水价有两类：递减水价和递增水价。

1）递减水价

递减水价（progressive decrease water price）以不同用水量的级别制订水价，第一级的水价将比第二级的水价高，第二级的水价将比第三级的水价高。在这种收费制度下，当用户的用水量增加时，用户所付的单位水价将越来越少，即当消费水量逐步增加时，供水成本随生产水量增加而降低。级数的设置一般根据当地的具体情况。递减水费的计算一般基于成本，而且符合规模经济的成本变化规律。

通常认为，递减水价不鼓励节水。但在某些情况下不一定正确。如果小用户的用水量所占的比例较大，递减水费将对小用户计收较高的水价，有利于促进节水和成本回收。因此，节水并不是在选择实施何种水价种类，而是在具体的水价制定时所采用的措施。

2）递增水价

递增水价（progressive increase water price）以不同用水量的级别制订水价，第二级的水价将比第一级的水价高，第三级的水价将比第二级的水价高。在这种收费制度下，随用户用水量的增加，水价将上升。在节约用水方面，惩罚用户多用水，相对于前述的其他收费制度，递增水费对节约用水提供了更好的经济刺激，用水增幅越大，越有利于水资源的高效利用，较好地体现了公平原则。一般可假定只有第一级水价的水将被低收入者消耗，它的上限应反映典型的低收入家庭的最大消费水量，即基本生活用水量。往往这部分家庭经常是补助对象，因此，为低收入者提供补助的水，也可以向高收入者或大用水户征收超过高级别供水的长期边际成本的水价，保证收回成本。当新增供水的边际成本上升时，公用事业部门经常采用递增水价，每一级的水被定价于生产这种级别水的长期边际成本，这样加速全部成本的回收。目前在工业水价中实施的累进水价属于此种方式，许多国家和地区的水价都是实行累进加价，用水的单价随着用水量的增加而上升。

"新水新价"（high-quality water price）也是其中的一个方式。就是按不同的供水水质来确定水价。当然，低质水的水质至少应满足基本的水质标准，更高质水是在低质水的基础上进一步净化并保证用户的用水水质。由于各自的供水成本不同，实行最低质水实行最低的水价，最高质水实行最高的水价，适于在住宅小区或城市供水设施逐步改善、并提高用户用水质量的地区。

（6）季节加价

水价随季节变动是指由于夏季用水量比其他季节多，特别是绿地和户外的用水量增加导致供水的边际成本将上升，水价将上升，而高出其他季节。对干旱季节和正常季节也实行不同的水价，干旱季节水价高于正常季节。季节水价（seasonal water price）应根据本地区水资源的丰缺情况来定。以旅游业为主或季节性消费特点明显的地区可实行季节性水价。实行季节水价上调将促进用户节约用水，提高用水效率，并为扩大开发水资源创造条件。

（7）分类水价

根据不同的用户，实行不同的水价，即分类水价（classified water price）。分类水价把满足居民基本生活与生产、商业等其他用水区分开来。最简单的分类是用水户只有居民生活和生产经营两类。但大多数城市的用水户分类还很复杂。亦有建议将用水户分为三大类的：

第一类是不以盈利为目的的用水户，即指生活用水，包括居民生活、学校、机关、部队、事业单位、市政园林和农业用水，它是保证家庭小生活、社会大生活正常运行、环境卫生的用水。

第二类是以盈利为目的的用水户，即指工业用水，包括各类工业部门用水，它是保证和促进社会经济持续发展的用水。

第三类是以水作为主要原料之一，以盈利为目的的用水户，包括建筑业、饮食服务业、宾馆、酒类饮料生产、娱乐业、澡堂、洗染业等行业，统称服务用水。

目前，较多的是根据使用性质，将城市供水分为：居民生活用水、工业用水、行政事业用水、经营服务用水及特种用水等五类。因此，城市供水的分类水价也按此进行划分。

分类水价的关键是确定合理的分类项目和各类的收费，若分类数过多，则水费的征收和计算工作复杂；反之亦然，分类数过少，不能起到分类收费的作用。而各类水价之间的比价应根据当地的实际情况来定。

实行分类水价是我国目前水价的主要形式。阶梯水价、季节水价、浮动水价是分类水价的重要补充。

2. 水价的构成

城市水价由资源水价、工程水价和环境水价三部分组成。

资源水价是水资源费，卖的是使用水的权力；工程水价是生产成本和产权收益，卖的是一定量和质的水体；环境水价是污水处理费，卖的是环境容量——三者构成完整意义上的水价。当今各国的水价构成为：原水价格、管道运输成本（包括供水管网、排水管网）、水厂净水处理成本（包括给水处理、污水处理）、经营者的利税、污水处理还原成中水的费用。所以，在发达国家，水价与电价的比例是 6∶1，水比电贵，而在我国水价普遍偏低。

从财务角度讲，城市水价由成本、费用、税金和利润构成。

城市供排水成本是指水的净化、输配过程中发生的原水费、电费、原材料费、资产折旧费、修理费、直接工资、水质检测、监测费以及其他应计入供水成本的直接费用；污水的接纳、净化以及排放过程中发生的电费、原材料费、资产折旧费、修理费、直接工资、水质检测、监测费以及其他应计入排水成本的直接费用。供水系统中的输水、配水等环节中的水损可合理计入成本。

城市供排水费用是指组织和管理供排水生产经营所发生的销售费用、管理费用和财务费用。

税金是指供排水企业应交纳的税金，目前，排水企业按行政事业单位执行。

城市供水价格中的利润，按净资产利润率核定。供水企业合理盈利的平均水平应当是净资产利润率 8%～10%。具体计算时，应根据其不同的资金来源确定：对于主要靠政府投资的，企业净资产利润率不得高于 6%。主要靠企业投资的，包括利用贷款、引进外资、发行债券或股票等方式筹集建设供水设施的供水价格，还贷期间净资产利润率不得高于12%；还贷期结束后，净资产利润率为 8%～10%。排水企业一般采用保证还贷、微利、保本经营原则。

目前，我国的污水处理费采用计入城市供水价格内统一收取。污水处理费按城市供水范围，根据用户用水量计量征收。污水处理成本按管理体制单独核算。污水处理费的标准根据城市排水管网和污水处理厂的运行维护和建设费用核定。

显然，影响水价的最主要因素是水行业成本增加。从单位成本的角度分析，包括大型基建项目融资、劳动力成本、折旧费和售水费等。受到污染的供水水源，通常是更改水源或水处理工艺来达到规定的水质标准，前者往往大幅度增加资金投入，资本成本明显提高，后者资本成本和直接运行成本均会增加。

9.3.2　水价预测与制定

一般来讲，水价的制订方法有三种，即边际成本定价法、计划定价法和成本核算法。

边际成本（marginal cost）是指增加单位水量所引起总制水成本的增加量。值得注意的是：当制水工程存在富裕容量，用户的需求增加不用新建工程项目时，扩大制水量的投入只是动力、劳动力和药品，没有其他资金的投入，现存资金的机会成本是零。当制水工程能力不能满足增加的需求时，应投资修建新的工程项目，资金存在机会成本，此时，总制水成本应包括资金将来的边际成本和新建工程项目及维持新建项目运行的投入。

计划定价（planned price）是指由当地政府部门或水管理单位制订的具有强制性的水价。它可能高于或低于或等于成本，水可以采用补助价格供给社会某一阶层或某一类型的用户。此方法没有市场经济概念，有可能使企业经营不能随市场的变化做出反应，不能传递正确的商品供需信息给用户，而错误地认为供水排水是人们享受的福利，价格的变化让人们不能接受。

成本核算定价又称为成本＋利润定价（cost-profit price）。其定价的基础是企业的总成本，目的是为弥补运行费用和建设资金偿还而提供足够的收入。该方法是目前我国各城镇水行业中常用的方法。

在市场经济条件下，正逐步由政府决策转向市场定价，逐步向市场经济规律靠近。在进行水工程项目经济评价中通常采用理论水价（建议水价）来进行项目建设财务评价。而建议水价与实际水价存在的差异对财务评价的影响可通过敏感性分析求出。

1. 水价预测

（1）方法一

一般采用年成本法确定理论水价，其计算要点是把建设项目服务年限内的所有投资支出，按设定的收益率换算为等值的等额年投入与等额年经营成本相加，求出等额年总成本，乘以年销售水量的倒数，即得了理论水价。

$$d = \frac{YC}{\sum Q'} \tag{9-31}$$

$$YC = P(A/P, i, n) + E_c \tag{9-32}$$

式中　　　YC——等额年总成本（元/年）；

　　　P——建设投资；

　　　E_c——年经营成本；

$(A/P, i, n)$——资金回收系数；$(A/P, i, n) = \dfrac{i(1+i)^n}{(1+i)^n - 1}$

　　　i——设定的收益率；

　　　n——项目寿命期（或项目计算期）；

　　$\sum Q'$——项目寿命期（或项目计算期）年售水量，m^3/年；

　　　d——理论水价，元/m^3。

（2）方法二

水价应在制水成本的基础上增计税金及附加、利润等项费用，并考虑漏失水量和不收费水量的因素。

税金及附加是指从销售收入中扣除的税款，包括增值税、城市维护建设税及教育费附加等。

利润率可按该建设项目所要达到的利润水准或按当地已有水企业的利润率确定。如无上述资料时，也可参照全国城市供排水行业的平均利润率计算。其理论水价：

$$d = \frac{AC \cdot T_p}{S_w} \qquad (9-33)$$

式中　AC——单位制水成本，元$/m^3$；

T_p——利税系数；

$$T_p = \frac{1}{1 - 税金及附加费率 - 利润率} \qquad (9-34)$$

S_w——销售（收费）水量系数；

供水工程：

$$S_{wg} = \frac{水厂供水量 - 供水损失量}{水厂供水量} = 1 - 供水损失率 \qquad (9-35)$$

排水工程：

$$S_{wp} = S_{wg}（供排水合一收费） \qquad (9-36)$$

【例9.1】设某市新建给水工程，生产能力60万m^3/d，给水厂自用水量5%，日变化系数$k_2 = 1.2$，各级泵扬程总和为111m，泵和电动机效率为0.85，水资源费单价为0.10元$/m^3$，电费单价按一部电价收费为0.60元$/(kW \cdot h)$，混凝剂投加量25mg/L，混凝剂单价2500元/t，助凝剂投加量平均为1mg/L，助凝剂单价为10000元/t，消毒剂投加量5mg/L，消毒剂单价1500元/t，职工定员196人，人均年职工薪酬48000元；建设项目总投资89213.93万元，其中：固定资产投资87221.30万元，其他资产94.86万元，建设期贷款利息987.77万元，铺底流动资金910.00万元，固定资产基本折旧率和修理费率分别取4.4%和2.5%，其他资产摊销率取20%，流动资金借款年利率4.75%，税金及附加费率6.6%，利润率10%，销售水量系数0.925。试算单位制水成本和售水单价。（经营期暂不考虑其他借款利息的支付。）

解：1. 计算水资源费或原水费 E_1

$$E_1 = \frac{365 \times 600000 \times 1.05 \times 0.10}{1.2 \times 10000} = 1916.25 万元／年$$

2. 计算动力费 E_2

$$E_2 = \frac{1.05 \times 600000 \times 111 \times 0.60}{0.85 \times 1.2 \times 10000} = 4113.53 万元／年$$

3. 计算药剂费 E_3

$$E_3 = \frac{365 \times 600000 \times 1.05}{1.2 \times 10^6 \times 10000} \times (25 \times 2500 + 1 \times 10000 + 5 \times 1500)$$

$$= 19162.5 \times 10^{-6} \times 80000$$

$$= 1533.00 万元／年$$

4. 计算职工薪酬 E_4

$$E_4 = 196 \times 48000 / 10000 = 940.80 万元／年$$

5. 计算固定资产基本折旧费 E_5

$$E_5 = (87221.30 + 987.77) \times 0.044 = 3881.20 \text{ 万元/年}$$

6. 计算无形资产和其他资产摊销费 E_6

$$E_6 = 94.86 \times 0.20 = 18.97 \text{ 万元/年}$$

7. 计算修理费 E_7

$$E_7 = 87221.30 \times 0.025 = 2180.53 \text{ 万元/年}$$

8. 计算其他费用 E_8

$$E_8 = (1916.25 + 4113.53 + 1533.00 + 940.80 + 3881.20 + 18.97 + 2180.53) \times 0.10$$
$$= 14584.28 \times 0.10 = 1458.43 \text{ 万元／年}$$

9. 计算流动资金利息支出 E_9

$$E_9 = 910.00 \times \frac{70\%}{30\%} \times 0.0475 = 100.86 \text{ 万元/年}$$

10. 计算年经营成本 E_c

$$E_c = 1916.25 + 4113.53 + 1533.00 + 940.80 + 2180.53 + 1458.43$$
$$= 12142.54 \text{ 万元／年}$$

11. 年总成本为

$$YC = 12142.54 + 3881.20 + 18.97 + 100.86 = 16143.57 \text{ 万元/年}$$

其中：

可变成本为：$YC_a = 1916.25 + 4113.53 + 1533.00$
$$= 7562.78 \text{ 万元／年}$$

固定成本为：$YC_b = 940.80 + 3881.20 + 18.97 + 2180.53 + 1458.43 + 100.86$
$$= 8580.79 \text{ 万元／年}$$

12. 计算单位制水成本 AC

$$单位制水成本 \ AC = \frac{16143.57 \times 1.2}{365 \times 60} = 0.885 \text{ 元／m}^3$$

13. 计算售水价格

方法一：

∵ 考虑 4.4% 的固定资产折旧率以及 4% 的固定资产净残值率，折旧时间约为 22 年。

$$YC = P(A/P, i, n) + Ec = 88303.93 \times (A/P, 10\%, 22) + 12142.54$$
$$= 88303.93 \times 0.1140 + 12142.54 = 22209.19 \text{ 万元}$$

∴
$$d = \frac{YC}{\sum Q'} = 22209.19 \times /(365 \times 60 \times 0.925) = 1.10 \text{ 元／m}^3$$

方法二：

∵ 单位制水成本 $AC = 0.885$ 元/m³

$$Tp = \frac{1}{1 - 税金及附加费率 - 利润率}$$
$$= 1/(1 - 0.066 - 0.1) = 1/0.834 = 1.1999$$
$$Sw = 0.925$$

$$\therefore \qquad d = \frac{AC \cdot Tp}{Sw} = 0.885 \times 1.1999/0.925 = 1.15 \,元/m^3$$

显然,由于所占角度不同,两种算法的结果是不相同的。

2. 两部制水价计算

$$两部制水价 = 容量水价 + 计量水价 \tag{9-37}$$

1) 容量水价用于补偿供水的固定资产。按下式计算:

$$容量水价 = 容量基价 \times 每户容量基数 \tag{9-38}$$

$$容量基价 = \frac{年固定资产折旧额 + 年固定资产投资利息}{年制水能力} \tag{9-39}$$

居民生活用水每户容量基数:每户人均人口×每人每月计划平均水消费量

非居民生活用水每户容量基数:前一年或前三年的平均用水量,对新用水单位按审定后用水量计算。

每一次制订两部制水价时,容量水价不得超过居民每月负担平均水价的三分之一。

2) 计量水价用于补偿供水的经营成本。按下式计算:

$$计量水价 = 计量基价 \times 每户实际用水量 \tag{9-40}$$

$$计量基价 = \frac{成本 + 费用 + 税金 + 利润 - (年固定资产折旧额 + 年固定资产投资利息)}{年实际售水量}$$

$$\tag{9-41}$$

3. 阶梯水价计算

阶梯式计量水价可分为三级,级差为 1:1.5:2。具体比价关系应结合本地实际情况确定。

阶梯式计量水价计算公式如下:

$$阶梯式计量水价 = 第一级水价 \times 第一级水量基数 + 第二级水价 \times 第二级水量基数$$
$$+ 第三级水价 \times 第三级水量基数 \tag{9-42}$$

居民生活用水计量水价第一级水量基数=每户平均人口×每人每月计划平均消费量

$$\tag{9-43}$$

居民生活用水阶梯式水价的第一级水量基数,根据确保居民基本生活用水的原则制订;第二级水量基数,根据改善和提高居民生活质量的原则制订;第三级水量基数,根据按市场价格满足特殊需要的原则制订。具体各级水量基数应结合本地实际情况确定。各级水价标准可按上述的水价计算办法制订。

城市非居民生活用水实行两部制水价时,应与国家有关部门发布的实际计划用水超计划加价的有关规定相衔接。

当供排水企业按国家法律、法规合法经营,价格不足以补偿简单再生产时;政府给予补贴后仍有亏损时;需合理补偿扩大再生产投资时可以提出调整水价申请。

城市水价格调整与制订应有利于供排水事业的发展,满足经济发展和人民生活需要;有利于节约用水;有利于规范供排水价格,健全供排水企业成本约束机制;理顺城市供水价格应分步实施,充分考虑社会承受能力。

9.4　设 备 更 新 分 析

9.4.1　水工程项目设备更新的原因与特点

1. 设备的磨损及其补偿方式

水工程项目有大量的生产设备，如水泵、刮泥机、起吊设备、鼓风设备、加药设备等，水工程项目建成后的运行效果和成本的高低等，与设备的技术水平密切相关。随着科学技术的不断发展和水处理工艺水平的不断提高，设备所占的比例也在不断加大，设备的更新速度也越来越快。对水生产和运营企业来说，设备使用多少年最合理，什么时间更新设备最合理，如何更新设备最经济，推迟或提前更新的损益如何评价等，都是经常遇到的经济问题。

设备更新主要源于设备的磨损。磨损分为有形磨损和无形磨损。设备磨损是有形磨损和无形磨损共同作用的结果。

（1）设备的有形磨损

机器设备在使用或闲置过程中，由于力的作用发生的实体磨损或损失，称为有形磨损或物理磨损。有形磨损严重到一定程度，会导致设备不能正常使用。

有形磨损又分为第一种有形磨损和第二种有形磨损。

1）第一种有形磨损是指机械设备在运转过程中受外力的作用下，零部件发生摩擦、振动等使设备实体发生的磨损。产生第一类有型磨损的原因有摩擦磨损、机械磨损和热磨损。

2）第二种有形磨损是设备在闲置时，由于自然力的作用及管理保养不善而导致原有精度、工作能力下降。如机械生锈、金属腐蚀、橡胶或塑料老化、没定期运转等。

第一种有形磨损与使用时间和使用强度有关；而第二种有形磨损与使用无关，而与闲置时间和保管条件有关。

设备的有形磨损会导致设备的功能下降，使用价值降低，这种磨损严重到一定程度，可以使机械设备完全丧失使用价值。

（2）设备的无形磨损

由于科学技术进步出现性能更加完善、生产效率更高的设备，使原有设备的价值降低，或是生产的同样结构设备的价值不断降低，而使原有设备贬值。显然，在这些情况下，原有设备的价值已不取决于其最初的价值，而是取决于再生产时的耗费及科技的发展。

设备的无形磨损按其形成原因也可分为两种：

1）由于相同结构设备价值的降低而产生的原有设备价值的贬值，称为第一种无形磨损；

2）由于不断出现性能更完善、效率更高的设备而使原有设备显得陈旧和落后，因而产生的经济磨损，称为第二种无形磨损。

在第一种无形磨损的情况下，设备的技术结构和经济性能并未改变，但由于技术进步的影响，生产工艺不断改进，成本不断降低，劳动生产率不断提高，使生产设备的社会必要劳动耗费相应降低，从而使原有设备贬值。这种无形磨损虽然使生产领域中的现有设备部分贬值，但是设备本身的技术特性和功能不受影响。设备的使用价值并未降低，故一般不存在提前更换现有设备的问题。

在第二种无形磨损的情况下，由于出现较以前结构更先进、技术性能更完善、具有更高生产率的经济性的设备，不仅原设备的价值会相对贬值，而且，如果继续使用旧设备还会相应地降低生产的经济效果。这种经济效果的降低，实际上反映了原设备使用价值的局部丧失，这就产生了是否用新设备代替现有陈旧设备的问题。这种更换的经济合理性主要取决于现有设备贬值的程度及在生产中继续使用旧设备的经济效果下降的幅度。

事实上，机械设备在使用期内往往同时存在有形磨损和无形磨损两种情况，此时称为综合磨损。两种磨损共同点是都引起机械设备的原始价值的贬值；不同的是，有形磨损的设备，物质形态发生了改变，时间越长改变越大，尤其是有形磨损严重的机械设备，在进行维修之前，通常不能使用。经无形磨损的设备，其固定资产的物质形态并没有发生磨损，仍然可以使用，只不过继续使用它在经济上是否合算，需要分析研究。

（3）设备磨损的补偿方式

当设备磨损到影响使用时，需要对设备进行合理补偿。设备补偿包括设备大修理、更换、新型更新和设备的现代化改装。设备大修理属于局部更新，可以补偿设备的有形磨损。设备更换，也称原型更新，是指以性能与原设备相同的新设备更换旧设备，属于全部更新，可以补偿有形磨损和第一种无形磨损。设备新型更新，就是用结构更加先进、技术更加完善、生产效率更高的新设备去代替不能继续使用的及经济上不宜继续使用的旧设备，它既能补偿有形磨损也能补偿无形磨损。设备现代化改装，是通过现代化技术改造，改善原设备的性能，提高其生产能力和劳动生产率，降低使用费用等，它可以补偿第二种无形磨损。

2. 设备的寿命及其更新的特点分析

（1）设备的寿命

设备的寿命可以分为自然寿命、技术寿命和经济寿命。

自然寿命又称为物理寿命，设备从投入使用起，在正常使用，维修保养条件下，经过损耗，直到不能按原有用途继续使用的全部时间，它是由设备的有形磨损决定的。

技术寿命是技术角度上的设备最合理的使用期限，它是由无形磨损决定的。具体来说是指从设备开始使用到该设备因技术落后而被淘汰所持续的时间，它与技术进步的速度有关。

经济寿命是经济角度上的设备合理的使用期限，它是由有形磨损和无形磨损共同决定的。具体来说，是指能使投入使用的设备年等额总成本（包括购置成本和运营成本）最低或等额年净收益最高的期限。

（2）设备更新的特点分析

水工程项目的设备类型众多，有形磨损和无形磨损相互交织，其自然寿命、技术寿命和经济寿命各异，设备更新的方式也复杂多样。在一般情况下，对大多数水工程设备，无形磨损期短于有形磨损期。通常经过修理，水工程设备的有形磨损期可达到20～30年甚至更长，但无形磨损期却比较短。在这种情况下，就存在如何对待无形磨损但物理上还可继续使用的设备的问题。特别是，技术发展越快，第二种无形磨损带给相应设备的贬值速度也越快。应充分重视设备磨损规律性的研究，加快技术进步。

1）设备更新的时间，一般取决于设备的技术寿命和经济寿命。在企业以经济效益为目标的前提下，经济寿命占主要地位，它们共同为设备更新决策提供科学的依据。

2）设备更新问题的决策要站在咨询师的立场上，而不是站在旧资产所有者的立场上考虑问题。咨询师并不拥有任何资产，故若要保留旧资产，首先要付出相当旧资产当前市场价值的现金，才能取得旧资产的使用权。

3）设备更新分析只考虑未来的现金流量，对以前发生的现金流量及沉入成本，由于属于不可恢复的费用，与更新决策无关，故不需参与经济计算。

旧设备经过磨损，其实物资资产的价值有所降低。但旧设备经过折旧后所剩下的账面价值，并不一定等于市场价值，即更新旧设备往往会产生一笔沉入成本。

$$沉入成本 = 旧设备账面 - 当前市场价值（余值） \tag{9-44}$$
$$或沉入成本 = （旧设备原值 - 历年折旧费） - 当前市场价值（余值） \tag{9-45}$$

4）通常在比较设备更新方案时，一般假定设备产生的收益是相同的，此时只对它们的费用进行比较。

5）设备更新分析以费用年值法为主。由于不同设备方案的服务寿命不同，因此通常都采用年值法进行比较。新设备往往具有较高的购置费和较低的运营成本，而要更新的旧设备往往具有较低的重置费和较高的运营费。

9.4.2　设备经济寿命的确定

1. 设备经济寿命的概念

设备的经济寿命具体来说是指能使一台设备的年总成本最低的年数。设备的年总成本可以分为两部分，一部分是设备购置费的年分摊额，随着设备使用年限的延长，设备的年分摊额会逐渐减少。另一部分是设备的年运行费用，包括设备的维修费、材料费及能源消耗费等，随着设备使用年限的延长，这部分的费用会逐渐增加。对于某种设备，将其年资产分摊额成本曲线与年运行费用成本曲线作到图上，两条曲线相交处即年总成本曲线的最低点，这一总成本对应的时间点就是设备的经济寿命，如图9-1所示。

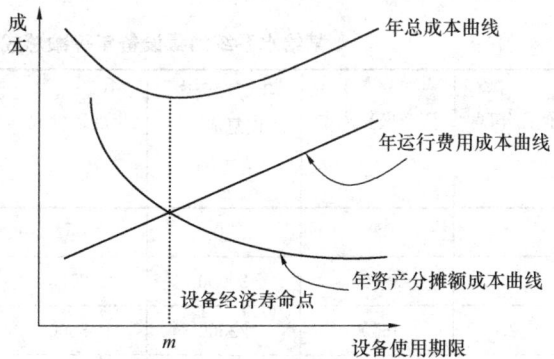

图 9-1　设备经济寿命示意图

设备经济寿命的确定方法可分为静态模式和动态模式两种。静态模式下的设备经济寿命的确定方法，就是不考虑资金时间价值的基础上计算设备的年总成本，设备年总成本最小时就是设备的经济寿命。动态模式下设备经济寿命的确定方法，就是在考虑资金的时间价值的情况下计算设备的年总成本，通过比较年平均效益或年平均费用来确定设备的经济寿命。

2. 经济寿命的静态计算方法

（1）一般情况

n 年内设备的总成本为：$TC_n = P - L_n + \sum_{j=1}^{n} C_j$ \hfill (9-46)

n 年内设备的年等额总成本为：$AC_n = \dfrac{TC_n}{n} = \dfrac{P-L_n}{n} + \dfrac{1}{n}\sum\limits_{j=1}^{n}C_j$ (9-47)

式中 P——设备购置费；

    L_n——第 n 年末的残值；

    C_j——第 j 年的运营成本；

    n——使用年限，在设备经济寿命计算中，n 是一个自变量。

由式（9-47）可知，设备的年等额总成本 AC_n 等于设备的年等额资产恢复成本 $\dfrac{P-L_n}{n}$ 与设备的年等额运营成本 $\dfrac{1}{n}\sum\limits_{j=1}^{n}C_j$ 之和。

因此，可通过计算不同使用年限的年等额总成本 AC_n 来确定设备的经济寿命。若设备的经济寿命为 m 年，则应满足下列条件：$AC_m \leqslant AC_{m-1}$，$AC_m \leqslant AC_{m+1}$

【例 9-2】 某给水系统消毒设备购置费为 6 万元，在使用中有表 9-4 的统计资料，如果不考虑资金的时间价值，试计算其经济寿命。

某给水系统消毒设备使用过程统计数据表   单位：元   表 9-4

使用年度 j	1	2	3	4	5	6	7
j 年度运营成本	7000	8000	9000	10000	12000	18000	24000
n 年末残值	30000	15000	7500	3750	2000	2000	2000

【解】 该消毒设备在不同使用期限的年等额总成本 AC_n 见表 9-5。

某给水系统消毒设备年等额总成本计算表   单位：元   表 9-5

使用年限 n	资产恢复成本 $P-L_n$	年等额资产恢复成本 $\dfrac{P-L_n}{n}$	年度运营成本 C_j	使用年限内运营成本累计 $\sum\limits_{j=1}^{n}C_j$	年等额运营成本 $\dfrac{1}{n}\sum\limits_{j=1}^{n}C_j$	年等额总成本 AC_n ⑦=③+⑥
①	②	③	④	⑤	⑥	⑦
1	30000	30000	7000	7000	7000	37000
2	45000	22500	8000	15000	7500	30000
3	52500	17500	9000	24000	8000	25500
4	56250	14063	10000	34000	8500	22563
5	58000	11600	12000	46000	9200	20800
6*	58000	9667	18000	64000	10667	20334
7	58000	8286	24000	88000	12571	20857

注 "*"表示年等额总成本最低。

由结果来看，该消毒设备使用 6 年时，其年等额总成本最低（$AC_6 = 20334$ 元），使用期限大于或小于 6 年时，其年等额总成本均大于 20334 元，故该设备的经济寿命为 6 年。

（2）特殊情况

一般而言，随着设备使用期限的增加，年运营成本每年以某种速度在递增，这种运营成本的逐年递增称为设备的劣化。现假定每年运营成本的增量是均等的，即运营成本呈线性增长，如图 9-2 所示。

则：设备第 j 年的经营成本为 $C_j = C_1 + (j-1)\lambda$

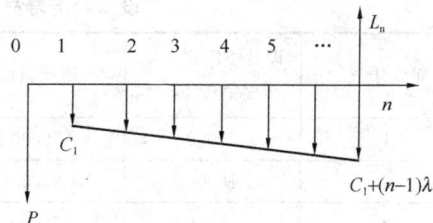

图 9-2　劣化增量均等的现金流量图

$$(9\text{-}48)$$

n 年内设备的年等额总成本为：

$$AC_n = \frac{P - L_n}{n} + \frac{1}{n}\sum_{j=1}^{n} C_j = \frac{P - L_n}{n} + C_1 + \frac{n-1}{2}\lambda \qquad (9\text{-}49)$$

式中　C_1——第 1 年的经营成本；

　　　λ——年经营成本的增加额

设 L_n 为一常数，若使 AC_n 最小，则令：

$$\frac{\mathrm{d}(AC_n)}{\mathrm{d}n} = -\frac{P - L_n}{n^2} + \frac{\lambda}{2} = 0 \qquad (9\text{-}50)$$

$$n = \sqrt{\frac{2(P - L_n)}{\lambda}} \qquad (9\text{-}51)$$

解出的 n，即为设备的经济寿命。

【例 9-3】设有一台水泵，购置费为 5000 元，预计残值 250 元，运营成本初始值为 600 元，年运行成本每年增长 300 元，求该设备的经济寿命。

【解】由式（9-51）可得：$m = \sqrt{\dfrac{2\ (5000 - 250)}{300}} = 6$ 年

3. 经济寿命的动态计算方法

（1）一般情况

则 n 年内设备的总成本现值为：

$$TC_n = P - L_n(P/F, i, n) + \sum_{j=1}^{n} C_j(P/F, i, j) \qquad (9\text{-}52)$$

n 年内设备的年等额总成本为：

$$AC_n = TC_n(A/P, i, n) \qquad (9\text{-}53)$$

（2）特殊情况

当随着设备使用期限的增加，年运营成本每年以某种速度在递增时：

$$\begin{aligned}
AC_n &= P(A/P, i, n) - L_n(A/F, i, n) + C_1 + \lambda(A/G, i, n) \\
&= [(P - L_n)(A/P, i, n) + L_n \times i] + [C_1 + \lambda(A/G, i, n)]
\end{aligned} \qquad (9\text{-}54)$$

可通过计算不同使用年限的年等额总成本 AC_n 来确定设备的经济寿命。若设备的经济寿命为 m 年，则应满足下列条件：$AC_m \leqslant AC_{m-1}$，$AC_m \leqslant AC_{m+1}$。

【例 9-4】某设备购置费为 50000 元，第 1 年的设备运营费为 16000 元，以后每年增加 8000 元，设备逐年减少的残值见表 9-6 所示。设利率为 12%，求该设备的经济寿命。

设备经济寿命动态计算表　　　单位：元　　　　　表 9-6

第 j 年末	设备使用到 n 年末的残值	年度运营成本	等额年资产恢复成本	等额年运营成本	等额年总成本
1	25000	16000	31000	16000	47000
2	16000	24000	22037	19774	41811
3	8000	32000	18444	23397	41841
4	40000	16460	26871	43331

【解】 设备在使用年限内的等额年总成本计算如下：

$n=1$：

$$AC_1 = (50000 - 25000)(A/P, 12\%, 1) + 25000 \times i + 16000 + 8000(A/G, 12\%, 1)$$
$$= 25000 \times 1.1200 + 25000 \times 0.12 + 16000 + 8000 \times 0 = 47000(元)$$

$n=2$：

$$AC_2 = (50000 - 16000)(A/P, 12\%, 2) + 16000 \times i + 16000 + 8000(A/G, 12\%, 2)$$
$$= 34000 \times 0.5917 + 16000 \times 0.12 + 16000 + 8000 \times 0.4717 = 41811(元)$$

$n=3$：

$$AC_3 = (50000 - 8000)(A/P, 12\%, 3) + 8000 \times i + 16000 + 8000(A/G, 12\%, 3)$$
$$= 42000 \times 0.4163 + 8000 \times 0.12 + 16000 + 8000 \times 0.9246 = 41841(元)$$

$n=4$：

$$AC_4 = (50000 - 0)(A/P, 12\%, 4) + 0 \times i + 16000 + 8000(A/G, 12\%, 4)$$
$$= 50000 \times 0.3292 + 0 \times 0.12 + 16000 + 8000 \times 1.3589 = 43331(元)$$

根据计算结果，当使用两年时，设备的等额总成本最小，故该设备的经济寿命为 2 年。

9.4.3　设备更新方案的综合比较

1. 设备更新的经济分析

重点分析设备原型更新和新型更新的决策方法。如何进行设备更新，何时更新，选择何种技术，应根据情况具体地区别和对待。

（1）设备原型更新

有些设备长期处于先进水平，当该设备达到经济寿命年限时再继续使用，虽然经济上已经不合算，但是技术上仍然先进，这种情况可以用原型设备进行替换。这类原型设备更新的时机应以其经济寿命年限为佳。

（2）设备新型更新

由于科学技术的进步，很可能在设备的原型更新之前就已经出现工作效率更高，经济效果更好的设备。这时就要比较继续使用旧设备和购置新设备哪种更新方法在经济上更有利。在有新型设备出现的情况下，常见的设备更新决策方法是年费用比较法。年费用比较法就是计算旧设备再使用一年的总费用和备选设备在其预计的经济寿命期内的年均总费用，并进行比较，根据年费用最小原则决定是否应该更新设备。如果使用新型设备的年均总费用低于继续使用旧设备的平均总费用，则应当立即进行更新，反之，则应继续使用旧设备。

1）旧设备年总费用的计算

在决策年份，旧设备已运行多年，每年实际运行的费用，会超过该设备经济寿命期内的年平均总费用，而且在大多数情况下，旧设备的平均总费用将随着设备使用年限的延长而逐年增加，所以在进行设备更新决策时，旧设备再使用一年的总费用由下式求得：

$$C' = V_t - V_{t+1} + \frac{V_t + V_{t+1}}{2}i + \Delta C \qquad (9\text{-}55)$$

式中　　C'——旧设备下一年运行的总费用；

　　　　V_t——旧设备在决策时的出售价值；

　　　V_{t+1}——旧设备一年后的出售价值；

　　　ΔC——旧设备继续使用一年在运行费用方面的损失；

　　　　i——最低期望收益率；

$\dfrac{V_t + V_{t+1}}{2}i$——因继续使用旧设备而占用资金的时间价值损失，资金占用额取旧设备现在

　　　　出售价值和一年后出售价值的平均值。

2）新设备年均总费用的计算

计算新设备年均总费用时，要考虑到运行的劣化损失、设备的价值损耗和资金时间价值损失三个部分，公式如下：

$$C'' = \frac{2(P_n - L_N)}{N} + \frac{(P_n + L_N)i}{2} - \frac{P_n - L_N}{N^2} \qquad (9\text{-}56)$$

式中：C''——新设备的年平均总费用；

　　　P_n——新设备的价格；

　　　N——新设备的经济寿命。

（3）设备更新的方法应用

1）技术创新引起的设备更新

通过技术创新不断改善设备的生产效率，提高设备使用功能，会造成旧设备产生精神磨损，从而有可能导致企业对旧设备进行更新。

【例 9-5】某厂用设备 A 加工某产品的零件，设备 A 已使用 7 年，当时购置及安装费为 100000 元，设备 A 目前市场价为 25000 元，设备 A 可再使用 3 年，到期残值为 3100 元。目前市场上出现了一种新的设备 B，设备 B 的购置及安装费为 130000 元，使用寿命为 10 年，残值为原值的 10%。设备 A 和设备 B 加工 100 个零件所需时间分别为 3.5h 和 2.8h，该厂预计今后每年平均需加工 50000 件该零件。加工零件工人人工费为 22 元/h。设备 A 动力费为 3.8 元/h，设备 B 动力费为 3.9 元/h。基准折现率为 10%，试分析是否应采用新设备 B 更新旧设备 A。

【解】选择旧设备 A 的剩余使用寿命 3 年为研究期，采用年值法计算新旧设备的等额年总成本。

$AC_A = (25000 - 3100)(A/P, 10\%, 3) + 3100 \times 10\% + 3.5 \div 100 \times 50000 \times (22 + 3.8)$

　　　$= 8806.31 + 310 + 45150 = 54266.31$ 元

$AC_B = (130000 - 13000)(A/P, 10\%, 10) + 13000 \times 10\% + 2.8$

　　　$\div 100 \times 50000 \times (22 + 3.9)$

$$= 19041.21 + 1300 + 36260 = 56601.21 \ 元$$

由以上结果可知，使用新设备 B 的等额年总成本为 56601.21 元，使用旧设备 A 的等额年总成本为 54266.31 元，A 小于 B，故使用旧设备 A 更经济，无需更新。

2）市场需求变化引起的设备更新

有时旧设备的更新是由于市场需求增加超过了设备现有的生产能力，这种设备更新分析可通过下面的例子来说明。

【例 9-6】由于市场需求量增加，某集团公司铸铁管生产线面临两种选择，第一方案是在保留现有生产线 A 的基础上，3 年后再上一条生产线 B，使生产能力增加一倍；第二方案是放弃现在的生产线 A，直接上一条新的生产线 C，使生产能力增加一倍。

生产线 A 是 10 年前建造的，其剩余寿命估计为 10 年，到期残值为 100 万元，目前市场上有厂家愿以 700 万的价格收购 A 生产线。生产线今后第一年的经营成本为 20 万元，以后每年等额增加 5 万元。

B 生产线 3 年后建设，总投资 6000 万元，寿命期为 20 年，到期残值为 1000 万元，每年经营成本为 10 万元。

C 生产线目前建设，总投资 8000 万元，寿命期为 30 年，到期残值为 1200 万元，年运营成本为 8 万元。

基准折现率为 10%，试比较方案一和方案二的优劣，设研究期为 10 年。

【解】方案一和方案二的现金流量如图 9-3 所示。

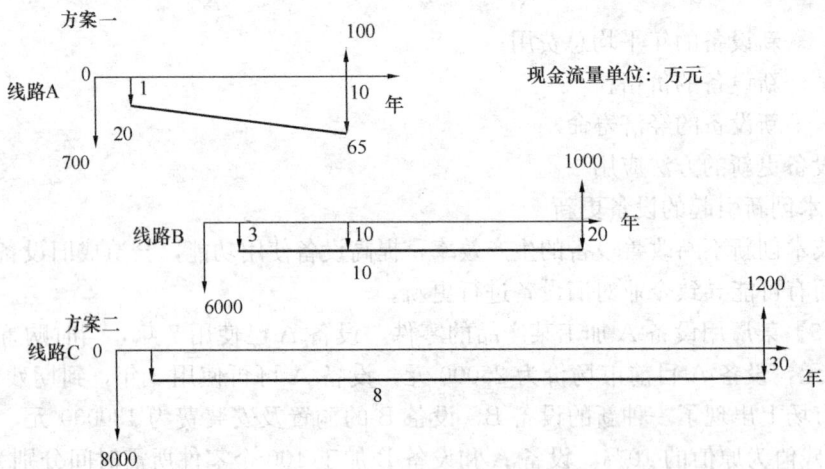

图 9-3　现金流量图

设定研究期为 10 年，各方案的等额年总成本计算如下：

方案一：

$$AC_A = 700(A/P, 10\%, 10) - 100(A/F, 10\%, 10) + 20 + 5(A/G, 10\%, 10)$$
$$= 700 \times 0.1627 - 100 \times 0.0627 + 20 + 5 \times 3.725 = 146.25 \ 万元$$

$$AC_B = [6000(A/P, 10\%, 20) - 1000(A/F, 10\%, 20) + 10](F/A, 10\%, 7)(A/F, 10\%, 10)$$
$$= [6000 \times 0.1175 - 1000 \times 0.0175 + 10] \times 9.4872 \times 0.0672 = 413.58 \ 万元$$

$$AC_1 = 146.25 + 413.58 = 559.83 \text{ 万元}$$

方案二：

$$AC_C = 8000(A/P, 10\%, 30) - 1200(A/F, 10\%, 30) + 8 = 849.48 \text{ 万元}$$

$$AC_2 = 849.48 \text{ 万元}$$

从以上比较结果来看，应采用方案一。

2. 设备大修理的经济分析

（1）设备大修理的经济实质

设备在使用过程中不断地经受有形磨损。由于设备的零部件是由各种不同性质的材料制成的，他们的使用条件和功能也各不相同，因此设备各部分的有形磨损是均匀的，即设备的零部件有着不同的物理寿命（也即自然寿命）。

设备的大修理是通过调整、修复或更换磨损的零部件，恢复设备的精度和生产效率，使整机全部或接近全部恢复功能，基本上达到设备原有的使用功能，从而延长设备的自然寿命。

大修理能够利用被保留下来的零部件，从而能在一定程度上节约资源，因此在设备更新分析时大修理是设备更新的替代方案，这是大修理的经济实质，也是大修理这种对设备磨损进行补偿的方式能够存在的经济前提。对设备进行更新分析时，应与大修理方案进行比较；反过来，进行设备大修理决策时，也应同设备更新及设备其他在生产方式相比较。

（2）设备大修理的经济界限

设备虽然通过大修理可以延长物理寿命，但是这种延长，不管是在技术上，还是在经济上，并不是没有限度的。

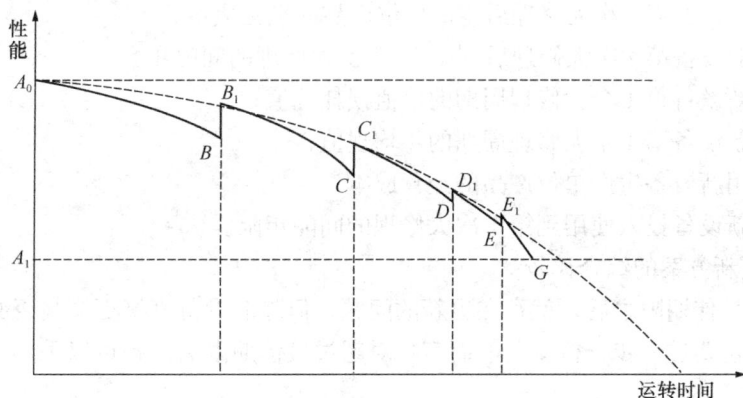

图 9-4　每次大修理设备性能劣化曲线

如图 9-4 所示，A_0 点表示设备初始性能，A_1 点表示设备基本性能。

事实上，设备在使用过程中其性能是沿着 A_0B 线下降，如不及时大修，设备的寿命可能会变短。如在 B 点（即到第一个大修期限时）进行大修，其性能又可恢复到 B_1 点；自 B_1 点继续使用，其性能又继续劣化，当降到 C 点时，又进行第二次修理，其性能可恢复到 C_1 点；但经过使用后又会下降，直至 G 点，设备就不能再修复了。由此可见，设备的修复并不是无止境的，而是有限度的。

从经济角度出发，为了提高设备的经济效益，降低设备使用费用，必须确定设备大修理的经济界限。

如果该次大修理费用超过同种设备的重置价值，十分明显，这样的大修理在经济上是不合理的，将这一标准视为大修理在经济上具有合理性的起码条件，或称最低经济界限。即：

$$I \leqslant P - L \tag{9-57}$$

式中 I——该次大修理费用；

P——同种设备的重置价值（即同一种新设备在大修理时的市场价格）；

L——旧设备被替代时的残值。

应当指出，即使满足式（9-57）的条件，也并非所有的大修理都是合理的。如果大修理后的设备综合质量下降较多，有可能致使生产单位产品的成本比用同种用途新设备的生产成本高，这是其原有设备的大修理就未必是合理的，因此还应补充另一个条件，即：

$$C_j \leqslant C_0 \tag{9-58}$$

式中 C_j——用第 j 次大修理后的旧设备生产单位产品的计算费用；

C_0——用具有相同功能的新设备生产单位产品的计算费用。

$$C_j = (I_j + \Delta V_j)(A/P, i_c, T_j)/Q_j + C_{gj} \tag{9-59}$$

$$C_0 = \Delta V_{01}(A/P, i_c, T_{01})/Q_{01} + C_{g01} \tag{9-60}$$

式中 I_j——旧设备第 j 次大修理的费用；

ΔV_j——旧设备在第 $j+1$ 个大修理周期内的价值损耗现值，其值为第 $j-1$、j 个大修理间隔期末的设备余值现值之差；

Q_j——旧设备第 $j+1$ 个大修理周期内的年均产值；

C_{gj}——旧设备第 j 次大修理后生产单位产品的经营成本；

T_j——旧设备第 j 次大修理后到第 $j+1$ 次大修理的间隔年数；

ΔV_{01}——新设备第 1 个大修理周期的价值损耗现值；

Q_{01}——新设备第 1 个大修理周期的年均现值；

C_{g01}——用新设备生产单位产品的经营成本；

T_{01}——新设备投入使用到第 1 次大修理的间隔年限。

3. 设备更新方案的综合比较

设备超过最佳期限之后，就存在更新的问题。但陈旧设备直接更换是否必要或是否为最佳的选择，需要进一步分析。一般而言，对超过最佳期限的设备可以采用以下几种处理办法：

（1）继续使用旧设备；

（2）对旧设备进行大修理；

（3）用原型设备更新；

（4）对旧设备进行现代化技术改造；

（5）用新型设备更新。

对以上更新方案进行综合比较宜采用"最低总费用现值法"，即通过计算各方案在不同使用年限内的总费用现值，根据计划使用年限，按照总费用现值最低的原则进行方案选优。

在水工程项目中，有时还会出现设备租赁，此时还要比选租赁方案和购买方案的优劣。在假设所得到设备的收入相同的条件下，最简单的方法是将租赁成本和购买成本进行比较；一般寿命相同时可以采用净现值法，设备寿命不同时可以采用净年值法。

租赁成本包括租金的支付和在租赁设备期间维持设备的正常状态所必须开支的生产运转费用。所以，在租赁时，其净现金流量可以表示为：

$$净现金流量 = 营业收入 - 经营成本 - 租赁费 - 与营业相关的税金 - 所得税$$

$$(9\text{-}61)$$

或：净现金流量 = 营业收入 - 经营成本 - 租赁费 - 与营业相关的税金 - 所得税率

$$\times(销售收入 - 经营成本 - 租赁费 - 与营业相关的税金)\qquad(9\text{-}62)$$

式中，租赁费主要包括：租赁保证金、租金、担保费。

购买成本不仅包括设备的价格，还包括使用设备所发生的运转费和维修费，其净现金流量为：

$$净现金流量 = 营业收入 - 经营成本 - 设备购置费 - 贷款利息$$

$$- 与营业相关的税金 - 所得税\qquad(9\text{-}63)$$

或：净现金流量 = 营业收入 - 经营成本 - 设备购置费 - 贷款利息 - 与营业相关的税金 - 所

$$得税率 \times(营业收入 - 经营成本 - 设备购置费 - 折旧 - 贷款利息 - 与营业相关的税金)\qquad(9\text{-}64)$$

无论用现值法还是年值法，均以成本较少或收益效果最大的方案为准。

在工程经济互斥方案的分析中，为了简化计算，常常只需比较它们之间的差异部分。从租赁设备和购买设备的净现金流量的计算公式可以看出，两种方式的差异部分如下：

设备租赁：所得税率 × 租赁费 - 租赁费

设备购置：所得税率 × （折旧 + 贷款利息） - 设备购置费 - 贷款利息

在不考虑税收的情况下，是选择一次性用自有资金购买设备还是租赁设备，可以用以上方法直接进行比较。

由于每个企业都要将利润收入上交所得税，按财务制度规定，租赁设备的租金允许计入成本，购买设备每期（每年）计提的折旧费也允许计入成本，若用借款购买设备，其每期（每年）支付的利息也可以计入成本。在其他费用保持不变的情况下，计入成本越多，则利润总额越少，企业交纳的所得税也越少。因此在充分考虑各种方式的税收优惠影响下，应该选择税后收益更大或税后成本更小的方案。

9.5　水工程项目后评价

9.5.1　项目后评价的内容和方法

1. 项目后评价概念

（1）项目后评价的定义

项目后评价是指在项目建成并运行一段时间后（水工程项目一般2～3年），对照项目立项决策、设计方案等技术经济要求，分析项目实施过程的成绩和问题，评价项目的效果、效益、作用和影响，判断项目目标的实现程度，总结经验教训，为指导拟建项目、调整在建项目、完善已建项目提出建议。根据需要，也可针对项目建设的某一问题进行专题评价。

项目后评价是项目建设程序的最后阶段，也是固定资产投资管理的一项重要内容。项目后评价应当遵循独立、公正、客观、科学的原则，建立畅通快捷的信息反馈机制，为建立和完善政府投资监管体系和责任追究制度服务。

我国国家发改委颁布的《中央政府投资项目后评价管理办法》中规定，开展项目后评价工作应主要从以下项目中选择：

1）对行业和地区发展、产业结构调整有重大指导意义的项目；

2）对节约资源、保护生态环境、促进社会发展、维护国家安全有重大影响的项目；

3）对优化资源配置、调整投资方向、优化重大布局有重要借鉴作用的项目；

4）采用新技术、新工艺、新设备、新材料、新型投融资和运营模式，以及其他具有特殊示范意义的项目；

5）跨地区、跨流域、工期长、投资大、建设条件复杂，以及项目建设过程中发生重大方案调整的项目；

6）征地拆迁、移民安置规模较大，对贫困地区、贫困人口及其他弱势群体影响较大的项目；

7）使用中央预算内投资数额较大且比例较高的项目；

8）社会舆论普遍关注的项目。

（2）项目后评价与前评价的区别

1）评价的主体不同。前评价主要由投资主体组织实施，后评价以投资运行的监督管理机构或单独设立的后评价权威机构或上级决策机构为主，组织主管部门会同计划、财政、审计、银行、设计、质量、司法等有关部门联合进行，以确保后评价的公正性和客观性。

2）评价的性质不同。前评价是以定量指标为主，评价的结论将作为项目取舍的直接依据。后评价是投资决策的各种信息反馈，对项目实施结果进行鉴定，其结论将间接作用于未来项目的投资决策，从而提高未来项目决策科学化水平。

3）评价的依据不同。前评价主要依据国家、行业和部门颁发的政策规定和参数标准，以及历史资料和经验性资料，所以前评价依据的条件是建立在预测基础上的；后评价则主要依据建成投产后项目实施的现实资料，并将有关各方情况进行对比，检测项目的实际情况与预测情况的差距，分析产生原因，提出改进措施。因此，后评价比前评价有较高的现实性和可靠性。

4）评价的内容不同。前评价分析和研究的主要内容是项目建设条件、工程设计方案、项目的实施计划及项目的经济和社会效益的评价与预测；后评价的主要内容除针对前评价上述内容进行再评价外，还要对项目决策和实施效率等进行评价，以及对项目实际运营状况进行深入的分析。

5）评价的阶段不同。前评价属于项目前期工作。为投资决策提供依据；后评价则是项目竣工投产后，对项目全过程的建设和运行情况及产生的效益进行评价。

通过项目后评价，可以评价出项目决策经济目标是否正确，分析鉴定项目实际的经济效益情况，分析预测项目未来阶段的经济发展趋势，检验经济评价方法和参数的适用情况，总结经济评价的经验教训，以提高可行性研究的质量和项目决策的正确性，推荐可能的优化方案或提出可行的改进意见，以提高项目经济效益；提出综合评价结论，编制项目经济后评价报告。

2. 水工程项目后评价的意义与特点

（1）水工程项目后评价的意义

工程项目后评价在我国大多数行业重点工程建设项目上得到了应用，证明了工程建设后评价工作的科学性和必要性。国内水工程项目后评价起步较晚，但事实上，水工程建设项目中有很多是政府投资的重点工程，有些是涉及城市和区域战略发展的重大工程，有些是与水资源、水环境、水生态、水安全相关的公益项目，应对其进行后评价。水工程项目后评价具有下列意义：

1）有利于对已运营的水工程项目进行监督和改进，促使项目运营状态正常化。对已运营的项目的管理是一项复杂的系统工程，它涉及建设部门、规划部门、水电部门、财务部门等，项目能否正常运营，取决于这些部门的相互协调、密切合作。而后评价通过对已建成运营的项目的分析论证，找出项目存在的问题，针对问题提出对策，促使项目运营状态正常化。

2）有利于提高项目投资决策和管理的科学化水平。水工程项目决策的正确与否有待用项目后评价来进行检验。因此，通过建立和完善水工程项目的后评价制度和科学合理的后评价理论和方法体系，一方面可以使决策者预先知道自己的行为和后果，增加责任感，提高项目决策的准确性；另一方面通过后评价的反馈信息，及时纠正项目投资决策中存在的问题，提高未来项目投资决策的科学化水平，努力完善决策机制。

3）有利于提高水工程项目的投资效果。通过水工程项目后评价发现由于计划与决策不当造成的投资效果不明显的问题，争取逐步建立健全政府投资项目绩效评估制度，加强对项目建设的监督检查，优化投资结构，确保项目从全方位提高投资效果，加强政府对项目的资金监管力度。

4）有利于为水工程设施投资计划的制定及经济参数的确定和完善提供依据。通过水工程项目后评价能够发现宏观投资管理中存在的问题，及时修正某些不适合水务管理部门经济发展的技术经济政策，运用宏观经济杠杆合理控制投资规模和投资流向，为水务投资计划制定及经济参数的确定和完善提供依据。

（2）水工程项目后评价的特点

与项目的前评价相比，项目后评价的特点主要表现在四个方面：

1）现实性。项目后评价是从实际出发，对项目建设、运营状态、发生的数据进行研究评价。对项目进行后评价是为了对其起到监督和促进作用，对于其他同类项目也可以起到参考作用，这说明项目后评价具有现实性。

2）全面性。项目后评价是对投资项目过程和运营过程进行全面分析，包括对投资项目的立项决策、设计施工、生产运营的评价；不仅要分析项目的投资效益，还要分析其社会效益和环境效益等。另外，还要分析项目的经营管理水平和项目发展的后劲和潜力。

3）反馈性。项目后评价的目的是对现有情况进行总结和回顾，检验投资决策是否正确，并反馈信息，为今后项目管理、投资计划和投资政策的制订积累经验，使以后的宏观决策、微观决策和项目建设获得依据和借鉴。

4）独立性。后评价不受项目决策者、管理者、执行者和前评价人员的干扰，评价工作应由投资和收益以外的第三者来执行。为确保评价的独立性，必须从机构设置、人员组成、履行职责等方面综合考虑，使评价机构保持相对的独立性又便于运作，独立性应自始至终贯穿于评价的全过程，包括项目后评价计划的制订、任务的委托、评价者的组成、资料的收集、现场调研、报告编写和信息反馈。

水工程项目大多具有公益性和服务性等特征，因此其后评价除了具有一般项目后评价的特点外，还具有如下特点：

（1）水工程项目往往是为整个城市或区域提供社会化服务的，没有任何人、任何部门能够脱离它而存在，它具有公共服务的性质；同时，很多项目是非盈利性的，所以一般在后评价时财务评价不是重点，其投资收益主要表现为项目的外部效益，因此在考虑经济评价时主要考虑的是该项目的国民经济后评价。

（2）水工程项目的效益具有显著的多面性，不仅产生国民经济效益，同时也产生社会效益，而后者在建设项目后评价中尤为重要，因此，对水工程项目的后评价要从社会发展的角度分析对社会发展目标所作的贡献和产生的影响。而且水工程项目的兴办者、投资者及受益者往往是分离的，这些分散在各行业的效益难以用货币来衡量，具有很强的隐蔽胜。

3. 项目后评价的基本内容

20 世纪 30 年代，美国、瑞典等国的财政和审计机构及外援单位，为了总结公共投资和援外项目的经验教训，提高投资效益和决策、管理水平，开始对重大项目进行回顾评价工作。目前已广泛为许多国家和国际金融组织所采用，成为投资管理的重要手段之一。

发达国家和世界银行等国际金融组织，对公共投资和对外贷（援）款项目的计划和执行，已形成一套比较完整的管理和评价体系，项目后评价成为项目期中的一个重要环节。美国有法案规定，1998 年以后对所有国家投资项目都要进行后评价，以加强国家对政府投资项目的管理。发展中国家，如印度、巴西，已将项目后评价纳入本国宪法之中。目前已形成比较完善的项目后评价制度的国家和国际机构有：美国、印度、菲律宾、韩国、世界银行、联合国教科文组织、亚洲开发银行等。由于各国、各组织间的具体情况不同，项目后评价的内容和方法也存在较大差异。到目前为止，世界银行的项目后评价工作相对最全面和系统。

（1）世界银行项目后评价内容

世界银行在 20 世纪 70 年代初就开始项目后评价工作，已形成一套完善的制度方法。世界银行的项目后评价一般分两个阶段进行。首先由贷款项目的主管人员在贷款发放完毕后的 6～12 个月内编制一份《项目完成报告》，然后由执行董事会主席指定"业务评议局"对项目进行内容比较全面的总结评价。

1）项目完成报告

《项目完成报告》的基本内容一般应包括以下一些内容：

① 项目背景：包括项目提出、项目准备和进行的依据、项目目标的范围和内容等；

②借款国政府、项目管理机构的设置、项目工作人员、咨询专家的聘用、世界银行人员以及其他与项目有关的机构和人员的活动情况及工作情况评价；

③项目实施的时间进度、实际进度与预测进度的偏差及其原因；

④在物资、财务管理方面的问题及其产生的原因。这了解决这些问题或减轻其造成的

影响，采取了什么措施，其实际效果如何；

⑤对项目做出的重大修改及修改的原因；

⑥发放贷款出现的不正常情况，这些不正常情况与贷款条件、贷款协议或贷款程序有何关系；

⑦双方在培训项目工作人员过程中有何经验教训；

⑧违约事件的发生以及采取的措施，如未采取任何措施，其原因何在；

⑨采购，供应商及承包商的表现；

⑩财务评价：包括财务收益率，财务成果分析，财务效果与财务目标的比较分析；

⑪经济分析：包括国民经济效益、社会效益等的评价，以及预期效益的比较分析；

⑫机构体制：包括组织管理措施及其经验教训；

⑬结论：包括项目总评价和可为类似项目提供的经验教训；

⑭为使项目获得最大经济效益或使正在进行中的和计划中的有关工作的风险尽量减少而需要或建议采取的措施（可延续项目监督，追加培训，完成应补充的投资，改善辅助服务，优化维修标准等）；

⑮对项目前景的展望。

总之，《项目完成报告》一定要包括以下基本内容：根据实际资料的分析，确定在项目评估阶段所做出的预测和判断是否正确；项目完成后，应从中吸取哪些经验教训，为以后改进项目的准备、评估、监督和管理创造条件。

2）项目执行情况审核备忘录

项目评价人员在审查《项目完成报告》的基础上，通过查问档案、实地调查多种评价方法，独立地对项目进行全面，系统评价，写出《项目执行情况审核备忘录》，连同《项目完成报告》一并提交董事会和银行行长。《项目执行情况审核备忘录》一般应包括以下方面内容：

① 对项目的背景，目标，实施过程和结果做出简单描述；

② 对项目目标完成情况做出评价，重点回答项目目标是否明确合理，目标是否达到，如未达到，说明原因；

③ 在项目选定和准备阶段预计到的不利条件是否已经消除，减轻或改变；如没有，说明原因；

④ 列出主要结论、主要经验教训和有特定意义的问题，包括改动建议和补救措施；

⑤ 表明审核单位在多大程度上接受《项目完成报告》的观点和结论，并提出审核报告有分歧的意见；

⑥ 重点阐述《项目完成报告》未提及或含糊敷衍的有关项目及某些方面的问题。

在项目完成通过审核后 5 年左右，业务评价局还要从已审核的项目中挑选出一半左右进行复审，根据项目新的生产运营情况，重新编制复审报告书。这一套后评价办法执行 20 多年来，使世行贷款项目成功率不断提高，大大促进了世行业务工作的进展，并使受援国的经济也得到不断发展。

（2）我国项目水工程项目后评价的主要内容

水工程项目后评价主要依据国家现行的有关法律法规和相关规定，在项目实施完成之后，根据项目的结果和目的，对项目生命期中的各阶段进行回顾和总结，对实际发生的偏离和预期目标的合理性进行分析，对项目实施过程的管理和控制水平、项目效益效果、影响及可持续性等进行评价，分析问题产生的原因，以便总结和汲取经验、教训，并通过及时有效的信息反馈，为未来项目的决策提出建议，同时也为被评项目实施运营中出现的问题提出改进建议，从而达到提高投资决策水平和投资效益的目的。主要内容包括：

1) 项目目标评价

项目后评价所要完成的一个重要任务是评价项目立项时原来预定的目的和目标的实现程度，因此，项目后评价要对照原来定目标完成的主要指标，检查项目实际实现的情况和变化，分析实际发生改变的原因，以判断目标的实现程度。另外，项目原定的目标不明确或不符合实际情况，项目实施过程中可能会发生重大变化的，项目后评价要给予重新分析。

2) 项目过程评价

项目过程评价是将项目执行过程的实际情况与项目立项时所确定的目标和任务进行对比分析，找出前后不同的原因，总结经验教训。主要从以下几个方面进行：

① 前期工作评价

前期工作评价主要评价立项条件和决策依据是否正确，决策程序是否符合规定；勘测工作对设计与施工的满足程序，设计方案的指导思想和优选方法，技术上的先进性和可行性，经济上的合理性等。

② 建设实施评价

建设实施评价主要对施工准备、招标评价、施工组织方式、技术装备情况、施工技术准备、施工管理、施工进度、工程质量、工程造价、工程监理以及各种合同执行情况及生产运行准备情况等的评价。

③ 生产运行评价

生产运行评价是指对项目从正式投产到后评价期间项目的运行情况进行评价，包括对项目设计能力和实际能力的验证；质量保证体系的完善程度；生产和人力资源管理系统、生产条件分析及原材料和能源的消耗情况、产品销售情况等的评价。

3) 项目经济评价

项目经济评价是项目后评价工作的有机组成部分和重要内容，效益评价的目的主要是通过对财务指标和经济指标的实际情况重新计算来确定原来的测算结果是否符合实际，并找出发生变化的主要原因。

① 财务后评价

财务后评价主要根据现行财税制度和现行价格体系的要求，从企业的角度出发来计算项目实际达到的盈利能力和偿还能力指标，并与预期目标作对比分析，寻找产生差异的原因。评价时应考虑财务和物价因素变化带来的影响。

② 国民经济后评价

国民经济后评价是从国家的整体角度出发来考察项目的实际经济效益和费用。采用不同时期的影子价格、影子汇率、影子工资率和国家最新的社会折现率等国家经济参数，折扣国民经济内部的转移支付与物价上涨因素，评价项目的国民经济实际净效益（净贡献），并与社会折现率相比较。

③ 投资使用情况评价

投资使用情况评价主要检查项目原定的预算计划、资金投入计划、贷款协议计划同实际发生的情况有何差异，找出发生的原因及其影响。

4）项目影响评价

影响评价是指在项目投产5～8年后的完全发展阶段分析项目对其周围地区在技术、经济、社会、环境和文化方面所产生的影响和作用。项目的影响评价应站在国家的宏观立场上，重点分析项目对整个社会发展的影响。

① 项目经济影响评价，主要分析和评价项目队所在地区、行业、部门和国家的宏观经济影响，如对国民经济结构的影响，对提高宏观经济效益以及对国民经济长远发展的影响；并对项目所用国内资源的价值进行测算，为在宏观上判断项目资源利用的合理程度提供依据。同时，分析项目对地区、行业、部门和国家的经济发展所产生的重要作用和长远影响。

② 项目科学技术进步影响评价主要分析项目对国家、部门和地方的技术进步的推动作用，以及对项目所选技术本身的先进性、适用性、可靠性、配套性及经济的合理性进行分析，并与国内外同类技术装备进行对比。

③ 项目环境影响评价，主要是对照前评价时批准的"环境影响报告书"，重新审查项目对环境产生的实际影响，审查项目环境管理的决策、规定、规范和参数的可靠性和实际效果。环境影响评价主要包括项目的污染源控制、区域的环境质量、自然资源的利用、区域的生态平衡和环境管理能力等五个方面的内容。

④ 项目社会影响评价，主要是从社会发展的角度来分析项目对社会发展目标所作的贡献和产生的影响，包括有形的和无形的影响。评价的内容主要有项目对社会文化、教育、卫生的影响；对社会就业、扶贫、公平分配的影响；对社区生产与生活、社区与群众的参与、风俗习惯和宗教信仰的影响等。

5）项目持续性评价

项目的持续性是指在项目的建设资金投入完成以后，项目目标是否还能继续。项目是否可以持续地发展下去，接受投资的项目业主是否愿意并可能依靠自己的力量继续实现既定目标。项目是否具有可重复性，即是否可在未来以同样的方式建设同类项目。持续性评价一般可作为项目影响评价的一部分，但是世界银行和亚洲开发银行等组织把项目的可持续性视为其援助项目成败的关键之一，因此要求援助项目在评估和评价中进行单独的持续性分析和评价。项目持续性的影响因素一般包括本国政府的政策、管理、组织和地方参与、财力因素、技术因素、社会文化因素、环境和生态因素、外部因素等。

4. 项目后评价的一般方法

项目后评价方法的基本原理是比较法（也可称做对比法），就是将项目投产后的实际情况、实际效果等与决策时期的目标相比较，从中找出差距、分析原因、提出改进措施和建议，进而总结经验、教训。项目后评价的分析方法一般有如下四种：

（1）效益评价法

效益评价法又称指标计算法，是指通过计算反映项目准备、决策、实施和运营各阶段实际效益的指标，来衡量和分析项目投产后实际所取得的效益。效益评价法是把项目实际产生的效益或效果，与项目实际发生的费用或投入加以比较，进行盈利能力分析。在项目后评价阶段，效益指标（包括财务效益、经济效益、社会效益等）的计算完全是以统计的实际值为依据来进行统计分析，并相应地使用前评价中曾使用过的相同的经济评价参数来进行效益计算，以便在有可比性和计算口径一致的情况下判断项目的决策是否正确。

（2）影响评价法

影响评价法又称指标对比法，是通过对项目完成后产生的客观影响与立项时预期的目标进行对照，即将项目后评价指标与决策时的预测指标进行对比，以衡量项目实际效果同预测效果或其他同类项目效果之间的偏差，从差异中发现项目存在的问题，从而判断项目决策的正确性。

（3）过程评价法

过程评价法是把项目从立项决策、设计、采购直到建设实施各程序环节的实际进程与事先制订好的计划、目标相比较。通过全过程的分析评价，找出主观愿望与客观实际之间的差异，并可发现导致项目成败的主要环节和原因，提出有关的建议与措施，使以后同类项目的实施计划和目标制订得更切合实际和可行。过程评价一般有工作量大、涉及面广的特点。

（4）系统评价法

系统评价法是指在后评价工作中将上述三种评价方法有机地结合起来，进行系统的分析和评价的一种方法。在上述三种方法中，效益评价法是从成本和效益的角度来判断决策目标是否正确；影响评价法则是评价项目产生的各种影响因素，其中最大的影响因素便是项目效益；过程评价法是从各个项目的建设过程来分析造成项目的产出和投入与预期目标产生差异的原因。

另外，项目的效益又与设计、施工质量、工程进度、投资估算等密切相关，因此，需要将三者结合起来，以便得出最佳的评价结论。

总之，项目后评价的各种方法之间存在着密切的联系，只有全面理解和综合应用，才能符合项目后评价的客观、公正和科学的要求。

5. 水工程项目后评价的工作程序

水工程项目的类型众多，其经济、技术、社会、环境及经营管理等情况涉及面广，情况复杂，因此，每个项目后评价的内容和方法都不完全一致，其工作程序也不同。但总的看来，工作程序一般包括确定后评价的范围和任务、选定评价机构和专家、深入调研与资料收集、选择评价指标、分析评价和编制后评价报告等。

（1）确定后评价范围和任务

首先要明确后评价的任务、具体对象、目的和要求。一般后评价的任务是限定在一定的内容范围内，因此在评价实施时必须明确评价的范围和深度。评价范围通常是在委托合同中确定的，委托者要把评价任务的目的、内容、深度、时间和费用等，特别是那些在本次任务中必须完成的特定要求，应交代得十分明确具体。受托者应根据自身的条件来确定是否可能按期完成合同。合同一般包括以下内容：项目后评价的目的和范围、后评价所用的方法、所评项目的主要对比指标、完成后评价的经费和进度要求等。

（2）选定后评价机构和专家

项目后评价要由一个独立的评价咨询机构进行，该机构从评价项目的特点、要求出发，聘请相关专业的专家组成评价专家组。评价机构可以是计划部门、银行、水工程主管部门、工程管理单位自身等；也可以选定一些外部中介机构，如投资咨询公司、专职后评价机构等。应根据所评价的项目性质、复杂程度、后评价要求、工作难度、经费情况以及评价机构的资质、能力和特点等因素来选择后评价机构。一般来说，项目后评价组织机构只负责后评价的组织工作，多数项目的后评价工作要由外部机构来承担，但后评价组织机构要尽力为外部机构进行具体的评价工作创造条件。

（3）项目后评价的执行

进行后评价主要包括资料信息的收集，后评价现场调查以及对其分析并得出结论性意见。

1）深入调研与资料收集。

资料收集是项目后评价的一项重要内容和环节，常用收集方法有：

① 专题调查会。请各方面人员参会，广开思路，从不同的角度提示矛盾，分析原因，总结经验教训；也可采用书面形式的问卷调查。

② 固定程式的意见征询。通过事先拟订好的固定程式的意见征询表来调查有关问题，收集资料。

③ 非固定程式的访谈。即是用非正式的对话代替使用意见征询表的一种资料收集方法。

④ 实地观察。通过项目后评价人员亲临项目实际环境，直接观察，从而发现问题的调查方法。

⑤ 抽样调查。为了节省时间和费用，调查人员可按照某种系统规律从调查对象中选择一部分进行调查，由此估计出全体调查对象的特征。

项目的资料主要包括：

① 水工程项目规划设计资料；

② 工程施工和竣工资料；

③ 项目运行管理资料；

④ 社会经济和环境资料；

⑤ 国家经济政策资料；

⑥ 与评价项目有关的其他技术经济资料。

2）选择后评价指标。

选择水工程项目后评价指标是后评价中关键的一步，要根据工程规划、设计、建设及运行管理状况，结合流域和地区的经济和社会发展计划，针对工程的特点，揭示工程本身存在的问题和对工程所在地经济、技术、社会和环境影响，选择合适的评级指标。

3）资料分析研究。

实际调查的市场预测得到的各种数据资料，需要经过加工处理，采取一定的分析研究方法进行深入的分析。主要方法有：

① 指标计算法，即通过反映项目准备、项目决策、项目实施和项目运营各阶段实际效果的指标计算，来衡量分析投产项目所取得的实际效果。

② 指标对比法，即通过实际数据或根据实际情况重新预测的数据计算的各种项目后评价指标与预测指标或国内外同类项目的相关指标进行对比。

③ 因素分析法，即把综合指标分解成各个因素的方法。

④ 统计分析法，在项目实施前就某个分析目标分别选择两组考察对象，一个是实验

组，一个是对照组，并记录下有关数据。

（4）编制项目后评价报告

项目后评价报告是评价结果的汇总，应客观分析问题，反映真实情况，认真总结经验，这是反馈经验教训的主要文件，应满足信息反馈的要求。后评价报告应包括摘要、项目概况、评价内容、主要变化和问题、原因分析、经验教训、结论和建议、基础数据和评价方法说明等。

6. 水工程项目后评价的几个问题

（1）关于基准年、基准点的选择和价格水平年

由于资金的价值随时间变化，相同的资金，在不同的年份，其价值各不相同，因此在后评价中，需要选择一个标准年份，作为计算的基础。对水工程项目来讲，基准年可选择在工程开工年份、工程竣工年份或者开始进行后评价的年份。为避免计算的现值过大，一般以选在开工年份为宜，当然选在工程竣工开始发挥效益的年份也是可以的。由于基准年长达一年，因此还有一个基准点问题，由于所有复利公式都是采用第一年年初作为折算的基准点，因此后评价时应选择年初作为折算的基准点。

（2）关于费用和效益计算期

大型水工程项目的计算期一般长达 50 年甚至更长，在进行后评价时，工程的生产运行期还较短，此时如果只计算到后评价开始年份为止，这时工程的后期效益尚未发生，因此，就产生费用和效益的计算期不对应问题，导致后评价的国民经济效益和财务效益都过分偏低的虚假现象。对此可采用两种解决方法：①把尚未发生年份的年效益、年运行费和年流动资金均按后评价开始年份的年值或按发展趋势延长至计算期末；②在后评价开始年份列入回收的固定资产余值和回收的流动资金，作为效益回收。一般来说，这两种方法都可采用，其计算结果也是比较接近的。

（3）关于效益评价

项目前评价采用的是预测值，项目后评价则对已发生的财务现金流量和经济流量采用实际值，并按统计学原理加以处理，对后评价时点以后的流量做出新的预测。当财务现金流量来自财务报表时，对应收而实际未收到的债权和非货币资金都不可计为现金流入，只有当实际收到时才作为现金流入；同理，应付而实际未付的债务资金不能计为现金流出，只有实际支付时才作为现金流出。必要时，要对实际财务数据做出调整。实际发生的财务会计数据都含有物价通货膨胀的因素，而通常采用的盈利能力指标是不含通货膨胀水分的。因此项目后评价采用的财务数据要剔除物价上涨的因素，以实现前后的一致性和可比性。

（4）关于固定资产价值重估

由于很多水工程项目在后评价时都已过多年，有时过去的这些年物价上涨幅度较大，原来的投资或固定资产原值已不能反映其真实价值，因此在后评价时，应对其固定资产价值进行重新估算。固定资产评估方法有收益现值法、重置成本法、现行市值法和清算价格法等，可结合实际情况选用，对水工程项目的资产进行重估。

9.5.2　水工程项目前期工作与实施的后评价

前期工作后评价是水工程项目后评价的重要组成部分。这一阶段中的立项决策和规划

设计对水工程项目的成功与否具有决定意义，决策和规划设计的失误可能是最大的失误。立项决策主要指立项条件、决策程序等重大问题的评价。规划设计评价主要包括工程建设任务、设计参数、工程规模、主要构筑物形式、平面布置和竖向布置、各构筑物、机电设备和结构设计等。

建设实施阶段是工程财力、物力集中投放和固定资产逐步形成的时期，对工程否发挥预定效益起关键作用。这一阶段包括从项目开工、施工准备、施工和竣工验收、交付使用为止的全过程。项目实施后评价应注意前后两方面的对比，找出问题，一方面要与开工前的工程计划对比，另一方面还应把该阶段的实施情况可能产生的结果和影响与项目决策时所预期的效果对比，分析偏离度。在此基础上找出原因，提出对策，总结经验教训。

1. 项目前期工作后评价

（1）水工程项目立项决策是否符合国家有关规定，对工程建设和效益发挥有何影响，有何经验教训，立项条件和决策依据是否正确，决策程序是否符合要求；

（2）水工程项目建设目标和建设方案是否符合流域规划和城市各类规划的要求；

（3）工程任务、综合利用效益主次顺序安排、工程建设规模和开发方式（如是一次建成还是分期建设）、开工建设时间选择是否与地区发展要求相适应；

（4）工程规划设计方案是否完善，有无薄弱环节或漏项，对工程运行安全和效益正常发挥有何影响，设计依据的资料是否正确；

（5）工程在设计工艺、方案优化和采用新技术、新工艺、新材料、新设备方面有哪些经验等。

2. 项目开工后评价

（1）项目开工条件是否具备，手续是否齐备，是否有经批准的开工报告；

（2）项目实际开工时间与计划的开工时间是否相符，提前或延迟的原因及对整个项目建设及至投资效益发挥的影响。

3. 项目变更情况后评价

（1）项目范围、设计是否变更及其变更原因；

（2）项目范围变更、设计变更对项目建设的工期、成本和投资总额的实际影响如何。

4. 施工项目组织与管理后评价

（1）施工组织方式对该项目是否科学合理；

（2）施工进度控制方法是否科学，实际施工进度与施工进度计划的偏差原因及对项目的影响。

（3）施工项目目标成本如何，成本控制方法是否合理，实际成本高出或低于目标成本的原因所在。

5. 项目建设资金供应与使用情况后评价

（1）建设资金供应是否适时与适度，对施工进度有何影响；

（2）项目贷款是否符合国家财政信贷制度规定，使用是否合理；

（3）资金占用情况是否合理，结合工程进度，考核资金占用是否过多或过早，并着重分析项目竣工验收后的剩余资金和未完成的在建工程的资金占用情况；

（4）考核和分析全部的实际使用效率。

6. 项目建设工期后评价

(1) 核实各单位工程实际开工日期和竣工日期,与计划日期提前或推迟的,应查明原因并计算实际建设工期;

(2) 计算实际建设期变化率,其中主要是竣工项目定额工期指标,并具体分析实际建设工期与计划工期或其他同类项目实际工期产生偏差的原因;

(3) 计算单位工程的施工工期,以分析建设工期的变化。

可设置如下指标:

1) 项目实际建设工期,指项目从实际开工之日至竣工验收为止所经历的时间,不包括开工后停建、缓建所占用的时间,可以月或天为计算单位。将该指标与当地同类项目的建设工期或项目计划工期相比较,考察投资效率。

2) 项目工期变化率=(项目实际建设工程-项目计划建设工期)÷项目计划建设工程计划工期×100%。

3) 项目单位工程平均定额工期率=项目各单位工程实际工期合计÷项目各单位工程计划工期合计。

7. 项目建设成本评价

(1) 主要实物工程量的实际数量是否超出预计数量;

(2) 设备、工、器具购置数量,其他基本建设费用中的土地征用数量以及项目临时工程的建设数量等是否与预计情况相符,购置设备的选型和质量与设计中所列的设备规格、型号、质量标准是否相符;

(3) 主要材料实际消耗量是否与预计情况相符,材料实际购进价格是否超出了概(预)算中的预算价格,是否出现过因采购供应的材料规格和质量达不到设计要求而造成浪费的情况;

(4) 各项管理费用的取费标准是否符合国家有关规定,是否与工程预算中的取费标准一致。

可设置如下指标:

1) 实际建设成本是竣工项目包括物化劳动和活劳动消耗在内的实际劳动总消耗,是对竣工项目以价值形式表现的总投入。

2) 实际建设成本变化率=(实际建设成本-预计建设成本)÷预计建设成本×100%。

8. 项目工程质量和安全情况后评价

(1) 计算实际工程质量合格品率,实际工程质量优良品率;

(2) 将实际工程质量指标与合同文件规定的或设计规定的或其他同类项目质量状况进行比较,工程质量较好的经验是什么,质量较差的原因何在;

(3) 设备质量情况怎样,设备及其安装工程质量能否保证自投产后正常生产的需要;

(4) 有无重大质量事故,产生事故的原因是什么;

(5) 计算和分析工程质量事故的经济损失:包括计算返工损失率,因质量事故拖延建设工期造成的实际损失,以及分析无法补救的工程质量事故对项目投产后投资效益的影响程度;

(6) 工程安全情况,有无重大安全事故发生,所带来的实际情况如何。

可设置如下指标：

1）实际工程合格率＝实际单位工程合格品数量÷验收鉴定的单位工程总数×100％。

2）实际工程质量优良品率＝实际单位工程优良品个数÷验收鉴定的单位工程总数×100％。

3）实际返工损失率＝项目累计质量事故停工返工增加投资额÷项目累计完成投资额×100％。

9. 项目竣工验收后评价

（1）项目竣工验收是否符合国家有关规定，验收工作是否高效率；

（2）收尾工程和遗留问题的处理情况。

10. 项目生产能力和单位生产能力投资后评价

（1）项目实际生产能力与设计生产能力的偏差情况如何，其偏差产生的原因是什么，对项目实际投资效益的发挥程度如何；

（2）项目产品实际成本对实际生产能力有何关系，项目的生产规模是否经济；

（3）市场需求对项目实际生产能力有何影响，项目实际生产能力与实际原材料来源和燃料动力供应及交通运输条件是否相适应。

11. 工程建设后评价结论及建议

（1）根据前述对工程建设各分项的评价意见，综合扼要地提出对项目的工程建设后评价意见，作为整个项目后评价意见的一部分。工程项目在建成后，若有加固、改建、扩建，其工程建设后评价意见应包括其内容。

（2）针对项目建设中存在的主要问题，就如何改进工程的施工组织和技术措施提出建议，供有关部门参考。

（3）结合对工程建设后评价中有关问题的分析研究，提出成功或失败的经验教训，供有关部门参考。

9.5.3　水工程项目运行后评价

水工程项目运营阶段是整个项目运行过程的最后一个阶段，也是项目发挥效益的阶段。项目运营阶段是指项目从交付使用、投入生产起，至项目报废为止所经历的全过程。

水工程项目运营后评价是以项目实际运行的资料为依据，全面分析项目的实际投资效益。一方面总结项目投资的经验教训，提高今后项目决策水平；另一方面，可根据所存在的问题提出一些建设性的意见，改进经营管理，提高项目的投资效益。

水工程项目运营后评价的主要内容包括以下几个方面：

（1）经营管理水平后评价

1）项目投产后的机构设置是否科学合理；

2）管理人员的知识结构、业务水平是否与生产经营活动相适应；

3）生产经营策略是否切实可行；

4）经营管理制度是否健全，是否落实；

5）企业生产经营管理过程中存在的问题，并提出改进意见等。

（2）技术水平后评价

1）生产（或运营）技术是否已全部掌握；

2）技术人员的知识结构、业务水平是否与生产经营活动相适应；

3）技术操作规程是否健全，是否落实；

4）生产过程中存在的技术问题等。

（3）试生产期（或试运营期）后评价

将项目实际试生产期（或运营期）的数据与设计试生产期（或试运营期）的指标比较，分析其变化对投资效益的影响并提出解决方案。

（4）财务后评价

根据项目运行的实际数据，在现行财税制度下计算有关财务评价指标。将计算出的有关指标与项目评价中的有关指标值加以比较，并提出相应的建议。

（5）国民经济后评价

根据项目运行的实际数据并依据国家有关部门公布的评价参数，计算有关国民经济评价指标。将计算出的有关指标与项目评价中的有关指标值加以比较，并提出相应的建议。

（6）工程运行管理后评价的结论与建议

根据前述对工程运行管理各分项的后评价意见，扼要给出评价结论、如何维持持久运行的建议、提出成功或失败的经验教训。

思 考 题 与 习 题

1. 简述运行费用的组成。

2. 运行费用的计算参数有哪些？

3. 给水、污水处理成本是如何计算的？

4. 简述水价的分类与构成。

5. 如何进行水价的预测与制订？

6. 结合水工程项目实际，举例说明什么是设备的有形磨损和无形磨损，各有何特点。

7. 设备磨损的补充方式有哪些？

8. 什么是沉入成本？在设备更新决策中应如何处理沉入成本？

9. 设备的自然寿命、技术寿命与经济寿命有什么区别？

10. 某水处理设备原始价值 5500 元，其他数据见表 9-7，试计算其经济寿命期。

某水处理设备资料   表 9-7

年　数	1	2	3	4	5	6
使用费用（元）	1000	1200	1500	2000	2500	3000
年末残值（元）	4000	3000	2500	2000	1500	1000

11. 某设备目前的净值为 8000 元，还能继续使用 4 年，最后售价为 2000 元，年使用费用为 5000 元；新设备的购置费为 35000 元，经济寿命为 10 年，10 年末的净残值为 4000 元，平均年使用费用为 500 元。基准折现率为 10%，问旧设备是否需要更换？

12. 某化工厂根据国家要求将污水处理后进行排放，现该厂有一台设备，其年度使用费用为 1000 万元，估计还可以使用 10 年并不计残值。现在，该厂又有一个机会花 2700 万元购买新设备，同时旧设备可以以 200 万元售出，新设备年度使用费用为 300 万元，也假定可使用 10 年并不计残值。基准折现率为 10%。请比较两个方案的优劣。

13. 什么是项目的后评价?
14. 项目后评价与前评价的区别是什么?
15. 水工程项目后评价有何特点?
16. 项目后评价有哪些方法?
17. 水工程项目实施后评价的主要内容有哪些?
18. 水工程项目运行后评价的主要内容有哪些?

第10章 水工程项目经济评价案例分析

国民经济评价是从国民经济或整个社会为出发点研究建设项目的宏观经济效果。鉴于城市供水排水工程是城市基础设施，其国民经济效益主要表现为社会效益和环境效益很难用货币量化，工程项目的经济效益则主要体现为促进本地区工农业经济的发展，减免国民经济损失，提高城市综合经济实力，而其净贡献也难以确切地定量计算。排水工程项目促进城市环境的改善，无疑会对国民经济或整个社会是有益的；供水工程项目对城市经济的发展，乃至人们生活质量的提高无疑是有益的。在此不作国民经济评价，仅作项目的财务评价。

10.1 水工程项目财务评价指标标准

10.1.1 常用财务评价指标体系

在供水排水工程项目经济评价中，财务评价指标体系可按照不同依据进行分类，按照财务分析的内容可分为三类：盈利能力指标、偿债能力指标和财务生存能力指标，见表10-1。

常用财务评价指标体系 表10-1

评价内容	基本报表	评价指标	
		静态指标	动态指标
盈利能力分析	项目投资现金流量表	项目投资回收期	项目投资财务内部收益率 项目投资财务净现值
	项目资本金现金流量表		项目资本金财务内部收益率
	投资各方现金流量表		投资各方财务内部收益率
	利润与利润分配表	总投资收益率 项目资本金净利润率	
偿债能力分析	借款还本付息计划表	偿债备付率、利息备付率	
	资产负债表	资产负债率	
		流动比率、速动比率	
财务生存能力分析	财务计划现金流量表	累计盈余资金	

盈利能力指标主要包括财务内部收益率（$FIRR$）、财务净现值（$FNPV$）、项目投资回收期（P_t）、总投资收益率（ROI）、项目资本金收益率（ROE）等，用于分析项目的盈利能力。

偿债能力指标主要包括利息备付率（ICR）、偿债备付率（$DSCR$）和资产负债率（$LOAR$）等，用于判断分析财务主体的偿债能力。

财务生存能力指标是在财务计划现金流量表编制基础上，计算和调整投资、融资和经营活动的净现金流，实现各年的累计盈余资金满足财务的可持续性。

按照是否考虑了资金的时间价值，又可分为静态指标和动态指标。静态指标包括利息备付率（ICR）、偿债备付率（DSCR）和资产负债率（LOAR）、总投资收益率（ROI）、项目资本金收益率（ROE），动态指标包括财务内部收益率（FIRR）、财务净现值（FN-PV）；其中投资回收期（P_t）既有动态又有静态。

10.1.2 指标标准

项目财务评价指标标准会随着经济环境、财税政策及技术进步等因素发生变化。目前供水排水项目财务评价中上述指标的参考标准见表 10-2。

供水排水项目常用财务指标标准　　　　　　　　　　　表 10-2

财务指标种类		参考标准		备注
		供水项目	排水项目	
盈利能力指标	财务内部收益率（FIRR）	≥6%	≥5%	
	财务净现值（FNPV）	≥0	≥0	
	项目投资回收期（P_t）	18 年	18 年	
	总投资收益率（ROI）			
	项目资本金收益率（ROE）			
偿债能力指标	利息备付率（ICR）	≥2.0	≥2.0	
	偿债备付率（DSCR）	≥1.3	≥1.3	
	资产负债率（LOAR）	40%～60%	20%～40%	
	流动比率	1.0～2.0	1.0～2.0	
	速动比率	0.6～1.2	0.6～1.2	
生存能力指标	累计盈余资金	≥0	≥0	

项目盈利能力指标的标准，财务内部收益率作为动态指标，给出基准值，而总投资收益率、资本金净利润率给是静态指标，给出参考值。

项目偿债能力指标的标准，因为各类项目情况不同，项目实施的法人情况不同，各金融机构对贷款人的要求不同，利息备付率、偿债备付率和资产负债率的标准给出的是参考值，可以根据给水排水行业的特点，以及项目情况和特点进行调整。

以上各指标标准的测定是依据大量的实践经验和长期的各种数据积累。随着建设项目评价方法的不断完善和发展，主要测定方法有资本资产定价模型法、加权平均资本成本法、典型项目模拟法和德尔菲（Delphi）专家调查法等。

10.2 供水工程项目财务评价案例分析

10.2.1 概述

某城镇将新建一座水厂及其配套的管道、取水工程以保证新建科技开发区的居民和生产等方面用水。该项目经济评价是在可行性研究完成项目建设必要性，供水人口和需水量，水厂规模，取水水源及方式，进出水设计水质，水处理工艺方案，配水管网布置，动力、药剂材料等供应，建厂条件和厂址方案，环境保护，消防，节能，劳动保护，管理机构，人员编制与建设进度诸方面进行研究论证和多方案比较后，确定的最佳方案的基础上进行的。

工程内容：该供水工程包括 3 万 m^3/d 的水厂以及配套的取水工程、配水管网等子项。主要设备拟采用国产。

厂址位于城市近郊，占用土地 1 公顷。靠近公路、河流，交通较方便。水、电供应可靠。该项目主要设施包括岸边深井取水构筑物、输水管道、净水构筑物、配水管道、中途加压泵房及高位水池，与工艺生产相适应的附属建筑物。

10.2.2 基础数据

1. 实施进度

水厂及配套管网工程项目拟 2 年建成，第 3 年投产，当年生产负荷达到设计能力的 70%，第 4 年达到 85%，第 5 年达到 100%。生产期按 20 年计算，计算期为 22 年。

2. 总投资估算及资金来源

（1）总投资估算

1）投资估算依据。根据《该项目可行性研究报告》及图纸进行编制；《市政工程投资估算指标》HGZ 47-103-2007；建设部建标［2007］164 号文《市政工程可行性研究投资估算编制办法》（2007 年）；某省市政工程预算定额及建设工程费用定额；当地的施工机械台班费用、混凝土及砂浆配合比表、材料价格基价表；建设单位提供的有关资料。设备价格计算按生产厂家报价加设备运杂费。基本预备费按工程费用和其他费用之和的 8% 计列，价格因素预备费根据国家计委投资［1999］1340 号文规定执行，此处为锻炼学生，建设期的国内配套资金按年上涨率 2.6% 递增计列。建设投资为 3623.87 万元，其中：第一部分工程费用投资估算额为 2568.38 万元、第二部分工程建设其他费用投资估算额为 598.58 万元人民币、工程因素预备费为 253.36 万元、价格因素预备费 101.03 万元、建设期贷款利息 102.52 万元。

2）固定资产投资方向调节税，按国家规定本项目固定资产投资方向调节税率为 0%。

3）本工程银行贷款采用 10 年贷款期限，5.74% 的贷款利率。建设期贷款利息估算为 102.51 万元人民币。

4）流动资金估算采用分项指标法计算。流动资金估算额为 856.93 万元。铺底流动资金按流动资金的 30% 估算，流动资金借款按流动资金的 70% 估算，流动资金借款年利率为 4.94%。该工程项目的铺底流动资金为 257.08 万元。

工程项目总投资＝工程费用投资＋建设工程其他费用投资＋固定资产投资方向调节税＋预备费＋建设期利息＋流动资金＝2568.38＋598.58＋0＋354.39＋102.52＋856.93＝4480.80 万元。

建设筹资＝工程项目总投资－流动资金借款＝4480.80－599.85＝3880.95 万元。

工程项目总投资估算见附录 4.1 中附表 4.1-1。

（2）资金来源

工程项目资本金为 2120.27 万元，其余全部为借款，其额度为 2360.53 万元。资金来源及用款计划见附录 4.1 中附表 4.1-3。

10.2.3 财务评价

（1）年销售收入和年税金及附加估算

水处理收费考虑借款的还本付息、应缴的税金及附加和一定的利润，参考第 9 章的预测方法，平均按 2.55 元/m³ 收取水费。正常年份的年收入估算值为 1818.91 万元。

税金及附加按有关规定计取，增值税率为 3%（简易征收），城市维护建设税按增值税的 7% 计取，教育费附加按增值税的 3% 计取。税金及附加的估算值在正常年份为 60.02 万元，见附录 4.1 中附表 4.1-4。

（2）成本估算

当生产负荷达到设计能力的 100% 时，工程项目年总成本估算额为 1299.35 万元，年经营成本估算额为 1020.21 万元。其中：

1）工资福利费按 48000 元/（人·年）计，职工定员 30 人。

2）固定资产折旧费：按固定资产总值的 4.4% 计；净残值率按 4% 计算。固定资产原值为 3564.84 万元（征地费合并计算）。

3）修理费：按固定资产总值的 2.5% 计。

4）无形资产和其他资产摊销费：按无形资产和其他资产总值的 20% 计，即不少于 5 年；无形资产和其他资产总值为 59.02 万元。

5）管理、销售和其他费用：按费用率 5% 计。

成本估算结果参见附录 4.1 中附表 4.1-5。

（3）利润及利润分配

利润及利润分配表（见附录 4.1 中附表 4.1-13）。所得税按利润总额的 25% 计取，法定盈余公积金及任意盈余公积金按可供分配利润的 20% 计取（各 10%）。

（4）财务盈利能力分析

1）项目投资现金流量表见附录 4.1 中附表 4.1-11，根据该表计算以下财务指标：

所得税后财务内部收益率（FIRR）为 10.69%，财务净现值（$i_c = 6\%$ 时）为 1990.37 万元；

所得税前财务内部收益率（FIRR）为 13.46%，财务净现值（$i_c = 6\%$ 时）为 3331.00 万元。

财务收益率均大于行业基准收益率，说明盈利能力满足行业最低要求，财务净现值均大于零，该工程项目在财务上可以接受。

所得税后投资回收期为 10.35 年（含建设期），所得税前投资回收期为 8.94 年（含建设期），短于行业基准投资回收期 18 年，这表明工程项目投资能按时收回。

2）资本金现金流量表见附录 4.1 中附表 4.1-12，根据该表计算以下财务指标：

所得税后财务内部收益率（FIRR）为 14.72%，财务净现值（$i_c = 6\%$ 时）为 2469.99 万元；

所得税前财务内部收益率（FIRR）为 18.09%，财务净现值（$i_c = 6\%$ 时）为 3637.07 万元。

所得税后投资回收期为 9.23 年（含建设期），所得税前投资回收期均为 6.9 年（含建设期），短于行业基准投资回收期 18 年。

3）根据项目利润和利润分配表（附录 4.1 中附表 4.1-13）计算以下财务指标：

$$投资利润率（ROI）= \frac{年利润总额}{总投资} \times 100\%$$

$$= \frac{10930.71/20}{4480.80} \times 100\% = 12.20\%$$

给水工程项目具有属于民生工程，不能用盈利多少来衡量。但是，必须保证工程项目不亏损，并有一定的盈利能力。

$$资本金利润率（ROE）= \frac{年所得税后利润总额或年平均所得税后利润总额}{资本金} \times 100\%$$

$$= \frac{7340.41/20}{2120.27} \times 100\% = 17.3\%$$

（5）清偿能力分析

清偿能力分析是通过对"财务计划现金流量表"（附录 4.1 中附表 4.1-14）、"资产负债表"（附录 4.1 中附表 4.1-15）和"借款还本付息计算表"（附录 4.1 中附表 4.1-16）的计算，来考察工程项目在计算期内各年的财务状况及偿债能力。

$$资产负债率 = \frac{各年负债总额}{各年资产总额} \times 100\%，该项目资产负债率为 7.11\% \sim 51.44\%；$$

$$利息备付率 = \frac{息税前利润}{应付利息}，该项目利息备付率最低为 1.09，平均为 13.46；$$

$$偿债备付率 = \frac{息税前利润 + 折旧摊销 - 企业所得税}{应还本付息额}，该项目偿债备付率最低为 1.01，$$

平均为 13.79。

国内借款偿还从项目运行开始 10 年偿还全部本息，还本金：1760.68（不含建设期利息）万元，还利息：631.64 万元。项目具有偿债能力。

（6）不确定性分析

1）盈亏平衡分析

以生产能力利用率表示盈亏平衡点（BEP）：

$$BEP = \frac{年固定总成本}{年售水收费收入 - 年可变总成本 - 年税金及附加} \times 100\%$$

以达到设计处理能力的情况计算：

$$BEP = \frac{450}{1778 - 780 - 58.67} \times 100\% = 47.91\%$$

计算结果表明，该项目只要达到设计能力的 47.91%，该项目就可以保本（未考虑长期借款利息偿还）。盈亏平衡图如图 10-1 所示。

2）敏感性分析

该工程项目作了所得税前全部投资财务内部收益率的敏感性分析。

考虑工程项目实施过程中一些不定因素的变化，分别对建设投资、经营成本、自来水收费标准作了提高和降低 10%、20% 和 30% 单因素变化对财务内部收益率的敏感性分析。敏感性分析图如图 10-2 所示。

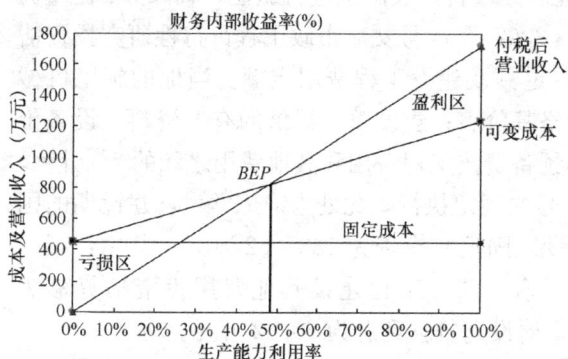

图 10-1　盈亏平面图

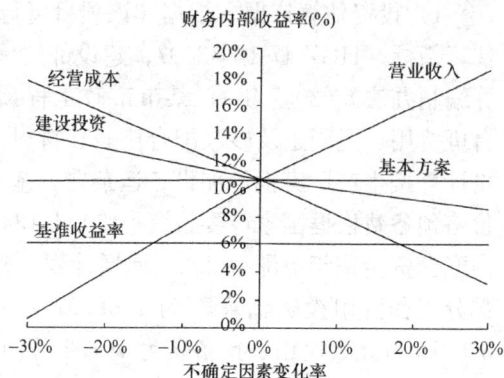

图 10-2　财务内部收益率敏感性分析图

显然，对财务内部收益率敏感程度，分别为水费标准、经营成本、建设投资。

从上述评价来看，财务内部收益率高于行业基准收益率，投资回收期低于行业基准投资回收期，借款偿还也能满足贷款机构要求，工程项目具有一定的抗风险能力，因此，该工程项目从财务上可行。

10.3　排水工程项目财务评价案例分析

10.3.1　概述

某镇将新建一座 1.3 万 m^3/d 的生活污水处理厂。该项目经济评价是在可行性研究完成项目建设必要性、污水处理厂规模、进出水设计水质、污水量和污水收集、污水处理程度确定的基础上，对污水处理工艺方案，动力、药剂材料等供应，建厂条件和厂址方案，环境保护，消防，节能，劳动保护，管理机构，人员编制与建设进度诸方面进行研究论证和多方案比较后，确定的最佳方案的基础上进行的。

工程内容：该污水处理厂规模为 1.3 万 m^3/d，经比较污水处理采用改良 A^2O 氧化沟工艺，处理出水达到国家污水综合排放一级 B 标准。主要设备拟采用国产。

厂址位于某镇近郊，占用土地 0.77 公顷，靠近河流，交通较方便。水、电供应可靠。

该项目主要设施包括污水、污泥处理构筑物和建筑物，与工艺生产相适应的辅助建筑物。

10.3.2　基础数据

1. 实施进度

污水处理厂项目建设期拟 2 年，第 3 年投产，当年生产负荷达到设计能力的 80%，第 4 年达到 90%，第 5 年达到 100%。生产期按 20 年计算，计算期为 22 年。

2. 总投资估算及资金来源

（1）总投资估算

1）投资估算依据。根据《该项目可行性研究报告》及图纸进行编制；《市政工程投资估算指标》HGZ 47-104-2007；建设部建标〔2007〕164 号文《市政工程可行性研究投资估算编制办法》（2007 年）；某市市政工程预算定额及建设工程费用定额；当地的施工机械台班费用、混凝土及砂浆配合比表、材料价格基价表；建设单位提供的有关资料。设备价格计算按生产厂家报价加设备运杂费。基本预备费按工程费用和其他费用之和的 7% 计列，价格预备费根据国家计委投资〔1999〕1340 号文规定执行，此处为锻炼学生，建设期的国内配套资金按年上涨率 2.2% 递增计列。建设（固定）投资为 1885.52 万元，其中：第一部分工程费用投资估算额为 1368.07 万元、第二部分工程建设其他费用投资估算额为326.19 万元人民币、预备费为 141.24 万元，建设期贷款利息为 50.02 万元。

2）固定资产投资方向调节税，按国家规定本项目固定资产投资方向调节税率为 0%。

3）本工程银行贷款采用 15 年贷款期限，5.45% 的贷款利率。建设期贷款利息估算为50.02 万元人民币。

4）流动资金估算采用分项估算法计算，流动资金估算额为 204.66 万元。铺底流动资金按流动资金的 30% 估算，流动资金借款按流动资金的 70% 估算，流动资金借款年利率为 4.77%。该工程项目的铺底流动资金为 61.40 万元。

工程项目总投资＝工程费用投资＋建设工程其他费用投资＋固定资产投资方向调节税＋预备费＋建设期利息＋流动资金＝ 1368.07＋326.19＋0＋141.24＋50.02＋204.66＝2090.18 万元。

建设筹资＝工程项目总投资－流动资金借款＝2090.18－143.26＝1946.92 万元。

工程项目总投资估算见附录 4.2 中附表 4.2-1。

（2）资金来源

工程项目自有资金（项目资本金）为 1029.17 万元，其余全部为借款，其额度为1061.01 万元。资金来源及用款计划见附录 4.2 中附表 4.2-3。

10.3.3　财务评价

（1）年销售收入和年税金及附加估算

污水处理收费考虑借款的还本付息、应缴的税金及附加和一定的利润，按第 9 章的预测方法，平均按 1.42 元/m³ 收取污水处理费。正常年份的年收入估算值为 673.79万元。

税金及附加按有关规定计取，增值税征收率为 3%，城市维护建设税按营业税的 7%计取，教育费附加按营业税的 3% 计取。税金及附加的估算值在正常年份为 22.24 万元，见附录 4.2 中附表 4.2-4。

（2）成本估算

当生产负荷达到设计能力的 100% 时，工程项目年总成本估算额为 552.83 万元，年经营成本估算额为 405.30 万元。其中：

1）工资福利费按 48000 元/（人·年）计，职工定员 30 人。

2）固定资产折旧费（征地费合并计算）：按固定资产总值的 4.60% 计；净残值率按4% 计算。固定资产总值为 1797.75 万元。

3）修理费：按固定资产总值的 2.66% 计。

4）无形资产和其他资产摊销费率：按无形资产和其他资产总值的 20％计，即不超过 5 年；无形资产和其他资产总值为 87.77 万元。

5）管理、销售和其他费用：按上述费用和的 8％计。

成本估算结果参见附录 4.2 中附表 4.2-5。

（3）利润总额及分配

利润总额及分配见利润和利润分配表（附录 4.2 中附表 4.2-13）。所得税税率按 25％计取，法定盈余公积金按可供净利润的 10％计取，任意盈余公益金按净利润的 5％计取。

（4）财务盈利能力分析

1）项目投资现金流量见附录 4.2 中附表 4.2-11。根据该表计算以下财务指标：

所得税后财务内部收益率（FIRR）为 7.39％，财务净现值（$i_c=5$％时）为 465.134 万元；

所得税前财务内部收益率（FIRR）为 9.28％，财务净现值（$i_c=5$％时）为 874.37 万元。

财务收益率均大于行业基准收益率，说明盈利能力满足行业最低要求，财务净现值均大于零，该工程项目在财务上可以接受。

所得税后投资回收期为 12.47 年（含建设期），所得税前投资回收期为 11.00 年（含建设期），短于行业基准投资回收期 18 年，这表明工程项目投资能按时收回。

2）项目资本金现金流量见附录 4.2 中附表 4.2-12。根据该表计算以下财务指标：

所得税后财务内部收益率（FIRR）为 9.44％，财务净现值（$i_c=5$％时）为 585.36 万元；

所得税前财务内部收益率（FIRR）为 11.48％，财务净现值（$i_c=5$％时）为 903.77 万元。

3）根据利润和利润分配表（附录 4.2 中附表 4.2-13），根据该表计算以下财务指标：

$$投资利润率 = \frac{年利润总额}{总投资} \times 100\% = \frac{2482.91}{20 \times 2090.18} \times 100\% = 5.94\%$$

排水工程项目是涉及子孙后代生存环境的项目，不能用盈利多少来衡量。但是，必须保证工程项目不亏损，并有较低的盈利能力。

$$资本金利润率(ROE) = \frac{年所得税后利润总额或年平均所得税后利润总额}{资本金} \times 100\%$$

$$= \frac{1862.18}{20 \times 1029.17} \times 100\% = 9.05\%$$

（5）清偿能力分析

清偿能力分析是通过对"财务计划现金流量表"（附录 4.2 中附表 4.2-14）、"资产负债表"（附录 4.2 中附表 4.2-15）和"借款还本付息计划表"（附录 4.2 中附表 4.2-16）的计算，来考察工程项目在计算期内各年的财务状况及偿债能力。

$$资产负债率 = \frac{各年负债总额}{各年资产总额} \times 100\%，该项目资产负债率为 5.5\% \sim 51\%，平均$$

为 25.27%；

利息备付率 = $\dfrac{息税前利润}{应付利息}$；该项目利息备付率最低为 0.51，平均为 10.51；

偿债备付率 = $\dfrac{息税前利润 + 折旧摊销 - 企业所得税}{应还本付息额}$，该项目偿债备付率最低为 1.07，平均为 9.29。

国内借款偿还从项目运行开始 15 年偿还全部本息，还本金：917.75（不含建设期利息）万元，还利息：450.16 万元。项目具有偿债能力。

（6）不确定性分析

1）盈亏平衡分析

以生产能力利用率表示盈亏平衡点（BEP）：

$$BEP = \dfrac{年固定总成本}{年污水收费收入 - 年可变总成本 - 年销售税金及附加} \times 100\%$$

以达到设计处理能力的情况计算：

$$BEP = \dfrac{277.60}{663.44 - 246.31 - 21.89} \times 100\% = 73.30\%$$

计算结果表明，该项目只要达到设计能力的 73.30%，该项目就可以保本（未考虑长期借款利息偿还）。盈亏平衡图如图 10-3 所示。

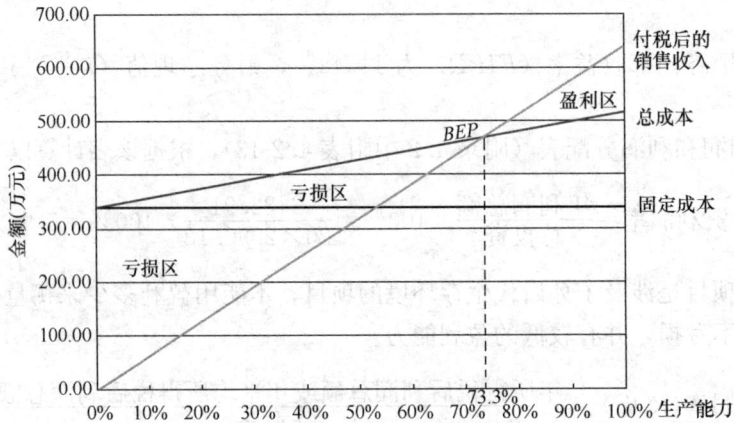

图 10-3　盈亏平衡图

2）敏感性分析

该工程项目作了所得税前全部投资财务内部收益率的敏感性分析。

考虑工程项目实施过程中一些不定因素的变化，分别对建设投资、经营成本、污水收费标准作了提高和降低 10%、20% 和 30% 的单因素变化对财务内部收益率敏感性分析。敏感性分析图如图 10-4 所示。

显然，对财务内部收益率敏感程度，分别为污水收费标准、经营成本、建设投资。

从上述评价来看，财务内部收益率高于行业基准收益率，投资回收期低于行业基准投

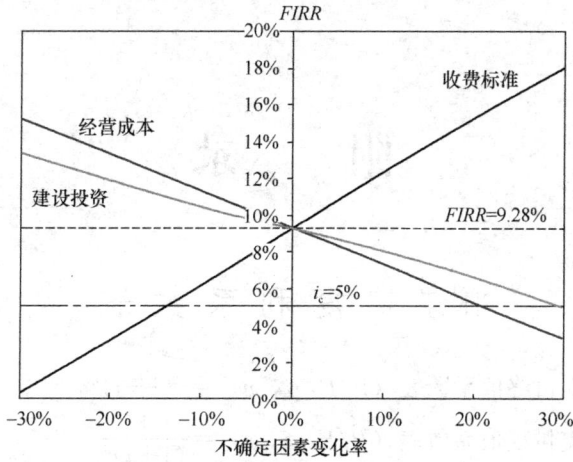

图 10-4　财务内部收益率敏感性分析图

资回收期，借款偿还也能满足贷款机构要求，工程项目具有一定的抗风险能力，因此，该工程项目从财务上讲是可行的。

附　　录

附录 1　复 利 系 数 表

附表 1-1　一次支付终值系数表 $(F/P, i, n) = (1+i)^n$

附表 1-2　一次支付现值系数表 $(P/F, i, n) = \dfrac{1}{(1+i)^n}$

附表 1-3　等额支付系列终值系数表 $(F/A, i, n) = \dfrac{(1+i)^n - 1}{i}$

附表 1-4　等额支付系列积累基金系数表 $(A/F, i, n) = \dfrac{i}{(1+i)^n - 1}$

附表 1-5　等额支付系列资金恢复系数表 $(A/P, i, n) = \dfrac{i\,(1+i)^n}{(1+i)^n - 1}$

附表 1-6　等额支付系列现值系数表 $(P/A, i, n) = \dfrac{(1+i)^n - 1}{i\,(1+i)^n}$

附表 1-7　均匀梯度系列年度费用系数表 $(A/G, i, n) = \dfrac{1}{i} - \dfrac{n}{(1+i)^n - 1}$

附表1-1

附表1-2

附表1-3

附表1-4

附表1-5

附表1-6

附表1-7

附录 2　企业固定资产分类折旧年限表

附录2

附录 3　水工程项目综合指标表

附表 3-1　给水管道工程综合指标
附表 3-2　取水工程综合指标
附表 3-3　净水工程综合指标
附表 3-4　排水管道工程综合指标
附表 3-5　污水处理厂综合指标
附表 3-6　雨、污水泵站综合指标

附表3-1

附表3-2

附表3-3

附表3-4

附表3-5

附表3-6

附录 4　水工程项目经济评价案例分析表

附录 4.1　供水工程项目财务评价案例分析表
附录 4.2　排水工程项目财务评价案例分析表

附录4.1

附录4.2

主要参考文献

[1] 刘长滨等编著．建筑工程技术经济学．第 3 版．北京：中国建筑工业出版社，2007.

[2] 邵颖红、黄渝祥、邢爱芳等编著．工程经济学．第 4 版．上海：同济大学出版社，2009.

[3] 武春友、张米尔编著．技术经济学．第 3 版．辽宁：大连理工大学出版社，1998.

[4] 谭浩邦、杨明编著．新编价值工程．第 1 版．广东：暨南大学出版社，1996.

[5] 邝守仁、刘洪玉编著．建筑工程技术经济学．第 1 版．北京：清华大学出版社，1991.

[6] 张兰生等编著．实用环境经济学．第 1 版．北京：清华大学出版社，1992.

[7] 周律编著．环境工程技术经济和造价管理．第 1 版．北京：化学工业出版社，2001.

[8] 国家发展改革委，建设部．建设项目经济评价方法与参数．第 3 版．北京：中国计划出版社，2006.

[9] 建设部标准定额研究所编．建设项目经济评价参数研究．第 1 版．北京：中国计划出版社，2004.

[10] 中华人民共和国住房和城乡建设部．市政公用设施建设项目经济评价方法与参数．第 1 版．北京：中国计划出版社，2008.

[11] Elwood S. Buffa & James S. Dyer，Management Science/Operations Research：Model Formulation and Solution Methods，John Wiley & Sons，1977.

[12] 刘晓君主编．技术经济学．第 1 版．北京：高等教育出版社，2014.

[13] 李振球主编．技术经济学．第 1 版．黑龙江：东北财经大学出版社，1999.

[14] 《运筹学》试用教材编写组编．运筹学．第 4 版．北京：清华大学出版社，2012.

[15] 林文俏、姚燕主编．建设项目投资财务分析评价．第 3 版．广东：中山大学出版社，2014.

[16] 王延章，郭崇慧，叶鑫编著．管理决策法．第 1 版．北京：清华大学出版社，2010.

[17] 汪应洛主编．系统工程理论、方法与应用．第 2 版．北京：高等教育出版社，1985.

[18] 李南主编．工程经济学．第 3 版．北京：科学出版社，2009.

[19] 中国国际工程咨询公司编著．投资项目经济咨询评估指南．第 1 版．北京：中国经济出版社，2000.

[20] 胡明德编著．工程估价及资产评估．第 1 版．北京：中国建筑工业出版社，1997.

[21] 王雪青主编．工程估价．第 2 版．北京：中国建筑工业出版社，2011.

[22] 谭大璐主编．工程估价．第 4 版．北京：中国建筑工业出版社，2014.

[23] 王梅主编．给水排水设计手册第 10 册技术经济．第 3 版．北京：中国建筑工业出版社，2012.

[24] 中华人民共和国住房和城乡建设部．建设工程工程量清单计价规范（GB 50500—2013）．北京：中国计划出版社，2013.

[25] 张国珍主编．给排水安装工程概预算．北京：中国建筑工业出版社，2014.

[26] 中国建设工程造价管理协会．建设项目设计概算编审规程（CECA/GC2-2015）．北京：中国计划出版社，2016.

[27] 中华人民共和国住房和城乡建设部．市政工程设计概算编制办法（建标［2011］1 号）．北京：中国计划出版社，2011.

[28] 中华人民共和国住房和城乡建设部．市政工程消耗量定额（ZYA1-31-2015）．北京：中国计划出版社，2015.

［29］ 张国珍，刘建林等编著．建筑安装工程概预算（第2版）．北京：化学工业出版社，2012.

［30］ 中华人民共和国建设部．市政工程投资估算编制办法（建标［2007］164号）．北京：中国计划出版社，2007.

［31］ 中华人民共和国建设部．市政工程投资估算指标（建标［2007］240号）．北京：中国计划出版社，2008.

［32］ 中华人民共和国建设部．市政工程投资估算指标（建标［2007］163号）．北京：中国计划出版社，2007.

［33］ 余建星，杜杰．工程经济，北京：中国建筑工业出版社，2004.

［34］ 孙薇，李金颖编著．技术经济学，第一版，北京：机械工业出版社，2009.

［35］ 丁烈云，黄雁南，伍传敏编著．市政建设项目后评价研究，基建优化，（27）6，2006.

［36］ 徐夏楠主编．市政基础设施建设项目后评价问题，郑州轻工业学院学报，（5）3，2004.

［37］ 赵瑞英．项目后评价研究及应用，山西财经大学学报，（32）1，2010.

［38］ 中央政府投资项目后评价管理办法（试行），中国建材资讯，11，2009.

［39］ 刘晓君主编．工程经济学（第三版），北京：中国建筑工业出版社，2015.

［40］ 中国水利经济研究会编著．水利建设项目后评价理论与方法，北京：中国水利水电出版社，2004.

［41］ 綦振平，温国锋主编．工程经济学，第1版，北京：机械工业出版社，2011.

［42］ 亨利·马尔科姆·斯坦纳（美）著，《工程经济学原理》（中译本），北京：经济科学出版社，2000.

高等学校给排水科学与工程学科专业指导委员会规划推荐教材

征订号	书　名	作　者	定价（元）	备　注
40573	高等学校给排水科学与工程本科专业指南	教育部高等学校给排水科学与工程专业教学指导分委员会	25.00	
39521	有机化学(第五版)(送课件)	蔡素德等	59.00	住建部"十四五"规划教材
41921	物理化学(第四版)(送课件)	孙少瑞、何洪	39.00	住建部"十四五"规划教材
42213	供水水文地质(第六版)(送课件)	李广贺等	56.00	住建部"十四五"规划教材
42807	水资源利用与保护(第五版)(送课件)	李广贺等	63.00	住建部"十四五"规划教材
42947	水处理实验设计与技术(第六版)(送课件)	冯萃敏等	58.00	住建部"十四五"规划教材
43524	给水排水管网系统(第五版)(送课件)	刘遂庆等	58.00	住建部"十四五"规划教材
44425	水处理生物学(第七版)(送课件)	顾夏生、陆韻等	78.00	住建部"十四五"规划教材
44583	给排水工程仪表与控制(第四版)(送课件)	崔福义、彭永臻	70.00	住建部"十四五"规划教材
44594	水力学(第四版)(送课件)	吴玮、张维佳、黄天寅	45.00	住建部"十四五"规划教材
43803	水质工程学(第四版)(上册)(送课件)	马军、任南琪、彭永臻、梁恒	70.00	住建部"十四五"规划教材
43804	水质工程学 (第四版)(下册)(送课件)	马军、任南琪、彭永臻、梁恒	56.00	住建部"十四五"规划教材
27559	城市垃圾处理(送课件)	何品晶等	42.00	土建学科"十三五"规划教材
31821	水工程法规(第二版)(送课件)	张智等	46.00	土建学科"十三五"规划教材
31223	给排水科学与工程概论(第三版)(送课件)	李圭白等	26.00	土建学科"十三五"规划教材
36037	水文学(第六版)(送课件)	黄廷林	40.00	土建学科"十三五"规划教材
37017	城镇防洪与雨水利用(第三版)(送课件)	张智等	60.00	土建学科"十三五"规划教材
37679	土建工程基础(第四版)(送课件)	唐兴荣等	69.00	土建学科"十三五"规划教材
37789	泵与泵站(第七版)(送课件)	许仕荣等	49.00	土建学科"十三五"规划教材
37766	建筑给水排水工程(第八版)(送课件)	王增长、岳秀萍	72.00	土建学科"十三五"规划教材
38567	水工艺设备基础(第四版)(送课件)	黄廷林等	58.00	土建学科"十三五"规划教材
32208	水工程施工(第二版)(送课件)	张勤等	59.00	土建学科"十二五"规划教材
39200	水分析化学(第四版)(送课件)	黄君礼	68.00	土建学科"十二五"规划教材
33014	水工程经济(第二版)(送课件)	张勤等	56.00	土建学科"十二五"规划教材
16933	水健康循环导论(送课件)	李冬、张杰	20.00	
37420	城市河湖水生态与水环境(送课件)	王超、陈卫	40.00	国家级"十一五"规划教材
37419	城市水系统运营与管理(第二版)(送课件)	陈卫、张金松	65.00	土建学科"十五"规划教材
33609	给水排水工程建设监理(第二版)(送课件)	王季震等	38.00	土建学科"十五"规划教材
20098	水工艺与工程的计算与模拟	李志华等	28.00	
32934	建筑概论(第四版)(送课件)	杨永祥等	20.00	
24964	给排水安装工程概预算(送课件)	张国珍等	37.00	
24128	给排水科学与工程专业本科生优秀毕业设计(论文)汇编(含光盘)	本书编委会	54.00	
31241	给排水科学与工程专业优秀教改论文汇编	本书编委会	18.00	

　　以上为已出版的指导委员会规划推荐教材。欲了解更多信息，请登录中国建筑工业出版社网站：www. cabp. com. cn 查询。在使用本套教材的过程中，若有任何意见或建议，可发 Email 至：wangmeilingbj@126.com。